KB186682

생물학이 철학을 어떻게 말하는가

자연주의를 위한 새로운 토대

생물학이 철학을 어떻게 말하는가

자연주의를 위한 새로운 토대

데이비드 리빙스턴 스미스 엮음

뇌신경철학연구회 옮김

철학과현실사

HOW BIOLOGY SHAPES PHILOSOPHY

New Foundations for Naturalism

DAVID LIVINGSTONE SMITH

University of New England, Biddeford, Maine

맥스웰 맥팔랜드 스미스에게 이 책을 바칩니다.
생물권에 오신 것을 환영합니다!

For Maxwell MacFarland Smith
Welcome to the biosphere!

비비원숭이를 이해하는 사람은 철학자 로크보다
형이상학에 대해 더 많이 이해할 수 있다.

_ 찰스 다윈(Charles Darwin)

차 례

역자 서문 … 11

번역에 참여한 뇌신경철학연구회 회원들 … 19

논문 필자들 … 22

감사의 글 … 25

서문: 생물철학 … 27
데이비드 리빙스턴 스미스

1. 다윈과 본질주의의 뒤늦은 종언 … 39
   다니엘 데닛

2. 철학으로서 다윈주의: 만능산을 가질 수 있는가? … 61
   알렉산더 로젠버그

3. 동물 진화와 경험의 기원 … 101
   피터 갓프리-스미스

4. 신경철학 … 131
   패트리샤 처칠랜드

5. 목적의미론 … 163
   데이비드 파피노

6. 정보적 목적의미론을 위한 방법론적 논증 … 199
   카렌 니앤더

7. 자연의 의도와 우리의 의도 ⋯ 227
로날드 드 수사

8. 생물학과 합리성 이론 ⋯ 253
사미르 오카샤

9. 진화와 윤리적 삶 ⋯ 283
필립 키처

10. 인간의 본성 ⋯ 309
에두아르 마셰리

11. 성과 젠더에 대한 후기유전체학적 관점 ⋯ 341
존 두프레

12. 생물철학으로 본 인종 ⋯ 369
뤽 포셰르

13. 철학자들은 생물학으로부터 어떻게 배우는가?:
환원주의와 반환원주의 "교훈" ⋯ 411
리처드 보이드

참고문헌 ⋯ 447

[번역서의 기호들]

※ ( )의 사용 : 독해를 돕기 위해 수식어 구를 괄호로 묶었다.
※ [ ]의 사용 : 이해를 돕기 위해 역자가 첨가하는 말을 괄호로 표시하였다.
※ [역주] : 이해를 돕기 위해 필요하다고 생각되는 곳에 역자 설명을 달았다.
※ 이러한 기호들의 사용이 독서에 다소 방해가 될 수 있으며, 오히려 역자의 의
  견이 첨부된다는 염려가 있었지만, 문장의 애매성을 줄이고 명확한 이해가 더
  욱 중요하다는 고려가 우선하였다.

역자 서문

이 책은 두 가지 도전적인 의도를 강조한다. 첫째는 제목, "생물학이 철학을 어떻게 말하는가?"에서 알 수 있듯이, 생물학 기반에서 철학을 어떻게 연구할 수 있는지를 보여주겠다는 의도이다. 그러므로 독자들은 궁금해할 수 있다. 언제 철학이 생물학 기반에서 연구하기라도 했는가? 이런 의문은 다음을 묻게 만든다. 철학이란 학문이 어떻게 시작되었는가? 철학은 여타 학문과 어떤 관계를 갖는가? 이 책 2장의 저자 알렉산더 로젠버그는 여러 분과학문이 철학으로부터 분리되어 나왔다고 말한다. 물론, 그 말이 틀린 이야기라고 하긴 어렵지만, 그렇게 말하면 한 번 더 묻게 된다. 그러면 철학은 어디에서 나왔는가? 하늘에서 뚝 떨어지지 않았다면, 철학이 시작된 것은 어떤 이유인가? 이러한 궁금증은, 처음 철학자들이 무엇을 질문하고, 왜 질문했는지, 그리고 어떻게 대답했는지 등을 알아보면 해소된다. 그리고 이러한 해소를 통해 앞의 질문도 해소될 수 있다.

이 책의 둘째 의도는 부제목, "자연주의를 위한 새로운 토대"가 말해주듯이, 자연주의 철학을 하자고 설득하려는 것이다. 이 책의 편집자 리빙스턴 스미스는 서문에서, 이 책이 생물철학을 다루는 논문들로 구성되었다고 말한다. 그가 말하는 생물철학이란 발전하고 변화하는 현대 생물학 연구에 근거해서 전통 철학의 쟁점들을 다시 검토하려는 노력이다. 이렇듯, 과학에 근거해서 철학을 연구할 수 있으며, 연구해야 한다는 주장이 바로 자연주의 철학이다. 이러한 철학 연구가 왜 필요한가? 인류가 그동안 연구하고 기대었던 전통 철학의 연구 성과는 현대 과학에 비추어 지금 시대에 부합하지 않아 보이기 때문이다. 우리는 이런 의도에 대해 위의 질문을 다시 하게 된다. 처음부터 철학이 과학에 근거해서 연구하였는가? 과학과 철학의 관계는 어떠한가? 여기 이런 질문에 대한 대답은 결국 앞의 질문에 대답해준다. 플라톤과 아리스토텔레스는 왜 철학을 연구했는가?

플라톤은 자신의 학교, 아카데미아의 교문에 "기하학을 모르는 자는 이 문에 들어서지 말라!"라고 써 붙였다. 그는 피타고라스 기하학을 공부하고 가르치며, 이렇게 궁금해하였다. 기하학 지식이 훌륭할 수 있는 이유가 무엇일까? "삼각형의 내각의 합이 2직각과 같다"는 지식은 참이라 인정되는데, 그 근거가 무엇인가? 그런 진리의 지식을 아는 우리의 능력은 어디에서 오는가? 대답할 수 없어 보이는 이 질문에, 그는 궁여지책으로 "이데아"의 진리 세계가 있고, 우리 영혼이 출생 전 미리 보았기 때문이라는 지어낸 이야기를 했다. 그 입장에 따르면, 인간은 "이성"을 가져서, 삼각형을 논리적으로 상상하는 것만으로도 그 내각의 합이 2직각과 같음을 파악할 수 있다. 그러므로 훌륭한 학문을 탐구하려면, 이성의 능력을 잘 발휘해야 한다. 그것을 가장 잘 발휘했던 학자로, 기하학자이며 철학자인 데카르트, 데카르트를 공부했던 물리학자 뉴턴, 뉴턴을 공부한 철학자 칸트 등등이 있었다.

데카르트는 고대 유클리드 기하학의 "공리적 체계"의 중요성을 전파했고, 철학에도 그러한 체계화가 필요하다고 생각했다. 그 철학을 공부한 뉴턴은 자신의 저서, 『자연철학의 수학적 원리』를 딱 그 체계로 만들어 보여주었다. 그리고 자신의 역학이 진리인 이유로 절대공간과 절대시간이 실제 세계에 존재하기 때문이라고 가정하였다. 그런 뉴턴을 공부한 칸트는 뉴턴의 지식을 "선험적 종합판단", 즉 "이성적 사고만으로 확장 가능한 진리의 지식"으로 보았다. 그런 지식에 수학, 유클리드 기하학, 뉴턴역학 (그리고 칸트 자신의 철학) 등이 포함된다. 그는 이성적 능력에 대한 탐구로 『순수이성비판』을 내놓았다. 뉴턴의 가정과 달리, 그는 공간과 시간이 인식의 직관 형식이라고 보았다. (훗날 그 세 분야의 지식이 선험적 종합판단이 아니라는 것이 드러났다. 괴델의 수학 체계의 불완전성이론, 비유클리드 기하학, 그리고 아인슈타인의 상대성이론이 등장했기 때문이다. 아인슈타인에 따르면, 시간과 공간은 뉴턴이 가정하듯이 별개로 존재하지 않으며, 칸트가 가정하듯이 측정 불가한 직관의 형식도 아니다. 시공간은 측정 가능한 상대적 관계이다.)

수학자인 철학자들은 이성에서 놀라운 논리적 추론 능력을 보았다. 수학자 프레게는 논리적 "사고를 수식처럼 계산할" 가능성을 보았고, 수학자이며 철학자인 러셀은 그 능력을 기호(술어) 논리체계로 보여주었다. 러셀의 제자 비트겐슈타인은 그것을 개선하여 명제 논리체계를 만들었다. 그런 논리체계는 데카르트가 꿈꿨던 "환원주의"의 극단을 보여주었다. 비트겐슈타인의 영향을 받은 빈 학단, 즉 논리실증주의 입장에 따르면, 모든 과학 지식은 경험 내용을 기술한 관찰 문장으로부터 연역 논리로 구성될 수 있으며, 따라서 관찰 문장으로 환원될 수 있다. 그리고 오직 "검증 가능한" 명제만이 의미를 지닌다. 기호 논리체계는 컴퓨터 과학기술의 탄생에 도움이 되었다. 또한, 그런 철학적 동기에서, 튜링은 인간처럼 "사고할 수 있는 계산기"가 만들어질 수 있다고 확신했다.

수학, 기하학, 그리고 물리학 등의 지식체계에 대한 철학 이야기가 그러하다면, 생물학에 대한 철학 이야기는 무엇인가? 플라톤의 제자 아리스토텔레스는 수학보다 생물학에 더 관심이 많았다. 생물학은 의자에

앉아 사색만으로 탐구할 수 없으며, 세계에 대한 "관찰"과 실험이 중요하다. 그러므로 이렇게 묻게 된다. 생물학자는 생물학을 어떻게 연구하는가? 그리고 계란에서 코끼리가 나오지 않고 병아리가 나오는 이유가 무엇인가?

아리스토텔레스의 생각에 따르면, 생물학자는 관찰로부터 "귀납추론"을 통해 일반화에 이를 수 있다. 그리고 그 일반화로부터 "연역추론"을 통해 새로운 사실을 예측하거나, 이미 일어난 사건을 설명할 수 있다. 일반화란 전칭긍정의 문장 형식이며, 무엇의 "본질"을 가리키는 문장이다. 그러므로 관찰을 통해 본질을 발견할 수 있고, 본질을 알면 "자연법칙" 또는 "원리"를 알 수 있다. 그는 자신의 생물학 연구 모습에서 본질을 넷으로 파악했다. 카멜레온의 피부(질료인)가 나뭇잎에서 가지로 이동함(작용인)에 따라서, 보호색(형상인)으로 바뀌었는데, 그것은 자신을 보호하기(목적인) 위해서이다. 그중 가장 중요한 본질은 이유를 말해주는 "목적인"이다. 과학자는 그런 본질(일반화)을 발견하기 위해 관찰 자료를 "분류"해야 한다. 그 분류의 기준은 "범주(categories)"라 불린다.

여기에서 나오는 철학적 쟁점은 이렇다. "본질"이 무엇이며, 그것이 존재하기는 하는가? 귀납추론이 정당화되는가? (일반화가 무엇인가?) 관찰은 순수한 사실 자체인가? 범주는 어디에서 나오는가? 보편 개념은 존재를 가리키는가?

훗날 의사이고 법률가이며 철학자인 로크는 보편 개념을 당시의 의학적, 심리학적 상식에 근거해서 대답했다. 본질적 개념이란 수집된 감각 경험으로부터 추상화된 언어일 뿐이며, 실제 세계에 그것이 존재하지 않는다. 예를 들어, 처음엔 고래가 물고기의 한 종류로 분류되었지만, 이제 포유류로 분류되는 것을 보면, 우리의 개념적 이해는 바뀔 수 있다. 본질이 존재하지 않는다는 관점은 "비본질주의" 또는 "유명론"으로 불린다. 흄은 귀납추론이 정당화될 수 없다고, 즉 관찰로부터 일반화가 필연적으로 추론되지 않는다고 주장했다. 같은 맥락에서, 그는 "사실"로부터 "가치"가 필연적으로 추론되지 않는다고 주장했다. 이런 지적은 나중에 무어에 의해 "자연주의 오류"로 불리게 되었다.

아리스토텔레스가 가정했던 자연(천체)의 "목적"은, 뉴턴에 의해, 존재하지 않는 것으로 이해되었다. 자연에 어떤 정신적 "의도" 같은 것은 없으며, 오직 "원리"(법칙)가 존재할 뿐이다. 그러한 (제거주의) 관점은 다윈에게로 이어졌고, 생명체의 진화에 어떤 의도나 목적이 존재하지 않는다고 인식되었다. 다윈의 영향을 받은 미국의 하버드 수학자이며 철학자 퍼스는 이렇게 말한다. "진화론은 일반적으로 역사에 대해, 특별히 과학사에 밝은 빛을 비춘다. … 반면에 일반적으로 역사의 진화, 특별히 과학의 진화도 진화론에 밝은 빛을 비춘다." 이런 입장에서 그는 "진리"를 말하지 말고, "믿음"을 말하자고 주장한다. 그 관점에서, 절대적 확실성, 엄밀성, 필연성, 보편성 등을 추구해온 전통 철학자의 탐구는 방향을 잘못 잡은 것으로 인식된다.

프래그머티즘을 계승하는 하버드 철학자 콰인은 이렇게 주장한다. 철학자들이 그동안 찾았던 "필연적 정당화", 그리고 "합리적 체계화"는 수학을 모델로 연구되었지만, 괴델의 불완전성 이론이 말해주듯이, 수학 자체에서도 그런 것은 가능하지 않다. 그런 측면에서 이제, 철학은 지식의 체계화와 관련하여 데카르트식 환원주의 기대를 버려야 한다. 어느 용어의 "의미"는 배경지식 전체에 의존하며, 따라서 이해란 "믿음의 그물망"에 의해 파악된다. 그러므로 배경지식이 바뀌면, 믿음 체계도 바뀐다. 즉, 과학이 발전하고 변화하면, 그에 따라서 철학의 믿음 체계도 변화한다. 그런 전망에서, 콰인은 철학을 과학적으로 연구하자는 「자연화된 인식론」(1969)을 발표하였다. 이 논문에 격렬히 반대했던, 퍼트남과 김재권의 주장을 국내 학자들이 옮기면서, 국내에서 자연주의 논의는 슬며시 사그라들었다. 그러는 사이에 해외에서 자연주의 철학은 유전학, 신경과학, 심리학, 인공지능, 진화사회생물학 등의 발전에 힘입어 활발히 논의되고 있다. 그것을 이 책의 논문들을 통해 살펴볼 수 있다.

콰인의 자연주의 철학은 처칠랜드 부부에 의해 신경철학으로 계승되고 발전되었다. 그들 부부는 각기 뇌과학과 신경망 인공지능 연구에 분업적으로 참여하며, 함께 자연주의 철학을 다듬고 보완해갔다. 그들은 전통적 환원주의 기대가 잘못이라고 명확히 이해하지만, 대신 "이론 간 환원", 즉 에드워드 윌슨을 따라서, "부합(consilience, 통섭)"이란 용어를 선택한다. 그들 부부는 최근의 뇌과학과 신경망 인공지능에 부합하는 새로운 표상 이론을 제안한다. 신경계 작용을 계산적으로 접근하는 이나스, 세즈노스키 등의 가설에 근거해서, 신경망 인공지능이 보편 개념과 일반화(가설)를 어떻게 가질 수 있는지, 즉 스스로 학습하는 인공지능이 어떻게 개념적으로 사물을 알아볼 수 있고, 법칙적 예측을 할 수 있는지 신경철학적으로 해명한다. 이러한 철학적 이해는 딥러닝 연구의 철학적 기초가 되었다. 나아가서, 패트리샤 처칠랜드는 과학적 이해를 위한 철학을 넘어 도덕에 대한 이해에 도전하는 중이다.

이제 앞의 질문으로 돌아가 보자. 전통적으로 철학과 과학은 교류하며 함께 발전해왔다. 과학의 성과에 대해 철학적 성찰이 시대적으로 요청되었고, 철학적 해명은 과학자가 자신의 과학연구 기획을 확신하고 추진할 수 있게 해주었다. 한마디로, 철학은 과학에서 탄생하고, 과학의 변화에 따라 수정되고 발전하며, 과학을 안내한다. 그러므로 자연주의를 외면하는 철학은, 현재 진행되는 과학을 외면하는 어리석은 태도이다.

이런 지적에도, 반환원주의 태도에서 아래 질문이 나올 수 있다. 자연주의 철학이 경험에 기대는 한, 그것은 환원주의를 고집하는 것이 아닌가? 이런 질문에 대한 대답은 다음과 같다. 현대 자연주의가 프래그머티즘에서 출발하는 태도임을 고려한다면, 위의 질문은 불필요하다. 자연주의가 경험을 중요하게 여기지만, 경험이 이론에 의존하며, 그 내용이 언제든 새롭게 이해될 가능성을 열어놓기 때문이다. 또한, 이론 간 환원의 관계에서, 통속적 관념은 새로운 과학적 이해에 따라, 환원적으로 설명되는 것인가, 아니면 제거될 것인가? 그 대답은 이렇다. 통속적 관념이 새로운 과학적 성과에 의해, 새롭게 이해되는 환원이 일어날 수도, 그 관념에 일부 수정이 일어날 수도, 그리고 그 관념이 온전히 제거될 수도 있다. 자연선택이 그러했듯이, 현재 유력해 보이는 어느 통속적 관념이 그중 어떻게 될지는 두고 지켜볼 일이다.

[감사의 말]

2018년 2월 어느 날 아침 모르는 번호 전화를 받았다. 3월 첫 주 "유미과학문화재단"의 행사에 참여할 수 있느냐고. 행사 진행 중, 철학이 과학에 근거해야 하며, 특히 뇌과학에 근거한 연구가 되어야 한다는 재단 이사장님의 말씀은 뜻밖이었다. 행사 후, 황희숙 교수님과 나에게 송만호 이사장님은 뜻밖의 제안을 하셨다. 뇌과학에 기반한 철학 공부 모임을 추진해보지 않겠느냐고. 한국에서 그것도 전문 철학 연구자가 아닌 분이 그 연구의 필요성을 제안하신 것에 적지 않게 놀랐다. 그런 뜻밖의 계기로 그해 4월 첫 모임을 시작하면서 이름을 "뇌신경철학연구회"라고 결정했다. 매월 1회 만나기로 하고, 당분간은 각자의 전문분야 이야기를 들어보기로 하였다. 전공이 서로 다른 회원들은 서로의 이야기에 적지 않게 관심이 많았다. 이런 모임을 한국에서 시작하게 되었다고 패트리샤 처칠랜드에게 전하니, 이 책의 교정본 파일을 메일로 보내주었다. 이 책이 이미 출판되었을 것 같았다. 찾아보니 역시 그러했고, 회원들 모두 이 책을 함께 공부하자고 의욕을 보였다. 이왕에 공부하는 김에 번역까지 생각하게 되었고, 천천히 공부하며 번역하느라 1년 반이 넘게 걸렸다.

이 책을 출판하면서 감사해야 할 분들이 있다. 공동 연구와 번역에 참여하신 분들 외에, 모임에 참석해 함께 토론해준 분들이 있다. 물리학과 철학을 공부하고 과학전문 번역가로 활동 중인 전대호, 과학전문 기자인 남기현, 대학원생 신재원 등에게 감사한다. 언제나 공부하는 철학자에게 출판으로 응원해주시는 철학과현실사 전춘호 사장님과 원고를 세밀히 살펴주신 편집인 김호정 님께도 감사한다. 끝으로, 이 연구모임을 위해 편리를 지원하시는 김명환 재단 사무국장님, 그리고 연구회를 후원하시는 송만호 이사장님께 가장 큰 감사를 드린다.

박제윤

jeyounp@hanmail.net

번역에 참여한 뇌신경철학연구회 회원들

서문. **주민수** 이학박사(물리학). 고체물리학. (주)한국엠아이씨 연구소장. 국방과학연구소/전력연구원 등에서 일했으며 과학철학과 인지과학 등에 관심이 있다. 저서로 『우주를 맴도는 러셀의 찻잔』(2019)이 있다.

1장. **황희숙** 철학박사. 과학철학, 지식론. 대진대학교 역사・문화콘텐츠학과. 철학 교수로서 은유, 회의론, 감정, 과학주의, 생태론 등에 대한 논문을 써왔다. 역서로 에델만의 『신경과학과 마음의 세계』, 라투르의 『젊은 과학의 전선』이 있고, 전문지식과 전문가에 대한 저술을 준비 중이다.

2장. **엄준호** 이학박사. 미생물학과 면역학을 전공하였다. 현재는 식품의약품안전처 산하 식품의약품안전평가원에서 바이오의약품 허가심사 및 연구 분야 업무에 종사하고 있다. 인류 문명사, 과학철학, 그리고 특히 의식의 과학적 해명에 관심이 많다.

3장. **이동훈** 철학석사. 성균관대학교. 현상학, 현상학적 방법론, 기술철학. 후설과 하이데거 현상학에 입각한 돈 아이디의 기술철학에 관한 논문으로 성균관대에서 철학 석사학위를 취득했다. 급변하는 기술문명 속에서 인간이 나아가야 할 방향이 무엇인지에 대해 철학적으로 고민하고 있다.

4장. 박제윤 철학박사. 과학철학, 신경철학. 인천대 기초교육원. 처칠랜드 부부의 신경철학을 주로 연구해왔고, 논문 「창의적 과학방법으로서 철학의 비판적 사고, 신경철학적 해명」(2013) 등과 번역서 『뇌 중심 인식론, 플라톤의 카메라』(2016) 등이 있으며, 현재는 과학과 철학의 역사적 관계를 밝히는 총 4권의 저술을 준비 중이다.

5장. 최재유 문학박사. 인지언어학을 전공하고, 인하대학교 프론티어학부 초빙교수로 일하고 있으며, 인문학자의 시선으로 폭넓은 과학적 주제들을 연구하고 있다. 인간과 자연의 본질을 성찰함으로써 문명과 인간사회의 조화로운 온전성을 모색하고자 노력 중이다.

6장. 박충식 공학박사. 인공지능. 유원대학교 스마트IT학과. 『제4차 산업혁명과 새로운 사회윤리』(2018), 『인공지능과 새로운 규범』(2018), 『인공지능의 이론과 실제』(2019), 『인공지능의 존재론』(2018), 『포스트휴먼 사회와 새로운 규범』(2019), 『인공지능의 윤리학』(2019)을 공저하였고, 경제주간지 『이코노믹리뷰』에 "박충식의 인공지능으로 보는 세상"으로 2015년 현재까지 50건 이상 전문가 칼럼을 연재하고 있다.

7장. 김원 의학박사. 정신의학. 인제대학교 상계백병원 정신건강의학과. 정신과 전문의이자 의과대학 교수로 일하고 있으며, 인지행동치료 전문가이고, 정신의학을 통한 과학과 인문학의 만남과 올바른 발전 방향을 모색하고 있다.

8장. 이영의 철학박사. 고려대학교 철학과 객원교수. 베이즈주의, 신경과학철학, 인공지능철학을 연구하고 있으며, 철학 컨설턴트로 활동하고 있다.

9장. 강문석 철학박사. 윤리학. 능히대중학교 교사. 도덕철학 전공자로서 교육 현장에서 도덕을 가르치고 있다. 도덕에서 합리성 문제와 규범적 논의를 주로 공부하였고, 메타윤리학의 관점에서 자유주의 윤리학과 공리주의가 만나는 지점을 연구 중이다.

10장. 고인석 인하대학교 철학과 교수. 물리학과 철학을 공부하고 과학철학을 전공하였다. 과학과 기술에 관한 철학적 문제들, 특히 지능을 가진 인공물들에 대한 존재론적 해석과 규범의 문제에 무게를 실어 연구하고 있다.

11장. 심지원 철학박사. 윤리학. 중앙대학교 인문콘텐츠연구소 HK+인공지능인문학사업단 연구교수. 번역서로 『인간보다 나은 인간: 인간 증강의 약속과 도전』(2015) 등이 있으며, 인간 증강 기술, 포스트휴먼, 인공지능 등에 관심을 가진다.

12장. 최순덕 물리학을 전공하고, 기계, 화학 분야에서 일했다. 뇌, 미래사회, 인간 이해 등에 관심이 있으며, 브레인 에뮬레이션 분야를 공부하고 있다. 역서로 로빈 핸슨의 『뇌 복제와 인공지능 시대』(2020)가 있다.

13장. 김영보 가천대학교 길병원 신경외과 전문의이자 의과대학 교수로 일하고 있으며, 뇌과학연구소 설립과 IBM Watson 인공지능 암센터 설립을 주도하고, 뇌과학과 인공지능, 뇌과학과 인문학의 만남에 관심을 가지고, 그 올바른 발전 방향을 모색하고 있다.

논문 필자들

리처드 보이드(Richard N. Boyd) 미국 코넬 대학 철학과. 주요 저작 "Semantic Externalism and Knowing Our Minds: Ignoring Twin-Earth and Doing Naturalistic Philosophy"(2013), "Realism, Natural Kinds, and Philosophical Methods"(2010), "Homeostasis, Higher Taxa, and Monophyly"(2010).

패트리샤 처칠랜드(Patricia Churchland) 미국 캘리포니아 샌디에이고 주립대학. 주요 저작 *Brain-Wise*(2002), *Touching a Nerve*(2014), *Braintrust*(2011).

다니엘 데닛(Daniel C. Dennett) 미국 터프츠 대학 인지연구센터. 주요 저작 "Turing's 'Strange Inversion of Reasoning' "(2013), "The Evolution of Reasons"(2014), "Our Transparent Future: No Secret Is Safe in the Digital Age. The Implications for Our Institutions Are Downright Darwinian"(2015).

로날드 드 수사(Ronald de Sousa) 캐나다 토론토 대학 철학과. 주요 저작 *Why Think? Evolution and the Rational Mind*(2007), *Emotional Truth*(2011), *Love: A Very Short Introduction*(2015).

존 두프레(John Dupré) 영국 엑소더 대학 철학과. 주요 저작 *Processes of Life: Essays in the Philosophy of Biology*(2012), *Humans and Other Animals*(2002), *Human Nature and the Limits of Science*(2001).

뤽 포셰르(Luc Faucher) 캐나다 몬트리올 퀘벡 대학 철학과. 주요 저작 "RDoC: Thinking Outside the DSM Box Without Falling into the Reductionist Trap"(2015), "Revisionism and Moral Responsibility" (2016), "Mother Culture, Meet Mother Nature"(2017).

피터 갓프리-스미스(Peter Godfrey-Smith) 미국 뉴욕시립대학 대학원. 주요 저작 *Philosophy of Biology*(2014), "Reproduction, Symbiosis, and the Eukaryotic Cell"(2015), "Dewey and the Question of Realism" (2016).

필립 키처(Philip Kitcher) 미국 콜롬비아 대학 철학과. 주요 저작 *The Ethical Project*(2011), *Preludes to Pragmatism*(2012), "Experimental Animals"(2015).

에두아르 마셰리(Edouard Machery) 미국 피츠버그 대학 과학사 및 과학철학 학과. 주요 저작 *Doing Without Concepts*(2009), *Arguing About Human Nature*(2013), *Current Controversies in Experimental Philosophy*(2014).

카렌 니앤더(Karen Neander) 미국 듀크 대학 철학과. 주요 저작 "Functional Analysis and the Species Design"(2015), "Biological Functions"(2013), "Content for Cognitive Science"(2006).

사미르 오카샤(Samir Okasha) 영국 브리스틀 대학 철학과. 주요 저작 "The Relation Between Kin and Multi-Level Selection: An Approach Using Causal Graphs"(2015), "Hamilton's Rule, Inclusive Fitness Maximization and the Goal of Individual Behaviour in Symmetric Two-Player Games"(2016), "The Evolution of Bayesian Updating" (2013).

데이비드 파피노(David Papineau) 영국 런던 킹스 칼리지 철학과와 뉴욕시립대학 대학원 철학 프로그램. 주요 저작 *The Roots of Reason* (2003), "What Exactly Is the Explanatory Gap?"(2011), *Philosophical Devices*(2011).

알렉산더 로젠버그(Alexander Rosenberg) 미국 듀크 대학 철학과. 주요 저작 *The Atheist's Guide to Reality*(2011), "The Biological Character of Social Science"(2015), "Functionalism"(2016).

데이비드 리빙스턴 스미스(David Livingstone Smith) 미국 뉴잉글랜드 대학 역사 및 철학과. 주요 저작 *Less Than Human: Why We Demean, Enslave, and Exterminate Others*(2011), "Aping the Human Essence: Simianization as Dehumanization"(2016), "Paradoxes of Dehumanization"(2016).

감사의 글

이 책이 나오기까지 긴 시간이 걸렸다. 미국 플로리다 남서부에서 유년기를 보낸 나는 그 지역의 동물군에 매우 흥미로워했으며, 아주 다른 인생길로 들어서기 전까지 파충류학자 이외에 다른 길은 생각해보지도 않았다. 나는 여러 해 그 길을 걸어서, 심리치료사로 경력을 쌓은 이후, 철학의 길로 터벅터벅 걸어 들어섰다. 런던 킹스 칼리지에서 나의 박사과정 지도교수가 루스 G. 밀리칸(Ruth Garratt Millikan)의 연구를 나에게 소개해주어, 나는 생물학에 대한 관심에 다시 불을 붙였다. 나는 짐(Jim)이 나에게 철학을 소개해준 일과 나에게 풍부한 결실을 제공해주는 (여기서 극명하게 드러나는) 철학의 방향을 알려준 일 모두에 대해 크게 감사한다. 루스는 처음부터 이 책의 한 장을 맡아 기고하기로 약속했지만, 슬프게도 건강의 이유로 물러서야 했다. 그럼에도 불구하고 이 책 전체에 걸쳐 그녀의 손때가 묻어있다. 실제로 이 책의 부제목, "자연주의를 위한 새로운 토대(New Foundations for Naturalism)"는 그녀가 1984년 개척한 연구서, 『언어, 사고, 그리고 다른 생물학적 범주: 실재론을 위한 새로운 토대(*Language, Thought, and Other Biological Categories: New Foundations for Realism*)』에 대한 존경을 위해 의도되었다. 루스에게 감사한다. 당신의 연구는 다음 세대로 이어지는 선물이다.

　무엇보다도 여기에 논문을 기고해준 탁월한 여러 철학자들, 댄, 알렉스, 피터, 팻, 데이비드, 카렌, 로니, 사미르, 필립, 에두아르, 존, 뢱, 딕 등에게 깊이 감사한다. 그들은 놀랍고 광범위한 범위의 주제들에 대한 독창적인 논문의 저술을 위해, 각자의 바쁜 전문가로서의 삶의 시간을 할애하였다. 바라건대 우리의 공동 노력에 대한 이 결실에 모든 분들은 나처럼 함께 기뻐할 것이다. 나의 작은 요청에 기꺼이 참여해준 모든 분들께 감사한다.

　『생물학이 철학을 어떻게 말하는가』는 케임브리지 대학 출판사의 철학 편집인 힐러리 개스킨(Hilary Gaskin)의 도움이 없었다면 빛을 보지 못했을 것이다. 그녀는 이 주제에 관한 일류급 논문집의 필요성을 보았으며, 저자들의 편에서 소중한 제안을 해주었다. 힐러리에게 감사하며, 케임브리지 대학 출판사의 다른 팀원들에게도 감사한다.

　끝으로, 수브레나 스미스(Subrena Smith)에게 가장 깊이 감사한다. 그녀와 함께 나는 생물학과 철학 사이의 관계에 관해 말 그대로 수백 번 대화를 나누어야 했다. 현재에도 계속되고 있는 마음의 결합은 이 책의 개념을 점화시키고, 열매를 맺도록 해주었다. 수브레나, 당신의 명료함, 인내, 헌신, 그리고 지적 집요함에 감사한다. 나는 내 삶에서 당신을 만나는 엄청난 행운을 만났다.

서문 생물철학
Biophilosophy

데이비드 리빙스턴 스미스 David Livingstone Smith

이 책은 내가 "생물철학(biophilosophy)"이라고 부르는 논문들의 모음집이다. 이 용어가 대부분 철학자들에게 낯설고, 또 과거 이 용어는 경우에 따라서 다양한 의미로 사용되었기 때문에, 내가 이 용어로 무엇을 말하려는지 그리고 그 용법을 어떻게 정당화할지에 관한 논의로 이 책을 시작하는 것은 적절하다. 이 논의는, 이 책의 제목이 시사해주듯, 생물학이 철학을 어떻게 **말하는지**(shapes) 살필 수 있는 기반을 제공해주며, 생물철학이 자연주의(naturalism)를 위한 토대를 어떻게 제공하는지를 이해시켜준다.1)

"생물철학"은 "생물학의 철학(philosophy of biology)"과 쉽게 혼동될 수 있다. "생물철학자"와 "생물학의 철학자" 모두는 철학과 생물학 사이의 접촉면에 대해 관심을 가짐에도 불구하고, 내가 약정으로 정의하듯이, 그 접촉면을 향해 그들이 지향하는 바는 각기 다르다. 생물학의

---

1) 예를 들어, Bunge(1979), Mahner and Bunge(1979), Allen and Bekoff (1995), Gilson(2009), Koutrofinis(2014).

철학자들은 생물학을 생물학으로서 연구하지는 않는다. 대신에 그들은 생물학의 개념들, 생물학자들의 추론 유형들, 그리고 생물학적 개념들과 다른 과학 분야에 속하는 개념들 사이에서 얻어지는 개념적 관계들을 반성적으로 돌아본다. 누군가는 생물학의 철학을 높은 단계의 생물학적 이론화로 여길 수도 있다. 마치 생물학자들이 생물권(biosphere)의 경험적 풍경을 지도로 그려내기 위해 그들의 분야가 간직해온 이론적 개념들을 사용하듯이, 생물학의 철학자들은 생물학의 개념적 지형을 그려내고 수정하는 데 철학적 재원을 활용한다. 생물학자는 어떤 표현형(phenotype)이 그것을 지닌 유기체로 하여금 특정 환경에 적응하도록 지원하는지 여부를 질문하고 탐구할 수 있는 반면, 생물학의 철학자는 "표현형", "적응(fitness)", 그리고 "환경"이란 개념을 어떻게 이해해야 할지, 그리고 그러한 각각의 이해가 이론적 생물학(theoretical biology)을 위해 어떤 함의(entailments)를 갖는지 등을 질문하고 탐구할 수 있다. [즉, 그러한 개념적 이해로부터 어느 생물학 이론을 반드시 수락하거나 말아야 할지를 탐구할 수 있다.]

그에 반해, 생물철학자들은 철학과 생물학 사이의 관계를 뒤집는다. 생물철학자들은, 생물학의 철학자들이 그러하듯이, 철학을 생물학을 위한 자원으로 활용한다기보다 생물학을 철학을 위한 자원으로 활용한다.2) 이런 점에서 생물철학은 생물학의 철학이 거울에 비친 뒤집힌 상이다. 내가 뒤에서 설명하겠지만, 생물철학은 궁극적으로 생물학의 철학에 속하는 하위 학문이다.

어떤 철학자들은, 피설명항(explanandum)으로서 생물학과, 설명항(explanans)으로서 생물학 사이의 차이를 명시적으로 다룬다. 예를 들어, 폴 그리피스(Paul Griffiths)는 생물학의 철학을 세 종류로 나눈다. 하나는 과학철학(philosophy of science)에서 나온 일반적 고려를 생물학이

---

2) 조금 다른 해석을 이 책의 12장, 뤽 포셰르(Luc Faucher)의 원고에서 볼 수 있다.

란 특별한 경우에 적용한다. (예를 들어, 생물학 법칙이 존재하는지, 이것이 생물학적 설명의 본성에 어떤 함축(implications)을 갖는지 등을 질문한다.) 다른 종류는, 생물학의 독특한 개념적 쟁점들(또는 그리피스의 표현으로, "수수께끼")을 다룬다. (예를 들어, 생물종은 종(kinds)인가 아니면 개별자(individuals)인가, 또는 그것들이 존재하는가 등의 질문들을 묻는다.) 그리피스의 셋째 종류의 생물학의 철학은, 그가 ("전형적(paradigmatic)"과 비슷한 의미로 사용하는) "전통" 철학의 관심이라고 부르는 것을 설명하기 위해 생물학에 호소하는 것으로, 내가 "생물철학"이라고 부르는 것에 해당된다.

그리피스의 용어 선택은 이상적이지 않은데, 왜냐하면 엄청나게 다른 두 종류의 철학적 기획을 "생물학의 철학"이란 단일 분류학적 우산 밑에 놓기 때문이다. 규정적으로, "x의 철학(philosophy of x)"이란 표현은 "x"가 무엇이든 그것에 관해 **철학함**(philosophize)을 나타내기 위해 x를 사용한다.[3) "생물학의 철학"은 철학하려는 대상이 생물학임을 시사한다. 물론 이것이 그리피스가 전적으로 전달하려는 의미는 아닐지라도 말이다. 반면에 "생물철학"은 지명된 "무엇의 철학"이 아니다. ("신경철학(neurophilosophy)"처럼) 그것은 철학함에 있어 생물학 정보에 근거한 **접근법**을 제안한다.

피터 갓프리-스미스(Peter Godfrey-Smith)는, 과학철학과 그가 "자연철학(philosophy of nature)"이라고 부른 것 사이에 비슷한 구분을 하면서, 다음과 같이 말한다.

넓은 의미에서, 생물학의 철학 전체가 "과학철학"의 부분이다. 그러나

---

3) 대략적으로 말해서, 이것은 주변의 다른 방식에 적용되지 않는다. "정치철학(political philosophy)"은 정치학의 철학(philosophy of politics)과 같이 쓰인다. 이 용어는 철학함에 있어 정치학 정보에 근거한 접근법을 가리키지 않는다.

··· 또한 좁은 의미에서, 우리는 **과학철학**을 **자연철학**과 구분할 수 있다. 좁은 의미의 과학철학은 과학 자체의 활동과 그 결과물을 이해하기 위한 시도이다. 자연철학을 하는 동안, 우리는 우주와 그 안의 우리 위치를 이해하기 위해 노력한다. 생물학이란 과학은 자연이란 세계를 바라보는 렌즈와 같은 도구가 된다. 그러므로 과학은 철학의 주제라기보다는 자원이다.

생물권에 적용되는 "과학철학"이란 갓프리-스미스의 폭넓은 개념은 그리피스의 "생물학의 철학"이란 폭넓은 개념과 동일 영역을 다룬다. 더 제한된 의미에서 갓프리-스미스의 "과학철학"은 그리피스의 첫 번째와 두 번째 종류의 생물학의 철학에 해당한다. 갓프리-스미스의 (다시 생물학에 적용되는) "자연철학"은 그리피스의 세 번째 종류의 생물학의 철학과 함께 나의 "생물철학"도 포함한다. 그러나 갓프리-스미스의 범주는 내가 "생물철학"을 규정하면서 의미하는 바를 상당히 넘어선다. 자연철학은, 아마도 방법론적이고 이론적인 과학의 장치들과 그러한 방법을 적용함으로써 발견되는 사실 전체를 함께 의미하는 것으로서, 자연철학은 **과학**을 철학의 자원으로 이용한다. 이같이 그것은 특별히 생물학적이지는 않다. 자연철학자는 어쩌면 물리학이나 화학 또는 심리학을 똑같이 자원으로 이용할 수도 있다. 그래서 갓프리-스미스가 사용하는 용어로 표현하자면, 생물철학은 자연철학의 **특수한 경우**가 될 수 있다. 물론 그리피스의 용어법과 마찬가지로 "자연철학" 역시 "x의 철학"이라는 형태를 취한다. 그것은 또한 19세기 독일의 **자연철학**(*Naturphilosophie*)과 혼동될 우려가 있을 뿐만 아니라, [뉴턴의] **자연철학**(*philosophia naturalis*)과, 덜 유감스럽지만 그럼에도, 오해의 소지 또한 무릅써야 한다.

이런 종류의 생각들은 나로 하여금 그러한 저술가들이 염두에 두는 철학적 작업에 적합한 이름으로서 "생물철학"을 지명하게끔 한다.

생물철학을 생물학의 철학으로부터 개념적으로 구분하려면, 그들 사이의 중요한 연관성을 인지할 필요가 있다. 갓프리-스미스가 자연철학과 (좁은 의미의) 과학철학 사이의 관계를 논의하면서 지적하듯이, "이러한 두 종류의 철학적 작업은 상호작용한다. 과학이 세계에 대해 무엇을 **이야기해준다**는 당신의 생각은, 그 부분의 과학이 어떻게 **작동한다**는 당신의 생각에 의존할 것이기 때문이다."(Godfrey-Smith 2014, p.4) 생물철학을 잘 연구하려면, 과학을 올바로 이해하는 것이 필수적이다. 그렇게 하려면, 과학철학자들이 그러한 생물학 주장들을 질문하는 방식에 대한 이해만큼이나, 생물과학 관련 분야에 대한 소양 또한 필수적이다.

　여기에서 주의해야 할 주석 하나. 패트리샤 키처는 『프로이트의 꿈: 마음의 완전한 학제적 과학(*Freud's dream: A Complete Interdisciplinary Science of Mind*)』(1992a)이라는 책에서, 학제적 목적을 위해 과학적 주장을 적절히 제안하기란 위험하다고(risky) 말한다. 만약에 과학이 계속 발전하는데도 학제적 연구자가 최근 정황을 제대로 챙기지 못한다면, 그는 자신의 작업이 경험적으로 더 이상 신뢰성이 없는 추정에 근거한다는 곤경에 빠짐을 보게 될 것이다(Sullaway 1992 역시 참조). 키처는, 그러한 불행이 마음에 관한 완전한 학제적 과학을 발전시키려 했던 프로이트의 노력을 추월해버렸다고 말한다. 프로이트의 "메타심리학(metapsychology)", 즉 인간 행동을 뒷받침하는 (내성적 인지 불가한) 신경학적 체계와 과정에 관한 그의 설명은 19세기 후반 최첨단의 과학적 인식에 근거하였다. 그럼에도 불구하고, 새로운 세기가 다가옴에 따라 그런 것들 대부분은 거짓으로 드러났고, 정신분석 이론은 이론적 시대착오라는 수렁에 빠지고 말았다. 키처는 인지과학(cognitive science)도 같은 문제로 굴복할 수 있다고 설득력 있게 주장한다. 그녀의 관측에 따르면, "특히 누군가의 이론이 그 기초 개념에 의존할 경우, 혹은 잠재적 결과에 의해 보충되어야 할 경우에, 그 연구 참여자들보다 관련 분야에 대한 믿음을 더 많이 갖기 쉽다."(Kitcher 1992a, p.183) 여기에 생물철학을 위한 분명한 교훈이 있다. 생물철학을 잘하기 위해서는, 갓프리-스미스가 강조하듯이, 누구든 생물학의 철학 분야와 밀접히 관련된 연구에 친숙해져야 할 뿐만 아니라, 생물과학이 변화해가는 모습을 지켜보아야 한다.

이 책의 기고들은 생물철학 연구가 엄청나게 다양할 수 있음을 보여준다. 그러나 생물철학이 잘되기 위해 존경받아 마땅한 다소 폭넓은 형이상학적 제약들이 있으며, 그것은 철학의 본성에서 나오는 제약들이다. 첫째, 생물학적 전제들은 (그 자체만으로) 철학적 결론들을 **함의하지** (entail)[반드시 도출하지] 않는다. 데이터가 이론을 함의하지 않는다는 것은 당연하며, 그래서 경험적 증거의 어떤 모음도 얼마든지 많은 이론적 설명과 일관성을 유지할 수 있다(물론 이 모든 이론들이 계획될 수 있는 것이 아닐지라도). 그러므로 **철학** 이론은 데이터로부터 미결정적이며, 만약 우리가 철학 이론들을 메타 이론적 구조라고 생각한다면, 과학 이론들은 철학 이론들을 결정해주지 못한다. 만약 이런 추론이 옳다면, 생물학에서 철학으로 향하는 **일직선**의 길은 존재하지 않는다. 생물학으로부터 철학으로 안내하는 길은 훨씬 돌아가는 길이고, 그런 이유로, 협상해야 하는 위험이 있다.

나는 그러한 대규모 철학적 기획에서 생물학의 역할에 대한 질문을, 누가 어떤 종류의 철학을 하든 마주치게 되는 아주 일반적인 문제를 고려하면서 접근하려 한다. 철학을 한다는 것은 아주 엄청나게 복잡한 개념적 결정의 공간을 관통하는 새로운 길을 여는 것이다. 마이클 로젠(Michael Rosen 2012)이 대단히 멋지게 묘사했듯이 "철학은 전체적 학문 분야(holistic discipline)이다. 철학의 모든 이론과 문제들은 종국에 나머지 모든 학문 분야들과 관련된다."

그래서 어떤 문제를 다루기 위해 우리는, 비록 다른 모든 문제를 **해결**

하지 않는다고 하더라도, 적어도 당분간은 "그 문제들을 보류할" 준비가 되어 있어야 한다. 다소 거친 비유로, 철학자를 체스(chess) 선수와 비교해보자.4) 만약 그녀의 논증이 결정적이라면, 철학자는, 그녀가 체스의 수를 둘 때 (즉, 논증을 밀고 나가거나 또는 어느 입장을 제안할 때) [상대가] 내놓을 가능성이 있는 모든 응수(moves)에 대해서, 그리고 자신의 응수에 따라 나올 모든 대응수(counter-moves)에 대해서도 대비할 수 있어야 하며, 실제로 단수(single move) 밑에 전개될 기하급수적으로 확장되는 전체 트리-구조(tree-structure)의 가능성에 응수할 수 있어야 한다. … 그렇게 … 철학자는 무엇을 수용해야 할지 그리고 어떤 단계에서 무엇을 토론에 올릴지 등에 관한 반복적으로 이어지는 불편한 선택들에 맞선다.

어떤 의문을 회피하고 넘어가야 할지, 그리고 어떤 것을 따져 물어야 할지 등을 결정하는 일은, 마치 따지지 않기로 한 의문을 어떻게 따져야 할지를 결정해야 하는 것처럼, 분명 어떤 원리 혹은 (순환적 어려움에 놓이지만) 일련의 철학 외적(extraphilosophical) 원리들을 요구한다. 왜냐하면, 철학이 모든 것들에 얽힌다면(분명 그러한데), 철학은 철학이 아닌 다른 무언가에 얽힌다는 것은 아주 당연히 참이기 때문이다. 철학을 넘어서는 상당히 넓은 영역이 존재하며, 그중 어떤 부분은 끊임없이 가지치기하는 결정 공간을 관통하는 누군가의 궤적을 안내해줄 수도 있다. 예를 들어, 신경철학자들이 컴퓨터 과학을 주창 혹은 채택하듯이, 또는 많은 기능주의자들이 그러했듯이, 누군가는 철학적 탐구의 안내자로 신경과학을 이용할 수도 있다. 혹은 누군가는 자신의 인지적 편향,

---

4) 체스 비유(chess analogies)를 철학자들이 선호한다는 것은 등급 배경과 전문 철학의 지적 허세에 관한 무언가를 말해줄 듯하다. 결국, 철학자들이 체스 비유를 하려는 거의 동일한 논점은 농구, 테니스, 복싱 등의 사례를 이용해서도 만들어질 수 있다. 체스 게임은 관습적으로 순수 지성의 독립적 활동과 관련된다. 이것은 데카르트식 게임이다. Dennett(2006) 또한 참조.

즉 철학자들에게 의미론적으로 고상해 보이는 "직관(intuitions)" 같은 것에 의해 안내될 수도 있다.[5] 철학을 하려면, 아주 역설적이게도, 일종의 창조적 깜박임, 선택지 제한하기, 여러 가능성들을 걸러내기 등이 필수적이다. 철학을 생물학에 얽어매는 일이란 [그 자체가] 이런 일을 하는 하나의 방식이다. 대략적으로 말해서, 그것은 바로 생물학이 철학을 **말해주는** 방식이다.

철학을 말해주는 생물학의 역할은, 흔히 인식되듯이, 학제적 특성을 포함하지 않는다. 즉, 두 영역의 혼합 또는 한 영역의 요소들이 다른 영역의 요소들에 병합되는 방식은 아니다. 생물철학은 이런 방식으로 작동하지 않는다. 왜냐하면, 철학은, 생물학이 하나의 학문 분야이듯이, 그런 좁은 학문 분야가 아니기 때문이다. 물론, 철학이 한 학문 분야라는 것은 충분히 납득될 만하다. 대학에는 철학과가 있고, 철학 학회라든가 철학 학술지들도 있다. 철학자들은, 외부인이 이해하기 힘든 전문화된 언어를 쓰며, 독특한 철학적 의사전달과 추리방법을 사용하며, 특정 전문가 의견을 존중한다. 반면, 생물학은, 특정 방법론의 기준에 따라 추진된 실천적 연구를 통해 확장해온, 그 영역 및 지식 자체에 의해서 각기 구별된다. 그러나 철학은 고유의 영역을 가지지 않는다. 혹은, 다른 관점에서 말하자면, 철학은 모든 영역에 접근한다. 철학은, 스스로 묻는 질문의 종류에 따라서, 질문에 대답하는 방식에 따라서, 그리고 (질문이 대답하려는 주제 영역에 의해서라기보다) 대답이 수용될 수 있게끔 통제하는 규범에 따라서 구별된다.[6]

---

5) 나는 인지적 편향(cognitive biases)이 인식적 값(epistemic value)을 갖지 않는다고 제안하려는 것보다, 조금이라도 더 직관(intuitions)이 인식적 값을 갖지 않는다고 제안하려는 것은 아니다.

6) [역주] 저자의 의도를 정확히 말하기 어렵겠지만, 빈약할지 모르지만 이렇게 해설을 붙여볼 수 있겠다. 철학은, 질문의 종류에 따라서 존재론(형이상학), 인식론, 윤리학, 논리학 등으로 구별될 수 있으며, 대답 방식에 따라서 이성주의(합리주의), 경험주의, 관념론 등으로 구별될 수도 있고, 납득할 규범에

철학과 생물학 사이에 논리적 관계가 성립하며, 그 관계는 생물철학이 무엇이며 무엇이 아닌지를 구별시켜준다. 내가 지적했듯이, 그 관계는 (비록 생물학적 주장이 생물철학 논증에서 전제로 쓰일 수 있을지라도) 생물학적 주장과 철학적 주장의 혼합은 아니며, 그리고 엄밀한 생물학적 전제로부터 철학적 주장을 함의하는 것도 아니다. 그 관계는 또한 철학적 주장을 생물학적 주장으로 (범주 오류를 포함할) 환원하는 것도 아니다. 생물학과 철학 사이에 성립하는 관계는 상당히 느슨하긴 하지만, 일찍이 검토되었던 대안보다 덜 중요한 것은 아니다.

아주 일반적으로 말해서, 생물철학자들은 철학적 이론화를 제약하고, 안내하고, 고무하기 위해 생물학을 이용한다. 그들은 철학 내에 어떤 개념적 선택지를 차단하기 위해 생물학을 이용한다. 그러는 와중에, 그들은 개념적 결정 공간을 관통하는 통로를 개척하기 위해 생물학을 이용한다. 그리고 그들은 생물학적 모형이 철학적 목적에 편익을 제공할 수 있도록 영감을 제공하는 자원으로 생물학을 이용한다.[7]

이러한 것은 나로 하여금 이 책의 부제로 "자연주의를 위한 새로운 토대"를 선택하도록 만들었다. "자연주의"는 신축성이 있는 개념이다. 대부분의 현대 철학자들은 자신들을 자연주의자라고 생각하지만, 이러한 겉보기 합의는 넓고 다양한 관점들을 아우르며, 또한 여기에서 그들을 명목별로 구분하려는 시도는 전혀 좋은 성과를 거두지 못할 것이다. 아주 일반적으로, 자연주의는 존재론적으로 그리고 방법론적으로 다양한 집단으로 나뉜다. 존재론적 자연주의(ontological naturalism)는 존재하는 것들의 **종**(kinds)에 관심 갖는다. 이 관점에 따르면, 존재하는 모든 것들은 (수적으로) 물리적인 것들과 동일하거나 또는 그들로 구성된다. 그래서 "존재론적 자연주의"는 대체적으로 물리주의(physicalism) 또는

따라서 현상학, 실증주의, 프래그머티즘 등으로 구별될 수도 있다.

7) 생물학 모델의 철학적 활용인 대표적 사례로, Millikan(1984), *Language, Thought, and Other Biological Categories: New Foundations for Realism.*

반초자연주의(anti-supernaturalism)의 다른 이름이며, 환원주의(reduc-tionism), 반환원주의(antireductionism), 그리고 제거주의(eliminativism) 등의 다양하게 세분되는 입장들과 혼용된다.

명확히 **이런** 종류의 자연주의는 생물철학과는 단지 약간만 관련될 뿐이다. 생물학적 항목들이란 물리적 항목들이다. 그러나 만약 물리주의가 옳다면, 나머지 모든 것들 역시 물리적이며, 따라서 흔히 이해되고 있듯이, 형이상학적 자연주의(metaphysical naturalism)는 생물학 영역과는 특별한 관련이 거의 없다. 그러나 누군가는 형이상학적 자연주의 그 자체를 **생물학적 형이상학적 자연주의**(biological metaphysical natural-ism)와 구분할 수도 있으며, 비전형적으로 생물학적인 유기체 속성들은 전형적으로 생물학적인 항목들과 동일하거나 혹은 그것들로 구성된다. 이 입장 또한 환원주의, 반환원주의, 그리고 제거주의 관점에서 이해될 수도 있겠지만, 이들 각각의 경우에서 생물학은 형이상학적 신뢰의 시금석으로 이용될 뿐이다.

방법론적 자연주의(methodological naturalism)는 명확히 밝히기 훨씬 더 어려우며, 일련의 명제들을 다루기보다 오히려 하나의 철학적 감성처럼 생각하는 것이 아마도 최선이겠다. 가장 특징적으로, 방법론적 자연주의자들은 철학을 어느 정도 과학의 **연장선**에서 이해한다. 이런 전망에서, 철학과 과학 사이의 경계선은, 완전히 허구적이지는 않더라도, 흐릿하다. 방법론적 자연주의자는 "**순수**(pure)" 철학에 대해 평가절하하는 경향이 있다. 대체적으로 그들은 다음과 같은 경향을 가진다. 그들은 선험적인(*a priori*) 것 위에 후험적인(*a posteriori*) 것을 놓으려 하고, 분석적 진리(analytic truth)보다 종합적 진리(synthetic truth)를 추구하며, 필연성(necessity)만큼이나 우연성(contingency)에 가치를 두려 하며, 그리고 개념적 분석에 의혹을 가지며, 신종의 가능세계(exotic possible world)에 사고 실험을 적용하려는 시도를 경계한다. 요컨대, 그들은 경험적 영역과 씨름하느라 자신들의 손이 더럽혀질까 두려워하지 않으며,

경험적 영역의 지식을 확실히 제공해주는 자신들의 탐구 절차에 특권을 부여한다.8) 생물철학은 분명히, 아마도 전형적인, 방법론적 자연주의이다.

생물철학은, 그 어느 과학 분야라도 자연주의를 위해 토대를 제공해주는 만큼, 생물학 내에 자연주의를 위한 **토대**를 마련해준다. 좀 더 명시적으로 말해서, 생물철학은, 철학의 개념 장치(conceptual apparatus)를 철학 외적 세계, 즉 "실재" 세계에 정초시켜줄 한 가지 방법을 제공해준다. 예를 들어, 식물과 호저, 염색체와 단백질, 신경세포와 근육 등의 세계의 의미를 이해하기 위해 우리의 [추상적] 개념들과 메타 개념들을 전개하려는 세계, 즉 우리로 하여금 철학을 할 수 있게 만들어주고 (우리가 탐구하는) 모든 철학이 의존하는 세계에 대한 [이해]의 기초를 마련해준다.

---

8) 앞서 언급했듯이, 자연주의는 많은 풍미로 다가온다. 자연주의 다양성을 더 면밀히 살펴보려면, 그리고 그 각각의 대표적 논증을 살펴보려면 다음을 살펴보라. P. S. Kitcher(1992b), Rosenberg(1996), Flanagan(2006,) Papineau (1993), Almeder(1998), 그리고 유익한 논문 모음집으로 de Caro and Macarthur(2004).

1. 다윈과 본질주의의 뒤늦은 종언 [1)

Darwin and the Overdue Demise of Essentialism

다니엘 데닛 Daniel C. Dennett

생물학에서는 다윈의 진화론적 사고가 본질주의자의 사고를 대체해 버렸다. 그렇게 본다면, "본질"이란 말은 이제 철학자가 쓰는 어휘에서 도 역사적 맥락을 제외하고는 사용되지 않아야 할 금기어가 되었을까? 실상 이 용어는 철학에 문외한인 사람들이 순진하게, 즉 비전문적으로 사용함으로써 일종의 보호색을 가지게 되었다. 예를 들어, 호프스태터 (D. Hofstadter)는 최근 『표면과 본질: 사고를 위한 연료와 불꽃으로서 의 유추(*Surfaces and Essences: Analogy as the Fuel and Fire of Thinking*)』(샌더(E. Sander)와 공저, Basic Books, 2013)라는 책을 출판 했는데, 내가 제목에 "본질"이란 단어가 쓰인 것에 대해 묻자 그가 다음 과 같이 답신을 보낸 것을 보아도 알 수 있다.

나는 "본질"이란 단어를 들어도 그것을 부정적으로 여기거나 두려워

---

1) 다이애나 래프먼(Diana Raffman)이 내 초고에 대해 조언해주고 쟁점을 명확 히 해준 데 대해 감사한다.

하는 반응을 보이진 않습니다. 내 마음속에서 그 단어는, 철학계에서 벌어지는 피곤한 일련의 불가해한 토론들에 의해 오염되어 있지 않기 때문입니다. 나에게 그 단어는 그저 격식을 차리지 않고 쓰는 일상어일 뿐 전문적인 용어가 아닙니다. "본질"이란 단어가 "요점", "핵심", "중심" 등의 동의어로서 격식 없이 사용될 때 그것이 의미하는 바에 관해 당신과 나 사이에 어떤 이견이 있으리라고는 생각하지 않습니다. 그 단어는 바로 그런 식으로 내 책에서 사용되었습니다. (2014년 1월 3일, 개인 서신)

호프스태터가 그 단어를 친숙하고 비전문적인 뜻으로 사용한 데 대해 나도 하등 이견이 없다는 점에서는 그가 맞다. 또 "본질"이 **그런** 일상적 의미도 갖는다고 공표하고 찬양하는 바로부터 그가 거둬들일 탁월한 통찰도 있을 것이다. 하지만 바로 그 점으로 인해, 철학자들이 그 단어를 사용할 때 그들의 "불가해한 토론"에 그릇된 경의를 부여하게 되지나 않을까 우려된다. 더구나 더 최근 들어 본질이란 단어의 사용에 대한 신임이 도전을 받아왔기 때문에, 그들이 아주 살짝 베일에 가린 대체어들(사실상 완곡 어법들)을 사용하기 시작한 마당이기에 더욱 염려스럽다.

소크라테스가 "모든 F들이 공통으로 갖는 것", "바로 그 덕분에 그것들이 F들일 수 있는 것"을 알고자 하는 요구를 선도한 이래로, [F와 비F를 가르게 할] 명확하고 예리한 경계선에 대한 이상은 철학의 토대가 되는 원칙 중 하나였다. 플라톤의 **형상**(forms)은 아리스토텔레스의 **본질**(essences)을 낳았고, 그것은 또 **필요충분조건들**을 요청하는 무수한 방식을 낳았고, 그것들이 **자연종**(natural kinds)을 낳았고, 그것은 또 **구별자**(difference-makers, **차이를 빚는 것들**)와 이 세상 만물의 모든 집합들의 경계들을 정돈하는 여러 방식을 낳았다. 다윈(C. Darwin)이 나타나서, **생물**의 집합들이 영속적이고 확연히 경계 지어진 종류에 속하거나 속하지 않거나 하는 것이 아니라, 모호한 경계를 갖는 역사적 개체군이며, 자취가 감춰져가는 지협(地峽)들에 의해 다른 섬들에 태고에 연결되었던 섬들이라고 혁명적인 주장을 했다. 그때 철학자들의 주된 반응은 이 부정하기 어려운 사실을 무시하거나 아니면 하나의 도발로 취급한 것이었다. 그렇다면 이렇게 경계가 흐릿하고 꾸불거리는 실재라는 부분에 우리가 어떻게 일률적인 집합론을 강제할 수가 있단 말인가?

"당신의 용어를 정의하라!"라는 말은 철학 토론에서 헌법 전문처럼 자주 나오며, 어떤 방면에서 그것은 모든 진지한 연구의 제1단계로 여겨진다. 그 까닭을 아는 것은 어렵지 않다. 소크라테스와 플라톤이 시작하고 아리스토텔레스가 처음 체계화한 논증의 기술은 발견의 도구들로서, 직관적으로 확실한(숙고하면 "자명한") 것일 뿐만 아니라 논증에 의해서도 강력한 것이다. 그것들은 논쟁 중인 불일치를 종종 부정할 수 없게 확고한 방식으로 해소시키고 어려운 문제들을 해결하는 데 없어서는 안 된다. 모든 탐구의 목표가 **"이상 증명 끝**, 이것이 증명되어야 할 것이었다"라는 승리의 종결이어야 하지 않겠는가? 유클리드(Euclid)의 평면기하학은 정의와 공리, 추론 규칙, 그리고 정리에 대한 또렷한 분리를 갖춘, 그 첫째가는 과시 사례였다. 모든 논제가 그저 유클리드가 기하학을 길들였듯이 그렇게 철저하게 길들여질 수 있기만 하다면 좋을 텐데! 만물을 증류하여 유클리드식의 순도를 뽑아내고자 하는 염원은 수년간 철학적 과업에 동기를 부여해왔고, 모든 논제를 **유클리드식화하고**(euclidify) 그럼으로써 만사에 고전 논리를 강제하려는 다른 시도들도 부추겨왔다. 이런 시도들은 오늘날에도 지속되고 있고, 때로는 마치 다윈이 전혀 존재하지 않았던 듯이 진행되기도 한다. 필립 키처(Philip Kitcher 2009)가 다음과 같이 눈에 번쩍 띄는 예를 지적한다.

예를 들어, 다윈이 "유형론적 사고(typological thinking)"를 "개체군적 사고(population thinking)"로 대체시켰다고 에른스트 마이어(Ernst Mayr)가 말한 바에 대해 살펴보자.[2] 다윈이 방대한 양의 종내 변이

(intraspecific variation)에 대해 간파한 공적에 대해서는 한 세기가 훨씬 넘도록 논쟁의 여지가 없었음에도 불구하고, 철학 토론에서는 오늘날에도 종종 그 진가가 인정되지 않고 있다. 자연종에 대한 최근 토론들은 크립키(Saul Kripke)와 퍼트남(Hilary Putnam)의 독창적 아이디어에 의해 고무되었는데, 본질주의를 되살릴 수 있다고 종종 가정하고 있다. 그러나 만일 종(species)이 자연종이라면, 그런 부활은 전혀 기대할 수 없다. 크립키와 퍼트남은 대체로 자신의 논의를 원소와 화합물에 국한시켰다. 그리고 합당한 근거와 신다윈주의의 통찰 하에서 본다면, 미세 구조의 본질에 상응하는 어떤 것을 찾는 일은 성사될 수 없음이 분명하다. 원자번호가 원소에 대해 했던 역할을 어떤 유전적 또는 핵형 형질(karyotypic property)도 종에 대해 해줄 수 없다.

"자연종"이란 용어를 철학에 재도입한 사람은 콰인(Quine 1969)이었다. 적어도 그는 자연에서 발견되는 종(kinds) 중에서 단지 몇 종만이 현대판 본질로 간주될 자연종이라는 것을 인식하고 있었다. 그리고 그는 필시 자신의 그러한 공식 허가가 어떤 식으로든 속 편한 본질주의로 복귀하는 자연주의자의 축복으로 해석되는 것을 유감스러워했을 것 같다. 콰인은 "녹색 물체들, 또는 적어도 녹색 에메랄드는 하나의 종이다"(p.116)라고 하면서, 에메랄드는 자연종일 수 있는 반면 녹색 물체는 아니라는 사실을 자신이 인정했음을 공표한다. 색채는 생물학적 진화의 산물이기 때문에 분명히 자연종이 아니다. 이 진화의 산물은 훌륭하고 깔끔한 정의를 찾는 데 여념이 없는 철학자들이 그 범주를 만들고자 할 때, 그들을 몸서리치게 만들 만큼 엉성한 경계선을 용인하고 있다. 만약에 어떤 생명체의 생명이 달이나 푸른 치즈, 자전거 등과 함께 하나의 그룹으로 총괄해 취급된다면, 당신은 대자연이 이런 것들을 "직관적으

---

2) [역주] 마이어의 『이것이 생물학이다(*This is Biology*)』(1998, 최재천 외 옮김, 바다출판사, 2016), 7장 참조. "종 문제"를 다루고 있다.

로 같은 종류의 사물"로 "간주하는" 방도를 마련해주리라고 꽤 확신할 수 있을 것이다.3)

나는 수학이라는 추상적 영역 밖에서도 본질주의가 어떻게든 작동되게 될 수 있다는 공통된 무언의 추정이 형이상학적이지는 않으나 하나의 방법론적인 편견이라고 생각한다. 자세히 말하자면 그 추정은 다음과 같다: 우리는 경이로운 도구인 고전적 2치 논리학을 갖고 있으며, 그 사용법을 익히는 데 우리의 시간을 바친다. 그것은 유클리드가 분류한 기하학 요소들이 갖는 그런 분명한 경계가 없이는 작동하지 못한다. 그러므로 우리는 우리의 용어들에서 모든 모호함과 불분명함을 유클리드 식으로 바꾸는 방법이 있다는 것을 하나의 작업가설로서 받아들여야 할 것이다. 그런 방식으로, 실행의 기미를 지닌 것들 중 하나로 다윈식의 개체군적 사고를 용인은 하되, 우리가 선택한 주제에의 적용은 부정함으로써, 우리는 통상적인 업무로 돌아갈 수 있다.

이 편견은 철학자들 사이에 널리 퍼져 있고 물론 거기에는 그만한 이유도 있다. 다윈식의 관점에 의해 위협받는 가장 통상적 관행 중 하나를 예로 들자면, 반대자에 대해 선언지 소거 논변(disjunction-elimination arguments)을 쓰는 것인데, 그것은 "할지 말지 선택의 태도를 분명히 해라"라고 부를 수 있는 책략의 일종이다. 나는 먼저 철학자들이 왜 그렇게 자주 그 책략을 선호했는지를 보여준 다음에, 많은 아니 거의 모든 자연주의적 맥락에서 그 책략의 포기가 왜 현명한지를 보여줄 것이다.

---

3) 이 구절은 나의 책 *Consciousness Explained*(1991, p.381, n.2)[『의식의 수수께끼를 풀다』, 유자화 옮김, 옥당, 2013]에서 따온 것이다. 어떤 생명체에 대해서건 이질적 집합이 하나의 특유한 종을 표시할 수 있다. 그 특유 종은 근본적인 공감각의 경우, 내성적 분석에 의해 꿰뚫어볼 수 없을 논리합(OR gates)에 연결된 세 가지 검출(detector)/감지(sensor) 체계를 갖는다. 그것은 예리한 경계를 갖는 덩어리일 수도 있고 아니면 동시에 우툴두툴하고 모호한 경계를 가질 수 있다. 무엇이 자전거로 아니면 푸른 치즈로 간주될 것인가는 우리 세계에서 협상 가능한 것이다.

"A의 B 거듭제곱"이 유리수가 되는, A와 B라는 두 개의 무리수가 있음에 대한 다음의 간단한 증명을 살펴보자. 이것은 모든 실수가 유리수거나 유리수가 아니라는 가정에 근거한다.

A를 $\sqrt{2}$라 하자.
B를 $\sqrt{2}$라 하자.
그러면 "A의 B 거듭제곱"은 어떤가? $(\sqrt{2})^{\sqrt{2}}$은 유리수일까? **모르겠다.**

하지만 그것이 유리수거나 아니거나 둘 중 하나인 것은 알고 있다:

$((\sqrt{2})^{\sqrt{2}}$는 유리수다$)$ v. $\sim((\sqrt{2})^{\sqrt{2}}$는 유리수다$)$
만일 그것이 유리수라면, QED (이상 증명 끝)
만일 그렇지 않다면 이번엔 B를 $\sqrt{2}$로, A를 $(\sqrt{2})^{\sqrt{2}}$라 하자.
이제 A의 B 거듭제곱 즉 $((\sqrt{2})^{\sqrt{2}})^{\sqrt{2}}$는 유리수인가?
그렇다. 왜냐하면 그것이 $(\sqrt{2})^2$가 되고, 또 그것은 2가 되기 때문이다.

어느 쪽이 될지는 모르겠지만, 둘 중 어느 쪽으로든 위와 같은 한 쌍의 수가 존재한다.[4]
이런 형태의 논증이 주는 커다란 이점은, 어려운 문제들에 대한 우리의 무지를 교묘히 처리 가능하게 하면서도 증명을 이루게 해준다는 것

---

4) 이것은, 브로우베르(Brouwer) 같은 직관주의 옹호자들이 수용할 수 없는, 직관적으로 충족적인 증명의 한 가지 사례로 종종 인지되며, 직관주의의 경직된 대가라 할 수 있다.
[역주] 브로우베르는 네덜란드 수학자이며, 수학의 본성을 자명한 법칙에 의해 지배되는 정신적 구성물이라 보는 수학적 직관주의를 정립했다.

이다. 하지만 화제가 숫자가 아니라 개일 경우, 이런 달콤한 논증 형태를 정말로 쓸 수는 없을 것이다. 모든 동물이 개이거나 개가 아니라는 것이 참일까? 코이독(coydogs)이나 늑대 하이브리드(wolf hybrids)는 어떤가?5) **개**라는 개념의 경계는 모호하며, **코요테**(coyote)와 **늑대** 그리고 다른 많은 중요 개념들의 영역들도 마찬가지다. 이 부정할 수 없는 경계 사례들은 "이것이냐 아니면 저것이냐"라는 논증 틀을 짜느라 열심인 사람에게 단순한 방해물에 그치는 것이 아니다. 그것들은 전형적으로 그 논증형식을 한꺼번에 무력화시킨다.6)

다윈식의 사고가 가진 영향력을 보여주는 한 가지 논증이 데이비드

---

5) [역주] 코이독은 암코요테와 수캐의 교배종이다. 늑대 하이브리드에는 코이울프(Coywolf, 코요테 + 늑대)가 있다. 개가 회색늑대의 아종이므로, 개와 늑대는 동일종이고, 따라서 늑대개는 하이브리드(잡종)가 아니다. 코요테는 개과 동물이다.

6) 래프먼(Raffman, 2005, 2014)은 경계 사례에 대한 표준적 개념에 대해 도전하면서, 어떤 모호어 Φ의 경계 사례는 Φ와 그것과 양립 불가능한(상반된) 범주 Ψ 사이에 놓이지만, Φ도 Ψ도 아니라고 주장했다. 예컨대 개의 경계 사례는 개와 코요테 사이에 있지만 개도 코요테도 아니며, 또 개와 늑대 사이에 있지만 개도 늑대도 아니라는 식이다. 그래서 2치 논리학과 배중률이 안전하다. 경계 사례에서 "x는 Φ다"라는 문장은 거짓이고, "x는 Φ가 아니다"라는 문장은 참이다. (여담: Φ와 경계Φ 사이의 더 상위의 경계 사례는 존재하지 않는다. 왜냐하면, 경계Φ의 항목은 Φ가 아니고 또 경계 사례들은 모순항들 사이에서 정의되는 것이 아니라 양립 불가능한 것들 사이에서만 정의되기 때문이다.) 아무튼, 현재의 목적을 위해서 중요한 점은, 래프먼의 견해에 의하면 비Φ의 종이 경계 사례들을 포함한다는 점이다. 비개(nondogs)는 코이독(coydogs)을 포함한다. 그래서 만일 래프먼이 옳다면, "이것이냐 아니면 저것이냐" 책략에 대한 나의 비판은 재공식화를 (단지 재공식화만을) 요청할 것이다. 양극의 대립물뿐만 아니라 경계 사례들도 — 예컨대 코요테뿐만 아니라 코이독도, 늑대뿐만 아니라 늑대 하이브리드도 — 포함하는 이종의 종을 모두 포괄하는 부정 선언(negated disjunct)이 유클리드 기하학이 이끌어내려고 했던 종류의 결론을 일반적으로 지지하지는 않는다는 것이 문제가 될 것이다. (래프먼의 접근방식은 모호한 단어에 대한 예리한 경계를 함축하지는 않는다. Raffman(2014), 특히 2장과 4장 참조.)

샌포드(David Sanford 1975)가 제시한, 포유동물은 존재하지 않는다는 아래의 멋진 "증명"이다.

1. 모든 포유동물은 어떤 어미로서 포유동물을 가진다.
2. 만약 어떤 포유동물들이 하여간 존재해왔다면, 유한한 수의 포유동물만이 존재해왔다.
3. 그런데 만약 단 한 마리의 포유동물이라도 존재해왔다면, 그러면 1에 의해 무한수의 포유동물들이 존재해왔던 것이 되며, 이것은 2와 모순된다. 그러므로 포유류는 존재해왔을 수 없다. 그것은 명확히 모순이다.[7]

포유동물이 존재한다는 것을 우리가 너무나 잘 알고 있기 때문에, 이 논증은 그 속에 어떤 오류가 숨어 있는지를 발견하기 위한 도전으로서만 심각히 받아들여야 한다. 그리고 우리는 일반적인 방식에 따라, 무엇을 덧붙여야 할지 알고 있다: 어떤 포유동물의 가계도를 아주 멀리 거슬러 올라가면 우리는 테라프시드(therapsids)[8]에 이르게 되는데, 이 이상한 동물은 파충류와 포유류 사이의 교량종(bridge species)이며 멸종했다. (전문적으로 포유동물은 테라프시드, 즉 유일하게 생존하는 테라프시드로 분류되기도 하는데, 통상적으로 테라프시드라는 용어는 포유동물이 그로부터 유래한 선(先)포유류의 비(非)파충류(premammalian nonreptilian) 종을 가리키는 데 쓰인다.) 분명한 파충류에서 분명한 포유류로 수백만 년을 거쳐 점진적인 이행이 일어났고, 그 사이 간격을 메우는 수많은 중간 종들이 있었다. 이러한 점진적 변화의 스펙트럼을 가로질러 경계선을 긋는 일에 관해 무엇을 할 수 있을까? 우리가 최초 포

---

7) [역주] 이런 논증은 귀류법으로, 모순에 봉착함을 보여줌으로써 반박하는 증명법이다.
8) [역주] 수궁류(獸弓類) 목(目)의 파충 동물로, 포유류의 원조로 지목된다.

유동물(the Prime Mammal), 즉 한 엄마에 대해서 포유동물인 것이 아닌, 따라서 위의 전제 1을 부정하는 그런 포유동물을 확인할 수 있을까? 무슨 근거에서? 그 근거가 무엇이든 간에, 그 동물의 엄마가 테라프시드였을 것이기 때문에 그것은 포유동물이 **아니다**라는 평결을 지지하는 데 쓰일 근거와는 상충될 것이다. 테라프시드-집단(therapsid-hood)임을 판가름할 그보다 더 나은 테스트가 있다면 무엇일까? 우리가 테라프시드와 포유류를 구별하는 데 쓸 열 가지 차이점의 목록을 만들어서 포유류 특징의 다섯 개 이상을 가지면 포유류로 판정한다고 생각해보자. 임의성은 차치하고서라도 — 왜 여섯 개나 스무 개가 아니라 열 개이며, 중요도로 순서를 매기지도 않았는가? — 그런 구분선은 어떤 것이든 원치 않는 많은 평결들을 낳게 될 것이다. 왜냐하면 명백한 테라프시드와 명백한 포유류 사이의 길고 긴 이행 기간 동안, (다섯 개 이상의 특징을 가진) 포유류인 동물들이 (포유류 특징을 다섯 개 이하로 가진) 테라프시드와 짝짓기를 했고, 포유류에 의해 태어난 테라프시드, 포유류에 의해 태어난 테라프시드에 의해 태어난 포유류인 후손을 낳았을 것이며 이렇게 계속 진행되는 수많은 사례들이 있을 것이기 때문이다! 이런 세부사항들은 그 수백만 년을 쫓아 탐지할 수 있는 것이 아니기 때문에, 이런 "변종(anomalies)" 모두를 알아보려면 "타임머신"이 있어야 할 판국이다.9) 이것이 오히려 잘된 편인 까닭은 진화 과정의 세부사항들은 긴 안목으로 보면 진짜 문제될 것은 아니기 때문이다. 과연 우리가 무엇을 해야 할까? 우리는 구분선을 긋고 싶은 욕망을 눌러야만 한다. 수백만 년을 거쳐 축적된 그래서 마침내 부인할 수 없이 명백한 포유류를 생산했던 이런 모든 점진적 변화들이 있었다는, 아주 놀랍지도 않고 이제 신비하지도 않은 사실을 받아들이며 살아갈 수 있다.

최초의 포유동물이 언제 그리고 어디에 존재했는지를 알 수 없는데도

---

9) [역주] "anomaly"는 다른 맥락 특히 과학사에서는 "변칙 사례", "변칙 현상" 으로 보통 번역된다.

불구하고, 그것이 존재했음에 **틀림없다**고 주장하는 것은 **히스테리성 실재론**(hysterical realism)의 예다. 그런 믿음은, 우리가 충분히 알기만 한다면 우리가 **반드시** 보아야 할 바를 보게 되리라는 생각, 즉 포유류 집단의 특별한 성질, 즉 (포유류를 일거에 정의해주는) 포유류 집단의 본질이 존재한다고 생각하도록 우리를 유도한다. 그런 본질이 존재함을 부정하는 것은 형이상학과 인식론, 즉 (실제로) **존재하는** 것에 대한 탐구와 존재하는 것에 대해 우리가 **아는** 것에 대한 탐구를 혼동하는 것이라고 철학자들은 가끔 말한다. 사상가들이 형이상학적 물음을 (단순히) 인식론적인 물음과 혼동해서 궤도를 이탈하는 그런 경우가 **아마도** 있을 수 있겠지만, 그 사실은 그저 주장되어야 할 바가 아니라, 입증되어야만 할 바라고 나는 응답하겠다.[10] 그런 경우에 형이상학과 인식론을 혼동했다는 비난 죄목은, 난제에 직면해 자신의 내밀한 본질주의를 고수하려는 일종의 순환논증 방식일 뿐이다.

리처드 도킨스(Richard Dawkins)는 최근 논문(2014)에서 **본질** 개념을 퇴거시킬 것을 권하면서 다음과 같이 말했다.

말하자면, 어떤 특정 화석이 오스트랄로피테쿠스(*Australopithecus*)인지 아니면 호모(*Homo*)인지에 대해 고생물학자라면 열렬히 논쟁할 것이다. 그러나 정확히 중간인 개체들이 틀림없이 존재했다는 것을 진화론자라면 누구나 알고 있다. 이 문제의 화석을 하나의 속(genus) 또는 다른 속에 억지로 집어넣어야 할 필요성을 주장한다면 이는 본질주의자의 어리석음이다. 호모인 자식을 낳는 엄마 오스트랄로피테쿠스는 결코 존재할 수 없는데, 모든 태어난 자식이 그 엄마와 같은 종에 속하기 때문이다. 종에 불연속적인 명칭을 붙이는 전체 체계는 현재라는 하나의 시간 조각에 맞게 조정되어 있고, 그 안에서 편리하게도 조상들의 존재는 우

---

10) 이 구절들은 데닛의 책(Dennett 2013, pp.240-243)에서 마지막 몇 문단을 수정해서 가져온 것이다.

리가 자각할 수 없게 되어 있다. (그리고 "고리 종(ring species)"도 적절하게 무시된다.)[11] 만약에 기적이 일어나 모든 조상이 화석으로 보존되어 있다면, 불연속적인 명명은 불가능해질 것이다. 창조론자들은 "간격(gaps)"을 진화론자들을 곤혹스럽게 하는 것으로 즐겨 인용하는 잘못을 범하곤 하는데, 실상 그 갭들은 상당한 근거에 입각해 종들에게 구별된 이름을 부여하고 싶어 하는 분류학자들에게는 예기치 않은 혜택이기도 하다. 어떤 화석이 "실제로" 오스트랄로피테쿠스인지 호모인지를 놓고 다투는 것은 조지(George)라는 사람이 "키 크다"고 해야 할지 말아야 할지를 놓고 싸우는 것과 같다. 그는 5피트 10인치인데, 우리가 알 필요가 있는 것을 그것이 다 말해주고 있지 않은가?

그렇다면 본질을 가정하는 습관을 깨는 데 어려움을 느끼는 사람은 철학자들만이 아니다. 도킨스가 주목한 바와 같이, 진화계통에 붙일 말쑥하고 "구별된" 명칭들, 작업을 하며 쓸 합의된 경계지표를 갖는 데는 합당한 이유들이 있지만, 우리의 그 편리한 합의들을 발견으로 착각해서는 결코 안 될 것이다. 플라톤은 우리가 자연을 그 연결 마디에서 분할해야 한다고 잊지 못할 권고를 한 바 있지만, 문제는 우리의 의사소통 목적에 맞추기에 충분히 실제적이고 객관적인 연결 마디란 것이 존재하지 않는다는 것이다. 우리는 경계를 그을 **필요**가 없고, 단지 실천적인 분류법을 위해 임의로 경계선을 긋는 것은 **괜찮을** 듯하다. 비록 이런 식으로 한 발짝 양보해도, 선언지 소거 논변은 무엇인가를 증명하기 위한 도구로서 아주 무력해진다. 왜냐하면 우리가 경계를 어디에 긋든 간에, 소거 논변이 작동하기 위해 필요한 그런 종류의 일반화를 허용치 않을

---

11) [역주] 고리 종은 조금씩의 소진화가 축적되어서 결국에는 완전히 종이 갈라진 대진화가 일어난 것을 보여준다. 시베리아 중부 삼림에 살고 있는 버들솔새의 두 종류는 겉모습도 다르고 울음소리도 차이가 있다. 이들은 같은 속(屬, Genus)에 속하지만, 서로 교배를 하지 않는, 말하자면 별개의 두 종이다.

변양들이 경계선 한쪽이나 양편에 상존해 있을 것이기 때문이다. 그러나 그런 변양들이 또한 쓸모 있는 까닭은, 우리가 앞으로 살펴보게 되겠지만, 그런 소거 논변으로부터 전형적으로 도출된 결론들이 중대한 진실로부터 멀어지게 우리를 잘못 이끌기 쉽기 때문이다.

특히, 분명한 경계를 갖는 본질에 대한 요구는 사상가들로 하여금 생명이나 의도, 자연선택 그 자체, 도덕적 책임, 그리고 의식과 같은 복잡한 현상들에 대한 점진주의의 전망에 대해 생각하지 못하도록 만든다.

만약 당신이 살아 있음의 경계선상의 사례들(아마도 바이러스(viruses), 비로이드(viroids),12) 또는 운동 단백질(motor proteins)과 같은 것들)이 있을 수 없다는 생각을 가진다면, 그에 대한 생각을 시작하기도 전에 당신은 이미 **생명의 약동**(élan vital)을 향해 절반을 넘어가고 있는 셈이다. 박테리아의 어떤 **적절한 부분도** 살아 있는 것이 아니라면, 박테리아가 살아 있다는 주장에 무게를 실어주기 위해, 어떤 "진리 메이커(truth maker)"13)를 덧붙여야 할까? 다소 표준적이라 할 수 있는 앞의 세 가지 후보들도 물질대사(metabolism), 생식 능력(capacity to reproduce), 그리고 보호 세포막(protective membrane)을 가지고 있지만, 이런 현상들 각각도 또한 외견상 경계선상의 사례들을 갖고 있기 때문에, 자의적인 구별을 위한 필요는 사라지지 않는다. 만일 단세포로 된 "유기체"(그렇게 불릴 만하다면!)가 살아 있는 것이 아니라면, 어떻게 다른 요소 없이 하나로 묶인 두 단세포로 된 존재가 살아 있는 것이 될 수 있겠는가? 또한, 두 개가 살아 있는 것이 아니라면, 세 개 세포의 연합체에 있어 무엇이 특별하겠는가? 이런 물음은 계속 진행된다.

포더(Fodor 2008)가 주장했듯이, 개구리가 파리를 잡으려는 의도를 가지거나 가지고 있지 않은 둘 중의 하나라면, 결국 자연선택이 적응

---

12) [역주] 바이러스보다 작은 RNA 병원체로, 여러 가지 식물 병의 원인이다.
13) [역주] 진리 담지자가 그로 인해 참이 되는 대상을 말한다.

(adaptations)을 설명할 수 없다는 주장을 하는 데 이를 것이다.

나는 개구리가 의도를 가지고 파리를 잡았다고 보는 것 역시 그럴싸하다고 생각한다. (만일 당신이 개구리에게 의도를 귀속시키는 것을 받아들일 준비가 안 되어 있다면 서슴지 말고 계통수의 사다리를 거슬러 올라가서, 당신의 견지에서 그렇게 귀속을 해도 될 만한 그런 생물을 찾기 바란다.) 이제 행위하려는 의도(intentions-to-act)는 지향적 목적(objects)을 갖고, 그 사실이 그것들 사이를 우리가 분간할 수 있게 해준다. 예를 들어, 개구리가 파리를 잡고자 하는 것은 파리를 잡으려는 의도(목적)에서이고 바로 그 사실에 의해서, 백합 잎사귀 위에서 일광욕을 하려는 의도와 구별된다(p.2).

비록 선택적 환경에서 "파리"와 "주위의 검고 성가신 것"이 같은 대상을 지시할지라도, 파리를 잡으려는 의도는 "주위의 검고 성가신 것"을 잡으려는 의도와는 확연히 구별된다. 자연선택은 "외연적으로 동치인 지향적 사태들(intentional states) 사이에 차이를 '알아볼 수' 없기" 때문에(p.4), 다른 의도보다 한 의도에 **대해** 선택할 수 없다. 이런 결론은 쭉 연속된 선언논증들에 의해 진짜로 경이로운 선언문장, 즉 모든 자연선택은 마음을 갖거나 마음을 갖지 않는다는 문장에 도달하게 한다. 그리고 정말로 놀랍게도 그것은 마음을 갖지 않는다. 그리고 그것이 마음을 갖지 않기 때문에 그것은 적응을 설명할 수 없다. 이 결론의 미심쩍음은 뒁벌(bumblebees)이 날 수 없다는 가공적인 공기역학적 "증명"과 더불어 최고 영예를 다투고 있다.[14]

---

14) 이런 얘기는 사실적인 기초를 가지고 있는 듯 보이는데, 사실 이것은 1930 년대로 거슬러가는 꽤 유명한 역사적 배경을 가지면서 하나의 문화적 유전자(밈(meme))로 재서술을 통해 변형되어왔다. 그때는 프랑스의 유명한 곤충학자인 마냥(A. Magnan)과 그의 실험조수 생라그(M. Saint-Lague)가 마냥의 책 『벌레의 날기(*Les Vols des Insects*)』(1934)에서 보고했듯이 공학적 계산

포더는 우리가 모든 용어에 대한 "문자 그대로의" 해독에 집착하고 각각의 명제를 확증하든지 아니면 부정하든지 한다고 주장함으로써, 자신이 본질주의자의 입장을 꺼리고 있음을 잘 인식하고 있다.

확실히 당신 말대로, 유전자가 **문자 그대로** 자신을 복제하는 데 관련된다고 그 누구도 **진짜로** 주장할 수는 없을까? 아니면 자연선택은, 그것이 선택하는 것을 선택할 때 마음에 목적을 문자 그대로 갖고 있다라는 주장은? 또는 자연선택이 지향적 시스템(intentional system)에 의해 문자 그대로 작동된다라는 주장은? 아마도 진짜로 그렇게 주장하긴 어려울 것이다. 또 분명한 것은, 더 안 좋은 상황이 되어 ("자연선택이 '선호하는' 것", "대자연이 '디자인하는' 것", "이기적 유전자가 '원하는 바'" 등등과 같은) 겁나는 인용구들에 의존하는 수단을 쓰면, 그 분야의 표준 텍스트들에서 대체 무엇이 주장되고 있는가를 말하기도 어려워진다. 언뜻 보기에는 모호하지 않은 구절들도 여전히 많이 있다. 그래서 핑커 (Pinker 1997, p.93)는 다음과 같이 말했다:

인간의 마음이 미를 창조하도록 궁극적으로 고안되어 있는가? 진리를 발견하도록? 사랑하고 일하도록? 다른 인간들과 그리고 자연과 조화를 이루도록? 자연선택의 논리가 이에 대한 답을 준다. 마음이 그것을 성취하게끔 디자인되어 있는 궁극 목적은 그것을 창조한 유전자의 복제물의 숫자를 최대화하는 것이다. 자연선택은 복제하는 대상들의 장기적 운명에 대해서만 상관한다. …

당치도 않다. 인간의 마음은 창조되지 않았고 디자인되지도 않았으며, 자연선택이 상관하는 그런 것은 있지도 않다. 그것은 그저 우연의 산물이다. 토토(Toto), 여기는 캔자스가 아니야(p.7, n.12).[15]

을 한 때다. 물론 마냥은 이것이 비행공학에서의 당시 사고방식에 대한 귀류법임을 인식했었다. McMasters(1989)를 참조하라. 이 각주는 Dennett and Plantinga(2011)에서 빌려왔다.

15) [역주] 토토는 『오즈의 마법사(*The Wizard of Oz*)』에 나오는 주인공 도로시

만일 당신이 존 서얼(J. Searle)처럼, 의식이나 이성에 있어 단계적이고 점차적인 이행(gradations)의 여지가 있다는 것을 부정한다면, 결국 당신은 "강한 인공지능(Strong AI)"은 불가능하다고 또는 의식은 불가해한 것이라고 선언하는 데 이를 것이다.

이렇게 이론적 공상이라는, 스스로 부과된 속박에서 벗어나기 위해서 필요한 것은 내가 "**어느 정도**"라는 기능어(sorta operator)라고 부르는 것을 인정하는 일이다. 이것이 작동하는 것을 보기 위한 좋은 방법은, 연산에 대한 튜링(A. Turing)의 혁명적 아이디어를 진화에 대한 다윈의 혁명적 아이디어와 나란히 놓는 것이다. 다윈 이전의 세계는 과학에 의해서가 아니라 전통에 의해 결합되어 있었다. 우주의 모든 것들은 가장 높은 존재("인간")에서 가장 낮은 존재(개미, 자갈, 빗방울)에 이르기까지, 더욱더 드높은 존재인, 신의 창조물이다. 신은 전지전능한 지적 창조주로, 두 번째 가장 높은 존재인 인간과 놀라운 유사성을 갖는다. 이것을 창조의 점적(點滴) 이론(the trickle-down theory of creation)이라 하자. 다윈은 이것을 창조의 용솟음 이론(the bubble-up theory of creation)으로 바꿨다. 19세기에 다윈 비판자 중 하나가 이것을 다음과 같이 생생하게 표현했다.

우리가 다뤄야만 하는 이론에서는 절대 무지(Absolute Ignorance)가 기술공이다. 그 때문에 전체 체계의 기본 원리로서, "**완벽하고 아름다운 기계를 만들기 위해서, 그것을 어떻게 만들지 아는 것이 필수가 아니다**"라고 선언해도 좋다. 이 말을 주의 깊게 검토해보면, 그 이론의 본질적인 취지를 축약된 형식으로 표현하고 있고 또 다윈 선생의 의미를 전부 몇 마디로 표현하고 있다는 것을 알 수 있다. 그는 기묘하고 전도된 추

의 강아지다. 토네이도에 휩쓸려 도로시와 토토는 마법사의 나라 오즈에 가게 되었고, 고향인 캔자스를 그리워하며 집으로 돌아가는 모험을 펼친다. 이 문장은, 오즈에서는 모든 일이 우연적으로 일어난다는 의미로 쓰인 것 같다.

리에 의거해서, 창조적 기술이 이룬 모든 성취들에 있어서 절대 무지가 절대 지혜를 일어나게 하는 것으로 충분히 평가될 수 있다고 생각한 듯하다(MacKenzie 1868).

당시에 그것은 실로 기묘하고 전도된 추리였다. 오늘날에도 많은 사람들은, 무목적적이고 마음을 결여한 과정들이 무한히 긴 시간을 통해 가동될 수 있고, 무엇을 하고 있는지에 대해 눈곱만큼도 이해하지 않고서도 더더욱 미묘하고 효율적이고 복잡한 생명을 발생시킬 수 있다는, 마음을 산란케 하는 생각을 이해하지 못한다.

튜링의 생각도 마찬가지로 기묘하며 전도된 추리였는데, 실은 놀라울 정도로 흡사하다. 튜링 이전의 세계에서 컴퓨터는 일을 하려면 수학을 이해해야만 하는 사람과 같은 것이었다. 튜링은 이것이 필요하지조차 않다는 것을 깨달았다. 그것들이 수행한 과제를 취하되, 이해라는 것은 눈곱만큼도 남기지 말고 짜내어버리고, 무정한 기계적 활동만을 남겨놓으면 된다. **"완벽하고 아름다운 연산 기계가 되기 위해, 수학이 무엇인지를 아는 것은 필수적이지 않다."**

다윈과 튜링이 각자 다른 방식으로 둘 다 발견했던 것은 이해력을 수반하지 않는 역량의 존재였다(Dennett 2009 논문에서 앞 구절의 소재를 일부 수정해 가져왔다). 이것은, 이해는 사실상 모든 개선된 능력의 원천이라는 아주 그럴듯한 가정을 뒤엎는다. 어쨌든 왜 우리가 우리 아이들을 학교에 보내기를 고집하고 있으며, 기계적 학습이라는 구식 방법에 대해 난색을 표하고 있는가? 우리 아이들의 늘어나는 능력이 그들의 늘어나는 이해력에서 흘러나오기를 기대하기 때문이다. 근대 교육의 모토는 "유능하게 되려면 이해해라"가 될 것이다. 호모 사피엔스(*Homo sapiens*)의 일원인 우리로서는, 능력을 바라보고 또 능력을 갖추려 할 때 그것이 거의 항상 올바른 방식이다. 이 교육원칙은 매우 선호되고 있지만, 진화론에 대한 그리고 튜링의 세계에서 그 사촌격인 인공지능에 대한 회의론을 유발하는 주요 원인 중 하나라고 나는 생각한다. 무심한 (mindless, 마음이 없는) 기계장치가 인간 수준의 (또는 신의 차원까지 이르는!) 능력을 발생시킬 수 있다는 생각 자체는 많은 이들에게 속물적이고, 불쾌하고, 우리의 정신과 또 신의 마음에 대한 모욕으로 여겨진다.

튜링은 다윈처럼 지성(또는 지적 디자인)의 신비를 말없는 우연적 일들의 원자적 단계들로 쪼개어버렸다. 이 우연적 일들은 수백만 년 축적되면, 결국 일종의 유사 지성이 된다. 컴퓨터의 핵심 프로세싱 유닛은 수학이 무엇인지 **실제로** 알거나 덧셈이 무엇인지 **실제로** 이해하지 못한다. 그러나 그것은 두 개의 숫자를 더하라거나 합을 기록하라는 "명령"을 "이해한다"고 할 수 있는데, 이는 더하라는 요청을 받았을 때 그것이 제대로 더하고 제자리에 합계를 제대로 쓴다는 최소한의 의미에서다. 컴퓨터 유닛이 덧셈을 **어느 정도**(sorta) 이해한다고 말하자. 몇 단계 올라가서, 운영체계는 자기가 전달 오류를 체크하고 고치는 일을 하고 있다는 것을 **진짜로** 이해하지는 않지만, **어느 정도** 이것을 이해하며, 일을 하라는 요청을 받았을 때 이 일을 제대로 한다. 조금 더 위 단계로 올라가면, [컴퓨터 기억장치의] 구성 블록들이 10억 그리고 1조 단위로 축적될 때, 체스 프로그램은 자기의 퀸이 위험에 처한 것을 **진짜로** 알지는 못하지만, 그것을 **어느 정도** 이해하며, 제퍼디(Jeopardy)에 나온 IBM의 왓슨(Watson)은 대답해야 할 질문을 **어느 정도** 이해한다.16)

어느 정도라는 말에 왜 이렇게 빠지는가? 우리가 이 층층의 좀 더 유능한 수준들을 분석하고 또는 종합할 때, 각 수준에서 두 가지 사실을 놓치지 말아야 한다. 즉 "그것이 무슨 **존재인가**(what it is)"와 "그것이 무엇을 **하는가**(what it does)"이다. 그것이 무슨 **존재인가**는 그것을 이루는 부분들의 구조적 조직에 의거해 기술될 수 있고, 그런 한에 있어 우리는 그 부분들이 기능하리라고 생각되는 대로 그것들이 기능을 한다

---

16) [역주] 제퍼디는 미국 텔레비전의 퀴즈쇼 프로그램이다.

고 가정할 수 있다. 그것이 무엇을 하는가는 그것이 (어느 정도) 수행하는 특정한 (인지적) 기능이다. 그 결과 또 우리는 상위 단계에서, 바로 그 기능을 수행하는 더 스마트한(사용하기에 어느 정도 충분한) 구성 블록이 우리 재고품 목록에 있다고 가정할 수 있다. 대체 어떻게 마음이 물질적 메커니즘으로 구성될 수 있는지에 대한 매우 복잡한 의문을 푸는 데 있어 이것이 열쇠가 된다. 인지과학에서 **어느 정도**라는 기능어(sorta operator)는 진화 과정에서 다윈의 점진주의(gradualism)에 평행해 있다. 박테리아가 있기 전에 **어느 정도** 박테리아인 것이 있었고, 포유동물이 있기 전에 **어느 정도** 포유동물인 것이 있었고, 개가 있기 전에 **어느 정도**의 개인 것들이 있었고 등등. 원숭이와 사과 사이의 거대한 차이를 설명하기 위해 우리는 다윈의 점진주의가 필요하고, 휴머노이드 로봇과 손 계산기의 거대한 차이를 설명하기 위해 튜링의 점진주의가 필요하다. 원숭이와 사과는 같은 기본적 구성요소들로 이루어져 있고 상이하게 구조 지어져 있고, 서로 다른 기능적 역량과 관련된 여러 층위들 중 어떤 한 단계에서 활용된다. **어느 정도** 원숭이와 원숭이 사이에 원칙에 입각한 구분선은 없다. 휴머노이드 로봇과 손 계산기는 동일하게 기본적이고 생각도 느낌도 없는 블록(Turing bricks)으로 구성되어 있지만, 그것들을 더 크고 더 유능한 구조로 구성함에 따라 그것들은 더 상위 단계에서 더욱더 유능한 구조의 요소들이 된다. 그러면 마침내 그것들은, (**어느 정도**) 지적이고 그 결과 **이해한다**(comprehending)라고 부를 만한 그런 능력을 갖춘 것으로 조립될 수 있는 부분들이 된다. 우리는 지향적 태도(Dennett 1971, 1987)를 사용해서 모든 단계의 (**어느 정도**) 합리적 행위자들의 신념과 욕구(또는 "신념"과 "욕구" 또는 **어느 정도** 신념과 **어느 정도** 욕구)를 추적할 수 있다. 가장 단순한 박테리아로부터 시작하지만, 그 행위자들의 단계에는 불가사리에서 천문학자에 이르는 동물들의 뇌를 구성하는, 판별하고 신호하고 비교하고 기억하는 모든 뇌 회로들이 망라된다. 어떤 선 위쪽에서 진정한 이해능력을 찾아볼 수 있는 그런 원칙에 입각한 구분선은 없다. 심지어 우리 인간의 경우에도 그렇다. 어린아이는 "아빠는 의사야"라는 자기 문장을 **어느 정도** 이해하고 나는 "$E = mc^2$"를 어느 정도 이해한다. 어떤 철학자들은 이런 반본질주의(antiessentialism)에 저항한다. 즉, 당신은 눈이 희다고 믿거나 믿지 않거나 둘 중 하나이며, 당신은 의식이 있거나 없거나 둘 중 하나이다. 그리고 그 무엇도 어떤 정신현상에의 근사치로 간주될 수는 없다. 그리고 전부냐 전무냐(all or nothing) 양자택일의 문제이다. 그런 사상가들에게 마음의 힘은 설명할 수 없는 신비인데, 그것은 마음이 "완벽하고" 오로지 물질적인 기작 속에서 발견될 수 있는 무엇과도 완전히 다르기 때문이다.

도덕적 책임의 문제로 화제를 돌려, 스트로슨(Galen Strawson 2010)이 제시한 영향력 있는 논증을 고려해보자.

1. 어떤 주어진 상황에서, 당신이 무언가를 행동하는 것은 당신이 그러하도록 생겨먹은 방식 때문이다.
2. 당신이 행한 바에 대해 궁극적으로 책임지려면, 적어도 어떤 중요한 정신적인 점에서, 당신이 그러하도록 생겨먹은 방식에 대해 궁극적으로 책임질 수 있어야만 한다.
3. 그러나 어떤 점에 있어서도, 당신의 그러하도록 생겨먹은 방식에 대해 당신이 궁극적으로 책임질 수 없다.
4. 그렇다면 당신이 행한 바에 대해 당신이 궁극적으로 책임질 수 없다.

첫 번째 전제는 부인할 수 없다. "당신의 그러하도록 생겨먹은 방식"은, 어떻게 그 상태가 되었든지 간에, 어떤 시간에 당신의 전체 상태를 포함하는 것을 뜻한다. 그것이 어떤 상태이든 간에, 당신의 행동은 그로부터 비기적적으로(nonmiraculously) 유래한 것이다. 두 번째 전제는,

만일 당신이 그 상태에 자신이 들어간 데 대해 적어도 어느 점에서, "궁극적으로" 책임이 있지 않다면, 당신이 행한 바에 대해 "궁극적으로" 책임이 있다고 할 수 없음을 말한다. 그런데 단계 3에 따르면 그것이 불가능하다.

그래서 단계 4인 결론이 논리적으로 도출되는 듯 보인다. 하지만 단계 3에 대해 좀 더 면밀히 살펴보자. 당신의 있는 그대로의 적어도 **일부** (some) 점에 대해 왜 당신은 (궁극적으로) 책임이 있을 수 없는가? 일상 생활에서 우리는 이런 구분을 정확하게 하고 있고, 이것은 도덕적으로 중요하다. 당신이 로봇을 디자인하고 만들어서 수행자도 감독자도 없이 세상에 내보냈으며, 물론 당신은 그 로봇이 종사하게 될 활동들의 종류에 대해 잘 알고 있다고 가정해보자. 그런데 로봇이 누군가를 심하게 다치게 했다고 가정해보자. 그렇다면 당신은 이에 대해, 적어도 어떤 점에서 책임이 있지 않은가? 대부분 사람은 책임이 있다고 말할 것이다. 당신이 그것을 만들었고, 위험을 예견했어야 하고, 정말로 일부 위험은 예견한 바 **있었고**, 그러므로 생겨난 피해에 대해 적어도 부분적으로 당신은 비난받아야 한다. 당신의 로봇에 의해 생긴 손해에 대해 당신은 **전혀** 책임이 없다고 주장한다면 누구도 공감하지 않을 것이다.

이제 약간 다른 사례를 살펴보자. 당신이 사람(미래의 당신 자신)을 디자인해서 만들고, 당신이 직면하게 될 가능한 위험을 잘 알면서도 위험한 세상에 자신을 내보낸다. 당신은 술집에서 술에 취해서 차를 타고 차를 몰고 떠난다. 당신이 학교 버스와 충돌한 경우, 당신은 "당신의 그리 생겨먹은 방식"에 대해 적어도 부분적으로 책임이 있지 않은가? 상식은 당연히 책임이 있다고 할 것이다. (술집 바텐더나 당신의 고분고분한 초청자 측도 책임을 함께해야 할 것이다.) 그러나 스트로슨의 압도적인 논변에 맞서 어떻게 그렇게 될 수가 있겠는가? 일단 스트로슨이 말한 것은, 당신의 있는 그대로에 대해 당신은 **절대적으로** 책임이 있을 수 없다는 것임을 기억하자. 그래서 뭐? **절대적으로** 책임이 있다는 것이 중요하다고 누가 생각하겠는가? 스트로슨(Strawson 2010)은 다음과 같이 말한다.

자기가 행한 바에 대해 절대적으로 책임이 있기 위해서, 우리는 **자기원인**(*causa sui*) 즉 자신에 대한 원인이 되어야 하는데, 이것은 불가능하다. (만일 우리가 완전히 물질적 존재가 아니고 비물질적 영혼을 가졌다면, 더욱 가능하지 않은 일이 될 것이다.)

왜 우리가 궁극적 또는 절대적 책임에 대해 염려해야만 하는가를 입증해야 하는 부담은 스트로슨과 다른 사람들의 몫이다. 사람들이 유아기에서 성인기로 이행하는 동안 점차 도덕적으로 책임이 있게 (**어느 정도** 책임이 있게) 되는 것이 명백하다고 나는 생각한다. 그것은 파충류와 그 다음의 테라프시드의 계통이 무한히 긴 시간을 거쳐 점차 포유류의 계통으로 되는 것이 명백한 것과 마찬가지다. 포유류이기 위해 **절대적 포유류**이어야 할 필요는 없고, 책임이 있기 위해 **절대적으로 책임**이 있어야 할 필요는 없다. 그러므로 스트로슨의 논증을 해독하는 건설적인 방법은, 포유류는 존재하지 않는다는 샌포드의 논증의 경우와 같다. 그것은 절대 책임의 개념에 대한 귀류법(reductio ad absurdum)이다. 법률은 (운전면허나 투표권을 얻기 위한 최소 연령에 대한 제한처럼) 구분선을 긋자고 강요할 수 있겠지만, 그것이 임의적인 것으로서, 하나의 부과된 경계선일 뿐이며 자연에서 발견되는 연결 마디가 아니라는 사실도 이해할 것이다.

다윈의 본질주의 비판에 의해 열린, 더 이상 금지되지 않은 영역을 탐험함으로써 이득을 얻을 다른 철학적 수수께끼들이 있을 것이라고 나는 생각한다. **절반-유사-원형-어느 정도**-이타주의(semi-quasi-proto-sorta-altruism)라는 중요한 선도적 등급들이 존재해서, 그로부터 "진짜" 또는 "순수한" 이타주의를 바라볼 수 있는 더 나은 유리한 위치를 우리가 확보할 수도 있을까? **거의** 진정한 지식이라는, 흥미로운 인식론적 사태가 존재하겠는가? 우리가 일단 본질주의를 영원히 포기한다면, 아마도 가장 고상한 철학적 개념들을 더욱 온건한 재료를 가지고 우리가 재구성하기 시작할 수 있다.

2. 철학으로서 다윈주의: 만능산을 가질 수 있는가?

Darwinism as Philosophy:

Can the Universal Acid Be Contained?

알렉산더 로젠버그 Alexander Rosenberg

 과학사에 하나의 광범위한 패턴이 있다. 수학을 포함하여, 여러 개별 과학들은 철학의 한 분과학문으로 혹은 적어도 철학자들의 관심 분야 중 한 분과학문으로 시작되었다. 수학은 처음에 주로 공간을 다루는 과학이었으며, 플라톤과 유클리드 시기에 철학에서 분리되었다. 물리학은 갈릴레이부터 뉴턴에 이르는 시기에, 화학은 보일부터 라부아지에와 같은 인물들이 살았던 시대에 일어났던 과정을 통해서, 그리고 생물학은 "풀잎의 뉴턴"[1])이 『종의 기원(*On the Origin of Species*)』을 출간하려

---

1) [역주] 1790년 칸트는 그의 저서 『판단력 비판』에서 다음과 같이 언급했다. "과학은 무생물 물질로부터 생물이 어떻게 생겨날 수 있는지를 결코 설명할 수 없을 것이므로, 풀잎의 뉴턴 같은 인물이 등장하는 일은 결코 없을 것이다." 다시 말해서, 칸트는 생물학에서 물리학과 같은 학문적 성취가 나타나지 못할 것이라고 확신했다. 물리학과 생물학이 근본적으로 다른 것은, 생물에 대한 목적론적 설명과 자연에 대한 과학적, 역학적 설명이 조화를 이룰수 없기 때문이라는 가정에서이다. 그러나 그로부터 70년 후 독일의 자연주의자 헤켈(Ernst Haeckel)은 다윈이 바로 "풀잎의 뉴턴"이라고 말했다. 다윈

애쓰던 1859년부터 철학에서 분리되었다.

그렇게 여러 개별 학문이 철학에서 분리되면서, 이들 분야에서 답할 필요가 없거나 답할 수 없는 질문들이 철학에 남겨졌다. "한낱" 철학에 귀속되긴 했지만 사실 이 질문들은 이전에 개별 학문에 의해 설명되어야 할 것처럼 보였던 것들이다. 예를 들어, 수학자들은 "수란 무엇인가?"라는 질문에 답할 필요를 느끼지 않는다. 또 물리학자들은 대부분 "시간이란 무엇인가?"라는 질문에 답하는 것을 피한다. 철학에는 개별 과학들이 아직 답할 수 없거나 앞으로도 결코 답할 수 없는 또는 답할 필요가 없는 질문들로 넘쳐난다. 더구나 철학에는 이러한 질문들 외에도 왜 개별 과학들이 이러한 질문들에 답할 수 없거나 답할 필요가 없는지에 관한 또 다른 차원의 질문들이 있다.

그런데 과학사에서 보여주는 이러한 패턴은 마침내 다윈에 의해 무너졌다. 철학에 질문을 남기는 대신, 과학 특히 생물학은 아리스토텔레스 시대 이래 철학의 고유 영역이었던 질문들에 대답하기 시작했다. 생물학이 철학의 질문들을 다루고 답을 제공할 수 있다는 것이 설득되기까지 생물학자와 철학자들 간의 1세기 이상에 걸친 긴 논쟁이 있어야 했다. 형이상학, 인식론, 심리철학, 언어철학, 도덕철학 등의 분야에서 "자연주의(naturalism)"가 주목받게 된 것은 이러한 논쟁을 통한 성취의 증거이다. 오늘날 철학의 "자연주의"는 주로 다윈의 통찰력에 의해 견인되었다고 할 수 있다.

다윈 이론은 삶의 의도(목적(purpose)), 인간 존재의 의미, 인간 종의 역사, 자유의지, 개인의 정체성 등등과 관련하여 철학자들은 물론 비철학자들이 던지는 질문에 대답해주기에 특별히 탁월하다. 그러나 이 장에서 나는 다윈 이론이 가장 큰 영향을 준 두 가지 중요 문제, 즉 도덕철학 및 메타윤리학(metaethics), 그리고 심리철학(philosophy of psy-

---

은 생물학을 뉴턴의 기계론 관점에서 설명하였고, 현대 유전학 역시 그러하다.

chology)에 초점을 맞추려 한다. 이 두 분야에서 다윈 이론의 영향은 그 이론을 받아들인 대부분 자연주의자가 생각하는 것보다 훨씬 혁명적이다. 다윈 이론은 도덕가치 문제의 규범적 질문들에 대한 대부분의 대답을 무력화시켰다. 다윈 이론은 사고의 본성, 언어의 의미, 합리적 논증 가능성 등등에 대해 근본적 의문을 제기한다.

물론 다윈 이론 그 자체만으로 그것이 가능하지는 않으며, 자연주의자에게 해가 되지 않는 몇 가지 보조 가정을 필요로 한다. 첫째 가정은 과학이 실재의 본성에 이르는 최상의 안내자라는 것이다. 둘째 가정은 과학적 방법들이 지식을 보증해줄 가장 합리적인 수단이라는 것이다. 셋째는 철학적 이론들이 자연과학에서 가장 잘 확립된 이론들과 양립할 필요가 있다는 보조 가정이다. 이러한 보조 가정 없이 자연주의는, 특정 영역에서 직관, 상식 또는 계시가 더 나은 진리로 우리를 인도해준다는 일부의 주장을 배척할 수 없다.

이 장의 첫째 절은 다윈 이론이 생물학을 넘어 왜 그토록 큰 반향을 일으켰는지를 설명하겠다. 둘째 절에서 다윈 이론의 도덕철학에 대한 심대한 영향을 서술하겠다. 셋째 절에서는 심/신 문제(mind/body problem)에 대한 다윈의 해결책이 가장 급진적인 심리철학을 제외한 거의 모든 것들을 어떻게 파괴했는지를 보여주겠다. 그리고 마지막 절에서는 다윈주의가 자연주의자들에게 던진 근본적이지만 해결되지 않은 정당화 문제를 언급하겠다.

한편으로 이 장의 도처에서 독자들은 다니엘 데닛(Daniel Dennett)의 연구가 얼마나 거대한지를 알 수 있다. 데닛은 분명 가장 일찍, 가장 지속적으로, 그리고 가장 큰 영향력으로, 다윈을 철학의 중심에 올려놓은 우리 시대의 철학자이다. 그러나 이 장에서는 그가 우리 주제와 관련한 다윈의 혁명적 영향을 충분히 추적하지 못했다는 점을 오직 논의하겠다.

눈먼 변이와 환경 여과: 다윈의 만능산

무작위 변이(random variation)와 자연선택은 눈먼 변이(blind varia-tion)와 환경적 여과(environmental filtration)라는 것을 강조할 필요가 있다. 첫째 비유를 둘째 비유로 대체하는 것이 더 바람직해 보인다. 우선 "눈먼"이라는 말이 "무작위"라는 말보다 더 나은 이유는 전자가 변이의 원인이 필요, 이익, 장점 또는 지역적 환경에 대한 적합성이 아니라는 사실을 더 명확히 의미하기 때문이다. 무작위 변이가 필연적으로 "눈먼 과정"이기는 하겠지만, 다윈주의 과정은 사실 변이에 대해 무작위적인 것조차 필요로 하지 않는다. 또한, 여과라는 수동적 표현이 자연선택보다 더 나은 이유는 "선택"이란 말이 의도적이라는 암시를 줄 뿐만 아니라, 계통과 형질에 영향을 주는 것이 사실 지역적 요인일 뿐인데, "자연"이라는 단어가 그 이상을 내포하는 것처럼 들리기 때문이다. 여과는 거름망의 수동적 작용이며, 걸러내기란 지역적 환경 작용이다.

다니엘 데닛은 『다윈의 위험한 생각(*Darwin's Dangerous Idea*)』(1995)이란 책에서 이를 가장 잘 설명하는데, 다윈 이론을 만능산(universal acid)과 같다고 서술하고 있다. "그것은 모든 전통적 개념들을 부식시킨다. … 다윈의 아이디어는 광범위하게 사용할 수 있는 만능 용매와 같아서 모든 것에 영향을 줄 수 있다. 그렇다면 이제 이런 의문이 제기된다. 다윈 이론은 과연 무엇을 남겼는가?"(p.521) 사실 남겨놓은 것은 데닛이 생각한 것보다 훨씬 적으며, 이 장에서 이를 논하겠다.

무엇이든 목적 대비 수단의 경제를 떠올리게 하는 어떤 것, 특히 창조성, 독창성, 지혜, 사전계획, 신중한 설계, 명석한 실행 등등과 관련이 있어 보이는 어떤 것을 한번 떠올려보라. 그러면 그것이 방금 언급한 그러한 특징들과는 전혀 무관한 단지 길고 무료한 과정에 불과하다는 것이 드러난다. 데닛이 말했듯이, 그 과정은 사실 알고리즘, 즉 중립적 기질(substrate neural)이고, 무심하며 기계적인 절차에 불과하다. 중립적 기질인 그것은 거의 모든 물질 화합물의 속성들, 예를 들어, 거대분자 하나하나의 양상들, 거대분자 복합체의 특징들, 더 커다란 응집체의 형질들, 모나드 속성들(monadic properties), 관계 속성들, 공간적으로 흩어져 있는 여러 종류의 물체 속성들 등등에 마법처럼 하나의 입력으로 작동할 수 있다. 그 과정은 많은 서로 다른 종류의 입력들에 의해서 이행되며, 그리고 많은 서로 다른 종류의 절차를 통해서도 이행될 수 있다. 무심함(mindless), 즉 서로 다른 기질에 대해 작동하는 이 모든 절차는 "다원주의"라고 말할 공통적인 무엇을 가져야 한다. 이 절차들은 마법에 의해, 또는 독창성, 창조성, 사전계획, 예측, 설계, 판단, 신중함, 신, 지혜 등등을 요구하는 다른 과정에 의해, 작동될 수 없다. 자연선택 과정은 튜링머신만큼이나 무심하며, 스프링으로 작동되는 회중시계만큼이나 기계적이다.

자연에서 수단/목적의 경제(means/ends economy)를 보여주는 모든 것은 다윈이 발견한 무심하고 중립적인 기질의 알고리즘이 작동한 결과이다. 나방 날개의 눈 모양 무늬, 성체 헤모글로빈과 비교하여 더 강한 태아 헤모글로빈의 산소 결합력, 또는 박쥐의 반향위치탐지 메커니즘 등과 같은 적응은 다윈 알고리즘의 결과이다. 그러나 훨씬 더 급진적인 주장이 있다. 즉, 움직이는 표적을 추적하여 포획하는 정교한 행동이나 인간의 생각과 같은 결과물을 얻거나 보유하는 과정 또한, 다윈이 발견한 무심하고 중립적인 기질의 알고리즘에 의해 진행된다는 것이다. 눈먼 변이와 자연선택은 적응하게 만드는 메커니즘일 뿐 아니라, 행동이 환경에 반응하여 적절한 가소성을 보여줄 때는 언제나 실시간으로 작동하며, 여기에는 인간이 목적이라고 표현한 어떤 것을 위해 행동하는 것도 포함된다. 그런데 우리는 이러한 사실을 어떻게 확신할 수 있을까? 우리가 자연에 어떤 의도도 없다는 것을 이미 알고 있기에 묻게 된다.

자연에 어떤 의도도 없다는 것은 뉴턴 이래 점진적으로 우리에게 각인된 사실이다. 처음으로 의도를 비판했던 사람은 데카르트였다. 그러나 의도의 역할에 대한 데카르트의 부정을 물리역학 분야에서 구체화한 것은 뉴턴이었다. 칸트도 이러한 견해를 지지했는데 그가 정작 유명한 말을 남긴 것은 생물학 분야였다. "풀잎의 뉴턴 같은 인물은 나오지 않을 것이다." 그러나 "풀잎의 뉴턴", 즉 다윈은 칸트의 말이 있고 나서 20년 후 영국 슈롭셔(Shropshire) 주에서 태어났다. 비록 다윈이 의도를 갖는 것처럼 보이는 무엇이 어떻게 순전히 물리적이고, 인과적이며, 비목적론적 과정의 결과인지를 설명해주었지만, 다윈이 그렇게 입자론적 주장을 하기 이전부터 역학을 진지하게 생각해본 사람이라면 누구나 의도에 세계의 어떤 역할을 부여하기 곤란하다는 것을 느꼈을 것이다. 스피노자가 이것을 가장 일찍 인식했다(『윤리학(*Ethics*)』, Appendix p.59). 아직 존재하지도 않는 미래(의도)가 과거로부터 현재의 상황과 사건을 발생시킬 수는 없는 노릇이므로, 미래로부터 과거를 발생시키는 의도란 배제될 수밖에 없다. 아리스토텔레스의 엔텔러키(entelechies, 활력)도 역학(mechanics)의 기반에서 배제될 수 있다. 왜냐하면 그것이 증거 기반에서 보존 법칙을 위반하기 때문이며, 무심한 역학적 원인이 어떻게 의도를 발생시킬 수 있는가 하는 선결문제를 요구하기(beg the question) 때문이다. 결국, 우주에서 의도가 출현하게 되는 유일한 가능성 있는 설명은 자애로운 "신에 의한 설계"만이 남게 된다. 그리고 신에 의한 설계 이론에 따른다면, 자연의 모든 수단/결과의 섭리에서 고려되는 명확한 의도는 실재적이지만, 파생된 것이다. 왜냐하면 인공물처럼 그것들은 자애롭고 전지전능한 또는 적어도 매우 강력한 행위자의 원초적 의도에 따른 결과물이기 때문이다.

물론 다윈 이론은 신 설계 이론보다 훨씬 더 많은 증거 기반을 가지며, 물리학의 순수 역학 이론들과 부합하는(consilience, 통섭적인) 것이어서, 목적 출현을 설명하는 데 더 좋은, 실제로는 "최선의 설명"이라는 데 전혀 논란의 여지가 없다. 다윈주의적 과정은 열역학 제2법칙을 따르며, 물리학에 의해 작동하는 세상에서 의도가 출현할 수 있는 유일한 방법을 제공한다(Rosenberg 2014). 그 이유는 명백하다. 첫째, 그 어떤 과정이라도 인과적으로 적응을 만들어낼 때, 즉 우주에서 의도의 출현은 어떤 적응도 없는 상태에서 시작해야 한다. 그러한 진화의 출발점에서 극히 미미한 적응으로 살아간다는 것은 당연히 그 미약한 적응이 어디에서 왔느냐고 묻는 선결문제 요구의 오류를 범한다. 둘째, 적응에 대한 수용 가능한 설명은 어떻게 적응이 무적응(nonadaptation)으로부터 출현할 수 있는지를 보여주어야 한다. 열역학 제2법칙을 제외하고 자연계의 모든 기초 법칙들은 시간-대칭적이다. 그런데 적응적 진화는 시간-비대칭적 과정으로 열역학 제2법칙을 따라야 한다. 따라서 지역적 질서에서 더 넓은 지구적 무질서로 확대되는 대가를 치러야 한다. 다윈의 자연선택은, 화학적 수프에 작용한 열역학이 제한된 결합 안정성과 제한된(아마도 촉매) 자기(혹은 유사) 복제를 결합시킨 분자를 어딘가에서 무작위적으로 만들어냈을 때 시작될 수 있다. 셋째, 자연선택은 비가역적이지만 알고리즘으로 계속 작용하여, 옛것 위에 지역적인 새로운 적응을 쌓는다. 그리고 이것은 전지구적 엔트로피 증가라는 대가를 치를 때에만 가능하다. 그 결과는 오늘날 우리가 직면하는 "설계 문제"에 대한 성급하고 너저분한 순차적 해결들이다. 더구나, 위에서 언급한 두 가지 요구사항들, 즉 적응이 없는 상태에서 시작하기와 열역학 제2법칙을 따르기 이외의 어는 것이든, 그것은 단지 우리를 낳은 동일한 다윈주의적 과정의 더 빠르거나 느린 버전으로 드러날 것이다.

어떻게 자연에 의도가 출현하게 되었는가에 대한 최선의 또는 유일한 수용 가능한 이론이 다윈 이론이라는 데 동의하는 많은 철학자는, 다른 한편으로 다윈의 발견이 의도를 자연화하고 순화시킴으로써, 과학을 보호하는 측면도 있다고 생각한다. 즉, 다윈 이론은, 실제로 의도가 있음을 인정하고, 목적이 자연계에서 어떻게 생겨나며, 눈먼 변이와 환경 여과 메커니즘을 통해 어떻게 작동하는지를 보여준다는 것이다. 이러한 견해에 따르면, 우리가 혈액을 **순환시키기 위해서**, **순환을 위해서**, 순환의 의도에서 심장이 박동한다고 말할 때, 우리는 미래 원인, 내재적 목적론, 자애로운 신 등등을 부정하기와 결코 양립 불가능하지 않은 진실을 공표하는 것이다. 이러한 주장은 참이며, 그 진리 조건은 과거의 변이와 선택에 관한 일련의 사실들이다.

다른 한편 어떤 사람들은, 다윈이 자연에서 의도를 성공적으로 추방했는지, 그리고 과학을 위해 의도를 무력화시켰는지 등을 따지는 것이 말장난에 불과하다고 말하기도 한다. 그러나 그렇지 않다. 이것은 오웰의 "신언어(Newspeak)"[2] 버전과 비슷한데, 그 단어의 의미가, 미래 원인, 외재적 또는 내재적 설계를 떠올리게 만든다는 것에서, 열역학 제2법칙으로 작동되는 수동적 알고리즘의 역학 과정이라는 것으로 바뀌었다. 그렇게 한번 외쳐보라. "전쟁은 평화", "자유는 노예", "무지는 힘", "의도는 눈먼 변이/환경적 여과."

다윈이 단순히 의도를 자연화시키려 했다면, 그는 자연에 대한 아리스토텔레스 개념을 옹호했을 것이다. 적어도 물리학 이외의 분야에 대해 그리했을 것이다. 우리 모두는 17세기 과학혁명이 아리스토텔레스의 스콜라철학을 뒤엎어서 "본래의 장소(natural place)"[3] 목적론(teleology)을 쓸어버렸다고 배웠다. 그런데 다윈이 일정 분야에서 아리스토텔레스 사상을 복원한다고 생각하는 것은 토미스트(Thomists)[4]와, 아리스토텔레스의 자연 개념이나 그 일부를 아직 옹호하고 있는 다른 사람들에게 분명 놀라운 일일 것이다. 대부분 과학사처럼, 만약 당신이 다윈은 아리스토텔레스 세계관의 관에 마지막 못을 박았다고 생각한다면, 당신은

---

2) [역주] 조지 오웰의 소설 『1984년』에 나오는 세뇌용 언어로, 정치 선전용의 기만적인 표현을 의미한다.

3) [역주] 아리스토텔레스는 대부분 물체가 아래로 떨어지는 것을 "본래의 장소"로 돌아가려는 성질 때문이라고, 모든 것들을 "본성"으로 설명하려 하였다.

4) [역주] 토마스 아퀴나스의 신학을 신봉하는 사람들.

다윈이 의도를 무력하게 만들고 과학을 안전하게 만든 사람이라고 신뢰하기 어려울 것이다.

여기 다윈이 자연으로부터 의도를 추방시킨 방법과 유사한 사례가 하나 있다. 칼로릭 이론(Caloric theory)은 라부아지에에 의해, 그리고 그에 앞서 조셉 블랙(Joseph Black)에 의해 개발되었는데, 열을 실체, 즉 무게도 없고 압축할 수도 없는 유동체 "칼로릭(caloric)"으로 간주했다. 칼로릭은 물처럼 움직여 인접한 용기들 사이에 높이 평형을 이룬다. 칼로릭 이론을 사용하여 블랙은 비열을 정확히 계산할 수 있었고, 라부아지에는 칼로릭 미터기를 개발하여 화학반응으로 발생된 열을 측정할 수 있었다. 화학에서는 아직도 블랙의 비열표와 라부아지에의 칼로릭 미터기 후속 모델을 사용하고 있다. 그러나 켈빈(Kelvin)이 (블랙과 라부아지에가 가정한 무게도 없고 압축할 수도 없는 유체인) 칼로릭이 실제로는 분자운동임을 증명했다는 것을 누구도 의심하지 않는다. 그 둘은 서로 너무 달라서, 분자운동이 칼로릭의 존재를 입증한다고 간주할 수는 없다. 켈빈이 보여준 것은 칼로릭과 같은 것은 존재하지 않는다는 것이었다. 이 이야기는 약간 수정해서 다윈 이론과 의도에 대해서도 적용할 수 있다.

그리고 다윈이 의도를 폐기 처분했음을 보여주는 방법과 유사한 또 다른 사례가 있다. 뉴턴 시대로부터 물리학에 가장 문제가 되는 개념은 중력이었다. 중력은 무한대의 속도로 진공을 통해 전달되는 힘이므로 어떠한 것도, 심지어 가장 두꺼운 단열장치조차도 막을 수 없다. 그 외의 물리적 현상들이 인과적 연쇄를 통해 작동하는 접촉력으로 해명되는 반면, 중력은 단지 연고에 붙은 파리 같은 존재라기보다 오히려 물리학의 주요 골칫거리이다. 뉴턴은 중력이 어떻게 작동하는지 설명하면서 제시한 위의 조건들에 대해 "나는 가설을 꾸며내지 않는다"[5]라고 말한

---

5) "I do not feign hypotheses."

것으로 유명하다. 그럼 아인슈타인의 일반상대성 이론이 이룬 업적은 정확히 무엇이었나? 중력이 어떻게 작동하는지 설명함으로써 아인슈타인이 뉴턴의 난제를 해결했다고는 아무도 가정하지 않는다. 그렇다. 사실 아인슈타인이 했던 것은, 중력 같은 것이 없으며, 뉴턴이 신비하고 설명하기 어려운 힘(중력)에 호소함으로써 설명했던 가속도를 시공의 곡률(curvature of time-space)이 발생시킨다는 것을 보여준 일이다. 휘어진 시공간은 중력과는 너무 달라서, 누구도 전자(곡률)가 후자(중력)를 작동시키는 인과적 메커니즘을 만들어낸다고 생각하지 못했다. 아인슈타인은 중력과 같은 어떤 힘도 존재하지 않는다는 것을 보여주었다. 이야기를 좀 바꾸어서, 다윈은 의도와 같은 어떤 것도 존재하지 않는다는 것을 보여주었어야 했다. 마치 분자운동이 칼로릭과 다르고 시공간 곡률이 중력과 다르듯이, 눈먼 변이/환경의 여과는 의도와 다르다.

물리학, 화학 그리고 생물학에서, 예전 개념을 연상시키는 용어를 사용하는 것이 편리한 경우도 있을 수 있다. 예를 들어, 화학자들은 여전히 칼로릭 측정기를 사용한다. 물리학에는 "중력 렌싱(gravitation lensing)"이란 용어가 있다. 그러나 이것은 단지 시공간 곡률이 광자(proton)에 영향을 주는 방식을 표현하기 위한 편리한 용어일 뿐이다. 생물학에는 "기능(function)"이란 개념이 있는데, 이것은 생물학자들이 매우 노력함에도 불구하고 의도와 혼동되곤 한다(뒤에서 더 자세히 논의된다).

이 논제가 왜 중요한가? "명시적 이미지(manifest image)",[6] 상식, 일상생활, 일부 철학 등이 (아리스토텔레스 부류가 호소했던) 실제 의도를 요청하는 개념들을 채용하여 논의를 진행하기 때문이다. 이러한 개념들은 명시적 이미지와 과학적 이미지를 일치시키려는 자연주의 기획에서 면제된다. 그 명시적 개념들을, 본성적으로 전혀 다른 개념들로 전환하려는 시도는, 오웰의 "신언어"의 다른 버전인 셈이다.

───────────────

6) [역주] "명시적 이미지"란 언어로 명확히 말할 수 있어서, 외견상으로 뚜렷해 보이는 이미지를 말한다.

다원주의 도덕 계보학은 도덕의 가치들을 재평가하게 한다

진지한 도덕철학에 대한 다윈의 충격이 뒤늦게 등장했지만, 매우 치명적이었다. 처음엔 다원주의가 모든 분별 있는 개인들이 거부해야만 할 도덕 이론을 만들어낸 것처럼 보였다. 그런데 사회적 다원주의(social Darwinism)란 명칭은 그리 불리지 말았어야 했다. 그런 이름으로 등장한 논제는 "사회적 스펜서주의(social Spencerism)"라 불렸어야 했다. 도덕적으로 최선의 결과 또는 도덕적으로 올바른 행동이 생물학적 적합도(fitness)를 최대화한다고 주장한 사람은 허버트 스펜서(Herbert Spencer)라고 기록되었기 때문이다.

사실 다윈은 생물학적 적합도 최대화를 위해 자연선택이 도덕 규칙(moral codes)을 만들어낼 수도 있다는 것에 대해 매우 난감해했다. 그리고 이를 집단선택으로 설명하려 했다. 하지만 집단선택 설명 방식은 이후 생물학자들 사이에 거부되었다. "다윈의 불도그"라 불렸던 헉슬리(T. H. Huxley)는 우리의 도덕 규범들(moral norms)이 자연선택에 의해 진화한 생물학적 특성들과 잘 맞지 않는다고 주장했다. 하지만 헉슬리와 다윈은 분명 흄의 저서를 분명히 읽었을 것이고 "사실(is)"로부터 "당위(ought)"를 추론해내는 것에 반대했던 그의 주장을 잘 알고 있었을 것이다. 사실 그러한 주장은 철학자들에게 훨씬 더 잘 알려져 있었고 19세기 초, 무어(G. E. Moore)의 "열린 질문 논증(open question argument)"에 의해 강화되었다. 무어는 이 논증을 통해 자연적인 것, 또는 단순히 기술된(descriptive) 것으로부터 도덕성을 확인하려는 시도, 소위 그가 "자연주의 오류(naturalistic fallacy)"라 불렀던 입장에 반대했다. "자연주의 오류"라는 말은 무어의 주장 외에도 "사실"로부터 "당위"를 유도하는 것에 반대했던 흄의 주장을 가리키는 말이 되었다. 어떠한 종류의 자연주의, 특히 도덕 자연주의는 도덕철학과 메타 신학에서 파문되었다. 그런데 20세기 후반 상황이 달라졌다. 인식론과 메타 물리학 분야에서 자연주의의 성장과 성공은 도덕철학에서 다시 자연주의를 진지하게 고려하도록 부추겼다. 그리고 생물학에서 그 돌파구가 마련되면서 이러한 경향은 가속화되었다. 1960년대 및 1970년대 해밀턴(W. D. Hamilton)의 연구를 시작으로, 우선 핵심 도덕(core morality)이 다윈주의적 과정과 양립할 수 있음이 명백해졌다. 유전자와 문화의 작용으로 인류사에 걸쳐 세계 모든 곳에서 거의 모든 사람에 의해 공유되는 핵심 도덕이 만들어지고 다듬어질 수 있었다. 생물학, 진화게임 이론, 고인류학 그리고 실험경제학은 도덕성과 관련한 세부 계보학(genealogy)을 제공하기 시작했다.

핵심 도덕은 세계 모든 곳에 사는 인류가 공유하는 규범들 집합이다. 그 규범들은 명확히 설명하기 어렵지만, 일부는 너무나 자명해서 설명하는 것조차 무의미한 것도 있다(예를 들어, 어린아이에게 괜한 고통을 주지 마라). 그러나 다른 규범들은 수많은 제한 조건, 장벽 그리고 예외 조건이 달린다(예를 들어, 살인하지 말라). 일부 핵심 도덕의 일부 규범들은 흔치 않지만 양립할 수 없는 행동을 강요하기도 한다. 핵심 도덕 외에, 문화마다 다른 도덕 규범들도 있다(예를 들어, 명예 살인). 흥미롭게도, 이러한 보편적이지 않은 규범들은, 많은 사람이 거부함에도 불구하고, 각기 서로 다른 지역 생태권에 따라서 적합도를 증가시켜서, 적응적인 것으로 보인다.

다윈 이론과 고인류학으로부터 유래된 많은 데이터가 요즘 보여주는 것처럼, 핵심 도덕은 적응일 뿐만 아니라, 아프리카 우림에서 벗어나 아프리카 사바나 먹이사슬의 밑바닥에서 생존 위기에 처했을 때, 우리 조상들이 직면했던 문제들에 대한 해결책이었다. 호모 에렉투스에 직면했던 "설계 문제(design problem)"는 함께 서식했던 포식 동물군으로 인해 더욱 두드러지게 되었는데, 그 포식 동물군은 인류와 경쟁하기도 하고, 동물성 단백질과 지방 외에는 생명을 지탱하는 데 필요한 것이 거의 없는 생태계에서 인류를 잡아먹기도 하였다. 인류의 설계 문제는 단순히 포식자를 피하는 것과 관련된 것만은 아니었다. 인류는 포식자를 피하는 것 외에 세 가지 다른 설계 문제를 안고 있었다. 즉, 일생 다른 영장류에 비해 더 많은 자손을 낳았고, 자손들은 훨씬 더 조밀하게 모여 지냈으며, 자손들이 독립하는 데 더 오랜 시간이 필요했다. 이렇게 인류가 부모에게 오랜 기간 의지하게 된 이유는 두뇌 발달이 출생 이전이 아니라, 이후에 일어나기 때문이다. [직립보행을 위해 좁아진] 인간의 산도(birth canal)는 너무 좁아서 출생 이전에 충분한 신경계 발달을 허락하지 않는다. 오랜 의존 기간 많은 자손을 적응하게 해줄 방안을 자연(Mother Nature)이 찾아주지 못했다면, 이 세 가지 형질들은 우리를 멸종으로 이끌었을 것이다.

처음 인류가 사바나에서 지속적으로 얻을 수 있었던 유일한 식량원은 상위 포식자들이 남겨놓은 찌꺼기로부터 취한 단백질과 지방이었다. 그러나 인류는 우림을 벗어날 때 세 가지 장점도 가지고 있었다. (1) 돌로 만든 도구의 사용이다. 이것은 침팬지와 다른 영장류들도 공유하는 적응이다. 우리는 재빨리 배워 이 도구를 포식자들이 꺼내 먹을 수 없는 골수나 뇌를 쪼개어 꺼내 먹는 데 사용했다. (2) 마음 이론(theory of mind)을 가진다. 이것은 동종(conspecifics)의 행동을 예측할 수 있는 능력으로, 이 또한 다른 영장류와 공유하는 형질이다. (3) 나머지 하나는, 영장류에 없지만, 소수의 다른 종들(즉, 개, 타마린(tamarin)[원숭이의 일종], 돌고래, 코끼리 등)과 공유하는 형질로, 협력하여 자손을 기르는 성향이다. 다른 영장류에게 없는 이러한 형질을 우리가 획득하게 된 이유를 설명하기는 어렵지만, 다윈주의 방식으로 설명하자면, 여러 종이 독립적으로 그 형질을 얻게 되었는데, 영장류 중 오직 인간만이 얻을 수 있었다.

마음 이론과 협력적인 자손 양육은 시너지 효과를 발휘하여 분업, 수렵, 채집 그리고 자손 양육을 촉진시켰다. 긴 유아 기간과 커다란 뇌는 교육에 활용될 수 있었고, 노동 분화와 규범들은 점차 복잡해지는 협력 프로젝트를 위해 필요했을 것이다. 결과적으로 공진화 순환(coevolutionary cycle)이 일어나 이러한 형질들이 더욱 개선되었다. 즉, 마음 이론이 개선되었고, 협력하는 경향은 더 커졌다. 그리고 결국 핵심 도덕을 갖는 방향으로 진화했다. 여기서 이러한 시나리오가 매우 강건하다는 점은 언급해둘 가치가 있다. 즉, 시나리오가 좀 다를 수는 있겠지만, 결과는 같았을 것이다. 특히, 우리는 우리 조상들이 사바나에 도착했을 때 안고 있었던 문제인 출생률 증가, 출산 간격 감소, 그리고 출생 후 긴 기간의 의존 등을 고려할 필요가 없다. 오히려 우리가 확인할 수 있듯이, 단백질과 지방 섭취 증가는, 출산 후 긴 뇌 발달 기간과 함께, 출생률 증가와 출산 간격 감소를 가능하게 했으며, 이 모든 것들이 인류를 사바나에서 먹이사슬의 꼭대기에 오르도록 했다. 사실 더 올바른 설명은 다음 두 시나리오 간에 일어난 공진화의 피드백 루프가 거의 확실하다. 성공적인 먹이 획득은 뇌의 크기를 조장하고, 단백질과 지방 섭취 증가는 뇌 크기를 증가시켰으며, 뇌 크기의 증가는 먹이 획득을 증가시키고 사냥 획득물을 증가시켰다. 그리고 이 시나리오에 다음과 같은 진화 과정이 추가되었을 것이다. 그 진화 과정은, 협력적 관습의 강요를 강화하는 정서와 규범의 패키지를 선택하도록 유도하였으며, 배반과 무임승차의 대가를 증가시키는 내적인 도덕적 동기를 낳았다. 이러한 결과로, 서로 다른 생태적 조건에서 선택된 지역적 도덕과 함께, 어느 곳이든 모든 인간에 걸친 보편적 적응으로서 핵심 도덕이 진화되었다.

도덕의 진화에 관한 이러한 다원주의 설명은 부정하기 어려운 두 가지 가정으로부터 시작된다.

1. 모든 문화, 그리고 그 문화권에 속하는 거의 모든 사람은 거의 동일한 핵심 도덕 원칙이 자신들을 구속하는 것을 승인한다.
2. 그 핵심 도덕 원칙들은, 인간의 생물학적 적응을 위해, 그리고 생존과 번식을 위해, 좋든 나쁘든, 상당히 의미 있는 결과를 초래한다.

그렇지만 도덕의 계보학을 설명하려면 아주 많은 것들이 필요하다.

이제 우리 철학자들이, 핵심 도덕 또는 일부 그것의 의미 있는 구성 요소, 즉 공리주의, 의무(완전하든 불완전하든), (천부적) 권리 존중, 일련의 덕들(virtues) 등등을 올바른 도덕, 정확하거나 "참"인 윤리적 이론, 또는 "참일 것 같지" 않더라도 모든 합리적 행위자에게 승인되어야 한다는 주장을 받아들이거나, 그것에 기초를 제공하거나, 정당화하거나, 지지한다고 가정해보자. 핵심 도덕에서 출발하여 특별한 도덕 규범 또는 그 규범들 집합을 개척해내고, 그것을 근본적 규범으로 설명해내는 일은 분명 도덕 철학자들의 핵심 과제이다. 많은 자연주의 철학자들은 영감을 받아 이 핵심 과제를 해내거나, 적어도 자연주의가 그렇게 할 수 있을 자원을 가진다는 것을 보여주었다. 도덕 지식을 자연주의적으로 설명해야 할 동기는 분명하다. 자연주의가 도덕의 기원을 설명할 수 없고, 단지 도덕 지식이 있음을 인정만 해야 한다면, 비자연주의자들이 (비자연적, 초자연적, 심지어 신성한 것들을 위한 지식을 포함하여) 다른 종류의 지식이 있음을 주장하기 더 쉬워지기 때문이다.

그러나 도덕을 증명하려는 자연주의자들은 매우 심각한 문제에 직면한다. 즉, 핵심 도덕의 출현에 대한 다윈주의 설명이 가지는 두 가지 가정은, 핵심 도덕 혹은 그 일부의 정당성을 주장하는 (있음직한) 논증을 심하게 제약한다. 모든 또는 거의 모든 보통 사람들이 핵심 도덕을 공유하게 된 유일한 방식은 대안적 도덕 규범에 적용된 선택 과정을 통해서이다. 이 선별 과정으로 인해 일부 핵심 규범들이 진화 경쟁에서 선택되어 개체군 내에 "안착되었다." 그러나 만약 우리가 보편적으로 공유하는 도덕의 핵심이 선택된 것이고 옳은 것이라 할지라도, 옳음과 선택됨 사이의 상관성이 동시 발생적일 수 없다는 점을 주목해야 한다. 여기에 우리는 자연주의자들이 공유하는 또 다른 보조 전제를 추가할 필요가 있다. 즉, 앞서 말했듯이 과학은 우주적 우연의 일치(cosmic coincidence)를 그냥 놔두지 못한다. 그 상관성은 설명되어야 한다. 두 대안적 설명이 즉각적으로 제시될 수 있다. 핵심 도덕이 다윈주의적 과정을 통해 진화되었기 때문에 옳은 도덕이거나, 아니면 핵심 도덕이 옳은 도덕이기 때문에 다윈주의적 과정을 통해 진화했다는 설명이다.

그러나 안타깝게도 이 두 가지 대안 모두에 대한 치명적 반대 의견이 있다. 한편으로, 다윈주의적 과정이 인간의 믿음을 참된 믿음으로 이끄는 데 특별히 뛰어나지는 않다. 다른 편으로, 그것(핵심 도덕)을 통제하는 실천이나 규범이 번식 성공률을 향상시킨다는 것을 보여주는 것만으로, 어떤 규범의 정당성도 보장받지 못한다.

다윈주의 힘은, 인간과 다른 피조물로 하여금, 믿음 성향과 현재 믿음을 포함하여(심지어 그 믿음이 틀린 것일지라도), 그들의 환경에 적응적인 결과물을 가지도록 이끈다. 대중 물리학, 대중 생물학 그리고 대중 심리학을 한번 생각해보자. 또 종교적 믿음, 이방인, 외국인, 여성 그리고 정신질환과 관련된 믿음, 확률과 관련된 믿음 등등을 생각해보자. 그러한 믿음 목록은 대략적으로 유용하나 명백히 틀린 것이다. 그렇게 적응적 대가 때문에 우리가 갖게 된 믿음 목록은 끝이 없다. 그렇게 일련의 도덕 규범들을 살펴보면, 다윈주의적 혈족(Darwinian pedigree)이 그러한 믿음의 옳음, 정확함, 진실함 등을 서명해주거나, 보증해주거나, 정당화시켜주는 어떤 경향도 갖지 못함이 드러난다.

인과적 관계가 반대 방향으로, 즉 적응도로부터 도덕적 옳음으로 작동할 수 있을까? 사실 적은 자손보다는 더 많은 자손을 낳는 것이, 또는 자손이 없는 것에 비해 많은 자손을 낳는 것이 결코 도덕적으로 옳을 수 없다. 칭기즈칸이 인류 전체에서 자신의 유전자를 가장 넓게 퍼뜨렸다고는 하지만(남자 300명당 1명은 그의 후손이다), 누구도 그가 더 도덕적이라고 신뢰하지는 않는다.

우리가, 우리의 핵심 도덕이 옳다(right)는 것과, 그것이 다윈주의 자연선택의 결과라는 것 사이의 우연적 일치를, 그 온당함(correctness)과 다윈주의 혈족 모두의 연관 원인을 확인함으로써, 설명할 수 있을까?

실제로 자연주의자들은 두 개의 독립적 인과 과정, 즉 핵심 도덕성의 적응도에 대한 인과 과정과 그것의 옳음을 위한 인과 과정을 찾을 수 없다. 그것은 우연의 일치로 수락될 것이다. 기껏해야 하나의 그러한 과정이 있어야 했을 뿐이다. 그러나 자연선택을 통한 적응의 출현을 위해 가용한 유일한 "앞선" 원인은 지구에서 얻어지는 (그리고 우리가 아는 그 밖의 곳에서 얻어질 수 있을) 지역적 조건에 대한 열역학 제2법칙의 작동뿐이다. 우리 자연주의자들이 열역학 제2법칙 내에서 핵심 도덕성의 옳음과 그 다원주의적 혈족의 결과를 위한 연관 원인을 찾을 가능성은 사실상 거의 없어 보인다.

또 다른 논리적으로 가능하지만, 기이한 대안도 있다. 즉, 참인 도덕성이 자연선택과 어떤 다른 과정에 의해 중첩 결정된 결과이며, 이 두 과정 모두에 의해 그런 도덕성이 정당화되고, 발생된다. 도덕 직관주의자들은 아마도, 자연선택과 도덕의 진실성을 알아볼 수 있을 어떤 인식적 장치의 독립적 출현을 결합시키는 시나리오를 만들어낼 수도 있다. 그러나 자연주의는 그러한 가능성을 수용할 수 없다. 다음을 고려해보자. 자연선택이 인류를 출현케 했으며, 언젠가 그 인류가 핵심 도덕성이 협력을 강화한다는 것을 대략 유용한 참이라고 알아볼 수 있었으며, 그래서 그것이 결국 생물학적 적합도를 증가시켰다. 그러나 이런 같은 도구적 정당화(instrumental justification)는, 만약 우리가 핵심 도덕성이 옳은 도덕성이라는 것을 보여주어야 할 때, 우리에게 필요한 것과는 상당히 거리가 멀다.

위의 우연적 일치 문제에 대한 해답은 물론 매우 명확해 보인다. 그 해답은 분명 불쾌하다. 우리의 도덕 핵심이 옳으며, 온당하고, 참인 도덕성이라는 것을 단지 부정해보라. 그리고 그것이 철학자들이 전통적으로 추구해온 부류의 정당성을 가진다는 것을 부정해보자. 그러한 부정적 이동은 그 우연적 일치 문제를 핵심 도덕성의 다원주의적 혈통을 진지하게 붙들고서 해결하려 한다. 우리에게 핵심 도덕을 삽입시킨 강력한 선택적 힘을 확인하는 것이 그것의 출현을 설명해주지 못하며, 그것은 우리가 핵심 도덕을 선호하여 공유한다는 강한 느낌, 즉 그것을 객관적으로 옳다고 여기도록 만들며, 그래서 그것의 객관성, 진리, 온당함, 옳음 등의 기반을 위한 지속적 탐색으로 이끄는 느낌을 설명할 뿐이다. 핵심 도덕이 어떻게 선택되었는지에 관한 사실들은 또한 우리의 도덕 핵심의 적절함을 불쾌한 것으로 부정하게 만들기도 한다.

자연주의자들에게 강요되는 난처한 결론은 (그 구성 요소, 파생물, 그리고 공리주의의 추정적 기초 등을 포함하여) 핵심 도덕성, 또는 의무 이론(완벽하든 아니든), 또는 천부적 권리, 또는 일련의 미덕들이 정당성을 갖지 못한다는 것이다. 이러한 결론은 (우리가 실제로 채택하는 규범에 대한 부정을 포함하여) 도덕 규범의 어느 다른 것들도 더 잘 정당화되거나 혹은 온전히 정당화되는 것은 전혀 없다는 것을 인식함으로써 누그러질 수도 있겠다. 자연주의자들이 할 수 없는 것 중 한 가지는, 핵심 도덕성, 혹은 그것의 일부 구성요소, 또는 그것을 형식화하는 도덕 이론 등을 보증할 수 있거나 혹은 보증해주는 과학 너머에서 다른 정당화의 재원을 찾는 것이다. 다른 것을 가정하는 것은 자연주의를 통째로 포기하는 것이다.

도덕적 규범의 자연주의적 정당화로 인해 생기는 문제를 몇몇 자연주의자들, 예를 들어, 패트리샤 처칠랜드(Patricia Churchland), 샘 해리스(Sam Harris), 다니엘 데닛 등이 공통의 전략으로, 일련의 규범들이 우리를 인류 번영의 길로 나서도록 요구한다는 식으로 설명함으로써 해소하려는 것은 쉽다. 무엇이 인류 번영을 촉진하는가는 과학으로부터, 특히 생물학, 그리고 더 세부적으로 (적절히 자격을 갖춘) 인지신경과학과 진화심리학으로부터 배울 수 있다. 이런 분야에서의 과학적 발견들은 인류 번영을 촉진하는 도덕 규범들의 선택을 설명해주며, 더 중요하게는 그렇지 못한 규범들을 우리가 제거할 수 있게 해준다고 설명해준다. 자연주의자들은 "사실(is)"로부터 "당위(ought)"를 추론할 수 없다는, 즉

"건강에 유익함"으로부터 "도덕적으로 옳은 것임"을 이끌어낼 수 없다는, 흄의 금지령을 잘 알고 있다. 데닛 같은 일부 학자는 흄에 대한 도전으로 이렇게 응답한다. "무엇에서 '당위'가 추론될 수 있는가?" 가장 유력한 대답에 따르면, 도덕은 **어떻게든** 인간 본성에 대한 이해에 기초해야 한다. 즉, 인간이 어떤 존재인지 혹은 어떤 존재일지에 근거해서, 그리고 인간이 무엇을 원하는지 혹은 무엇이 되기를 원하는지에 근거해서 탐색해봐야 한다. 만약 **그것이** 자연주의라면, 자연주의는 결코 오류가 아니다. "누구도 도덕이 인류의 본성에 관한 그러한 사실들과 관련된다는 것을 진지하게 부정할 수 없다."(Dennett 1995, p.468) 이런 주장에 대해서 다음과 같이 반응하는 것은 매우 합리적인 것 같다. "우리와 같은 생명체가 더 많은 자손을 낳을 가능성을 증진시켜준다는 이유만으로, 본성과 욕구를 충족시켜주는 것이 무엇이 좋은가?" 이 질문은 무어(G. E. Moore)의 "열린 질문" 논증을 즉시 떠올리게 해준다. 다윈의 적합도와 관하여 무엇이 그리 좋은가?

데닛의 저서에 나오는 문장("만약 그것이 자연주의라면 자연주의는 결코 오류가 아니다.")에서처럼, 자연주의자들은 (흄의 문제와 무어의 독특하고 색다른 반박에 대한 호칭으로) 자연주의 오류에 대해 잘 알고 있다. 흄의 주장에 대해 (그리고 어쩌면 무어의 논증에 대해서도) 반박하지 않은 채, 그리고 도덕 규범에 대한 허무주의를 마지못해 수용하면서, 적어도 일부 자연주의자들은 도덕의 주제 전체를 바꾸려는 길을 모색했다. 적어도 두 세기 동안 도덕철학이 개별 철학자로 하여금 무조건 합리적으로 찾도록 만들었던, 핵심 도덕성을 정당화하는 기획은 포기되어야 했다. 자연주의는 다윈의 계보학이 흄의 주장, "나로서는 내 손가락이 베이는 것보다 세계 전체가 파괴되는 것을 선호하는 것이 불합리하지 않다"는 주장에 어떤 대답도 해주지 않는다는 것을 알고 있다. 핵심 도덕은, 자손의 수를 증가시키는 협력 정신을 공유하지 않는, 개인을 결코 합리적으로 보지 않는다. 그러나 집단과 개별 구성원에게, **그들이**

자신들과 자손들을 위해 협력적 이익을 얻으려는 **한에서**, 핵심 도덕은 도구적 가치(instrumental value)를 가질 것이다. 도덕철학을 내재적 가치(intrinsic value), 정언명령(categorical imperatives), 또는 영원한 미덕 등에 대한 탐구로 간주하기보다, 일부 자연주의자들은 정치 이론의 협의 사항으로, 즉 제도-설계의 구성요소로 취급하기 시작했다. [그리하여 이렇게 묻게 된다.] 인간이 가진(인간을 만든 다윈주의 과정 때문에) 일련의 목적(ends)이 있다면, 우리가 이러한 목적들을 어떻게 가장 잘 달성할 수 있을까? 도덕의 다윈주의 계보학은 분명히 다음 질문에 매우 많은 대답을 제공하며, 대답할 것들을 가지고 있다. 우리가 인간의 목적에 도달하기 위하여 핵심 도덕 규범들을 어떻게 개선할 수 있을까? 킴 스티렐니(Kim Sterelny)는 도덕철학의 주제를 변화시키는 전략에 대해 다음과 같은 견해를 밝힌다.

도덕 진리에 대한 자연적 관념은, (부분적으로) 진화된 도덕적 믿음이 안정된 협력을 가능하게 만드는 습관들을 인식하고, 그것에 반응하며, 촉진하고, 확장하기 위한 것이라는 구도를 버린다. 왜냐하면 협력을 유익하게 만드는 여러 조건에 관한, 그리고 이러한 이익을 다소 깨닫기 어렵게 만드는 개인적 역량과 사회 환경에 관한, 여러 객관적 사실들이 있기 때문이다. … 의심할 여지 없이, 어떤 단 하나의 최적 규범이란 존재하지 않는다. 즉, 어느 집단의 최선의 규범은 그 집단의 크기, 이질성, 그리고 생활 방식 등에 달려 있다. 그러나 … 도덕적 진리에 대한 자연적 관념은 규범적 생각이 안정적 협력을 중재하기 위해 진화했다는 아이디어로부터 나온 것 같다. … 도덕적 진리(moral truths)는 완전히 또는 거의 최적의 규범이 되는 격률들이며, 만약 일련의 규범들이 채택된다면, 높은 수준의 적절히 분산되고 따라서 안정적인 협력적 이익을 발생시키기에 도움이 된다("Evolution and Moral Realism," Ben Fraser and Kim Sterelny, draft of November 2013, p.3).

도덕적 진리는 협력의 결실을 제공하는 데 최적이다. "살인하지 말라"는 "누구나 왼쪽 또는 오른쪽으로만 운전해야 한다"는 관습과 동등하다. 하나의 분과로서 윤리학이 자체의 주제 문제에서 이렇게 많은 변화를 견뎌낼 수 있는지 없는지 의문은 여전히 남는다.

심리철학에서 다원주의

심/신 문제는 데카르트 이후 지금의 모습으로 철학에 남아 있다. 인지와 감각의 본성에서, 마음이 뇌와 동등하지 않다는 것을 하나의 증명으로서 시작한 것이, 20세기 후반 대부분 자연주의자에게 마음이 어떻게 뇌일 수 있는지의 수수께끼가 되었다.

문제는 생각(thought)이 내용(content)을 가진다는 것이다. 그것은 언제나 무엇 또는 무엇의 속성**에 관한**(about) 생각이다. 그러나 라이프니츠가 말했듯이, 뇌 혹은 그 밖의 어떤 물질의 배열로도 다른 물질 덩어리**에 관하여** 존재하는 이러한 속성을 가질 수 없다. 심지어는 그것들이 가지고 있지도 않은 물질이나 속성의 비-존재 덩어리**에 관해서도** 그렇다. 라이프니츠가 우리에게 제시하는 사고 실험은 이렇다.

하나의 기계, 즉 뇌가 있다고 상상해보자. 그 뇌의 구조는 생각, 느낌, 지각 등을 만들어낸다. 우리는 각각의 부분 사이에 똑같은 상대적 비율을 유지하며 뇌를 확대시키고서, 마치 우리가 방앗간 안으로 걸어 들어가듯이 뇌 안으로 걸어 들어가볼 수도 있다. 그래서 우리가 확대된 상상의 뇌 안으로 들어간다고 가정해보자. 우리는 모두 서로 밀어주는 톱니와 레버 등등이 있다는 것을 알게 된다. 그러나 지각(또는 다른 말로, 인지)을 설명할 수 있는 어떤 것도 발견하지 못할 것이다. 그러므로 지각은 기계처럼 복합적 사물에서가 아니라, 단순하고 비물질적 실체에서 찾아야 한다(*Monadology*, Section 17, 베넷(Bennett)의 번역7)).

라이프니츠의 사고 실험을 업데이트하기는 쉽다. 기계의 톱니와 레버를, 뇌의 신경망(neural network)으로 대체해보자. 신경망에는 뉴런을 따라 시냅스로 전기 신호가 흐르며, 그곳에 신경전달물질 분자들의 농도와 구조가 변하고, 칼슘, 칼륨, 염소 등의 이온 농도 기울기가 변한다. 그러나 아무리 많은 뉴런이, 아무리 교묘하게 배열되어 있더라도, 그 어떤 무엇에 관함(aboutness)도 없으며, 어떤 **지향성**(intentionality)도 없으며, 그 배열들이 어떻게 지향성과 인지를 구현할 수 있는지에 관한 어떤 허깨비 같은 아이디어조차 얻을 수 없다.

하나의 큰 물질 덩어리는 그 자체로 "~에 관함"일 수 없으며, "~을 가리킴"일 수 없으며, 단지 물질 덩어리일 뿐이다. 만약 내가 프랑스 파리에 관해 생각하고 있다고 하더라도, 내 뇌 안의 어떤 신경회로도 단지 물리적 구조에 근거하여 파리에 "관함"은 아니다. 이것이 심/신 문제이다.

생각의 지향성 문제가 목적론 문제로 처음으로 명확하게 인식된 것은 아마도 찰스 테일러(Charles Taylor)의 저서 『행동의 설명(*Explanation of Behavior*)』(1964)에서 일 것이다. 다니엘 데닛도 그의 저서, 『심적 내용과 의식(*Content and Consciousness*)』(1969)에서 분명히 그것을 감지했고, 조나단 베넷(Jonathan Bennett)은 『언어적 행동(*Linguistic Behavior*)』(1976)에서 그것을 명백히 드러냈다.[8]

---

7) www.earlymoderntexts.com/pdf/leibmona.pdf.

8) 오래전 데닛(Dennett 1969)이, 의식 그 자체는 지향성의 근원적 재원일 수 없음을 명확히 하였다. 흄이 했던 사고 실험을 해보자. 즉, 자신의 내면을 들여다보라. 의식을 통해 흐르는 토큰(tokens)에 관해 무엇이 본래적이며 근원적인 지향성인가? 이러한 지향성의 출현은 의식을 통해 흐르는 이러한 토큰들의 연속 및 연상 패턴의 문제일 뿐이다. 유아의 의식을 통해 흐르는 토큰들에 대해 생각해보라. 그것들은 무엇에 "관함"일까? 의식은 단지 지향성의 기반이 목표-지향 의도(goal-directedness purpose)라는 사실을 모호하게 흐릴 뿐이다.

그러한 인식은 행동주의가 행동이 드러내는 합목적성, 특히 행동의 가소성과 지속성을 제거하는 데 실패하면서 드러났다. 그러나 이렇게 명확한 행동의 목적론적 특징은, 행동을 유발하는 생각, 즉 환경과 표적 상태에 관한 생각으로부터 "계승"되었다. 행동이 목적적인 것은 생각이 있어서이다. 생각의 지향성, 관함, 심적 내용 등등은 실제로 정교한 목적론의 문제이다. 대략적으로, 뇌의 한 부분, 하나의 신경회로를 욕구로 만들어주는 것은 그것이 믿음과 결합하여, 어떤 목적, 목표 또는 의도를 발생시킬 방법이다. 하나의 신경회로가 믿음을 만드는 것 역시 그것이 욕구와 결합하여 어떤 목적, 목표 또는 의도를 발생시킬 방법이다. 그런 욕구의 내용은 목적에 대한 기술이며, 그 믿음의 내용은 그 수단에 대한 기술, 즉 그 욕구의 달성과 관련한 환경에 관한 사실이다.

생각의 지향성은 신경회로의 목적론이다. 그러므로 그것은 다윈주의 분석에 굴복해야 마땅하다. 그렇게 해서, **목적의미론**(teleosemantics) 프로그램이 탄생했으며, 그 프로그램은, 다윈주 원인론의 결과로서, 뇌 상태가 어떻게 무엇에 관함을 말해주고, 무언가를 그 자체를 초월하는 것으로 여겨지는 정보를 포함하는지를 말해주며, 그래서 생각이 어떻게 물리적일 수 있는지를 드러내주는 전략이다. 이런 프로그램이 자연주의를 위해 불가피하지는 않으며, 일단 지향성의 본질이 목적론임을 인식하게 되면 성공을 기대해볼 수 있는 유일한 프로그램이다. 왜냐하면, 목적론의 출현이 등장하는 오직 한 가지 방법, 즉 다윈이 발견한 방법만이 있기 때문이다. 라이프니츠가 뇌의 장치에서 생각을 탐지할 수 없었던 것은 결코 놀랄 일이 아니다. 당신은 현재의 구조에서 과거 다윈주의적 과정을 볼 수 없다.

목적의미론의 접근법은 다음과 같은 사전 통찰로 시작한다. 즉, 상식과 과학의 분류법은, 대부분 사물이 그 특징적 원인과 결과 덕분에, 주로 효과에 의해 분류된다는 의미에서, "기능적"이며 "구조적"이 아니다. 예를 들어, 명사 "의자"를 고려해보자. 그 단어의 의미는 재료 성분(의자는 드라이아이스로도 만들어질 수 있다), 크기 혹은 모양(인형집 의자도 의자긴 하다), 다리의 수(다리 3개를 가진 스툴도 의자고, 막대 1개 위의 의자도 의자일 수 있다), 팔걸이가 있는지 여부(바·스툴도 의자이다) 등등을 제약하는 것이 거의 없다. 정의에 따르면, 의자는 앉을 수 있는 무엇이다. 즉, 특정 자세를 유지하는 데 효과가 있는 무엇이다. 같은 이야기가 심리적 상태들, 예를 들어, 믿음, 욕구, 정서 상태, 기억, 지각 상태 등등에 대해서도 그렇게 말할 수 있다. 그것들 모두가, 물리주의 가정에 따르면, 뇌의 상태이지만, 그런 상태들의 본성은 기능적 역할에 의해 부여된다. 심적 내용의 담지자로서 심리 상태의 역할은, 무엇에 관함이며, 그 표상적 기능은 그 심리적 상태의 **생물학적 기능**이다. 그 생물학적 기능과 그 원조는 눈먼 변이와 자연선택이란 다윈주의적 과정에 의해 만들어지고, 선택되었다. 이런 논제가 어떻게 작동하는지를 보여주는 고전적 예는 개구리가 파리를 낚아채는 기능이다. 개구리가 좌표 x, y, z, 시간 t에 위치한 파리를 향해 혀를 뻗을 때, 개구리 신경계 어디엔가의 뉴런 집단은 파리의 현존으로 발화되고, 혀를 뻗어 그것을 낚아챈다. 이런 뉴런 집단은 다윈주의 원인론이 있을 경우 오직 그 경우에만 (필요충분조건으로), "x, y, z, t에 파리"라는 심적 내용을 가진다. 여기서 다윈주의 원인론이란, 그 개구리 조상이 그런 신경계를 갖추게 하여, 그 개구리가 배가 고프고, 파리가 잡을 수 있는 거리에 있을 때, 그것에 혀를 뻗게 해주는, 그런 선택의 역사이다. 우리는 그 뉴런 집단의 발화가 "x, y, z, t에 파리"를 **의미한다**고 느슨하게 말할 수 있다. 이런 통찰로부터 심리학적 내용에 대한 이론을 만든 것은 심리철학에서 40년 걸린 연구 프로그램이었다.

앞에서 알아보았듯이, 심적 내용, 관함, 지향성 등에 대한 목적의미론 접근법은 분명히 옳았다. 그 이유는, 그 접근법이 의도의 출현은 언제나 눈먼 변이와 자연선택의 결과라는 인식에 지배되기 때문이다. 그러나 이런 접근법은 너무 기획적 고려라서, 그것이 심/신 문제를 해결하고자 할 때 영향력을 갖기 어렵다. 그래서 40년 동안, 다원주의 통찰이 어떻게 마음을 설명하는지에 관한 세부사항을 밝히는 일은 2세대에 걸친 심리철학자들의 합동 프로젝트였다. 이런 접근법이 분명 옳다는 기획적 고려는, 교수대처럼, 우리의 관심을 의무적으로 고정시킨다. 그것은 위험 부담이 매우 크다. 예를 들어, 만약 그 기획이 성공할 경우, 윤리학의 경우와 마찬가지로, 우리는 그 주제를 변화시키지 않은 채 자연주의 인식론을 가질 수 있다. 그러나 만약 성공하지 못한다면, 그 다른 대안들은 정말 급진적이어서, 마음이 실제로 유령 같은 영혼이 분명하다는 이원론, 또는 심적 내용, 관함, 지향성 등이 환상이라는 제거주의(eliminativism)만이 남는다.

목적의미론을 위한 한 가지 강력한 무프로그램(nonprogrammatical) 논증은, 인지 상태가 잘못 발화할 수 있다(오표상)는 사실에서 시작한다. 즉, 우리는 틀릴 수 있고, 오류에 빠지거나 혹은 실수할 수 있으며, 거짓 믿음을 가질 수 있다. 이것은 다원주의 접근법을 위해 외치는 것 같은 생각의 특징이다. 그 생각은 다음과 같다. 개구리가 x, y, z, t에 위치한 비비탄을 낚아챌 때, 그 관련 뉴런들의 내용은 "x, y, z, t에 파리"이다. 왜냐하면, 그것이 생물학적 기능이 하는 것이며, 경우에 따라서 실수를 하기도 한다. 생물학적 기능, "고유 기능(proper function)"(밀리칸이 1984년 도입한 용어), "정상적 기능(normal function)"(니앤더(Neander 2012)의 용어) 등은 다원주의 원인론에 의해 주어진다. 그 원인론 내에서, 비비탄이 아니라, 파리의 현존은 개구리의 신경계를 형성한다. 거짓 내용(오표상)은 오작동(malfunction)의 문제로 밝혀져야 한다. 비비탄이 개구리의 뉴런을 속여 "x, y, z, t에 파리"라는 거짓 믿음을 만들어, 영양가 없는 사물로 혀를 뻗게 만들고, 개구리에게 실제로 해가 될 수 있기 때문이다.

이런 접근법이 옳다는 것을 강하게 시사하는 다른 고려는, 다윈의 통찰이 학습, 조작적(operant) 및 고전적(classical) 학습 모두를 포괄하는 방법이다. 후자(고전적 조건화)는 전자(조작적 혹은 도구적 조건화)보다 훨씬 먼저 채택되었다. 후자는 바다 민달팽이(sea slug)의 생존에 매우 중요하다. 우리는 그 분자생물학을 에릭 캔들(Eric Kandel) 덕분에 알고 있다. 조작적 조건화(operant conditioning)는 오랫동안, 다윈주의 선택의 종이 그 유기체의 생애 중 비유전적 방법으로 작동한다고 인식되어 왔다(Dennett 1975). 신경계 진화의 어떤 단계에서, 다윈주의적 과정이 조작적 메커니즘에 작용하였고, 그 후로 그 메커니즘이 선택된 이유는 환경이 너무 빨리 변하여 신경 구조 내의 유전적 형질 변환으로 성공적으로 따라잡을 수 없기 때문이다. 이러한 메커니즘이 개선됨에 따라서, 동물들은 더 빠른 환경 변화에 민감하게 반응하는 행동의 가소성/지속성을 가질 수 있다. 이런 논점에서, 목적의미론은, 환경에 적절한 행동을 할 수 있게 해줄 이전의 강화(선택)에 의해 고착화 혹은 축조되지 않은 새로운 신경 상태에 내용을 귀속시킬 재원을 제공한다. 나중에 데닛은 다음 논제를 제안하였다. 다윈주의 메커니즘의 계층적 구조물은 의도적으로 보이는 행동을 산출하였고, 그런 행동은 더욱 정교하게 발달하여 환경적으로 더 적절하게 되었다. 그런 적응 행동은 다음 네 단계로 발달하였다. 첫째, 다윈주의식 생물이다. 그 생물의 행동은, 자체의 신경계에 추정적으로 회로화된 내용에 의해서 혹은 고착화하는 내용에 의해서 혹은 그 내용을 인정함으로써, 고착화된다. 아메바를 고려해보자. 그것은 영양분의 농도 기울기를 탐지하도록 만들어졌고, 그 운동-방향 탐지 장치는 "여기 왼쪽에 더 많은 당분이 있음"이란 내용을 일치시킬 수 있어서, 어떻게든 당분에 도달한다. 둘째, 스키너식 생물이다. 그 생물의 신경계는 조작적 조건화에 민감해서, 새로운 내용을 획득할 수 있다. 부리로 푸른색 열쇠를 쪼면, 그에 따라서 열쇠 아래로 먹이가 나온다. 셋째, 포퍼식 생물이다. 그 이름은 다음과 같은 포퍼의 관찰을 기려 불린다. 우리의 생각은 새로운 것들을 창안해보고 그것들을 상상으로 시험해보며, 그런 중에 "우리의 가설들은 우리를 대신하여 죽는다." 포퍼식 생물은 스키너식 생물보다 외관상 훨씬 더 목적 지향적 행동을 보여준다. 즉, 매우 정교하며, 환경에 더 적절하다. 그런 생물은 내적인 다윈주의 과정(내적 선택과정)을 통해 행동하도록 되어 있다. 즉, 실제 환경에 대해 많은 것을 표상할 내적 한경이 있어야 하며, 가능한 여러 행동 중에서 선택할 수 있어야 한다. 예를 들어, 그러한 새는 실험으로 제시된 먹이 곤충을 꺼내기 위한 도구를 생각하면서, 그 도구를 어떻게 사용할지도 동시에 파악할 수 있어야 한다. 그 새의 뇌 어딘가에 "이 나뭇가지를 구부리면 더 긴 나뭇가지에 도달할 수 있고, 그 나뭇가지를 곤충 더미 속으로 밀어 넣을 수 있어"라는 내용을 갖는 뉴런들 집단이 있다. 끝으로, 데닛이 인지신경학자인 리처드 그레고리(Richard Gregory)의 이름을 따서 붙인 "그레고리식 생물(Gregorian creatures)"이 있다. 그레고리는 처음으로 지각에서 개념의 역할을 명확히 규명했다. 우리처럼 그레고리식 생물은 포퍼식 생물의 내적 환경에 언어를 보충할 수 있는, 기억과 추론을 확장하는 외적 신호(external sign)의 침묵 버전으로, 포퍼식 생물의 능력을 훨씬 능가한다.

이와 같은 포괄적 설명은 그럴듯한 면이 있지만, 어떻게 변이와 여과의 패턴이 특정한 표상, 즉 신경 상태를 형성하여, 신경회로가 실제로 담고 있는 그 내용을 구속하고 확신할 수 있게 해주는지 세밀한 분석을 제시하지 못한다. 예를 들어 설명하자면, 개구리의 신경회로가 "x, y, z, t에 파리"라는 생각을 실제로 가질 수 없는데, 왜냐하면 그렇게 하려면, 추정컨대 신경회로가 "파리"라는 개념을 가져야 하며, 게다가 개구리가 그런 개념을 가지는지 의심스러우며, 실제로 그런지 확인하기 위한 실험을 수행하는 것도 무의미하기 때문이다. "x, y, z, t에 파리"는 그것이 뉴런으로 무엇인지, 우리가 그 내용을 확인하기 위해 사용하는 대리자일 뿐이다. 목적의미론은, 적어도 포퍼식과 그레고리식 생물에 대해, 대리자보다 더 나은 설명을 제공할 것이며, 그렇지 않으면, 그렇지 못함에도 불구하고, 그것이 실패할 수밖에 없었던 좋은 이유, 즉 우리가 이원론이나 제거주의를 마주하게 만든 이유를 제시해야 한다.

목적의미론 프로그램이 진행하는 몇 가지 방법을 세밀히 이해할 가치가 있다. 그것은 정의, 반례, 수정 등의 평범한 방법이다. 원거리 내용(distal content)의 문제에서 시작해보자. 뉴런들이 개구리에게 특정 방향으로 혀를 뻗으라고 알려줄 때, 왜 그 내용이 "파리"여야 하는가? 또는 (그 개구리가 "파리"라는 개념을 가지고 있지 않아서) 파리가 아니라면, "혀 앞 1-2센티미터의 검은 물체"와 같은 더 애매한 것이어야 하는가? 왜 그 내용이 "양분과 이전에 관련된 패턴으로 분산되어 날아오는 광자들"이 아닐 수 있으며, "기분 좋은 맛과 관련된 작고 검은 망막 흥분체"가 아닐 수 있으며, "혀로 낚아채기와 관련하여 이전에 강화된, 시각피질로 들어오는 활성전위(action potientials) 패턴"이 아닐 수 있는가? "파리"에서 그리 멀지 않은 이러한 내용들은 배제될 필요가 있어 보이는데, 그렇지 않은가? 마찬가지로, 그보다 더 원거리 내용도 배제되며, 너무 많은 것을 포함하는 내용, 예를 들어 "멀리서 파리를 반영하는, 광자로 보이는 파리"도 배제된다. 밀리칸(Millikan 1984)에 의해 제시된 이러한 원거리 내용의 문제에 대한 간결한 해결책은 목적의미론에 중요한 세부 사항들을 추가한다. "x, y, z, t에 파리"를 표상하는 신경 상태의 하위 "소비자들"을 고려해보자. 이러한 "소비자들"은 신경계와, 먹이를 에너지로 전환하는 기능의 소화 시스템을 결국 포함한다. 이런 하위 소화 기능을 발생시킨 선택 과정은, "x, y, z, t에 파리"보다 "x, y, z, t에 먹이"와 같은 신경 상태 내용으로 축소한다. 그리고 그 선택 과정은 적어도 내용으로서 다른 것들, 예를 들어 파리를 멀리서 반영하는 망막 이미지 혹은 광자와 같은 것들을 배제한다. 왜냐하면, 망막 이미지 혹은 광자를 먹이로 반응하기 위한 어떤 명확한 역사적 변이 및 선택 패턴이 없었기 때문이다. 더구나, 망막으로부터 시각피질을 지나 신경회로로 전달되는, 신경 신호가 "x, y, z, t에 먹이"라는 내용을 갖도록 선택된 것은, 오직 그것들이 개구리가 파리에 반응하기 위한 수단으로 선택된 것이지, 그 반대는 아니다. 그래서 목적의미론은 이러한 선택적 원인론의 관념을, 신경 상태의 내용으로서 "올바른" 거리의 대상(먹이)에 대해 제로(0)로 채용한다. 그럼에도, 개념, "먹이", "음식", "맛난 것" 또는 인간 언어로 개구리를 묘사할 수 있는 어느 다른 개념을 적용하는 것은 설득적이지 않다. 비록 우리가 개구리 신경 상태를 아무리 정교한 환경적 적절함이라고 적응적으로 인식하더라도 말이다. 더구나, 선택의 역사는 이러한 뉴런들을 만들어, 파리에 의해 유발된 입력신호로부터 혀로 출력신호를 전달하게 하였지만, 사실상 그러한 입력에 대한 선택은, 건강한 파리에서 인과될 경우, 포식자 새가 없을 경우 등등의 경우, 그리고 "기타 등등"의 경우라는 식으로, 개구리의 적합도를 감소시킬 무수히 많은 요소들로 해독될 필요도 있다. 그렇지만, 신경적 내용이 "파리" 혹은 "먹이" 혹은 "x, y, z, t에 맛난 것" 등에 대한 모든 이러한 조건들을 합리적으로 포함할 수는 없다.

물론, 개구리가, 혀로 낚아채는 행동을 포함하여, 비록 조작적 조건화를 통한 것은 아닐지라도, 자신의 행동을 정교하게 조절할 능력에서 매우 제한적이다. 그러나 포유류, 특히 영장류와 (더 논점에 가깝게는) 인간은 복잡한 학습을 수행한다. 더 높은 수준의 학습이, 개념에 의한 것이라고 할 만한, 정교한 행동 분별을 이끈다는 것은 논란의 여지가 없다. 예를 들어, 우리가 언어적 행동(linguistic behavior, 말하기)을 학습할 수 있다는 것은 그것을 할 수 있을 사고의 체계성을 보여준다. 따라서 우리는, 목적의미론이 어떻게 인간과 다른 영장류 사고의 체계성을 설명할 수 있을지 방법을 제시해야 한다. 이런 [체계적 사고의] 특징, 특히 그것이 언어 자체를 반영한다는 것을 처음 강조한 사람은 촘스키(N. Chomsky)였다. 목적의미론은 분명히, 선택된 선천적, 내재적, 또는 고정된 회귀적 계산 알고리즘이, (앞서 보았듯이, 특히 협력이 생존을 위해 필요한 경우) 적응적 시냅스 및 문법적 구조를 사고와 (사고를 통한) 언어에 제공할 수 있다는 것을 설명해줄 수 있다. 이러한 알고리즘은 저장된 신경 상태들로부터 복잡한 사고를 매우 잘 만들 수 있으며, 그 각각의 신경 상태는 개별적 선택 과정의 역사를 통해 형성된다. 그 선택 과정의 역사가 다윈식, 스키너식, 포퍼식 혹은 그레고리식 학습 조건화(이것은, 신경과학자의 언어로, 뇌의 정보 저장 메커니즘인 장기 강화(long-term potentiation)에 의해 작동된다) 중 어느 것이든 말이다.

그러나 올바른 원거리 대상을, 신경 내용에 대한 드레츠키(Dretske 1989)의 용어로 "토픽(topic)"으로 새겨 넣는 문제는 거대한 빙산의 일각에 불과하다. 또한, 생각이 그 대상에 관하여 "말하는" 것이 무엇인지, 드레츠키 용어로 "코멘트(comment)"를 규정하는 문제도 있다. 즉, 목적의미론 접근법이 과연, 상식이 말해주거나, 인지과학이 요구하는, 혹은 물리주의자들의 심/신 문제를 해결해주는 것에 해당하는 내용과 일치할 정도의 신경적 상태를 규정할 수 있는가? 이러한 것들은 모두 동일하지 않을 것이며, 목적의미론이 그 모든 것들을 할 수는 없을 것 같다. 목적의미론 접근법이 직면하는 문제는 포더(Fodor 1990)에 의해 확인된 선언 문제(disjunction problem)이다. 개구리 혀가 파리를 낚아채도록 신경 회로를 선택한 긴 역사 때문에, 개구리 혀는 또한 경우에 따라서 비비탄을 향할 수도 있다. 만약 그럴 할 경우라면, 왜 그 신경 회로의 내용이 참인 "x, y, z, t에 파리 또는 비비탄" 대신, 거짓 "x, y, z, t에 파리"가 되는가? 원리적으로, 오표상(misrepresentation)과 선언적 표상(disjunctive representation) 사이의 차이는 무엇인가? 거짓 내용을 참인 내용으로 전환하는 선언을 첨가하는 것은 내용 귀속에서 논리적으로 허용될 수 있으므로, 다음 문제가 생긴다. "목적의미론이 어떻게 거짓 믿음과 같은 오기능을 잘-기능하는 선언적 믿음으로부터 분별할 수 있는가?" 이 문제는, 포더에 따르면, 더 악화된다. 따뜻한 피를 가짐과 젊음의 유지처럼, 언제나 함께 발현되는 생물학적으로 중요한 특성들을 고려해보자. 이런 서로 다른 특징들은 보편적으로 그 환경에서 동시에 발현된다. 언제나 동시에 발현되는 두 속성이 그 환경에 의해 신경회로의 선택에 분리하여 기여할 수는 없다. 따라서 그러한 두 속성을 발현시키는 신경 회로는 목적의미론에서 서로 다를 수 없다. 즉, 다원주의에서, 생물학적 으로 동일함이 증명될 수 있는 내용이다.

현재 내릴 수 있는 결론은 이렇다. 신경회로의 내용은 비결정적이거 나, 적어도 명석한 철학자들이 구성할 수 있는 자연어의 내용보다 훨씬 덜 결정적이다. 목적의미론이 본격적으로 논의되기 꽤 오래전, 콰인(W. V. O. Quine)은 우리에게 행동에 의한 인식적 내용의 미결정성(epistemic underdetermination of content)을 경고했으며, 이제 목적의미론은 내용이 사실상 미결정적임(indeterminate)을 보여준다. 데닛은 1969년으로 돌아가, 개구리의 파리에 대한 관심 대신, 스테이크(T-bone)에 대한 개의 관심에 호소하여, 그것을 풍자적으로 말한다. "개가 그 대상을 무엇으로 인식하는 그 무엇이 영어 단어에 없다. 이것이 우리에게 놀랍지 않은데, 왜 개 뇌 속의 구분(differentiations)이 영어 사전에서의 구분과 일치해야 하는가?"(p.85) 그러나 영어가 모국어인 사람의 뇌 속에서 구별들은 어떠할까? 그 구별들이 옥스퍼드 영어 사전으로 정렬되어야 하는가? 만약 그렇지 않다면, 어떠할까?

문자 글귀와 구어 소리의 지향성, 내용, ~관함, 의미 등은 그것들을 생산하는 신경회로에서 파생된다. 신경회로가 문자 표시와 소리에 의미를 부여하는 특정한 방식은 그라이스(Grice 1957)에 의해 처음 명확히 설명되기 시작하였다. 그리고 서얼(Searle 1980) 덕분에 (신경회로가 가지는) 본래적 지향성(original intentionality)과 (신경적 원인에 의해, 구어, 문어, 기호 등이 가지는) 파생적 지향성(derived intentionality)을 구분할 수 있었다. 그러나 신경회로가 그 내용에 대해 비결정적이라면, 그 내용, 즉 모든 말과 글의 의미도 마찬가지다. 아무리 정확하게 표현하려 해도, 결코 정확성은 있을 수 없다. 아무리 단순한 어느 토큰(token) 문장이라도 고려해보라. 예를 들어, "고양이가 매트 위에 있다", 또는 좀 특이하게 "2 + 2 = 4", 그러면 그런 글귀가 표현하는 유일한 명제

(unique proposition)는 결코 존재하지 않는다. 왜냐하면 그 글귀에 지향성을 부여해주는 신경 상태는 결코 유일한 명제 내용을 갖지 못하기 때문이며, 그 신경 상태가 내용이 나올 수 있는 유일한 장소이기 때문이다. 다시 말하자면, 영어를 말하는 사람의 뇌의 구분이 영어 사전, 크로아티아어, 몽골어 등등의 구분과 일치하지 않는다. 이것이 그리 심각한가? 그것이, 누구나 **개별언어**(idiolect)를 사용한다는 것, 즉 우리는 각자마다 자신의 자연언어를 사용하도록 훈련된, 유일한 다원주의 결과-원인 이론의 산물임을 드러내줄 수 없는가? 물론 [개인 간 구분은 다르지만] 충분한 중첩으로 인해서, 누구라도 알아챌 수 있을 만큼 의사소통에서 실제 단절은 일어나지 않을 것이다. 그러나 이것이 우리가 내려야 할 결론은 아니다. 훨씬 더 과격한 결과를 우리는 마주하게 된다. 만약 우리의 신경회로 모두가 유일한 명제 내용을 갖지 못한다면, 신경회로 모두 명제 내용을 갖지 못하는 것이 된다. 왜 그런가? 선언문 역시 유일한 특정한 명제이기 때문에, 자체의 명제 내용을 구성하는 명제들로 구성된 유한의 선언문이 결코 존재하지 않을 것이다. 유한한 크기(사실 매우 작은) 신경회로가 무한하게 긴 명제(심지어 어떤 환상적 회귀에 의해 우리가 확인할 수 있는 것까지도)에 관함이라고, 즉 의미한다고 말하는 것은, 신경회로가 결코 어느 명제에 관함이 아니라는 결론을 인정하는 교묘한 방법이다.

이런 결론이 우리를 놀라게 하고 혼란스럽게 하는데, 왜냐하면 그것이, 우리가 생각하는 것의 내용이 어느 자연언어로도 엄밀하게 표현될 수 없다는 것을 드러내는 것이 아니라, 우리가 말하거나 글로 쓰는 모든 것들이, 그것에 특정한 내용이 없다면, 불가피하게 모호하지 않다는 것을 드러내기 때문이다. 그것은, 말하기와 글쓰기를 포함하여, 명확히 의도적인 행동의 정교한 조절에도 불구하고, 신경회로에 결코 어느 명제 내용도 실제로 없다는 것을 드러낸다.

특정한 내용을 발언과 글귀에 귀속시킨다는 것은, 데닛이 오래전 목격했듯이, 세계에 우리와 같은 방식으로 살아가야 하는 생물에게 어쩔수 없는, "단지" 태도(stance), 도구(instrument), 발견적 기술(heuristic technique)이다.

그리고 우리는 이제, 그것을 출현시킨 다윈주의 과정과, 왜 그렇게 되었는지를 이해하며, 우리를 사바나 먹이사슬의 바닥에서 정상으로 오를수 있게 했다는 것을 이해한다. 인간 혹은 어느 다른 감각적 생명체가생각하는 것의 문제에, 즉 그들의 생각이 **관함인** 문제에 결코 어떤 독립적 사실도 없다.[9] 철저한 다윈주의자들은 여기서 말하고 있는 것을 이해할 것이다. 다윈의 혁신이 과학을 위해 의도(목적)를 지키기보다, 세계로부터 의도를 지웠다는 것을 상기해보라. 목적의미론은 내용에 대해서도 같은 일을 한다. 목적의미론은, 그 부모인 다윈 이론이 우리로 하여금 의도와 관련하여 제거주의자가 되도록 하였듯이, 지향적 내용에관해서 제거주의자 편에 서도록 만들었다. 마치 의도의 출현이 눈먼 변이/환경 여과의 실재로 드러난 것처럼, 내용의 출현도 마찬가지라는 것이 드러난다. 물론, 만약 지향성의 본질이 목적론이라면, 이런 결론은오래전 사라졌을 것이다.

그러나 만약 의도와 마찬가지로, 내용도 우리에게 떠맡겨진 환상이라면, 우리는 말과 글로 무엇을 만들 수 있을까? 다윈의 만능산(universal acid)은 너무나 많은 것들을 집어삼켰다. 그 문제와 관련하여, 다윈 이론은 심지어, 내용, 의미, (파생되었든 본래적이든) 지향성 등이 없다는 주장조차 조롱거리로 만들어버렸다. 방금 당신이 읽은 글귀도 결코 내용을 갖지 못한다는 것으로 드러나는데, 그런 것들이 결코 존재하지 않기때문이다.

제거주의 유물론(eliminativist materialism)은 언제나 자기모순적이라고 비난받아왔다. 즉, "나는 어떤 믿음도 없음을 믿는다"라고 제거주의

---

9) [역주] 즉, 인간과 같이 감각적인 생물의 지향성의 문제는 결코 과학적 연구로부터 독립적일 수 없다.

유물론자들은 말한다. "어떤 본래적 지향성도 없다"는 주장은 결코 파생적 지향성을 갖지 않는다. 따라서 그 주장은 어떤 진리값도 갖지 못하거나, 만약 갖는다면, 그것은 "이 문장이 거짓이다"라는 문장의 의미론적 미덕을 온전히 가진다. 그런 만큼 제거적 유물론을 더 나쁜 상황으로 몰아간다. 그렇지만 이제 다윈주의 통찰은 그것을 끌어안는 모든 사람을 제거주의자의 막다른 길로 몰아넣는 위협이 될 것만 같아 보인다.

명제는 참 아니면 거짓이어야 한다. 문장은 명제를 표현하며, 그 진리값은 그 문장이 표현하는 명제의 진리값에서 나온다. 명제 문장이 "표현하고", "담고 있는", "무엇에 관함"인, 지향성은 **이러한 명제를 가리키는** 생각의 지향성에서 파생된다고 가정된다. 만약 신경회로가 이러한 명제를 내용으로 갖지 못한다면, 우리가 주장하고 쓰는 문장 모두 그 내용을 갖지 못한다. 다윈의 산(acid)은 자체를 표현하는 문장들의 의미를 통해 즉시 녹여버린다.

다윈주의 자연주의자의 도전은 의미론적 평가력(semantic evaluability)을 위해 필요한 모든 장치에 대한 작동 가능한 대안들, 즉 통사론, 의미론, 참/거짓의 대체물, 그리고 정당화, 논증, 이성 등에 대한 자연주의적 설명을 개발하는 것에 있다. 왜냐하면 정당화에 대한 인과적 설명이 없이, 다윈주의 접근법이 제안하는, 사고의 진리 또는 거짓에 대한 대체물은 그 무엇일지라도, 그것을 일관되게 주장할 수 없을 것이기 때문이다.

자연주의는 다윈의 산에 녹지 않을 수 있을까?

정당화(justification)와 이유(reason)에 대한 자연주의적 설명의 전망은 어떠한가? 데닛은 자신의 최근 저작("The Evolution of Reasons" (2013), 아래 숫자들은 모두 이 논문 페이지이다)에서 이 도전적 과제에 대해 명확히 이야기했다. 다윈 세계에서 이유를 설명하기 위해 데닛이 시도하는 검토는 그것이 얼마나 어려운 일인지를 보여준다. 그는 아래와 같이 친숙한 기반에서 시작한다. 우리는 사물에서 의미와 의도를 읽어내려는 "누를 수 없는" 성향을 가지며, 그것은 다른 동물과 공유하는 본능으로, "새들의 군무만큼이나 많은 생물학적 해명이 필요하다." (p.59) 그런 해명은, 인간 생각의 이유, 의미, 설계, 의도 등을, 그것들이 자연에 존재한다는 것을 드러냄으로써, 설명해주고 입증해줄 것이다. 그러기 위해 우리가 해야 하는 것은 오직 우리 주변에 대한 경험에서 그것들을 읽어내는 일이다.

생물권은 설계, 의도, 이유 등으로 가득하다. 내가 말하는 설계 태도(design stance)가, 지적 인간 설계자에 의해 만들어진 공학적 인공물을 역분해할(reverse) 때 매우 효과적이라는 바로 그런 가정에서, 생물 세계를 관통하는 특징을 예측하고 설명한다. 자연선택에 의한 진화는 어떤 사물이 다른 방식이 아니라 이런 방식으로 왜 만들어졌는지 까닭을 "찾고" "추적하는" 일련의 과정이다(p.49).

이유를 찾고 추적하기 위한 자연선택의 과정을 위해, 적어도 일부 이유는 그것들을 찾고 추적하는 과정에 앞서 획득되어야 한다. 즉, 이유는 자연에서 비목적론적이고, 순수한 인과적 역할을 수행할 필요가 있다. 다시 말해서, 자연주의는 정당화의 순수한 인과적 분석을 제공해야 한다. "이유가 어디에 있든, 어떤 종류의 **정당화**와 **수정** 가능성을 위한 여지와 필요가 있다."(p.51) 우리는 "자연선택에 의한 진화가 **어떻게**(how come) 시작되었으며 **무엇을 위해**(what for) 이르렀는지"를 보여줄 필요가 있다. 데닛이 인식했듯이, "우리는 어떤 이유도, 어떤 의도도 전혀 없는, 오직 무수한 원인만이 있는, 무생명의 세계에서 출발했다. 어느 '시점'엔가 (명확한 선은 없지만) 우리가 어떤 것들이 현재와 같이 배열된 이유를 적절히 설명하게 될 때까지, 우연히 다른 과정들을 발생시키는 과정만이 있을 뿐이다."(pp.50-51) 그렇지만 이러한 발견의 적절함이 단지 우리의 생존에 유익하다는 태도의 문제일 수는 없다. 원인으로부터 이유의 출현은 자연에 관한 사실이어야 한다. 데닛의 비법이 이것을 설명하는지 살펴보자.

그는 이렇게 말한다. 두 종류의 규범과 수정 양식, 즉 **피츠버그 규범성**(Pittsburg normativity)과 **소비자 보고 규범성**(Consumer Reports normativity)이 있다. 전자는 일단 사람들이 의사소통을 시작해야만 생겨난다. 소비자 보고 규범성은 인류가 출현하기 훨씬 전, 사실 후생동물(metazoa)이 출현하기 훨씬 전에 출현했다. 그것은 가언명령(hypothetical imperatives)의 도구적 규범성, 즉 "품질관리 혹은 효율성과 같은 공학적 규범"이다(p.51). "**무엇을 위해** 이유가 있는 곳이면 어디에나 암묵적 규범이 촉발될 수 있다. 즉, 실제적 이유는 좋은 이유라고 언제나 추정되며, 문제의 특징을 정당화하는 이유이다. 어떤 정당화의 요구도 어느 **어떻게** 의문에 의해 함축되지 않는다."(p.51)

무엇을 위해 이유와 이것에 동반되는 규범들이 어떻게 출현했는가? 화학의 양적 관계식(stoichiometric equation)과 열역학 법칙에 따라 결합하고 분해되는, 움직이는 분자들의 전생명권(prebiotic realm)에서 출발해보자. 충분한 공간과 시간, 100억 년 정도가 주어진다면, 이 무심한 과정들은 일부 국소 화학적 평형을 만들어냈을 것이다. 그런 화학적 평형은 소수성 지질 이중층(hydrophobic lipid bilayers)으로, 커피 잔에 크림을 조금 넣었을 때 생기는 친숙한 현상이다.

지속적 유지가 증식으로 돌변하는 가장자리에 놓이는 과정의 초기로 돌아가서, 아무것도 없었던 곳에서 같은 항목의 세포증식을 우리가 본다고 상상해보며, 이렇게 물어보라. "우리가 여기서 왜 이런 현상을 보는가?" 그 질문은 모호해지는 중이다. 왜냐하면, 지금은 **어떻게**에 대해서, 그리고 **정당화**, 즉 **무엇을 위해**에 대해서 서술적으로 답할 수 있기 때문이다. 우리가 마주하는 상황은 이렇다. 어떤 화학 구조물은 다른 화학적으로 가능한 구조물들이 없는 상황에서 나타나며, 그리고 우리가 보고 있는 것들은, 다른 대안보다, 그 지역적 환경에서 지속/복제에 더 좋은 것들이다. … 다시 말해서, 그런 부분들이 그러하게 형성되고 질서를 가지는 이유가 있다(p.53).

열역학적 소음이 다른 것들보다 더 안정한 어떤 분자를 만들 때, 원인이 이유가 되는, 즉 **어떻게**가 **무엇을 위해**로 돌변한다는 것이 명확하다고 가정되는가? 안정성과 복제능력을 함께 갖는 분자 출현에 대한 이유, 정당화 등이 실제로 있는가?

사건(events)의 순서만 다르고 열역학적으로 똑같이 가능한 시나리오를 고려해보자. 무작위 화학반응을 통해 몇 가지 분자 조합들은 모두 복제 가능한 존재가 될 수 있다. 그러할 수 있는 이유는, 그것들이 자체의 다른 복제의 주형(template)으로 혹은 촉매로 작용하기 때문이거나, 아니면 자신과 같은 분자 구조물이나 다른 분자 구조물이 그것들의 결합을 위해 열역학적으로 유리한 조건을 만들기 때문이다. 어떻게 그러한가? 열역학적 교란이다. 무엇을 위해서? 어떤 이유도 없다. 만약 그 분자 중 하나가 다른 것들보다 더 안정하다면, 그 구조를 깨뜨리는 무작위 충돌에 굴복하기 전에 더 오래 견딜 것이며, 그 분자들 수는 증가할 것이다. **어떻게** 질문, 즉 "이러한 특정 분자의 특별한 분배가 어떻게 일어나는가?"에 대한 대답은 있다. 그러나 "이러한 특별한 분배가 **무엇을 위해** 일어나는가?"라는 질문에 대답하게 될 것 같지 않다. 그런 분자들이 무언가를 위해 생겨나지 않았다. 이런 분자 중 하나를 기술할 때, 여기서 공유결합(covalent bond)을, 또는 저기서 메틸기(methyl group)의 "기능"이 무엇인지를 묻는 것은 무리한 시도이다. 그것은 마치 기능에 대한 커민스(Cummins 1975)의 "인과적 역할"과 유사한 일처럼 보이지만, 기껏해야 그것은 선택-효과라는 다원식 기능을 위해 몇 번의 복제가 필요할 것이다. 어떤 **무엇을 위해**도 없으며, 단지 몇 개의 **어떻게**만 있을 뿐이다. 그러나 데닛은 이런 빈 잔에 반만 채운 것 같다.

우리는 어떤 복제하는 존재(replicating entity)를 역분해하여 좋고 나쁨을 결정할 수 있으며, 그것이 **왜** 좋고 나쁜지를 말할 수 있다. 이것이 바로 이유의 탄생이며, 그것이 다윈주의에 대한 다윈주의 사례라고 말할 만하다. 여기에서 우리가 보는 것은, 원시-다윈주의 알고리즘(proto-Darwinian algorithm)이 다윈주의적 알고리즘으로 변화하는 것이며, 원인이란 종에서 이유라는 종이 탄생하는, **어떻게**에서 **무엇을 위해서**가 출현하는 것이며, 그 양자 사이에 어떤 본질적 구분도 없다는 것이다 (p.54).

여기에, 윤리적 가치를 자연화하는 경우에서처럼, 우리는 복제(replication)에 관해, 카피(copy)에 관해, 번식(reproduction)에 관해 무엇이 그렇게 특별한지 묻고 싶다. 그 질문은 단지 수사적인 것이 아닌데, 왜냐하면 그 질문이 무엇을 복제로 여기는지에 따라서 그런 많은 경우가 **무엇을 위해** 질문을 하고 싶지 않을 수도 있기 때문이다. 예를 들어, 하나의 컴퓨터 코드 라인이 입력으로 받아들여진 후, 그 복제물을 생산한다고 가정해보자. 그 복제 코드 라인의 복제를 포함하는, 무작위 입력 코드 라인으로 시작해보자. 이런 프로그램은 스스로 하나의 코드 라인에 속하면서, 자체를 복제한다. 다른 코드 라인은 자체에 아무것도 입력하지 않는다. 충분한 시간과 공간이 주어지는 세계에서, 자기 복제 코드의 수많은 복사물들은 기하급수적으로 증가한다. 여기에 **무엇을 위해**, 즉 그 복제하는 코드가 **무엇을 위해** 복제하는지를 묻고 싶은 어떤 유혹도 없으며, **무엇**이 바로 그것을 **위해** 복제하는 코드일 뿐이다.

데닛은 일단 이유를 가지기만 하면, 그것을 무차별적으로 아무 데나 갖다 붙일 수 있다고 말한다. "스펀지는 어느 이유 때문에 무언가를 하며, 세균도 어느 이유 때문에 무언가를 한다. 그러나 그것들은 이유를 갖지 않는다. 그것들은 이유를 필요로 하지도 않는다."(p.56) 이것은 라이프니츠가 "충족이유율"[10]이라고 잘못 이름 붙인 혼란을 떠올리게 하지 않을 수 없다. 우리가 "원인"을 의미하려는 경우에, 그 단어 "이유"를 무언가 인과적으로 사용한다. 이러한 두 경우, 즉 스펀지와 세균의 경우에도, "이유"를 "원인"으로 바꾸기 쉽지 않다. 그것은, 러스킨 (Ruskin 1856)이 "감상적 오류(pathetic fallacy)"라 부른 것에 빠질 수밖에 없다는 점에서 강제적이다.

데닛의 이어지는 이야기는 우리를 **어떻게**로부터 **무엇을 위해**로 데려가지 않는다. 기껏, 물리적 실재(reality)로부터 설계 태도로, (목적론적으로 온전히 자유로운) 인과적 과정으로부터 (어림짐작의 유용한 목적론적 중첩을 부과하는 것들의) 기술(descriptions)로 우리를 데려갈 뿐이다. 그리고 데닛 자신의 결론은 다음과 같은 정도를 보여준다.

> 우리는 케이크를 가질 수 있고 또 먹을 수도 있다. 우리는 진화(자연)가 무심코 발굴한 이유를 발견하고 명확히 설명하기 위해, 그런 지향적 태도(intentional stance)를 사용할 수 있다. ··· 우리는 명확한 의식을 가지고 그 지향적 태도를 사용하지만, 단지 다윈은 그 지향적 언어를 어떻게 파악해야 하는지를, 설계의 탄생과 개선을 위한 알고리즘 과정에 관해 적절하고 간결한 대화로 보여주었다. 다윈은 우리에게 **어떻게**로부터 **무엇을 위해**를 얻을 방법을 보여주었다. 다윈의 **무엇을 위해** 설명은 그 필수적인 **어떻게** 지원 기반과 공존한다. ··· 우리는 시험하기 위한 시험 가능한 **어떻게** 가설의 틀을 잡기 위해서, **무엇을 위해** 사색적 가설을 이용한다(p.61).

---

10) [역주] 라이프니츠는 "이유 없이는 아무것도 생기지 않는다"는 전통적 원리를 주제화해서 그 바탕 위에 형이상학적 체계를 구축하려 했다.

만약 다윈이 실제로 우리에게 지향적 언어를 어떻게 지불해야 할지를 알려주었다면, 우리가 그것을 하나의 태도로 취급할 필요는 없었을 것이다. 단지 우리와 같은 고안된 피조물이, **어떻게** 사물들이 그러그러한 방식으로 배열되었는지에 관한, 순수한 인과적 가설의 형식화를 안내하기 위해 이용한다는 것이 아니라, 우리는 그것을 "실재적"이라고 만족해할 수 있었을 것이다. 여전히, 위의 문단은 데닛이 이 문제에서 "위험 부담"을 인식하고 있음을 말해준다. 지향적 태도는 지지 근거를 필요로 한다. 통용될 유일한 지지 근거는, 의도의 출현이 물리적 세계에서 등장할 수 있는 유일한 방법에 관한 다윈의 분석으로 제공될 수 있으며, 그 방법은 그 의도의 출현이 실재하지 않는다는 것을 보여준다. 그래서 결국, 다윈은 스스로 의도를 위해 한 것보다 이유를 위해 더 안전한 세계를 만들지 못한다.

이것은 전혀 놀랄 일이 아닌데, 왜냐하면, 데닛의 논증이 보여주었듯이, 이유라는 개념은, "~에 대한 이유(reason for)"에서처럼, 실제 의도에 근거해서 만들어진 것이며, 다윈주의 무의도적 대체에서 나오지는 않았기 때문이다.

전체적으로 오랜 철학적 문제들을 풀어내고, 해체하고, 그렇지 않으면 정립하는 그 모든 업적에도 불구하고, 자연주의에 대한 가장 커다란 도전이 그 앞에 놓여 있다. 만약 자연주의가 그것들을 극복할 수 있다면, 과학으로 가는 마차에 올라탄 철학자는 우리 규율이 포함하는 여러 문제에 대해 마침내 더 쉬운 설명을 제시할 수 있을 것이다. 당분간, 다윈에 의해 고무된 우리 철학자들은, 흄의 교훈에 대해 열심히 생각해야 하는 동안, 저속한 말로 비난하는 흄의 충고를 받아들여야만 할 것이다.

3. 동물 진화와 경험의 기원 [1]

Animal Evolution and the Origin of Experience

피터 갓프리-스미스 Peter Godfrey-Smith

서문

우리가 어떻게 주관적 경험(subjective experience)의 가장 단순하고 가장 기초적인 형태를 이해할 방법을 찾을 수 있을까? 살아 있는 유기체 중 하나인 **무엇이라고 느낄 수 있을** 그러한 유기체 집합은 무엇일까? 언제부터 이런 현상이 시작되었으며, 그 가장 초기 형태는 무엇인가?

1) 이 장의 초기 버전은 2014년, 데일 피터슨(Dale Peterson), 아이린 페퍼버그 (Irene Pepperberg), 리처드 랭햄(Richard Wrangham) 등에 의해 조직된, 하버드 대학 심포지엄, "Animal Consciousness: Evidence and Implications"에서, 그리고 2015년, 레이첼 브라운(Rachael Brown)에 의해 조직된 맥쿼리 대학 컨퍼런스, "Understanding Complex Animal Cognition" 등에서 제시되었다. 나는 양 발표에서 유익한 조언을 해준 청중에게 감사하며, 또한 다이애나 리스(Diana Reiss), 로사 카오(Rosa Cao), 제인 셸던(Jane Sheldon) 등에게도 감사한다.

내가 보기에, 분명히 이러한 질문들은 본래 호기심을 자극하며, 적어도 두 가지 방면에서 중요하다. 여기에서 논의과정은 심리철학이라는 다른 영역에 도움을 줄 수 있어야 한다. 심리철학은 심적인 것과 물리적인 것이 어떻게 연관되는지에 관한 가장 기본적인 논의를 포함한다. 이점에 대해 당신은 아마도 이렇게 말할 수 있겠다. 나의 질문에 대답하려는 노력은 심신문제 그 자체에 직접 도움을 주지 못하며, (만약 우리가 할 수 있다면) 더욱 근본적인 질문을 해결함으로써 오히려 **도움을 받을** 수 있다고 말이다. 그렇지만 만일 우리가 더 단순한 형태와 더 복잡한 형태 사이의 관계를 더 잘 이해할 수 있다면, 이것은 주관적 경험이 어떻게 물질적 기반을 가지는지를 우리가 파악하는 데에 도움이 된다. 내 생각에, 최종 이론의 모습은, 물질적인 것을 생명체에 연관시키고, 생명체를 인지에 연관시키며, 그리고 주관적 경험을 (살아 있는 시스템이 관여하는) 일종의 인지작용에 연관시키는 어떤 것이다. 이 장과 짝을 이루는 (곧 나올) 논문에서, 나는 이러한 관계들의 첫째 연관을 구체적으로 다룬다. 이 장에서 나는 (동물 생명체(animal life)의 진화가 보여주는) 후자의 연관들과 동물 진화의 단계들이 어떻게 주관적 경험과 연관될 수 있는지 논의하겠다.

이러한 쟁점들은 또한 더욱 실천적인 방식으로 논의될 것이다. 여기에서 나는 사육되는 동물들의 취급, 실험, 그리고 여타의 것들에 관한 윤리적 질문들을 염두에 두고 있다. 우리가 어떠한 방식으로 다양한 종의 동물들을 취급해야 하는지에 대한 질문은 주관적 경험, 특히 괴로움에 관한 질문과 밀접하게 연관된다. 하나의 그럴듯한 관점에 따르면, 우리가 주관적 경험을 전혀 갖지 못하는 유기체를 다룬다면, 그러한 유기체를 다루는 방식에서 윤리적 우려는 거의 생기지 않는다. 혹은 어쩌면 약간의 우려가 있더라도, 그런 우려는 고통을 느낄 수 있는 동물을 다룰 때 적용되는 것과는 다르다. 예를 들어, 아마도 환경윤리의 질문이 여전히 적용될 수 있다. 주관적 경험, 특히 부정적인 주관적 경험(고통과 괴로움)을 가지는 동물들에 대해, 이것(고통을 느낀다는 사실)이 동물을 다루는 방식을 결정하는 데에 반드시 반영되어야만 한다는 초기의 강력한 사례가 있다. 이런 논의들 안에서, 중요한 질문은 진화 그 자체가 아니라, 현존하는 동물들 가운데 주관적 경험의 분포에 관한 것이다. 물고기나 게(crab)가 주관적 경험을 가지는가? 진화에 관한 질문들은 이러한 것들과 연관된다.

다음 절은 이 장의 주제들을 더욱 자세하게 설정하고 동물 생명체 **이전의** 진화 모습을 그려내려 한다. 그런 후 나는, 주관적 경험의 진화와 어느 정도 관련이 있어 보이는 단계들에 집중하여, 동물의 초기 역사를 살펴보겠다. 마지막 절은 진화의 역사와, 최근 신경생물학 및 심리철학의 연구 사이의 관계를 들여다보겠다.

주관적 경험과 초기 진화

나는 우리의 목표가 주관적 경험을 이해하는 것이라고 밝혔다. 그런데 이 목표가 의식에 대한 질문과 어떤 관련이 있는가? 요즘 "의식"이라는 단어는 주관적 경험의 모든 종류를 포함하는 식으로 다방면에 걸쳐 널리 쓰인다. 그렇다면 어떤 것들이 다른 것들에 비해 더 복잡하다는 식으로, 의식의 여러 다른 종류들 사이에 구별이 있을 수 있다. 이런 방식으로 여러 문제를 설정하는 것이 틀린 것은 아니지만, 나는 이것이 최선은 아니라고 생각한다. 1980년대 자주 등장했던, 이러한 이슈들을 조명해주는 좀 더 초기 방식은 심리철학의 주요 문제를 세 가지, 즉 "감각질(qualia)", "의식(consciousness)", "지향성(혹은 의도(intentionality))" 등으로 구분하는 것이었다. "감각질"의 문제는 정신의 일인칭 느낌(feel)을 설명하는 문제로 여겨졌고, "지향성"은 의미론적 내용 혹은 "~에 관함"을 포함하는 것으로 보였으며, 그리고 "의식"은 그것이 인지적이며 질적인(주관적 느낌) 측면 모두의 특별한 특징들을 가지는 복잡 미묘한 정신력(mentality)으로 보였다.

요즘에는 자주 "감각질"과 "의식"을 매한가지로 여기곤 하는데, 이는 어떤 것이 다른 것에 환원된다는 논증에 의해서가 아니라, 고려되는 현상이 하나만 존재한다는 점에서 그렇다. 만일 무언가 자신을 하나의 시스템인 것처럼 느낀다면, 그 시스템은 의식이 있는 것이거나, 또는 어떤 종류 혹은 어느 정도의 의식을 갖는 것으로 얘기된다(Nagel 1974).[2] 나는 전자를 선호하며, 양자 사이의 차이가 언어적인 것에 불과하다고 생각한다. "감각질"은 매우 매력적이지 않은 용어였지만, 이 단어는 어떤 유기체들이 겪고 있을, 우리가 일반적으로 의식이라고 부르는 것과는 구별되는, 경험의 매우 간단한 형태라는 생각에 꽤 자연스럽게 어울린다. 예를 들어, 나는 오징어가 고통을 느끼는지 궁금해하지만, 그러나 그런 궁금증은 오징어가 의식적 존재인지 아닌지에 관한 문제는 아니라고 생각한다. 비록 철학에서 흔히 쓰이는 용어는 아니지만, "감각적인 (sentient)"이 더욱 일반적인 속성을 말해주는 더 나은 형용사이며, 일부 사람들은 그 용어를 사용하기도 한다. 많은 사람은 아마도 의식이 매우 넓게 이해될 수 있다고 말할 것이고, 많은 이는 오징어가 고통을 느끼는지에 관한 문제가 오징어가 **현상적으로 의식적**인지에 관한 문제라고 말할 것이다.

이 장에서, "주관적 경험"이라는 문구는 "의식"이라는 문구보다 훨씬 넓은 의미로 사용될 것이다. 즉, 무언가 자신을 하나의 시스템인 것처럼 느낀다면, 그 시스템은 주관적 경험을 갖는다. ("감각질"이라는 표현에서 이끌어 온 의미 안에서) "감각질적인(qualitative)"이라는 문구는 주관적으로 경험된 정신 상태의 느껴진 특징(the felt features of those mental states)에 대한 형용사로 사용될 것이다. "의식"은, 비록 이것이 최선의 이해라고 보기 어렵더라도, 미약한 주관적 경험을 넘어서는 무

---

2) Chalmers(1996) 역시 이러한 방식으로 바라본다.

엇이며, 더욱 풍부하거나 더욱 복잡 미묘한 무엇이다. 그리고 몇 가지 다른 복잡 미묘한 종류들이 아마도 다른 장의 주제와 관련될 것이다. 나는 "인지적(cognitive)"이라는 용어를 유기체 내에서 일어나는 과정들, 이를테면 감각 입력을 다루고, 기억을 수립하고 접속하며, 행동을 조절하는 등등을 위해 넓게 사용할 것이다. 나는 이러한 모든 과정에 대한 정보처리(information-processing) 혹은 계산적 관점(computational view)이 옳은 관점이라고 추정하지 않는다. 나는 행동 조절과 지성을 포함하는 정신적 측면을 위한 일반적 용어를 원한다.

다음 절은 동물 생명체의 역사 일부를 다룰 것이다. 그보다 앞서 나는 동물 **이전의** 일부 진화적 환경을 서술할 것인데, 이는 특히 동물이 진화하기 이전 존재하던 풍부한 인지적 혹은 원형-인지적(proto-cognitive) 능력을 알아보는 것이 중요하기 때문이다.

우리가 지각, 기억, 행동 조절 등의 초기 진화를 바라봄에 있어 심리철학 내의 기능주의(functionalism) 관점을 토대로 생명의 역사에 접근한다고 가정해보자. 기능주의가 우리에게 말해주는 것은 물리적 시스템에 심리적 속성을 부여한다는 점에서 중요하다. 모든 그런(행동 조절) 능력들은 동물이 그것을 갖기 전에도 이미 잘 진화되어 있었다. 그리고 그중 몇 개는 단세포 유기체에서조차 꽤나 고도로 발달된 형태를 보여주었는데, 원핵동물(*prokaryotes*, 박테리아 그리고 고세균)이 여기에 포함된다. 예를 들어, 박테리아는 그들의 환경 내에서 매우 효과적으로, 원하는 그리고 원하지 않는 물질들을 좇거나 이것들에 반응할 수 있다. 대장균(*Escherichia coli*) 박테리아는 일종의 단기기억을 통해 자신의 유영을 조절한다. 매순간 나아갈 때마다, 단일 박테리아는 현재 감각되는 물질들과 직전에 마주쳤던 물질들을 비교한다. 만약 지금 조건이 조금 전보다 더 좋아졌다면, 그 세포는 따라가던 이동선을 따라서 계속 진행한다. 만약 조건이 더 나빠진다면, 그 세포는 무작위로 "몸을 뒤집는다." 이러한 시스템은 박테리아 행동의 평소 철학적 사례보다, 특히 주자성(magnetotaxis)보다, 훨씬 더 복잡하다. 특히 그 시스템이 입력과 출력 사이의 가장 단순한 관계를 넘어서는 무엇을 포함하기 때문이다.[3] 현재 자극의 중요도는 이전 단계에 달려 있다.

박테리아는 원핵생물로서, 핵(nucleus)이 없는 세포이며, 다른 단세포 유기체들 이상의 내적 구조를 갖지 못한다. 동물 진화 이전의 중요 사건은 **진핵세포**(eukaryotic cell)의 진화였는데, 그 세포는 더욱 크고 복잡하며, 그 초기 진화는 1.5억 년 전 하나의 원핵동물(박테리아)이 다른 원핵동물(고생물(archaean)) 같은 것에 의해 삼켜져서 일어났다. 행동의 진화에서 특히 중요한 진핵세포의 한 가지 특징은 **세포골격**(cytoskeleton)이다. 이것은 그것의 움직임이 화학적으로 통제 가능한 섬유질들의 유사-골격 내적 집합(skeleton-like internal collection)이다. 특히, 이것은 수축이 가능하다. 이것이 세포의 전체 모양의 변화와 새로운 운동을 가능하게 해준다. 단세포 진핵생물은 빛의 방향을 감지하는 것과 같은, 감각의 풍부한 형태를 진화시켰다.[4]

동물 생명체의 변이

방금 다루었던 더 복잡한 단세포 유기체의 세계로부터, 다세포생물의 진화는 아마 여러 번, 개별적으로, 다른 결과들과 함께 나타났다. 그중 하나가 동물에 이르도록 해주었다.

---

3) 대장균(*Escherichia coli*) 시스템에 대해 Baker et al.(2006)을 참조. 주자성 (magnetotaxis)에 대해 Dretske(1986), O'Malley(2014) 등을 참조.
4) 단세포 유기체의 유사-행동 능력에 비추어, 원핵동물과 진핵동물 사이의 중요한 가교는 Spang et al.(2015) 참조. 단세포 유기체의 빛 감각과 시각의 진화에 관해 Jékely(2009) 참조.

다세포생물

여러 동물은 아마도 800-900만 년 전 기원한 다세포 유기체들의 한 갈래에서 나왔다. 생명체의 진화 트리에서 처음 분기한 연대 혹은 패턴은 매우 불분명하다. 나는 이 장에서 동물의 역사에 관해 잠정적으로 상당히 전통적인 관점에서 탐색할 것이다. 이러한 관점은 많은 도전을 받아왔지만, 최초의 사건들에 관한 논의가 이 장의 중심 원리를 위해 지나치게 중요하게 다뤄지지 않도록 하겠다.

비록 감각과 행동-조절이 동물에게서 비롯된 것은 아닐지라도, 다세포생물은 이러한 능력의 진화에 있어 큰 전환을 가능하게 해주었는데, 왜냐하면 그것이 더 큰 개체 내에 감각과 행동 부분의 전문화(specialization)를 가능하게 만들었기 때문이다. 이런 업무의 분화는 여러 부분 사이의 상호작용을 필요로 한다. 즉, 한 세포가 다른 세포에 미치는 어떤 종류의 효과는 실시간으로 작용해야 한다. 이를 위한 다양한 방식들이 있으며, 그중 일부는 신경계 없이도 성취될 수 있지만, 오직 적은 범위의 특별한 동물만이 신경계를 갖지 않는다. 예를 들어, 해면동물(sponges), 털납작벌레(placozoa), 그리고 몇몇 기묘한 동물들은 조상 때 신경계를 가졌으나 퇴화한 것들도 있다.[5] 그러므로 그것은 다음에 다루어볼 사안이다.

신경계

신경계(nervous system)는 아마도 700만 년 전 생성되었을 것이다. 이것이 한 번에 출현하였는지 아니면 여러 번에 걸쳐 출현하였는지 논의가 계속되고 있지만, 확실한 것은 신경계는 초기에 진화하였고, 거의

---

5) Jékely et al.(2015) 참조.

모든 동물이 가지고 있다. 주관적 경험의 진화에 흥미를 갖는 누군가는, 이것이 바로 그 변이(transition), 즉 획기적 사건이라 생각할 것이다. 그리고 사실 그러할지도 모르지만, 나는 그 모든 것들이 신경계가 무엇**인지**에 관한 의문에 대답해주지 않는다는 것을 지적하고 싶다. 그것은 간단히 대답할 수 있는 질문이 아니다.

　신경계는 세포들의 전기적 속성에 의해 세포들 사이에서 상호작용할 수 있다. 세포들은 "탈분극(depolarize)"할 수 있어서, 세포막 사이의 평소 대전 차이가 방전되었다가 빠르게 재충전된다. 신경계는 세포 집단에 이러한 [전기적] 변화 패턴을 만들어낸다. 그렇지만 이러한 특징, 즉 세포들의 탈분극화와 한 세포가 갖는 다른 세포의 전기적 속성들에 대한 효력은 동물 이외에서도 발견된다. **뉴런**(neuron)이라는 범주가 순수하게 흥분성(excitability)이란 용어와 세포-대-세포 상호작용으로 이해된다고 가정해보자. 즉, 만일 어느 세포라도 전기적으로 반응할 수 있고 화학적 매개물 또는 더욱 직접적 효과에 의해 다른 세포의 전기적 반응에 영향을 줄 수 있다면, 그것은 뉴런일 것이다. 만일 이것이 "무엇이 뉴런인가"에 대한 적절한 설명이라면, 이른바 일부 식물을 포함하여, "무뉴런(nonneural, 무신경)"이라 불리는 다양한 유기체도 뉴런을 갖는 셈이다.6) 비록 이것이 생물학 내의 수많은 일반적 기술과 비교하면 다소 이상해 보일지라도, 이런 뉴런의 넓은 기능적 정의는 꽤 정당하다. 그렇다면 정당하며 더 좁은 정의는 어떤 것일까? 내가 가스파 제킬리(Gáspár Jékely)와 프레드 카이저(Fred Keijzer)와 함께 연구한 초기 신경계에 대한 논문(2015)에서, 우리는 기능적 요소와 형태적 요소를 결합하여 이렇게 정의했다. 뉴런이란 전기적으로 활성화되며, 전기 혹은 화학분비 메커니즘에 의해 다른 세포에 영향을 주고, 그 형태가 전문화된 돌기(specialized projection)를 포함하는 세포이다. 우리가 이미 알고

---

6) 리뷰 논문으로 Volkov and Markin(2014) 참조.

있듯이, 이러한 의미의 뉴런은 동물에게만 적용된다. 특히 신경 **시스템** (nervous system, 신경계)은 이러한 종류의 세포들로 만들어진 하나의 체계로 이해될 수 있다.

무엇을 뉴런이라고 할지 정의를 좁혀나가기 위해 돌기(projection)에 관한 형태학적 기준을 추가하는 것은 임의적이라고 보일 수 있다. 앞서 말했듯이, 나는 넓은 의미의 정의가 틀린 것은 아니라고 생각한다. 그러나 흥분성, 화학적 신호전달, 돌기의 형태, 이 세 가지의 조합이 중요하다. 그것은 신경계로 하여금 세포 간 특정한 상호작용 패턴을 이루게 하며, 특히 그 상호작용은 먼 거리의 표적에 정확히 연결되고 작용된다. 마찬가지로 중요하면서도 동시에 거의 예외 없는 일반화가 다음과 같이 서술될 수 있다. (방금 정의한 좁은 의미에서의) 뉴런을 포함하는 모든, 그리고 오직 이러한 유기체들만이 근육 세포를 가질 수 있다. 근육과 뉴런은 공진화해온 것처럼 보인다.7)

뉴런은 한 번만 진화했을까, 아니면 여러 번에 걸쳐 진화했을까? 이 것은 동물의 역사 초기에 진화적 분기에 관한 우리의 이해가 변함에 따라 지난 몇 년간 계속해서 논의되었다.8) 한 전통적 관점에 따르면, 해면동물류가 모든 다른 동물들의 "자매 집단"이다. 즉, 오래전 해면동물과 나머지 동물들이 갈라지는 진화적 분기가 있었다. 유전적 증거에 입각한 다른 관점에 따르면, 빗해파리류(comb jellies) 혹은 유즐동물(*cteno-phores*)이라 불리는 생물들이 해면동물류를 포함하는 다른 모든 동물의 "자매 집단"이다. 다시 말해, 오래전 "유즐동물"과 "해면동물을 포함하는 나머지 동물"로 갈라지는 진화적 분기가 있었다. 유즐동물류는 해파리와 같이 분류되어왔으나(몇몇 연구자들은 이것이 여전히 옳다고 믿지만), 최근 많은 논문은 유즐동물류가 그 어떤 현존하는 동물들보다 우리

---

7) 예외를 Jékely et al.(2015)에서 참조.

8) 이러한 논의를 Moroz(2015), Jékely et al.(2015)에서 참조.

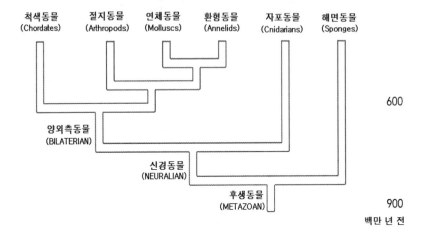

척색동물 (Chordates)　절지동물 (Arthropods)　연체동물 (Molluscs)　환형동물 (Annelids)　자포동물 (Cnidarians)　해면동물 (Sponges)

600

양외측동물 (BILATERIAN)

신경동물 (NEURALIAN)

후생동물 (METAZOAN)　900

백만 년 전

[그림 1] 동물 계통 트리의 초기 분기점들을 연대와 함께(백만 년 단위, 대략적) 몇 가지 사건들과 임의로 관련지어 보여준다. 상단의 이름은 동물 내의 일부 주요 집단을 가리킨다. 대문자로 표현한 이름은 이 장에서 중요하게 다루는 광범위한 유기체 종류의 초기 출현을 나타낸다. 첫째는 후생동물(Metazoan) 혹은 동물군의 진화이다. 다음은 신경동물(Neuralian)(혹은 아마도 이러한 동물의 부분 집합)의 진화이다. [본문을 확인하라.] 마지막은 양외측동물(Bilaterian), 즉 우리 인간을 포함하여 양방향 대칭 몸체를 갖는 동물의 진화이다.

로부터 훨씬 먼 존재임을 입증했다. 이 논의는 매우 중요한데, 왜냐하면 유즐동물류는 신경계를 갖지만, 해면동물류는 신경계를 갖지 않기 때문이다. 만일 유즐동물이 모든 다른 동물들의 "자매 집단"이라면, 각각의 신경계는 두 번 진화했거나(유즐동물 한 번, 그리고 다른 나머지 한 번), 해면동물의 조상이 한때는 신경계를 가졌었다가 잃게 되었다는 얘기가 된다.

[그림 1]은 몇몇 동물 집단과 그것들의 진화적 관계를 나타낸다. 더 간략한 논의를 위해 이 그림에서 유즐동물류는 삭제했다. "신경동물 (neuralian)"이란 용어는 클라우스 닐슨(Claus Nielsen 2008)에 의해 소

개되었으며, 신경을 가진 모든 동물을 일컫는다. 그가 이 용어를 처음 사용하였을 때, 그는 "신경동물"을 "계통군(clade)"이라는 단 하나의 분기점을 지닌 계통 트리로 추정했다. (만일 트리의 어느 지점에서든 뻗어 나올 수 있고, 그 아래의 모든 유기체를 포함할 수 있다면, [그림 1]과 같은 진화 트리의 어느 부분이든 계통군이다.) 닐슨은 유즐동물류가 신경동물 계통군 내 어딘가에 위치한다고 추정했다. 만일 [그림 1]에서처럼 유즐동물이 해면동물 바깥에 속해 있다면, 신경계를 가진 동물은 계통군을 형성할 수 없다. 이것은 "신경동물"이란 용어를 사용함에 있어, 만일 그것들이 어떻게 가능한지 밝혀진다고 했을 때, 일반적이지 않은 결과를 초래할 것이다. 그러나 나는 이 문제를 잠시 미뤄두고, [그림 1] 외부에도 신경동물이 존재할 수 있음을 우선 허용하려 한다.9) 이것은 나중에 이 장 후반부에서 개진할 결론들에 영향을 주지 않는데, 왜냐하면 [그림 1] 안에서 보여주는 유기체의 진화에만 초점을 맞출 것이기 때문이다.

신경계가 단 한 번만 일어난 동물의 발명이라고 잠시 가정해보자. 다시 말하지만, 이것은 초기의 심리적 진화를 위한 획기적 사건처럼 보일 수 있다. 그러나 최초의 신경계가 그 소유자에게 해준 것이 무엇일까? 하나의 자연스런 추정에 따르면, 그러한 초기의 신경계는, 오늘날 우리에게도 보이는 동일 종류의 역할(즉, 지각을 행동에 맞춰 조율하기)보다 더 단순한 버전으로 작용했을 것이다. 박테리아에게, 초기 동물에게, 그리고 우리 자신에게 중요한 과제는 지각된 것을 행해진 것에 조율하는 일이며, 신경계는 동물로 하여금 특별히 복잡한 방식으로 그것을 수행할 수 있도록 동물 내에서 진화되었을 것이다.

아마도 이것이 옳을지 모르지만, 그리 단순하게 추정하지는 말아야

---

9) 해면동물과 마찬가지로, 털납작벌레(Placozoa)는 신경계를 갖지 않은 동물이다. 나는 그것을 계통 트리에 표시하지 않았다. 그것은 해면동물보다 나중에 갈라져 나왔지만, 자포동물(Cnidarians)보다는 먼저 출현했다.

한다. 첫째, 오늘날 신경계가 행하는 많은 것들이 행동 조절의 문제는 아니며, 오늘날의 신경계가 맡은 역할들은 아마도 초기 단계에서도 중요했을 것이다. 신경계는 종종 발달과 생리학의 여러 국면을 조절한다.[10] 그리고 행동 내에서조차, 당시와 지금 사이에 가능한 불연속이 있다. 내가 다음에 보여줄 생각들은 카를 판틴(Carl Pantin 1956)의 초기 연구를 토대로 진행된 프레드 카이저, 마크 반 두이진, 그리고 팜 리온 (Fred Keijzer, Marc van Duijn, and Pam Lyon 2013)의 공동 논문에 묘사되어 있다.

사람들이 초기 신경계의 역할을 상상할 때, 그들은 흔히 지각과 행동의 종결로 시작하는 흐름도(flowchart)를 떠올린다. 그들은 행동 자체를 주어진 것으로, 즉 무언가 이루어진 것으로 받아들인다. 그러나 그것이 **어떻게** 이루어지는가? 다세포동물의 경우에, 일관된 행동을 수행하기, 즉 세포의 미시적 조절을 전체 유기체의 유용한 거시적 활동에 조율하기(coordinating)는 부차적 과제이다. 신경계가 행하는 중요한 **내적 조율 역할**(internal coordination role)이 있으며, 이는 지각을 행위에 조율하는 역할과는 구별된다.

나는 앞서 신경계와 근육의 공진화에 대해 언급했다. 근육이 없다면, 동물은 그다지 대단한 일을 할 수 없다. 그래서 움직임은 반드시 섬모(cilia)와 함께 성취되며, 그 힘은 제한적이다. 카이저와 그의 공저자들의 주장에 따르면, 신경계와 연합하는 세포들 사이의 상호작용 패턴에 도달하려면, 근육 활동을 유용한 행동으로 조율시키는 첫째 요구조건이 만족되어야 한다. 단순한 동물의 감각에서 비롯된, 유도되는 어떤 것 (guidence)은 적어도 크게 보며, 뉴런 없이 완결될 수 있다. 그들이 추정하기로는, 최초의 신경계는 복잡하고 새로운 작동 시스템(근육)을 조절하는 방식으로, 초기 자포동물(현시대 자포동물은 해파리, 산호, 말미잘

---

10) 이러한 역할들은 Jékely, Keijzer, and Godfrey-Smith(2015)에서 더 상세히 논의된다.

을 포함한다) 같은 무엇에서 진화했다. 앞 문단에서 나는 카이저와 그의 공저자들이 신경계의 역할에 대해 "입-출력"이라고 부르는 것이 무엇인지 추정해보면서, 감각에서 전문화된 일부 세포들과, 행동에서 전문화된 다른 세포들 사이에 노동의 분화를 강조하였다. 카이저와 그의 연구원들은 이런 가정에 의문을 제기하려 한다. 초기 신경계는 아마도 단지 **그 동물을 통합시키는** 것만으로 많은 일을 감당해야 했다.

초기 신경계와 그것의 기능이 탄생할 가능성을 고려해볼 때, 지금까지 이야기한 것들이 원리의 핵심이다. 실제로 어떤 일이 일어났는지에 대한 여러 주장을 제언할 어떤 방식이 있을까? 나는 (카이저, 반 두이진, 리온 등의 관점과는 다른) 몇 가지 가능성을 제기하려 한다.

600만 년 전 그 무렵 동물들의 삶이 어떠했는지를 우리는 알지 못한다. 어쨌든 동물이 존재했다는, 그리고 그들이 신경계를 가졌다는 유일한 증거는 유전적 증거이다. 예를 들어, 인간과 자포동물이 계통적으로 분기하는 시점은 아마도 650만 년 전보다도 이전이다.11) 그 후 우리는 지금 "에디아카라기(Ediacaran)"라 불리는 시기(635-540만 년 전)에 이르며, 이 시기의 몇몇 연체동물이 화석으로 남아 있다. 우리가 그것의 삶에 대해 무언가를 얘기할 수 있는 동물을 찾아내기만 하면, 우리는 철학적으로 흥미로운 무엇을 볼 수 있다. 많은 에디아카라기 동물은 해저에서 미생물을 섭취하거나 여과 섭식을 하며 살았을 것이다. 그중 일부는 이동할 수 있었던 것 같고, 아마도 일부는 신경계를 가졌다. 신경계를 가지고 그들은 무엇을 했을까? 우리는 그것들의 몸체에서 빈약한 추론들을 이끌어낼 수 있다. 에디아카라기 동물들은 다리, 더듬이, 정교한 눈, 껍질, 척추, 손톱 등을 모두 갖지 않았다. 그것들은 동물들 사이에 복잡한 상호작용을 일으킬 신체적 도구를 갖지 못했고, 복잡한 실시간 행동을 수행할 명확한 도구를 갖지도 못했다. 그들의 포식자는 거의 없

---

11) 여기에서 나는 Peterson et al.(2008)의 입장을 이야기한다.

었거나 전혀 존재하지 않았다. 반쯤 잡아먹힌 개체들 화석이 존재하지 않기 때문이다.12) 마크 맥메나민(Mark McMenamin 1998)의 절묘한 표현으로, 그곳은 "에디아카라기 정원(The Garden of Ediacara)"이었다.

우리가 만약 앞서 소개했던 신경계의 **내적 조율**과 **입-출력** 역할 사이의 구분을 적용한다면, 이 화석의 특징이 보여주는 것은 에디아카라기에서 신경계가 행했던 많은 것들이 내적 조율이었다는 점이다. **반응하는** 중에 무슨 일이 일어났는가? 별것은 없었다. 그 생명체는 매우 자족적이었던 것으로 보인다. 내가 앞서 언급했듯이, 아마도 에디아카라기의 신경계는 대부분 현존하는 것과 같은 복잡한 실시간 감각-운동 반응기 없이 간단한 위치 이동, 먹이 활동, 생리 조절, 발달 등이 가능하도록 "그 동물을 통합시키는" 기능을 했을 것이다.

그런데 다른 증거가 이 논의를 다른 방향으로 이끈다. 이는 연합된 학습의 진화와 관련된다. 학습이론의 표준적 틀은 "고전적" 조건화(classical conditioning)와 "도구적" 조건화(instrumental conditioning)를 구분시켜준다. 파블로프의 개의 사례가 보여주는 고전적 조건화는 자극들 사이의 상관성을 추적하게 해주는 수단인데, B가 A의 예측 변수일 때, A에 대한 반응으로서 적절한 행동이 B에 대한 반응으로도 나타나게 된다. 도구적 조건화는 좋은(혹은 나쁜) 결과(혹은 특정 상황에서 그러한 결과)에 의해 이전에 따라 나왔던 행동을 일으키게 해주는(혹은 회피하게 해주는) 학습이다. 그것들의 연합 학습(associative learning)의 기원은 분명하지 않지만, 고전적 조건화는 양외측화 동물(bilaterian animals), 즉 (우리처럼) 좌우 균형을 이루는 동물에게서 매우 광범위하게 나타난다.13) 이런 집단 내에 고전적 조건화는, 선충(nematodes)과 같은,

---

12) 오직 하나의 알려진 예외가 있는데, 에디아카라기 후반에 등장한 클라우디나(Cloudina) 화석이다.

13) 리뷰 논문으로 Perry et al.(2013)을 보라. 그들은 또한 말미잘(aneomone)(양외측동물 외의 동물)의 고전적 조건화라는 단일 발견을 수락한다. 이것은 고

고작 302개 뉴런을 가진 단순한 동물에게서도 나타난다. 반면에 도구적 조건화는 게, 다양한 곤충, 일부 연체동물 등과 같이 비교적 커다란 신경계를 가진 무척추동물들에게서만 (적어도 지금까지는) 나타난다.[14] 고전적 조건화는 아직도 양외측화 동물 내에서 독립적으로 무수히 진화를 거듭하고 있지만, 논의를 위해 진화가 딱 한 번 일어났으며 거기에서 후대로 계속 대물림되었다고 가정해보자. 만일 그렇다면, 아마도 이 진화는 600만 년 전 일어났을 것이며, 그 시기는 에디아카라기거나 그보다 앞선다. 고전적 조건화의 기능은 신경계의 **입-출력** 역할과 매우 관련이 깊어 보인다. 이것은 외부 패턴들을 다루기 위한 도구이지, 내적 조율을 위한 도구는 아니다. (이와 반대로, 도구적 조건화는 두 역할을 모두 수행한다.) 만일 고전적 조건화가 에디아카라기 내에서 혹은 그 무렵 진화되었다면, 당시의 신경계가 대부분 내적 조율과 관련된다는 주장은 힘을 잃는다.

비록 추후의 증거들이 나와 두 논의를 더욱 발전시킬 수 있을지 모르지만, 이러한 역사적 논의들 모두 강력하지는 않다.

감각-운동 복합체와 "복잡하고 활동적인 몸체(CABs)"

에디아카라기가 끝나는 시점에 캄브리아기 "폭발"(Cambrian explosion)이 일어났으며, 그 시기에 매우 다양한 새로운 종들의 화석이 발견된다. 이런 화석들로부터 우리는 그것들의 삶 양식에 관한 많은 추론, 특히 이번에는 더 강력한 추론을 끌어낼 수 있다. 캄브리아기 초기 화석에서 우리는 다리, 더듬이, 복잡한 눈, 단단한 외피(shell), 척추, 발톱 등등을 **확인할 수 있다.** 캄브리아기에 대해 논란거리가 되는 걷잡을 수 없

전적 조건화의 단일한 기원을 시기적으로 훨씬 미루거나, 혹은 그 능력의 독립적인 발생을 담보한다.

14) Perry et al.(2013)을 다시 참조.

는 추정들이 많이 있지만, 한 부류의 여러 주류 관점들이 여기 논의에서 특별히 중요하다.15) 그 관점들에 따르면, 캄브리아기에 일어난 적어도 중요한 하나의 일은 많은 동물군 내의 행동과 몸체의 진화와 연관된 "피드백" 과정이다. 이러한 전환은 아마도 절지동물(anthropods, 지금은 곤충들을 포함하며 당시엔 삼엽충을 포함했다)에서 처음 발생했을 것이다. 절지동물이 최초이든 아니든 간에, 일부 동물에서의 더욱 복잡한 행동의 진화는 다른 동물에게 더욱 복잡한 삶을 만들어주었다. 캄브리아기 초기에 (화석을 통해 분명하게 확인된) 포식이 나타났고, 이러한 일련의 "무기경쟁"의 포식이 이어지면서, 신체 행동을 위한 감각과 방법의 개선이 이루어진 것으로 보인다. 동물 개체의 빠르고 정교한 행동의 진화는 다른 동물의 선택을 더욱 예리하게 만들었다. 파커(Parker 2003)의 주장에 따르면, 이러한 과정에서 가장 중요한 사건은 이미지-형성 안구의 진화였다. 또 다른 가능성으로 안구가 함께 진화했던 여러 중요한 특징 중 일부라는 주장도 있다. 어느 방식으로든 동물에게 일어났던 일의 **구체적 사건들**은 그 동물의 삶과 방향에 문제가 되었다. 현시대 동물의 삶에서 꽤 명확한 이런 특징은 캄브리아기 이전에는 아마도 나타나지 않았을 것이다.

이 시기의 공진화 과정은 감각, 행동, 몸체와 연관되어 있다. 마이클 트레스트맨(Michael Trestman)은, 그 외 유용한 분류(2013, p.81)에서, **복잡하고 활동적인 몸체**(complex active bodies)를 다음과 같이 기술하고 있다.

이것은 다음과 같은 관련된 속성들의 집합이다. (1) 명확히 다르게 구분되는 부속기관들, (2) 통제된 움직임의 다양한 정도의 자유로움, (3) 원거리 감각(예를 들어, "실제를 보여주는" 눈(true eyes)), (4) 원거리 감

---

15) Marshall(2006), Budd and Jensen(2015)을 참조.

각으로 이끌어지는 활동적인 이동성을 위한 해부학적 능력(예를 들어, 지느러미, 다리, 제트 추진 등), 그리고 (5) 활동적인 사물 조작을 위한 해부학적 능력(예를 들어, 집게발, 손, 촉수, 정교한 운동 조절 능력을 지닌 구강) 등이다.

이런 것들은 사물을 조작하고, 먼 거리에서 사물을 지각하고, 그것에 반응할 수 있는 몸체이다. 트레스트맨이 언급했듯이, "복잡하고 활동적인 몸체(CABs)"는 캄브리아기에 출현했으며, 오직 세 동물군만이 이러한 종류의 몸체를 가질 수 있었는데, 바로 척추동물, 절지동물, 그리고 연체동물(mollusks) 중 소수인 두족류(cephalopods, 오징어, 낙지)이다. 이러한 몸체를 통해, 우리에게 친숙한 신경계의 역할은, 지각과 행동을 정교하게 연결시킴으로써, 지배적인 입지를 가지게 되었다. 세계를 향한 감각이 시작되었고, 그런 후, 행동을 위한 새로운 능력으로서, 지각과 활동 사이에 팽팽한 **루프**(loops)가 개방되었다. 무언가를 행동한다는 것은 무언가를 정교한 방식으로 본다는 것에 의존할 뿐만 아니라, 무언가를 **지금 행동하기**는 무언가를 **다음에 볼지**에 영향을 미친다.

[그림 2]는 앞서 설명한 진화 단계를 요약해주고 있다. [그림 1]에서처럼, 우리는 동물(후생동물)과 신경계(신경동물)의 진화에서, 특히 적어도 비유즐동물 계통에서, 논의를 시작해볼 수 있다. 음영 부분은 에디아카라기를 나타낸다. 그 무렵 양외측화 동물의 진화가 나타난다. 그림이 보여주듯, 많은 대표 동물군이 초기 단계에서 이미 (대대적인 형태학적 분화 없이도) 다양하게 분기되었다는 것을 유전적 증거가 시사한다. 그런 후, 음영이 조금 다르게 표시된 부분인 캄브리아기, 즉 몸체와 행동의 급격한 진화 시기가 등장했다.

이런 이야기가 큰 개괄 내에서 옳다면, 우리는 다음과 같은 조망에 도달하게 된다. 최초 신경계는 현재 우리 신경계에서 우리가 볼 수 있는 것들, 예를 들어, 실시간 행동, 감각이 우리에게 전해준 것을 정교하게

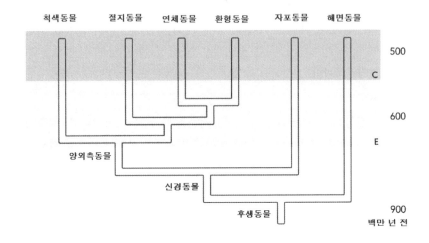

척색동물　절지동물　연체동물　환형동물　자포동물　해면동물

500

C

600

E

양외측동물

신경동물

후생동물

900
백만 년 전

[그림 2] 동물 진화의 더 진행된 사건들. 많은 집단이 포함되지 않았다. 아래 음영 부분은 에디아카라기(E)를 나타내고, 위쪽은 캄브리아기(C)를 나타낸다. 다양한 친족 동물 집단들이 에디아카라기에 각기 갈라져 나왔다는 것을 (비록 그것에 대한 화석 자료가 부족하지만) 유전적 증거가 시사해준다.

처리하기 등을 가능하게 해주는 능력을 거의 갖지 않았을 것이다. 결국 이러한 것들은 아마도 캄브리아기에서 시작되었을 어느 과정 중에 동물 삶의 중심이 되었다. 이 지점에서 더 나아가, 마음(mind)은 다른 마음에 대해 반응하며, 즉 행동의 속도 높이기, 더욱 복잡한 감각, 개체들 사이의 상호작용 생태환경 등이 각각의 유기체에 자리 잡을 것을 요구하는 것에 대해 반응하며 진화되었을 것이다. 더군다나 새로운 여러 **몸체들**로 다른 마음에 대해 반응하며 진화되었다. 이러한 새로운 행동 체계 (behavioral regimes)가 등장하기 이전에는 이로운 점이 없었던 몸체는 이제 필수적인 것이 되었다. 새로운 몸체가 진화했던 생태는 바로 행동의 생태였다.

이제 우리가 도달한 단계는, 일반적으로 사람들이 주관적 경험을 가진다고 생각했던 동물의 단계이다. 우리가 사는 세계는 행동적으로 유의미한 동물들, 이를테면 절지동물, 단순한 물고기, (캄브리아기에서 다소 시간이 흐른 후) 일부 연체동물 등이 사는 세계이다. 감각, 행동, 그리고 그 둘 사이의 신경 연결의 측면에서, 몇 가지 그럴듯해 보이는 기초 가설들이 등장하게 된다. 이 시점부터, 일부 동물들은 **더 많은** 신경, 그것들 사이의 상호작용을 위한 더 복잡한 양식, 그리고 결국 더 복잡한 행동 패턴을 진화시켰다. 다른 동물들은 그대로 남거나, 혹은 더 단순해졌다.

후발주자와 형질전환 이론

나는 지금부터 이 역사적 소재들을 심리철학과 밀착시켜 이야기하려고 한다. 나는 이러한 논의를 다른 [그림 3]으로 체계화하려 한다.

[그림 3]은 한 가지 이상으로 해석될 수 있다. 첫째, 이 그림은 동물 계통의 일부 그림이며, 그 계통 내 가지 안의 음영 부분은 (특정 동물군의 일부 종에서 보여주는) 감각-운동 및 인지적 복잡성을 표시해준다. 이 그림은 또한 주관적 경험을 직접 가리키는 복잡성을 표시하려는 시도이기도 하지만, 나는 잠시 후에 두 번째 해석에 접근하려 한다. 지금은 잠깐 주관적 경험은 제쳐두고, 감각-운동 및 인지적 복잡성만을 생각해보자. 이 그림은 각 동물군에 대한 전체 가치를 보여주지는 않았지만, 각 동물군 내의 높은 가치를 나타내고 있다. 이 그림은 여러 분류학 수준을 뒤섞은 채, 아주 많은 것들을 남겨놓았다. 나는 이런 식의 표시법이 가진 한계를 아주 잘 알지만, 나름대로 유익한 면이 있다고 생각한다. 이 그림은 특히 캄브리아기에서 시작된, 이러한 특징들의 일부 **평행발달**(parallel development)을 보여준다. 나는 [그림 2]의 "연체동물"을, 연체동물 내의 작은 집단 중 하나인 두족류로 대체하였다. 반면에 절지동물 내의 복잡한 행동은 벌, 거미, 소라게, 갯가재 등등의 다양한 동물

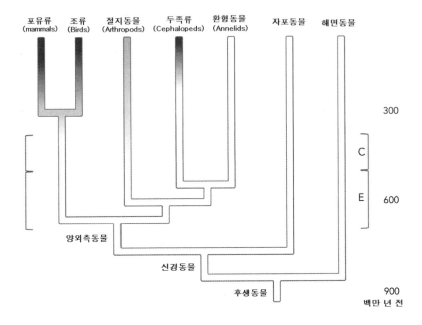

포유류 (mammals) 조류 (Birds) 절지동물 (Arthropods) 두족류 (Cephalopeds) 환형동물 (Annelids) 자포동물 해면동물

300

C

E 600

양외측동물

신경동물

후생동물

900 백만 년 전

[그림 3] 계통 트리 내 동물 가지들의 일부이다. 좌측 가지들에 음영 표시된 부분들이 있는데, 이는 그 갈래들 내의 특정 집단들에서 높은 수준의 감각운동 및 인지적 복잡성이 위치해 있다는 것을 보여준다. (다른 집단들은 자료의 간략화를 위해 빠졌다.) 연대는 에디아카라기를 E, 캄브리아기를 C라고 표기하였다.

군에 걸쳐서 보여준다. 그 관련 종들 중 두족류는 다른 동물군에 비해 복잡한 행동이 늦게 나타났지만, 일단 한 번 발현하자, 매우 큰 신경계를 진화시켰는데, 특히 문어가 그러하다.16)

잠시 되돌아보자면, 전체적으로 모든 그림은 다음과 같다. 동물은 생명의 트리에서 한 가지(a brunch), 즉 다세포 유기체로 존재하는 한 가

---

16) Darmaillacq et al.(2014)를 보라. 일부 동물군(물고기, 비활공 파충류(non-avian reptiles))은 단순화를 위해 빠졌다. 나중에 논의하겠지만, 나는 물고기를 어떤 형태의 주관적 경험을 가지는 것으로 여긴다.

지(one way) 방식이며, 세포-대-세포 신호 패턴을 공유함으로써 심지어 무뉴런 동물군(nonneural groups)과도 통합된다. 신경계는 이 가지에서 꽤 일찍 발생하였고, 이를 통해 이전에 이미 존재하고 있던 세포의 전기적 능력을 활용할 수 있었으며, 새로운 종류의 조절 체계를 창안하였다. 우리와 같은 양외측화 몸체 또한 어느 복잡한 행동 체계에 앞서 잘 진화했던 것으로 보인다. 그러한 행동은 캄브리아기에 진화했고, 여러 다른 동물군 내에 평행하여 진화했다. 즉, 하나의 원천으로부터 방사형으로 분화되지 않았다. 이러한 과정은 계보학적으로 평행하며 공진화적이라서, 한 동물의 변화가 다른 동물의 삶을 더욱 복잡하게 만들었다. 일부 계통 가지에서 음영의 차이는, 그 계통을 따라 일어난 많은 것들이, (거친 용어를 빌려 말하자면) 양적 변화임을 시사하려고 가정되었다. 행동의 진보는 복잡성의 한 가지 잣대로만 측정될 수 있는 것이 아니지만, 많은 방식들, 즉 서로 다른 감각의 정교함, 서로 다른 운동의 수단, 그리고 세계에서의 서로 다른 행동의 방식을 보여준다.

지금부터는 [그림 3]에 대한 다른 해석을 살펴보자. 이 그림은 주관적 경험의 진화에 대한 가정적 지도(map)처럼 보일 수 있다. 이러한 해석을 내놓으려면, 여러 추가적 가정이 필요하다. 나는 두 개의 일반적 관점 사이에 차이를 구분하면서 다음을 주장할 것이다. 첫째 관점은 마음의 인지적 측면과 주관적 경험 사이에 (비록 적절한 단어가 아닐지라도) 일종의 **비례성**(proportionality)을 주장한다. 이것은 단순한 종류의 기능주의를 적용하는 것처럼 보일 수 있다. 우리가 마음의 "질적인" 측면이라고 부르는 것은, 그 체계 내에 작동하는 인지적 과정에 대한, 단지 일인칭의 관점, 즉 **주체자**의 관점이다. 질적인 것은 결코 어떤 의미에서도 마음의 **부가적** 특징, 즉 원리적으로 있을 수 없는 무엇이 아니다. 그것은 인지적 과정에 대한 내부자 관점이다.

이 관점은 우리에게 주관적 경험의 기원에 관해 생각해볼 하나의 방식을 제공해주며, 그 방식은 기울기(gradient)와 등급 차이를 강조한다.

우리로서는 단순한 최소의 주관적 경험을 상상하기란 거의 불가능한데, 왜냐하면 우리는 스스로 자신과 매우 다른 동물의 관점을 갖지 못하기 때문이다. 그러나 인지적 측면에서, 우리는 아마도 회색 영역을 꽤 잘 이해할 수 있으며, 최소한의 마음 조각과 마음이 아예 없는 것 사이의 차이에 대해 합리적으로 이해해볼 수는 있다. 그래서 질적인 것은 동일한 일반적 형태의 기울기를 보여준다. 그 질적인 측면에 대해 상상하는 것을 실패할 수도 있지만, 그러나 그것은 단지 우리 내부의 한계일 뿐이다. [즉, 다른 동물의 주관적 경험인 질적 내용을 우리가 어쩌다 상상할 수 없을지라도, 그것은 우리의 지적 능력의 한계이지 근본적인 질적 차이는 아니다.] 인지적 측면의 기울기에 대응하는, 질적 측면의 기울기가 **여전히** 있을 수 있다. [우리가 다른 동물에 대한 인지적 이해를 충분히 갖지 못한 정도만큼 그것에 대한 질적 이해를 상상하지 못할 수 있다.]

이 관점은 실로 놀랍다. 강조했듯이, 과거 동물, 심지어 단세포 생명까지 모두 아우르는, 인지적 측면에서의 복잡성의 기울기가 있다. [그림 3]에서 나는 캄브리아기에서 음영의 시작을 표시했지만, 훨씬 이전, 그러니까 그보다 더 초기 동물 혹은 단세포생물에서 아주 희미하게라도 그것이 시작되지 않을 이유는 없지 않은가? 이것이 분석을 통해 얻을 수 있는 메시지가 아니겠는가? 이와 같은 관점이 처음엔 불합리하게 관대한 것처럼 보이겠지만, 그렇게 볼 필요는 없다. 결국 기울기는 아주 낮은 가치에까지 도달한다. [즉, 주관적 경험의 느낌이 진화된 것이었다면, 초기에 아주 낮은 수준의 느낌을 가정해야 하지 않겠는가?]

분명히 이 첫째 관점의 세부 내용은 상당 부분 알 수 없으나, 그 전체 그림은 유의미하다. 이제 논의할 둘째 관점은 훨씬 최근 연구이며, 내 생각에 그 저술은 첫째 관점에서 둘째 관점으로 전환된 것이다. 이 둘째 관점은 인지적이며 질적인 풍부함에 대해 그 어떤 부류의 **"비례성"**가 정도 거부한다. 이제 두 입장 사이의 **분기**(divergence)가 강조되며, 많은 연구 성과는 인간 내부의 어떤 인지 활동이 주관적 느낌을 갖는 (많은 동물이 그렇지 못하지만) 명백히 기발한 방식을 보여준다. 나는 이것을 아주 최근 신경생물학의 주제로 채택한다(Dahaene 2014). 주관적 경험을 갖게 해주는 (많은 동물이 그렇지 못하지만) 독특한 종류의 인지적 과정이 있다. 이런 종류의 연구는 주관적 경험이 진화적으로 **후발주자**라는 관점을 가지게 해준다. 주관적 경험을 갖는 인간에게 일어나는 작은 어떤 조각이 지각과 인지를 조직화하는 특정한 방식을 직접 보여줄 것처럼 보이며, 이런 늦은 진화 방식은 많은 비인간 동물이 아마도 갖지 못한 여러 인지적 통합 형식을 갖도록 특징지어준다.

이러한 논의를 좀 더 자세히 들여다보자. 첫째, 우리가 주관적으로 경험하지 못하는, 우리 뇌 안에서 일어나는 무수하고 복잡한 처리과정들이 있다는 것은 논란의 여지가 없다. 초기 단계의 시각적 처리과정과 우리가 듣는 문장의 구문론적 처리과정이 대표적 사례이다. 그러나 이러한 사례는 첫째 관점에 반대하는 논증으로 강력하지 못해 보인다. 아마도 그러한 종류의 처리과정은 (특히 둘째 사례는) 배경에 무엇을 단순히 더하거나 혹은 계산하는 것과 같으며, 우리가 동물에서 볼 수 있는 단순한 형태의 주관성과 관련시키는 감각-운동 능력과는 매우 다르다. 그럼에도 다른 연구는 여기에 실제로 문제점이 있다는 것을 보여준다. 하나의 사례로 데일 밀너와 멜빈 굿데일(Dale Milner and Melvyn Goodale 2005)의 연구가 있다. 그들의 주장에 따르면, 우리 뇌 안에 시각 처리과정의 두 가지 "흐름(streams)"[즉, 두 가지 시각정보 전달 경로]이 있다. 그중 하나, "복측 흐름(ventral stream)"만이 시각적 **경험**을 가지게 만든다. 이 흐름은 사물들의 범주화(분류하기) 과제와 관련된다. 그러나 "배측 흐름(dorsal steream)"은 기본적 위치 이동에 관련된 과제를 맡고 있고, 이러한 배측 흐름 시각은 보는 것이 무엇인지 전혀 느끼지 못하며, 시각과 매우 다른 무언가를 느낀다. 밝혀진 바에 의하면, 인간은 감각 경험을 일으키지 않는 방식으로, 생물학적으로 중요한 행동을 이끄는 감각-운동 궁(a sensorimotor arc)을 가지고 있다. 혹은 만일 어떤 희미한 주관적 경험이 이러한 지각 내에서 일어나더라도, 여전히 인지적 측면과 질적 측면 사이에 뚜렷한 차이가 있다. 데하네(Dehaene 2014)는, 복잡한 인지적 과정과 주관적 경험 사이에 더 나아간 분기를 보여주는 다양한 범위의 연구들을 조사했다. 인간은 무언가를 전혀 느끼지 못하는 방식으로 엄청난 양의 감각과 사고를 한다.

이러한 종류의 연구가 이 장의 앞에서 다루었던 생각들과 어떻게 관련되는지 이따금 불분명하다. 많은 신경과학 연구는 "의식"을 조사하기 위해서 제안된다. 일부 과학 저술가들은 암묵적으로 나와 유사한 체계(framework)를 사용할 수 있으며, 그 체계에서 의식 이론은 넓은 의미에서 주관적 경험의 이론은 **아니다**. 그러나 이런 연구의 다른 부분은, 주관적 경험을 가지는 동물 모두에 대해서 최근 진화된 정교한 것들이 필수적이라는 생각을 수용할 것 같다.

우리가 경험하는 과정과 그렇지 않은 과정 사이의 차이를 무엇이 구분해주는가? 이에 대한 여러 관점이 주장되고 있다. 한 부류의 이론에 따르면, 우리가 의식하는 것은 다양한 출처에서 나온 정보들을 통합하는 "전체 작업공간(global workspace)" 내에 가용한 정보이다(Baars 1988; Dehaene 2014). 이러한 통합 장치는 많은 동물이 아마도 갖지 못하는 무엇이다. 왜냐하면 그 장치는 기억, 주의집중, 수행 조절(executive control)과 특정 방식으로 연결되기 때문이다. 제스 프린츠(Jesse Prinz 2000)의 AIR 이론과 피터 카루터스(Peter Carruthers 2015)의 관점처럼, "작업 기억(working memory)"에 특별한 역할을 부여하는 의식에 관한 관점들은 비슷한 특징을 갖는다. 모든 이런 연구는 다음 구도를 공유한다. 많은 인지 활동은 우리 내부에서 아무런 느낌도 없이 진행되므로, 그래서 우리는 이러한 특징을 가지는 특별한 부분이 무엇인지를 밝혀내야 한다. 일단 우리가 그러한 특별한 인지적 활동들을 발견하고, 더 좋게는 그것의 신경 상관성까지 찾기만 하면, 우리는 다른 동물이 무엇을 가지는지도 알게 된다. 물론 그런 종류의 뇌를 갖지 않은 동물도 주관적 경험을 갖는다는 것을 여전히 상상해볼 수 있다. 즉, 그러한 내적 구조는 오직 우리에게만 필수적이며, 다른 모든 동물에게는 아니라고 말이다. 그러나 우리가 이런 가정을 왜 믿어야 하는가? 이러한 가능성을 받아들이는 것은 의식에 대한 과학적 연구를 배제하도록 위협한다. 차라리 다음과 같이 결론짓는 것이 더 나을 것이다. 이러한 특징들이 최초로 진화했을 때, 주관적 경험도 같이 진화했으며, 그 이전에는 그렇지 않았다고 말이다. 이런 영역에서 모호하게 "기울기"를 말하는 것은 우리가 지금껏 배워왔던 것들을 진지하게 고려하지 않는다.

만일 그렇다면, 주관적 경험은 복잡한 감각-운동 능력을 지닌 모든 동물에게 나타나기보다는 특정 종류의 조직을 가진 동물에게만 나타나는 무엇이다. 이에 어려운 질문이 등장한다. 우리에게 주관적 경험을 가능하게 하는 것과 매우 유사한 장치를 과연 어떤 동물이 가지는가? 프린츠(Prinz 2000)는 이런 질문에 누구도 대답할 수 없다고 생각했다. 그러나 두 번째 부류의 관점에 따르면, [그림 3]이 주관적 경험에 관해 많은 얘기를 해준다고 여길 만한 어떤 근거도 없다. 그보다 우리는 아마도 포유류 가지(혹은 아마도 포유류와 조류 가지)의 꼭대기에 주관적 경험을 위한 좁은 띠를 음영으로 표시해야 했으며, 나머지 영역은 음영으로 칠하지 않은 채 남겨뒀어야 했다. 그 계통 트리의 다른 영역에서 일어나는 감각-운동 복잡성의 수많은 진화는 이 논의에서는 제쳐둘 필요가 있는데, 왜냐하면 동물은 수많은 감각-운동 복잡성을 가질 수 있음에도, 그런 것과 연관된 어떠한 주관적 경험도 갖지 못할 수 있기 때문이다. 우리는 이것을 우리 자신의 경우에 비추어 알고 있다.

나는 이제 이러한 생각에 답변하려 한다. 나는 일부 초기 연구가 인지적인 것과 질적인 것 사이에 너무 단순한 도식화(mapping)를 가정했다는 것에 동의한다. 그럼에도 불구하고 후발주자 관점이 최근 연구가 우리에게 알려준 것에 대한 유일한 대답은 아니다. 또 다른 가능성은 내가 "형질전환(transformation)" 관점이라고 부르는 것이다. 이 관점에 따르면, 의식에 관한 최근 연구에서 밝혀진 여러 형태의 처리과정이 주관적 경험에 실질적으로 영향을 미칠 수는 있겠지만, 그것이 실제로 존재한다고 보기는 어려웠다. 대신에 그런 처리과정이 아마도 주관적 경험을 더욱 풍부하게 해주고, 기억 및 언어 보고(verbal report)와 다른 종류의 영향을 미치게 해주었다. 주관적 경험의 기초 형태는 이전에 이미 나타났고, 덜 필요한 것이었지만, 우리에게서 이것은 형질전환되었다.

이 관점에 대해 어떠한 논증이 가능하겠는가? 이것은 더 관대한 태도를 유지하기 위한 모호한 대답, 그뿐일까? 이 순간 내가 제안할 수 있는 최고의 논증은, 훨씬 통합된 종류의 처리과정과 나란히 나타나는 것처럼 보이는 (그리고 자주 끼어드는) 낡은 형태의 주관적 경험일 것 같은 어떤 역할에 근거한다. 여러 사례가 통증과, 데렉 덴튼(Derek Denton)이 "원초적 정서(primordial emotions)"라 불렀던 것들을 포함한다. 원초적 정서란, 목마름이나 산소 부족의 느낌과 같은 중요한 신진대사 상태와 결핍을 등록하는(register) 신체적 느낌이다. 덴튼이 말했듯이 이러한 신체적 느낌은 그것이 나타날 때 "절박한" 역할을 담당한다. 즉, 그런 느낌은 그 자체를 경험으로 밀어 넣어, 쉽게 무시될 수 없도록 한다 (Denton et al. 2009). 그런데 그러한 느낌(통증, 산소 부족 등)이 진화에서 늦게 등장한 포유류의 정교한 인지적 처리과정 때문인 **단지 어떤 느낌 같은 것일 뿐인가**? 나는 이것이 의심스럽다.

나는 데하네나 프린츠 같은 사람들이 내놓은 의식 검사를 통과하지 못할 것 같은 동물의 통증 사례와 증거에 주목하겠다. 이런 논증을 구성하기란 간단치 않다. 누군가는 곧바로 이렇게 말할 것이다. 분명히 단순한 동물도 자신이 통증을 느끼는지 직접 알려주는 방식으로 통증에 반응한다. 그러나 통증과 괴로움을 포함한다고 보이는 신체적 상해에 대한 많은 반응은 아마도 그렇지 않다. 예를 들어, 척추가 심하게 손상되어 신체의 상해가 뇌로 전달되지 않는 쥐들도 "통증반응행동(pain behavior)"으로 보이는 어떤 것을 보여주며, 그 손상에 대해 매우 정교한 방식으로 반응할 수 있다.17) 이러한 점에서 중요한 것으로, 더 복잡한 통증-관련 행동이 계통학적으로 인간과는 상당히 거리가 있는 (일부 무척추동물을 포함한) 동물에서도 나타난다는 것을 다른 실험 연구가 보여주었다. 이 연구에서 내가 중요하게 보는 점은 이렇다. 이러한 동물은 손상에 대해 반사작용 이상으로, 자기 행동을 유연하게 수정하면서, 새로운 자극에 민감하게 반응하며, 다른 비용-이득을 고려해서 균형을 맞춘다.

비록 이런 행동 패턴이 일부 무척추동물에게서도 나타나긴 하지만, 가장 명확한 결과는 척추동물이 보여준다. 한 연구에서, 일부 제브라 다니오(zebra fish)가 두 환경(빈 곳 혹은 풍요로운 곳) 중 어느 쪽을 선호하는지 알아내기 위한 사전 조사가 시행되었다. 통증을 유발한다고 알려진 화학물질을 그 물고기에게 주사하고 난 후, 정상적으로 덜 선호하던 환경에 진통제를 투입했을 경우, 다른 경우엔 그렇지 않았지만, 그 물고기는 덜 선호하던 환경을 선호했다. "그 물고기는 통증에서 벗어나기 위해 선호하지 않는 환경에 있는 것을 기꺼이 감수하였고, 이를 통해 다음이 추론된다. 그 물고기는 통증이 감소되는 것과 같은 통증 완화를 위한 어떤 보상을 얻어야만 했다."(Sneddon 2011) 이와 비슷하게, 조류인 닭에 관한 연구에서도, 부상을 입은 닭은, 진통제 성분을 포함한, 평소 선호하지 않던 먹이를 선택했다. "불구의 조류는 건강한 조류에 비해 더 많은 진통제 성분이 포함된 음식을 두드러지게 선택하였고, … 다친 정도가 심할수록, 불구의 닭은 매우 높은 비율로 진통제 성분이 포함된 음식을 먹었다."(Danbury et al. 2000) 끝으로, 로버트 엘우드(Robert

---

17) "척수(spinal cord)는 다른 자극으로부터 유해한 자극을 구별하며, 행동 결과에서 적응적 변화를 보여준다. … 유해 자극에 관한 학습은 통증에 대한 의식적 앎이 없이도 일어날 수 있다."(Allen 2004) 동물 통증에 대한 최근 연구로, Key(2015)와 Jones(2013)를 보라. 키(Key)는 후발주자 관점을 옹호한다.

Elwood)의 보고에 따르면, 소라게(hermit crabs)는 어떤 충격에 의해서 자신의 소라껍데기를 버리도록 유도될 수 있는데, 좋은 껍데기일수록 나오기를 더욱 주저하며, 주변에 포식자의 냄새가 있을 때 껍데기에서 나오기를 더욱 주저한다. "소라게는, 아픔에 대한 반사 반응으로 설명될 수 없는 방식으로, 전기 충격에 대한 반응에서 상충하는 요구들을 비교하고 견주어본다."(Elwood 2012 p.26)

또한 중요한 점은, 다른 동물들은 이러한 시험에 실패하는 것처럼 보인다는 것이다. 게들은 다른 절지동물, 즉 곤충과는 매우 다를 수 있다. 그러나 내가 아는 한 단 한 번도 폐기된 적이 없는, 더 오래된 논평에 따르면, "곤충이 부상 입은 신체 부위를 보호하는 행동을 한다고 알려진 어떤 사례도 없다. 예를 들어, 일반적 복부 부상으로 인해 다친 다리를 절룩거리거나, 먹이를 덜 먹거나, 짝짓기 횟수를 줄이는 등의 행동을 보이지 않는다. 이와 반대로, 우리의 경험상 곤충들은 심지어 심한 부상이나 신체 일부의 절단 이후에도 정상적 활동을 지속한다(Eisemann et al. 1984).

이러한 결과는, 통증이 주관적 경험의 기초적이며 꽤 널리 확산된 형태라는 견해를 지지하며, 주관적 경험이 작업 기억 및 정보 통합 등의 후발주자 메커니즘에 의존할 것 같지 않다는 견해를 지지한다.

이런 논증에 대한 하나의 답변은 다음과 같다. 우리가 아는 것보다 더 많은 동물들(물고기나 소라게 등을 포함하여)도 우리의 주관적 경험을 가능하게 하는 복잡한 특징들을 **갖는다**. 이러한 견해를 평가하려면 추가적인 경험 연구가 필요하다. 그러한 실험 결과가 공개되기만 하면 분명히 명확해질 또 다른 가능한 답변은 이렇다. 인간에 대한, 최근 신경생물학 연구가 탐구해온 의식의 형태보다 더 단순하고 더 오래된 주관적 경험의 여러 형태가 있을 수 있다. 만일 그러하다면, (내가 얘기했듯이) 비록 물고기와 소라게가 의식을 갖지 못하더라도, 그러한 형태들은 그런 동물들이 가진 무언가일 것이다.

앞서 몇 쪽에 걸쳐 개진한 논증들이 옳다면, 형질전환 관점(transfor-mation view)은 아마도 꽤 옳다고 여겨지며, 후발주자 관점은 보기보다 지지받지 못할 것이다. 그렇다면 최근 융합된 어떤 종류의 범주 분화의 사례가 나타날 수 있다. 매우 넓은 의미에서 보면, 생물에게 주관적 **느낌**을 부여해준 진화적 기원이 있었으며, 이것은 **의식**이란 유사한 특징을 지닌 어떤 동물에게서 마침내 뒤늦게 형성되었다. 여기에서 나는 이 양자 사이의 관계에 대해 많은 이야기를 주장하려고 시도하지는 않았다. 나의 목표는 넓은 의미에서 주관적 경험의 진화에 대해 무언가를 말해보려는 것이었다. 이런 영역에는 명료하지 못한 것들이 아주 많다. 신경계가 처음 진화했던 시기의 생물 계통 트리 모양이 여전히 분명하지 않으며, 유전적 증거와 화석 증거 사이의 관계에 관한 난제도 남아 있다. 그렇지만 캄브리아기에서부터 계속 이어져 내려온 감각-운동 및 인지적 복잡성 등의 진화가 평행적이라는 생각은 더욱 지지된다. 내가 강조했듯이, 그런 과정은 계보학적으로 평행하지만, 또한 공진화적이다. 어느 동물이 다른 동물 행동의 진화에 반응하기 때문이다. 적어도 지금은 행동 복잡성과 주관적 경험 사이의 어떠한 도식화라도 논쟁의 여지가 있으며, 특정한 사례들에 대한 다수의 평가 역시 바뀔 것이다. [그림 3]의 요점은 세부적인 것들을 말하려는 것보다는, 아주 다르게 그려질 수 있는 도표들(charts)과 비교하려는 데에 있다. 예를 들면, 주관적 경험을 후발주자로 표현하는 도표와, 하나의 줄기에서 경험의 단일한 기원을 표시하는 도표, 그곳에서 방사형으로 분화를 표시하는 도표 말이다. 이러한 점들을 유념하면서 나는 [그림 3]이 주관적 경험의 역사에 관해 납득할 만한 대략적 지도가 될 수 있다고 생각한다.

4. 신경철학 [1]

Neurophilosophy

패트리샤 처칠랜드 Patricia Churchland

서론: 신경철학이란?

"신경철학"은 마음의 본성에 관한 전통철학의 여러 의문에 대해, 신
경과학의 발견이 주는 충격을 탐구한다. 신경철학은 세부적으로 신경과
학과 임상신경학은 물론, 진화생물학, 실험심리학, 행동경제학, 인류학,
유전학 등 여러 관련 과학의 연구 성과로부터 나오는 데이터에 기초하
여, 지식과 학습의 본성, 의사결정과 선택, 자기조절과 습관 등등의 의
문에 접근한다. 또한 신경철학은 과학철학과 과학사 연구에서 나오는
교훈에 귀 기울인다. 그 교훈에 따르면, 실험과학이 새로운 관찰과 실험
적 설명을 내놓게 되면서, 신비로워 보였던 혈액, 불, 감염성 질병 등의
본성이 덜 신비로워졌다(Thagard 2014).

---

1) 폴 처칠랜드(Paul Churchland)와 조슈아 브라운(Joshua Brown)의 도움으로
   냉철한 토론을 할 수 있었고, 데이비드 리빙스턴 스미스(David Livingstone
   Smith)로부터 현명한 충고를 받았다. 그들에게 특별히 감사한다.

다양한 수준의 뇌 조직 연구와 많은 종(species)의 신경계 연구에서 나오는 신경생물학의 엄청난 데이터의 축적은 최근에서야 이루어진 발전이다. 그럴 수밖에 없었던 이유는 신경과학이 실제로 1970년대 무렵까지 본격적 흐름을 타지 못했기 때문이다. 신경과학이 왜 최근까지 발달하기 어려웠는가?

뇌가 정신 기능(mental functions)에 관여한다는 것이 비록 오래전 임상적으로 알려지긴 했지만, 뇌손상이 마음의 기능에 정확히 **왜** 영향을 미치는지는 이해되기 어려웠다. 그것은 뇌의 미시구조, 즉 뉴런(neuron)이 무엇이며 그것이 어떻게 작동하는지, 뇌가 어떻게 그물망 및 시스템을 조직화하는지, 그리고 뉴런들 사이의 상호작용이 어떻게 여러 신경화학물질에 의해 일어나는지 등등이 아주 최근에서야 밝혀졌기 때문이다. 19세기 후반에서야 신경세포의 구체적 모습이 카밀로 골지(Camillo Golgi)와 라몬 이 카할(Ramón y Cajal)에 의해 드러났다. 당시까지 뉴런들이 서로 어떻게 **상호작용**하여 행동 같은 효과를 낼 수 있는지는 신비의 영역이었다.

반면에, 화학은 19세기 초 상당히 성숙한 과학으로 성장하였다. 1805년 돌턴(J. Dalton)이 밑그림을 그려줌에 따라서, 화학은 원자론의 기초 구성 원리에 의해 강화되었다. 이제 지구의 기초 원소가 물, 불, 흙, 공기가 아니라고 명확히 인식되었다. 대신에 지구의 원소들은 1880년대 멘델레예프(D. Mendeleyev)에 의해서 수소, 산소, 주석, 금 등등으로 주기율표에 따라 규정되었다. 반면, 신경과학의 경우 1950년대에서야 존 에클스(John Eccles)와 그의 연구원들에 의해서 신경세포들 사이에 **억제성** 연결(inhibitory connections)이 있다는 것이 증명되었다는 것이 놀랍다. 그 무렵 물리학은 이미 이론과 설명에서 훨씬 성숙되어, 원자의 내부 구조를 탐색하기 시작했다.

조망해보건대, 효과적인 뇌영상 기술은 단지 20세기 말 20년 동안 이루어졌다. 그럼에도 지금까지 미시적 수준인, 시냅스와 뉴런이 어떻게 소통하는지에 관한 많은 상세한 내용이 온전하게 밝혀지지 않았으며, 신경 **그물망**(neural networks)의 기능과 그것의 동역학(dynamics) 역시 그렇다. 신경과학은 젊은 과학이다.

뇌의 기본 유닛들(units)이 세포막을 따라 흐르는 전압의 변화에 의해, 그리고 그러한 변화를 조율하는 화학물질에 의해 작동하므로, 그리고 그 유닛들이 맨눈으로 보이지 않으므로, 신경과학의 발달은 이론적으로 나 실험적으로 물리학과 화학의 발전에 의존한다. 특히 신경과학은 물리학과 화학의 지식을 개발하는 도구들과 장치들, 예를 들어, 전자현미경, 미세전극, 핵자기공명, 단일클론항체(monoclonal antibodies), 그리고 가장 최근에는, 광학유전학(optogenetics) 등에 의존한다. 뉴런이 어떻게 작동하는지를 이해하려면 전기에 관한 지식이 필요하며, 그런 지식은 19세기 초 마이클 패러데이(Michael Faraday)의 발견이 있기 전까지 없었다.

일부 철학자들은 신경과학을 쓸모없는 것으로 명확히 전망한다. 그들은 신경과학에 많은 난제가 연이어 나타나자, **앞으로도** 신경과학이 인지기능(cognitive function) 메커니즘을 결코 발견하지 못할 것이라고 단정한다. 그들이 그렇게 단정하는 가장 중요한 이유는, 신경계를 연구하는 과학이 아주 젊다는 명확한 역사적 초점을 일반적으로 놓치기 때문이다.

마음과 뇌 사이의 관계

"마음(mind)"과 "뇌(brain)"란 단어는 서로 명확히 구분된다. 그럼에도, 그러하다는 언어적 사실이 마음의 과정이 실제로 물리적 뇌의 과정이 아니라고 결정해주지는 않는다. (물과 H_2O는 서로 다른 단어이지만, 그 두 단어들은 모두 정말로 같은 것을 가리킨다는 것을 생각해보라.) 플라톤(Plato)에 의해 옹호되고, 데카르트(R. Descartes)에 의해 발전되었으며, 심지어 요즘의 토머스 네이글(Tomas Nagel)에 의해 방어되기도 했던, 철학적 사고에서 선호되는 이론은 "마음"과 "뇌"란 두 단어가 서로 구별되며, 따라서 그 과정 역시 다르다는 주장이었다. 이러한 접근은 "이원론(dualism)", 즉 물리적인 것과 그와 아주 다른 정신적인 것을 끌어안는 "두 요소" 이론이다. 이원론에 따르면, 생각하고, 보고, 선택하는 등은 모두 비물리적 마음 또는 정신의 과정이다. 이원론자들로서 심/신 문제(mind/body problem)는, 물리적인 뇌 상태가 어떻게 전적으로 비물리적 영혼(soul) 상태와 상호작용할 수 있는가의 문제이다. 반면, 인기가 덜했지만, 유서 깊은 다른 전통에 따르면, 오직 뇌가 있을 뿐이다. 마음의 과정이란 물리적 뇌의 과정이며, 아직 뇌의 정확한 본성은 밝혀지지 않았다. 이런 접근은 "물리주의(physicalism)"로 알려져 있으며, 계승자로 히포크라테스(Hippocrates), 홉스(T. Hobbes), 흄(D. Hume), 헬름홀츠(H. von Helmholtz) 등이 있다. 물리주의자들에게, 두 가지가 아니라 하나, 즉 뇌만 있으므로, 마음과 육체가 어떻게 **상호작용하는지**에 대해 어떤 문제도 없다. 마음이란 뇌가 작용한 것이다. 그들에게 중요한 문제는, 뇌가 어떻게 학습하고 기억하는지, 뇌가 우리로 하여금 어떻게 보고 듣고 생각하게 해주는지, 그리고 뇌가 우리로 하여금 눈, 다리, 그리고 몸 전체를 어떻게 움직이게 해주는지에 관한 것이다. 그들의 문제는 정신현상을 일으키는 뇌 메커니즘의 본성과 관련한다. 흥미롭게도 이원론자들 또한 밀접하게 관련된 여러 문제를 가진다. 예를 들어, "영혼 같은 무엇"이 어떻게 작용하여 우리가 학습하고, 기억하며, 볼 수 있고, 들으며, 생각할 수 있는지 등등이다. 신경과학을 연구하는 물리주의자들은 활발한 연구 프로그램을 가지며 자신들의 의문에 대답을 내놓고 있는 반면, 이원론자들은 그와 비교할 만한 어느 연구 프로그램도 없다. 그들 누구도 영혼 같은 무엇이 **어느 기능이라도** 어떻게 할 수 있는지를 설명해볼 미력한 생각조차 가지지 못한다.

연구 프로그램으로서 신경철학은 헛된 전망일 수 있다. 만일 기억과

주의집중 같은 정신의 과정이 뇌의 과정이 아니라면 말이다. 만약 그러하다면, 우리는 주의집중과 기억하는 영혼을 연구하고, 마치 데카르트가 가정했던 "영혼 같은" 무엇이 어떻게 작동하는지를 찾아야만 한다. 그렇지만 지금 과학의 단계에서 넘치는 증거는, 모든 정신의 사건들 (events)과 과정들(processes), 즉 시각 및 청각, 학습, 기억, 언어사용, 의사결정 등등이 모두 물리적 뇌의 사건이며 과정임을 말해준다. 그러하다는 것을 결정적으로 보여주는 실험은 적지 않다. 그러하다는 증거들이 무수한 관찰과 실험을 통해 지속적으로 축적되고 있으며, 어떤 반례도 문제를 제기하지 않는다.[2] 비록 우리가 어린 시절 발생했던 어느 사건을 회상하는 메커니즘을 구체적으로 이해하지 못하더라도, 그러한 회상이 뇌의 과정이라고 정당하게 확신한다. 이것은 마치, 마이클 패러데이가 당시 전자기(electromagnetism)의 본성을 엄밀하고 구체적으로 이해하지 못했음에도 불구하고, 전기는 신비로운 현상이 아니라 자연의 물리적 현상이라고 확신했던 것과 다르지 않다.

마음/뇌 의존성을 보여주는 가장 극적인 발견 중 하나는 1960년대 출판된 분리뇌(split brain) 연구에서 나왔다. 그것은 약물-내성 간질(drug-resistant epilepsy)을 치료하기 위해 외과적으로 대뇌반구(cerebral hemispheres)를 절제한 환자들에 대한 연구였다. 뇌량(corpus callosum)은 좌우측 두 반구 사이를 연결하는 신경막(nerve sheet) 구조물이며, 그 수술로 좌우측 반구의 연결이 절단되었다. 그 수술의 목적은 간질이 한 반구의 발생점에서 다른 쪽 반구로 넘어가지 못하게 하여, 환자의 발작을 중단시키려는 것이었다. 놀랍게도 "분리뇌" 피검자 실험은 두 반구 사이의 정신적 삶도 함께 분리되는 것을 보여주었다. 우측 반구는 좌측 반구가 모르는 것을 알았으며, 좌측 반구가 보지 못한 것을 보거나 결정하였다(Gazzaniga and LeDoux 1978). 그 실험이 제공하는 심/신 문제

---

2) P. M. Churchland(1996a), Frith(2007), 그리고 P. S. Churchland(2002)와 Baars and Gage(2007)과 같은 탁월한 교재들을 보라.

에 대한 함축은 명확했다. 만약 마음 상태가 뇌 상태가 **아니**라면, 뇌량의 절단으로 지식과 경험이 **한쪽** 반구 활동에 제약되는 것은 왜인가? 어느 도전적 이원론자가 그런 실험적 사실과 절충하는 이야기를 지어낸다고 하더라도(소수 이원론자가 이런 식으로 완강히 버티더라도), 그 단절 효과를 가장 잘 이해시켜주기에 적절한 설명이란 단지, 정신의 통합을 위해 필수적인 **물리적** 경로가 단절되어, 영혼 같은 무엇이 어찌할 수 없었다는 대답뿐이다. 마이클 가자니가(Michael Gazzaniga 2015)와 같은 선구적 분리뇌 연구자들은 그 실험에 대해 그렇다고, 즉 의식이 분리될 수 있다고 대답한다.

국소뇌손상(focal brain damage) 환자들에 대한 임상신경학자의 많은 관찰 역시 마음/뇌 의존에 무게를 실어준다. 국소뇌손상은 아주 특정한 인지기능만을 상실시키는 결과를 낳는다. 예를 들어, 친숙한 얼굴을 알아보지 못하거나, 자신의 팔과 다리를 알아보지 못하거나, 거수경례나 인사로 손 흔들기 등의 지시적 행동을 수행하지 못한다. 다마지오 부부(Hanna and Antonio Damasio)는 아이오와 의대(University of Iowa Medical College)에서 거대한 프로젝트로, 유사한 위치의 뇌손상이 유사한 기능의 결과를 낳는지를 알아보기 위한 가능한 많은 수의 체계적 기록을 시작하였다. 이러한 중요한 프로젝트는 뇌손상 연구를 단일 사례 연구에서 국소뇌손상과 그에 따른 능력에 미치는 결과를 더욱 체계적으로 이해하도록 해주었다.[3]

해마(hippocampus, 대뇌피질 아래 작은 휘어진 구조물)의 양 외측(bilateral)이 손상된 일부 환자에 대한 연구는, 그들에게서 새로운 학습 능력의 심각한 상실(선행기억상실(antero-grade amnesia))을 보여주었다. 이러한 발견은 학습 및 기억과 해마 구조물 사이의 관계를 이해하려는 거대한 연구 프로그램을 촉발시켰다(Squire, Stark, and Clark 2004). 치

---

3) 이에 대한 설명을 Grens(2014)에서 보라.

매 질환에 따른 기억 감소 역시 기억이 뉴런 감소와 관련되며, 나아가서 정신과 신경 사이에 밀접한 연관성을 보여주었다. 단일 뉴런 생리학과 함께 뇌영상을 이용한 주의집중 연구 역시 중요하다. 이러한 다양한 연구들에 따르면, (다른 신경망과 어느 정도 독립적으로 연결된) 적어도 세 가지 다른 해부학적 신경망이 다른 양상의 주의집중, 각성(alerting), 정위반사(orienting), 실행조절(executive control) 등과 관련된다. 더구나 이러한 세 기능은 더 나아간 세부적 연구, 즉 지칭하기(indicating)를 연구하게 만들었다. 예를 들어, 이러한 세 기능과 각성 상태(awareness) 사이에 상당한 연관성이 있으며, 특히 표적 탐지하기(연속해서 방향 맞추기)와 각성 상태 사이에 상당한 연관성이 있다(Petersen and Posner 2012)는 연구가 있었다.

심리학의 발달, 특별히 시각 심리학(visual psychology) 역시 정신 기능에 신경망을 관련시켰으며, 이러한 연구는 시각 시스템(visual system)에서 발견된 신경과학적 발견과 꼭 들어맞았다. 예를 들어, 색깔 시각에 대한 설명은 망막의 세 가지 원추세포(cones)와, 피질 영역 뉴런들 내의 경합 처리과정(opponent processing)에 의해 이루어진다. 적외선과 라디오파 같은 세계의 상당한 부분은 우리의 시각 시스템에 감광될 수 없는데, 그것은 시각 시스템의 물리적 기관의 한계 때문이라는 사실과도 잘 부합한다.[4] 시각운동의 지각은 중측두엽(middle temporal)이란 시각 반응 피질 영역 내의 단일 뉴런의 반응과 연관된다. 시각 환영(visual hallucinations)은 LSD 또는 케타민(Ketamine) 같은 물질에 의해 일어나는 것으로 알려져 있으며, 의식은 에테르(ether)와 같은 약물에 의해서, 그리고 프로포폴(propofol)처럼, 마취의사에 의해 선택된 다른 물질에 의해서도 상실된다. 어떤 증거도 이러한 약물들과 영혼 같은 무엇 사이의 연관성을 보여주지는 않는다. 반대로, 많은 마취 약물들은 신경회로 내

---

4) Solomon and Lennie(2007), pp.276-286, 그리고 P. M. Churchland(2007)의 ch. 9와 ch. 10을 보라.

뉴런들에 흥분 및 억제의 정상 균형을 변화시켜 작동하는 것을 보여준다.

단기기억(short-term memory)은 머리의 충격에 의해서 혹은 스코폴라민(scopolamine) 같은 약물에 의해서 일시적으로 차단될 수 있다. 정서(emotion)와 기분(moods)은 프로작(Prozac, 항우울제)과 알코올에 의해 영향 받을 수 있다. 의사결정(decision making)은 굶주림, 두려움, 무수면(sleeplessness), 코카인(cocaine) 등으로부터 영향 받을 수 있다. 코르티솔(cortisol) 수준의 증가는 불안(anxiety)을 일으킨다. 수면 중, 꿈꾸는 중, 그리고 각성 중에 전체 뇌 활동의 매우 특별한 변화가 기록되었으며, 이러한 세 상태들을 전형적으로 보여주는 신경 징후에 대한 설명이 상당히 발전하는 중이다(Pace-Schott and Hobson 2002). 종합하건대, 이러한 여러 발견은 정신 기능이, 으스스한 "영혼 같은 무엇"이 아니라, 물리적 뇌의 기능에 종속한다는 가설에 무게를 실어준다.

진화생물학은 우리에게, 신경계가 진화의 산물이며, 인간 신경계도 예외가 아니라는 사실을 신뢰하도록 만든다. 인간 신경계와 비인간 신경계 사이의 해부학적 비교에 따르면, 거시적 수준과 미시적 수준 모두에서 신경계의 기능 조직이 수억 년에 걸쳐 매우 잘 보존되어왔다는 것을 보여준다(Allman 1999). 비록 인간의 뇌가 다른 육상 포유류의 뇌보다 더 크긴 하지만, 모두 동일한 신경구조, 신경경로, 신경분포 패턴, 뉴런 유형들, 신경화학물질 등등을 공유한다. 초파리(fruit fly)의 뉴런은 인간 뇌의 뉴런과 본질적으로 동일한 방식으로 작동한다. 분자생물학은 인간과 다른 가까운 사촌들, 예를 들어, 침팬지(*Pan troglodytes*) 그리고 보노보(*Pan paniscus*) 사이의 유전적 차이가 아주 적다는 것을 보여준다(Striedter et al. 2014).

이러한 진화적 관계는 어떤 포유류도 비물리적 영혼을 갖지 않는다거나, 혹은 모든 동물들이 영혼을 갖지 않는다는 것을 함축한다. 이것에 어떤 의심의 여지도 없다. 만약 오직 인간만이 영혼을 가진다면, 인간의 영혼은 어디로부터 온 것이며, 침팬지와 공동 조상으로부터 호모 종(Homo species)의 출현 후 4백만 년 지난 후, 영혼이 왜 갑자기 나타난 것인가? 호모 에렉투스(*Homo erectus*)와 호모 네안데르탈(*Homo neanderthalensis*) 등과 같은 멸종 호모 종들 역시 영혼을 가졌을까? 두개골 측정에 따라서 고고학자들은 호모 네안데르탈의 뇌는 우리 뇌보다 더 컸다고 믿는다. 네안데르탈이 비록 인간이 할 수 있는 모든 발음을 하지 못했다고 하더라도, 그들 역시 어느 형태의 음성 소통을 했던 것으로 추정된다(Lieberman 2013). 더구나 유전적 자료에 따르면, 그들은 호모 사피엔스(*Homo sapiens*)와 교배번식하였다(Pääbo 2014). **그들의** 영혼은 어떠했을까? 더구나 다른 질문들은, 뇌가 아니라, 영혼이 우리를 똑똑하게 만들어주는 모든 저장소라는 생각을 부정하게 만든다. 갈까마귀와 쥐와 원숭이 같은 동물들이 어떻게 복잡한 문제를 해결할 줄 아는가? 그것들이 어떻게 수면, 꿈꾸기, 주의집중 등등을 할 수 있는가? 그런 기능들을 위해 영혼이 필수적이라면 말이다.

1980년대 무렵 철학자들과 마찬가지로 과학자들 사이에서도, 느끼고, 결정하고, 보고, 추론하는 등등을 위해 비물리적 영혼이 존재할 것 같지 않다는 것에 (조심스럽지만) 인상적인 동의가 있었다. 그렇지만 그런 기능들이 물리적이라고 하더라도, 신경과학이 과연 그러한 기능들을 **설명**할 수 있는지에 관한 논란까지 사라진 것은 아니다. 신경과학자들은 새로운 기술과 더 나은 실험에 의해 진전이 이루어질 것이라고 기대하는 경향이 있다. 우리가 어디까지 설명할 것인지는, 시간과 연구 노력이 말해줄 것이다.

반면에 일부 철학자들은 신경과학이 그러한 인지기능들을 결코 설명하지 못할 것이라고 확신 있게 예측했다. 특히 제리 포더(Jerry Fodor 1975, 1980, 1998)와 그의 연구원들로부터 나오는 견해는 심리철학 분과 내에 폭넓게 지지받는다. "심리학의 자율성"으로 알려진 그 견해에 따르면, 인지기능은 다른 과학으로부터, 특별히 신경과학으로부터 독립적이다. 중요하게 인식되어야 할 것으로, 이러한 신경과학의 한계 주장은 **예측**이다. 그 예측은, 과학적 증거에 의해서가 아니라, 철학적 사색에 의해 지지된다. 비록 그러한 생각이 1990년대까지 매우 인기가 높았다고 하더라도, 신경과학이 실제 발달함에 따라서, 특히 행동적인 뇌 전체의 데이터와 신경수준 사이의 관련을 더욱 강하게 시사해주는 증거가 증가함에 따라서, 그 견해의 인기는 느리지만 체계적으로 낮아졌다. 그러한 철학자들의 예측을 민망하게 만드는 인지기능에 대한 융합연구들, 예를 들어, 의사결정 연구(Glimcher and Fehr 2013), 주의집중 연구(Petersen and Posner 2012), 공간표상 연구(Moser et al. 2014) 등은, 일부 회의적 철학자들의 생각이 납득되기 어렵다는 것을 넘어, 훨씬 더 많은 여러 인지기능들의 메커니즘을 밝혀왔다(Fodor 2000).

신경과학을 상당히 무시하도록 안내하는 다른 이유가 잘못된 유비로부터 나오기도 했다. 그 유비에 따르면, 인지는 컴퓨터의 운영 소프트웨어(software)와 같으며, 뇌는 컴퓨터의 하드웨어(hardware)에 비유된다.5) 그 논증에 따르면, 마치 우리가 파워포인트(PowerPoint) 같은 응용 프로그램을 이해하기 위해 컴퓨터의 하드웨어를 잘 알아야 할 필요가 없듯이, 인지를 이해하기 위해 뇌에 관해 잘 이해할 필요가 없다. 그러나 뇌에 관해 면밀히 살펴본다면, 뇌와 범용 컴퓨터 사이에 유사성이 거의 없어서, 뇌/하드웨어 유비는 신경과학 혹은 바이오공학에서 진지하게 선택되지 않는다. 그 둘 사이에 다른 점이 아주 많다. 뇌는 순차처리(serial processor)장치가 아닌 병렬처리(parallel processor)장치이며, 뇌의 저장장치와 처리장치는 분리된 모듈이 아닌 동일 구조에서 수행되고, 뇌는 임신부터 성체가 되는 과정에서 그리고 학습하는 모든 단계에서도 그 구조를 변화시킨다(Churchland and Sejnowski 1992). 뇌 해부학과 생리학의 실제 본성은, 범용컴퓨터와 다른, 뇌-유사 컴퓨터를 개발

---

5) 데닛(Dennett 1987)은 특별히 이러한 유비를 좋아하며 아직도 그것을 포기하지 못하는 것처럼 보인다.

하도록 영감을 불어넣고 있다(Hinton 2013; Yu et al. 2013).

영향력 있는 철학자들이 인지기능의 신비가 영원히 풀리지 않을 것이라고 여전히 확신하는 논점은 의식 경험(conscious experience)과 관련된다. 이러한 확신을 지지하는 다른 두 가지 대표 논증이 있다. 첫째 논증은 과학이 미래에 이룩할 성취를 직설적으로 예측한다. 그런 예측은 의식을 신경과학 용어로 설명할 수 있을지 문제를 다룸에 있어 현재의 직관에 근거한다. 상당히 확신에 찬 그 주장에 따르면, 의식은 너무 복잡하여 단적으로 그리고 전적으로 신비라서, **결코** 설명될 수 **없다**, 이상 끝(McGinn 2012, 2014). 비유적 사례로 말하자면, 어느 과학이라도 의식 경험이 뉴런 활동에서 어떻게 나오는지를 설명하려 기대하는 것은, 마치 쥐가 부동함수를 이해하기를 기대하는 것과 같다. 그런 엄청난 확신에도 불구하고, 그 예측에 매우 세심한 주의가 요청된다. 왜냐하면 과학이 어디까지 발전할 것이며, 무엇을 발견할 수 있을지를 예측한다는 것은 실제로 오류 가능성이 매우 높아서, 겸손이 필요하기 때문이다.

둘째로 더욱 영향력 있는 논증은 아래와 같은 이원론의 믿음에 근거한다. 비록 기억강화(memory consolidation)와 시각예비처리(preprocessing in vision) 등과 같은 무의식적 사건들(nonconscious events)이 뇌의 사건일지라도, 메스꺼움 느끼기와 같은 **의식적** 사건들(conscious events)은 뇌의 사건이 아니다. 그러므로 신경과학은 그러한 사건들을 결코 설명할 수 없다. 따라서 내가 내 치아 통증을 알아챌 때에, 혹은 내 신발을 벗기로 결정했음을 알아챌 때에, 데이비드 차머스(David Chalmers 1996)와 토머스 네이글(Thomas Nagel 2012) 같은 철학자들은 그러한 의식적 사건이 물리적 사건과 함께 나타나는, 물리초월적(extraphysical) 사건이라고 고려한다.

이원론자 논증의 방법론적 논점이 적절할 수도 있다. 아무리 많고 체계적인 수많은 경험 증거가 의식은 뇌의 기능이라는 가설을 지지하더라도, 차머스와 네이글이 그러하듯이, 완강히 그렇지 않다고 주장할 논리적으로 **일관된**(consistent, 양립 가능한) 선택지가 언제나 있을 수 있기 때문이다. 그렇게 생각할 방식은 다음과 같다. 예를 들어, "온도는 실제로 평균분자운동에너지**이다**(동일하다)"와 같은 동일성(identities)은 직접 관찰 가능하지 않다. 동일성이란, 수많은 데이터를 가장 잘 설명해주는 추론에 의해, 그리고 더 좋은 어느 설명 경쟁자도 **없다**는 인식에 의해 지지된다. 그리고 일단 결심되기만 하면, 누군가는 "온도는 평균분자운동에너지(KE)가 **아니며**, 그보다 단지 그 운동에너지(KE)에 병행하여 나타나는 우연적 현상이다"라고 고집할 수도 있다(Chruchland 1996b). 비록 그런 고집이 납득할 만한 입장이 아니더라도, 논리적 일관성을 유지할 수는 있다.

유사한 맥락에서, 스코틀랜드 철학자 데이비드 흄(David Hume)이 유명하게 지적했듯이, 인과성(causality)은 직접 관찰 가능하지 않다.[6] 나는 내 팔 위의 모기와 그것이 날아간 후의 따가움 사이의 인과관계를 실제로 관찰하지 못한다. 그러나 내 인과적 추론은 강한 배경지식에 근거한다. 다른 예로, 인간면역결핍바이러스(HIV)가 에이즈(AIDS)의 중요 원인이라는 강력한 증거가 있음에도 불구하고, 어떤 이들은, 상당한 해악에도 불구하고, 에이즈의 원인은 다른 데에 있다고, 마치 나쁜 행동에 대한 신의 처벌이라고, 논리적 모순 없이 여전히 주장한다.

확신하건대, 수용된 이론에 대한 의심은 이따금, 예측과 설명력을 지닌 지배적 이론을 능가하는 새로운 인과적 가설의 출현을 도와주기도 한다. 만약 과학자들이 바보가 아니라면, 자신들의 인과적 설명을 개선한다. 예를 들어, 과거에 불안과 나쁜 식습관은 위염의 주요 인과적 요소라고 널리 믿어졌지만, 1980년대 이후 배리 마샬(Barry Marshall)과 로빈 워렌(Robin Warren)은 그 가설에 도전하는 실험을 하였다. 그들은 더 근본적인 원인으로 헬리코박터 파일로리(*Helicobacter pylori*)라는

---

6) 인과성이 뇌에 어떻게 표상되는지에 대한 새롭고 매우 유력한 설명을 Danks (2014)에서 보라.

박테리아를 발견하였다. 그들은 단지 **납득 가능한**(conceivable) 다른 인과적 주장에 막연히 흔들리지 않았다. 그들은 자신들이 더욱 강력한 인과적 설명을 **발견했다**는 것을 실험으로 보여주었다. 의식 경험의 경우, 비록 차머스와 네이글 같은 철학자들이 뇌에 관해 보수적 입장을 밝히더라도, 그들이 실제로 유일하게 하는 일이란 보류하기(기존 입장 유지)뿐이다. 더구나 그들의 보류는 물리적 뇌에 일어나는 상태와 상당히 다른 경험이 있을 듯싶다는 직관에 근거한다. 그들은 조금이라도 유력하거나 구체적인 경쟁 실험 혹은 경쟁 가설을 가지고 있지도 못하다. 특히 그들은 신경과학 가설들에 심각히 도전하기는커녕, 그것들을 능가하는 어떤 가설도 갖지 못한다.[7] 예를 들어, 심지어 주의집중 메커니즘에 대한 신경과학 문헌들의 풍부함, 즉 각성이 정위반사와 다르며, 정위반사는 탐지(detection)와 실행조절(execution control)과 다르다는 신경과학에 근접하는 어떤 가설도 없다. 놀랍게도 그러한 기능들은 적절한 간섭에 의해 분리될 수 있으며, 그 기능들은 서로 다른 신경 그물망에 의해 지원된다.[8]

이원론자들이 그런 의존성, 의식과 뇌 활동 사이의 동일성을 암시하는 인과적 의존성을 설명하겠는가? 그들에게 호감의 전략이란, 그저 의식이 뇌 상태와 함께 나타난다는 제안뿐이다. 이러한 제안은, 의식 상태가 뇌 상태를 일으킨다거나 뇌 상태에 의해 일어나지 않는다는, 즉 양자가 인과적으로 서로 별개라는 생각으로 꾸며지기도 한다. 이것의 변형된 모습은 대신에, 뇌 상태가 의식 상태를 일으키지만, 의식 상태는 뇌 상태를 일으키지 않는다는 일방통행의 길을 선택하기도 한다. 전통적으로 정신 상태가 뇌 상태를 일으키지 않는다는 견해는 "부수현상론(epiphenomenalism)"이라 불린다. 실제 증거는 양쪽 가설 어느 편도 지

---

7) 뇌-기반 가설들에 대한 논의는 P. S. Churchland(2013a)와 Graziano(2013)를 보라.

8) Petersen and Posner(2012)를 다시 보라.

지하지 않는다. 두 가설 모두, 의식이 생물학적 현상이라는 생각을 공허하게 부정하기 때문이다.

역사적으로 쌍방 인과적 고립을 주장한 (가장 잘 알려진) 옹호자는 라이프니츠(Gottfried Leibniz)이다. 그는 완전히 다른 실체들이 인과적으로 상호작용할 수 있다는 것을 상상 가능하지 않다고 생각했기에 그러한 견해를 가졌다. 만약 그 두 실체가 어떤 속성도 공유하지 않는다면, 심지어 공간적 속성마저 공유하지 않는다면, 어떻게 그것들이 서로 영향을 미칠 수 있겠는가? 더구나 현대 물리학의 혜택으로 우리가 알고 있듯이, 만약 영혼처럼 **비물리적인** 것과 전자처럼 **물리적인** 것 사이에 인과적 상호작용이 있다면, 그것은 현재의 잘 확립된 물리학 법칙에 대한 변칙 사례(anomaly)가 될 것이다. 좀 더 정확히 말해서, 그런 상호작용은 에너지보존 법칙에 대한 위반이다. 만약 뇌가 물리적 영역 밖에 변화를 일으킬 수 있다면, 그것은 에너지 법칙에 대한 변칙 사례이다. 그렇지만 그러한 어떤 변칙 사례도 나타나거나 측정된 적은 없었다. 변칙 사례 데이터가 없다는 것은, "비물리적 의식 상태 흐름" 가설이 신뢰될 수 없거나, 의식 상태의 의식 흐름이 뇌 상태와 전혀 상호작용하지 않는다는 것을 시사한다.

신경과학자 조세프 파르비지(Josef Parvizi)의 연구보고에 따르면, 그가 자신의 환자를 수술하기 위한 준비단계로 극소 전기자극을 이용해서 뇌의 아주 특정 부위(중간대상피질이랑(middle cingulate gyrus))를 활성시킬 때, 그 환자는 어떤 문제를 해결할 용기를 갖도록 결심하는 의식 상태를 보여주었다. 그 자극이 제거되면, 그런 느낌도 사라진다(Parvisi et al. 2013; P. S. Churchland 2013b).[9] 이러한 실험적 사건은 그 환자에게 반복적으로 나타났다. 더구나, 동일 영역에 자극을 받은 다른 환자에게서도 아주 유사한 상태가 나타났다. 그러므로 그 자극이 의식 상태

---

9) 간질의 약물-저항성 실험에 대한 리뷰 논문을 Ryvlin, Cross, and Rheims (2014)에서 보라.

의 변화를 일으킨다고 결론 내리는 것은 적절하다. 물론 일부 부정적인 이들은 다른 선택지를 잡고 싶어 할 수 있다. 뇌 사건과 그 실험 사건은 인과성 없는 동시 발생일 뿐이며, 그 실험의 [사건] 흐름과 뇌의 [사건] 흐름은 분리되어 있다고.

그렇다면 무엇이 그 두 흐름을 일치시키는가? 그것이 바로 부수현상론 가설에서 나오는 어려운 수수께끼이다. 라이프니츠는 그 수수께끼에 어떻게 대답했는가? 신이 "예정된 조화"를 설정하고 관리하여, 마음 상태와 물리적 상태가 적절히 등장하도록 하였기 때문이다. 말할 것도 없이, 라이프니츠의 대답은, 난처한 침묵에서 벗어나려 적당히 얼버무린, 순전히 "임시방편의 가설(ad hoc)"이다. 차머스는 신에게 호소하지는 않았지만, 미래 물리학으로 관심을 돌린다. 소위 미래 물리학은 정신 사건과 뇌 사건 사이에 비상호작용 흐름의 배열을 설명해줄 것이다. 차머스(Chalmers 1996)의 억측대로, 혁명적인 새로운 물리학이 나타나서 의식의 본성이 뇌의 현상이 아니라고 궁극적으로 설명해줄 수도 있다. 정말로, 이런 식의 대답이란 신학 대신 미래 물리학이라는 누더기를 걸치고 다시 등장한, 낡은 라이프니츠 대답이란 느낌을 나는 지울 수가 없다.

물리학에 불확실성이 있다는 것을 받아들인다고 하더라도, 의식의 신비에서 촉발된 혁명이 해결방안이라고 주장할 합리적 이유가 도대체 있기라도 할까? 차머스에 따르면, 그럴 수 있다. 그 밖에 무엇으로도 의식을 설명하지 못할 것이기 때문이다. 의식은 엄청난 신비(불가사의)라서 오직 물리학 내의 혁명만이 그것을 설명해줄 것이다.

내 주위의 물리학자들은 새로운 물리학의 중요한 탐구로 결코 **의식**에 투자하려 하지 않는다. 특히 신경과학이 갑자기 고사하여 멈추는 일이 결코 일어나지 않는 시기라면 말이다. 그리고 특별히 신경과학이 **미립자** 물리학에 도전하는 변칙 사례를 만들지 않을 시기라면 더욱 그러하다. 혹시라도 신경과학을 뒤흔들 어느 난제가 있다면 몰라도 물리학자들은 아원자(subatomic) 수준에서 강력(strong forces), 약력(week forces), 중력(gravity) 등에 관한 새로운 이론을 출현시켜줄 난제들이 있음을 잘 인식한다. 그러나 이것들은 10^{17} 범위의 현상들이지, 100분의 1초 (milliseconds)와 마이크로미터(micrometers, 10^{-3}) 범위의 것들이 아니다. 뉴런은 이런 미시 수준에서 존재하고, 기능한다. 물리학자 스티븐 와인버그(Steven Weinberg)가 말했듯이, 물리학이 표준 모델을 수정시킬 수 있다고 촉발하는 주장의 난제는, 잘못된 시공간 척도를 적용하여, 의식을 설명하려는 문제에 극히 빈약한 암시적 대답이라도 내놓으려는 데에 있다.[10] 현존하는 물리학 이론을 새로운 물리학이 대체할 것이라고, 철학자들 스스로 어느 실질적 제안을 한 적이 있기라도 한가? 없었다. 어느 실체적, 심지어 미약한 수준조차 실질적 제안은 전혀 없었다.

만약 당신이 이원론자라면, 당신은 신경과학 내에 [정신 사건과 신경 사건 사이에] 의존성 증거들의 대단한 축적이 실제로 있지 않다고 (실제적 선택지가 아니라고) 외면할 수 있거나, 또는 그런 증거들을 실질적으로 설명해줄 무언가를 말해볼 수 있다. 합리적으로, 의식 상태가 뇌 상태라는 가설을 강하게 지지하는 것으로 보이는 그러한 증거들의 축적이 있는 한, 무언가 해명이 있어야 한다. 차머스에 의해 제안된 새로운 전략에 따르면, 신경과학의 증거들이란 "평행 흐름 가설"과 "마음 상태가 물리적 뇌 상태라는 가설" 사이에 실제로 **중립적**이다.[11]

이런 "신경 데이터 중립성" 전략의 장점을 평가하려면, 그것을 과학 어딘가에서 찾아보고 그 결과가 무엇인지 알아보아야 한다. 빛의 본성을 현대 물리학 내에서 이해해보자. 빛은 전자기파(electromagnetic radiation, EMR)이다. 즉, 인간이 볼 수 있는 빛이란 엑스선, 마이크로파

---

10) 이것은 와인버그가 2014년 10월 8일 Gustavus Adolphus College에서 어느 질문에 대해 한 대답이다. Weinberg(2015)를 참조하라.

11) 이런 주장은 차머스가 대화 중 명확히 말했던 관점이지만, 그는 초기 저술, *The Conscious Mind*에서 암묵적으로 인식했을 뿐이다.

등등을 포함하는 거대한 스펙트럼의 일부이다. 여기서 "중립성 전략"은 빛에 관해 이렇게 말할 수 있다. "실제로, 물리적 증거란 '빛이 전자기파**이다**(동일하다)라는 가설'과, '빛이 전자기파가 아니라 유령 같은 것이라는 가설' 사이에서 중립적이다. 다시 말해서, 빛과 전자기파는 평행 흐름에 있으며, 그 공시태(synchrony)는 물리학 혁명으로 설명될 것이다."

그러한 "중립성 전략"은 생물체에 관해 이렇게 말해줄 수 있다. "세포 생물학 전체는 '생명이 신비적 힘이라는 가설(생기론(vitalism))'과 '생명은 생물학적 구조와 기관, 즉 세포, 세포막, 유전자, 리보솜, 미토콘드리아 등등에 의한 결과라는 가설' 사이에 중립적이다."

과학적으로, 이러한 "데이터 중립적" 제안은 오히려 역효과를 내며, 사실을 억지스럽게 꾸며댄다. 물론 그 제안이 순진한 생각이지만, 내적 정합성이 없는 가설은 아니다. 다양한 심리철학자들에게 기묘하게 호소력을 주는 하나의 별난 주장에 따르면, 만약 "평행 흐름" 가설이 내적 모순을 갖지 않는다면, 확립된 과학적 가설처럼 합리적이다. 그렇지만 생각해보자. "지구가 단지 한 시간 전 태어났다"고 말하는 것이 내적 모순은 아니지만, 그 말이 "지구가 50억 년 전 탄생했다"고 말하는 것만큼 합리적이라고 말하는 것은 당혹스럽다.

마음과 뇌에 관한 쌍 예측, 즉 신경과학이 결코 의식 경험을 설명할 수 없을 것이며, 물리학 내의 혁명이 그 이유를 설명해줄 것이라는 예측은 일반적으로, 예를 들어, (한편으로) 뉴런과 (다른 편으로) 치아 통증 느낌 사이의 차이를 강조하는 가운데 촉발되었다. 숙고해보면, 주장되는 바, 그러한 차이는 매우 심원하고 철저하여, 내 치아의 통증이 실제로 뇌의 뉴런 활동이라는 주장이 **확실히** 납득 불가해 보일 수 있다.

그러한 평가적 차이가 비록 심각해 보이긴 하지만, 과학사는 매우 다르게 보였던 현상들이 (다른 전망에서 보이지 않았던) 하나의 동일 현상으로 드러난 발견들로 채워져 있음을 진지하게 상기해볼 필요가 있다

(Thagard 2014; Churchland 1989). 명확히 다르게 보인다고 그 차이를 극도로 과장하는 것은, 과학의 무게를 삭제하여, 이중(평행) 흐름 가설을 유력하다고 보이게 만든다.

"납득 불가하다"는 주장에 반박하는 하나의 지적은 이렇다. "납득 가능하다"는 것과 "납득 불가하다"는 것은 결국 우리에 관한 심리학적 사실이다. 그것은 우리의 현재 믿음들과 상상력에 비추어 상상 가능할지 혹은 상상 불가할지에 관한 심리학적 사실이다. 그것은 우주의 본성에 관한 형이상학적 사실이 아니다. 그렇지만 일부 철학자들의 의견에 따르면, 훈련받은 철학적 직관은 특별한 자격을 가지므로, 훈련받지 못한 다른 이들에게 가능하지 않은, 특히 과학 교육으로 훈련된 직관을 지닌 이들에게 가능하지 않은, 심오한 "필연적" 진리를 드러낸다(McGinn 2014).[12]

의식의 비두뇌 이론[의식이 두뇌와 무관하다는 입장]을 곤란하게 말하는 첫째 쟁점은 다음과 같다. "앎"과 "무의식" 사이의 구분은 전형적으로 흐릿하며 종종 유동적이다. 실제로 그러하다는 것을, 기술(skill) 습득에 따라 행동이 자동화되는 일상적 현상에서 볼 수 있다. 어린이가 글자를 배워 책을 읽을 때 단어의 개별 철자를 의식하지 않는다. 이것은 "단어 우선성" 효과(word superiority effect)로 증명되어 있으며, 독서에 숙달된 아이는 개별 **철자**를 읽을 가능성보다 **단어**를 읽을 가능성이 더 높다. 다른 단순한 예로, [철인 3종 경기에서] 앞 자전거를 따라 달리면서 곧 이어질 수영을 생각할 때, 나는 페달 밟는 내 발을 의식하지 않은 채 자전거를 탄다. 그렇지만 자전거를 처음 배울 때는 그렇지 않아서, 자전거 타는 모든 상황에 주의를 기울여야 한다. 이 이야기에서 나오는 쟁점이 있다. 그렇게 내가 의식하지 않는 많은 행동 결정은, 긴급 상황이 발생해서 내가 주의를 기울여야 할 때까지 정신적 경험 흐름을 무시

---

12) McGinn(2014)에 대한 내 대답을 *New York Review of Books*(June 19, 2014), p.65에서 보라.

하는, 단지 정신-뇌 사건들(mental brain events)일 뿐인가? 스케이트를 탈 때, 차를 운전할 때, 수많은 연설과 대화에서, 그리고 내 경우에 최근 물구나무서기에 능숙하도록 학습하는 중에도 역시 그러하다. 그리고 이와 관련된 다른 쟁점도 있다. 당신이 캠프장에서 텐트를 세우는 일에 집중하는 동안 몸자세를 의식하는가? 더구나 주의집중에 대한 신경생물학적 연구는 그 질문들에 대한 대답이 왜 간단치 않은지를 알려준다. 기술의 자동화(automatization of skills) 말고도, 주의집중의 전환, 예를 들어, 저녁 식사 자리에서 상대 대화 듣기를 중단하고 무엇을 주문할지에 골몰하는 경우는 어떠한가? 그런 경우 상대가 한 말을 알아듣지 못하는 순간, 그것은 의식 흐름에서 잠시 벗어났다가 일순간 다시 의식으로 돌아온 것인가? 그것이 어떻게 가능한가? 무엇이 의식으로 일순간 돌아오도록 조율하며 조절하는가? 그리고 "의식으로 일순간 돌아온다"는 것은 도대체 무엇**인가**(무엇과 동일한가)?

이러한 질문은 두 번째 쟁점을 불러일으킨다. 우리의 짧은 의식 경험은 "실체"의 속성인가? 아니면, 그것은 단지 사건들, 즉 의식 경험 "흐름" 중에 나타나는 "없는 것"의 속성인가? 무엇이 그 흐름을 **하나**의 흐름으로 유지시키는가? 수면, 주의집중, 시각, 혼수상태, 마취 등등의 메커니즘에 대한 신경과학의 진지한 연구에 비해, 뇌 친화 설명을 거부하는 사람들은, 어느 실질적 설명 체계도 거의 없는, 완전히 낡은 대안을 선택하는 것 같다.

일부 심리철학자들이 다음 두 가설, (1) 정신 상태는 뇌 상태이며, (2) 아마도 신경과학이 인지기능 메커니즘을 (적어도 윤곽만이라도) 파악할 수 있다는 등의 가설에 왜 극렬히 반대하는가? 여러 이유가 있겠지만, 행동과학과 뇌과학의 개척자들이 종국에 접근 불가해 보였던 신비의 영역에까지 손을 댄다면, 어쩔 수 없이 영역 혹은 분야에 관한 의문이 불거지기 때문이다. 심리철학의 강력한 가정에 따르면, 철학자만이 유일하게, 우리가 알 수 있는 것들의 영역들을 구분할 수 있으며, 과학자들이 적용하는 개념들의 본질적, 영구적 특징들을 파악할 수 있다. 이러한 관점에서, 철학적 직관은 특별히 훈련된 능력으로서, 과학이 존중하고 도전하지 말아야 할, 어떤 현상의 필연적 속성들을 바로 알아보게 해준다. 이러한 점에서 철학은 과학의 기초를 놓는다. 그리고 만약 철학자들이 직관과 논리학으로 보여줄 수 있는 (뇌의 속성으로 설명되지 않는) 마음의 필연적 속성들을 규정해준다면, 그것이 바로 과학이 존중해야 할 철학의 기여이다.

그러므로 일부 심리철학자들은 자신들이, 심리적 상태와 과정들에 관한 필연적 진리(necessary truths), 즉 (개념 분석과 소위 사고 실험에 의해 발견되는) 개념적 필연성에 관련된 문제 공간을 점유한다고 믿는다.13) 이러한 접근법에 따르면, 필연적 진리란 과학적 데이터에 의해 오류로 판정될 수 없다. 한마디로, 직관이 데이터를 능가한다. 그러나 놀랍지도 않게, 과학자들은 그러한 선험적(a priori) 지식이 실제로 어디에서 나오는지 어리둥절해하며, 철학적 허튼소리에 현혹되지 않으려 한다. 결국 직관이란 단지 강한 믿음으로 보이며, 그런 믿음은 교육과 강화학습을 통해 다져진다. 결단코, 직관이란 절대진리(Absolute Truths)가 있는 플라톤의 천국이 전해주는 특별한 공표가 아니다.

철학자들은 자신들의 직관을, 가능세계에서 무엇을 획득할지를 고려하는, 사고 실험으로 지지된다고 방어하고 싶어 한다. 가정적으로, "사고 실험"의 결과는, 예를 들어, 지식의 본성에 관해 **필연적** 진리일 수 있다. 이런 방어는 의심스러운 전략이다. 칸트의 생각을 돌아보자. 그는 공간이, 즉 우리 지구와 태양계가 있는 공간이 필연적으로 유클리드 공

---

13) 이러한 견해는 적은 소집단에 한정되지 않으며, 철학과 교육과정에서 널리 신봉되고 널리 교육되고 있다. 그것을 온라인 『스탠포드 철학백과사전 (*Stanford Encyclopedia of Philosophy*)』에 올린 항목들에서도 쉽게 찾아볼 수 있으며, 추정컨대, 그것이 그 분야의 주류임을 드러낸다. 예를 들어, "지식의 분석(Analysis of Knowledge)" 아래에 달린 항목들을 살펴보라.

간이라는 사고 실험을 보여주었다. 그런데 그러한 유클리드식의 주장은 필연적 진리는커녕, 참도 아니다. 공간은 비유클리드적이기 때문이다. 철학자들에 의해 신뢰받아왔던 사고 실험이란 어떤 의미에서 실제 실험이 아니다. 어느 탐구라도 직관으로 시작하는 것은 좋다(무방하다). 만약 그 직관이 당신이 가진 것 전부일 경우라면 말이다. 그렇지만 그러한 직관은 이후 실험과 관찰을 통해 시험해보아야 하며, 다른 가설도 고려해봐야 한다. 이러한 유력한 방법으로 실험심리학과 신경과학은 세계에 대한 우리 지식의 본성과 학습의 본성을 조명해주고 있으며, 모든 포유류의 신경계가 어떻게 외부세계를 표상하는지, 그 본성에 관한 더 넓은 의문에 도전하는 중이다(Squire et al. 2012).

그렇다면 우리의 직관은 어떻게 왜곡될 수 있는가? 그것은 우리의 복잡한 신경계가 단지 반사 기계가 아니며, 단순한 조건화 기계도 아니기 때문이다. 신경계는 세계를 운항하기 위해 필요한 외부세계 모델을 수립한다. 그러나 모든 모델이 세계 자체에 대해 동등하게 정교하지는 않다. 쥐의 공간적 세계 모델은 한정된 목표에 따라 자신의 주변을 돌아다닐 정도로 충분하겠지만, 그것이 **나의** 공간적 세계 모델처럼 혹은 늑대의 세계 모델처럼 정교하지는 않다. 또한, 예를 들어, 뇌는 불은 뜨겁고 우리를 데이게 할 수 있으며, 산딸기는 맛나다는 등등의 **인과적** 세계의 모델을 만든다. 인과성을 고려해볼 때, 역시 그 모델들은 서로 다른 정도로 정교하다. 세계에 대한 나의 일반적 인과 모델은, 예를 들어, 나의 할머니 혹은 나의 강아지의 것보다 더 정교하다. 끝으로, 뇌는 **내적** 세계 모델, 예를 들어, 우리가 정서, 욕구, 주의집중 등으로 부르는 과정을 포함하는, 뇌 사건들의 세계 모델을 구축한다. 여기에서도 다시, 다양한 정도로 정교함이 있으며, 특별히 마이클 그라치아노(Michael Graziano 2013)에 따르면, 주의집중에 대한 뇌의 진행 모델(ongoing model)은 정교하지 않을 수 있다. 특별히 그 내적 모델이, 주의집중은 비물리적이며, 유령 같은 현상이며, 따라서 의식도 그렇다는 생각을 수록하는 경우에,

그 내적 모델은 **당연히** 정교하지 않다. 그러면 "유령 같다"라는 의미가 쉽게 버려질 것인가?

아마도 아닐 것이다. 크든 작든 우리 뇌는 우리 자신을 위해 세계 모델을 개선하지만, 그 개선을 위한 조절은 제한적이다. 콜레라는 "나쁜 공기"에 의해서가 아니라 박테리아에 의해 일어난다는 것을 내가 인식한다면, 나는 세계에 대한 나의 인과 모델을 성공적으로 개선할 수 있다. 어쩌다가 그러한 정보가 수정될 수 있으며, 그러면 세계에 대한 나의 인과 모델은 재수정될 수 있다. 그렇지만 무지개가 공중에 놓여 있지 않다는 것을 내가 잘 이해하더라도, 여전히 무지개는 공간에 놓여 있는 것**처럼 보인다.** 그렇다면 일반적으로 주의집중 모델과 정신적 상태 모델은 어떠할까? 내가 유령이 사실에 일치하지 않는다는 것을 "인지적으로" 알게 되더라도, 정신 상태 모델은 지속적으로 유령 같아 **보일** 수 있다. 이것은 신경 모델이 작동하는 방식의 깊은 생물학적 특징 때문이다.

비유적으로 이야기해보자. 깊은 생물학적 특징을 가졌기 때문에, 우리는 손끝 느낌을 연필이나 칼날의 끝으로 확장할 수 있으며, 굴착기 끝으로도 확장할 수 있으며, 그 이상으로도 확장 가능하다. 우리는 그러한 도구 끝의 느낌을 가질 수 있어 보인다. 우리 모두는 굴착기 끝에 어떤 감각기관도 없다는 것을 아주 잘 알고 있지만, 우리의 뇌 모델은 어떻게든 그것을 감각적으로 작동시킬 방법을 아주 효과적으로 찾아낸다. 그것은 분명 [손 도구 사용에 따른] 진화적 적응을 통해 이루어졌다. 여기 논점은, 우리가 뇌에 관해 더 많이 알수록, 우리의 주의집중 모델에 대한 과학적 이해가 더욱 정교해진다는 것이다. 그러나 우리가 일순간마다 사용하는 뇌의 의식 상태 모델 그 자체는 아마도 그러한 신경과학 지식에 의해 크게 수정되지 않는다. 이렇게, 우리는, 의식이 유령 같은 것이 아니라 뇌에 의한 것이라고 과학적으로 이해하더라도, 의식이 유령 같은 현상이라고 ("직관적으로") 생각하기 쉬운 이유를 잘 이해할 수 있다.14) 흥미롭게도, 우리는 마음속으로 두 가지 생각, 즉 "유령 같은"

그리고 "뇌에 의한" 생각을, 비록 서로 다른 방식임에도, 동시에 가질 수 있다.

신경철학이 어떻게 시작되었나?

신경과학의 발전, 그리고 상위 [심리학적] 기능과 [하위] 신경활동 사이에 수많은 연관성이 밝혀짐에 따라서, 신경철학의 등장은 불가피하였다. 내가 "신경철학(Neurophilosophy)"이란 용어를 최초로 1986년 출판된 내 책에 사용했다는 이유에서 나 자신의 역사를 간략히 말해보자.

1978년 무렵 [주목받던] 심리학의 자율성 논증, 즉 신경과학에 대해 마음의 자율을 주장하는 학술적 주장이 내게 너무 빈약해 보였으며, 자기 잇속만 차리려는 것(예를 들어, Fodor 2000)으로 보였기 때문에, 나는 그 논증을 진지하게 수용하기 어려웠다. 만약 어떤 비물리적 영혼도 존재하지 않으며 단지 물리적 뇌만이 존재한다면(내가 보기에 그러한데), 분명히 신경과학에서 밝혀진 것들이 시각, 의사결정, 기억, 학습 등등을 포함하는 많은 심리현상의 본성들을 이해하기에 적절하지 못할 리 없다. 신경과학의 이해가 마음을 이해하기 위해 필수적이라고 비록 내가 언제나 강조하지만, 내가 그 이해를 위해 신경과학이 필수적이며 **그리고** 충분하다고 말한다고 일부 철학자들은 전한다. 그런 해석 혹은 전달은 나의 기획을 극단적이며 비생산적으로 바라보게 만들려는 빈약한 눈속임의 허수아비 논법이다(McGinn 2014; Churchland 2014).

나는 신경과학의 공헌을 좀 더 정확히 알아보기 위해, 신경생리학(뇌 기능)의 발달에 대해서는 물론, 신경해부학(뇌 구조)에 관해서도 가능한 한 더 많이 알아야 한다고 생각했다. 그래서 매니토바 의과대학 (University of Manitoba Medical College)의 신경해부학과 학과장을 찾

---

14) 나는 이러한 관점을 마이클 그라치아노와의 대화에서 얻었다. 그렇지만 Graziano(2013) 역시 보라.

아가 나의 필요를 설명했다. 매우 감사하게도 그는 나를 따뜻이 환영해주고, 내가 의대 학생 수업 과정에 청강하도록 배려해주었다. 그러한 배려는 나에게 유익했다. 왜냐하면 나는 의과대 학생이 아니었기 때문이다. 나는 결국 그 보답으로 의과대 학생들에게 철학을 가르치는 수업을 맡게 되었다. 오래 되지 않아서, 나는 임상 의사들이 참여하는 신경학 진료회의(neurology rounds)와 신경수술 진료회의(neurosurgical rounds)에도 참석하도록 초대되었다. 일주일에 한 번씩 열리는 그 진료회의에서 여러 신경증 상태의 환자들 사례가 소개되었고, 사례들마다 구체적인 토의가 이루어졌다. 모든 의대 교과과정을 마친 후, 나는 래리 소년(Larry Jordan) 박사의 척수 실험실(spinal cord laboratory)에 합류하였다. 그 실험실은 자연스러운 보행 운동을 유지시켜주는 신경회로(neural circuitry) 연구에 초점을 맞추었다. 나는 그 실험실에서 기초 신경과학에 대해 훨씬 더 깊은 공부를 시작할 수 있었다.

여러 공부 중에서도, 조던 실험식의 경험은 내게, 어느 실험 논문을 평가할 수 있으려면 가용한 기술(techniques)에 대한 이해가 필수적임을 가르쳐주었다. 만약 그러한 기술이 신뢰될 수 없다면, 데이터 역시 신뢰될 수 없기 때문이다. 또한, 그 실험실의 경험은, 우리 자신을 포함한 신경계가 진화의 산물이라는 것도 가르쳐주었다. 신경과학자 로돌포 이나스(Rodolfo Llinas)를 방문하여 내가 배운 가장 깊은 통찰 중 하나는 다음과 같다. 신경계의 기초 기능은 신체를 움직여, 그 동물로 하여금 생존하고 번식하도록 만드는 일이다. 지각, 정서, 인지 등등의 기능들은, 그것을 할 수 있는 동물들이 생존하여 번식하는 행동을 지원하는 한에서, 자연선택을 받는다. 좀 더 정확히 말해서, 지각과 인지란 예측을 지원하는 기능이며, 좋은 예측을 할 능력은 뇌 진화에서 중요한 원동력이다. 30여 년의 일상이 흐른 후, 이나스의 통찰은 나로 하여금 인지와 지각에 관한 모든 것들을 새로운 방식으로 바라보도록 자극했다.

물론 내 남편이며 철학자 동료인, 폴 처칠랜드(Paul Churchland) 역시 나와 마찬가지로 그 연구실의 모험에 매료되었고, 그 역시 실험에 참여하였다. 그는, 통속심리학(folk psychology)이 여러 부분에서 허약하다는 자신의 생각이, 행동과학과 뇌과학에서 나오는 데이터와 들어맞는다는 것을 바로 알아보았다. 나의 연구원들인 제프 포스(Jeff Foss)와 마이클 스택(Michael Stack) 역시 매료되었으며, 우리는 매일 점심시간에 각자 열심히 공부한 것을 꺼내어 놓고서 논의하는 실질적 학술모임을 가졌다.

폴과 내가 캘리포니아 샌디에이고 대학(UC San Diego)으로 옮겨온 후, 우리는 대학원생들이 철학 연구에 몰입하는 동안 실험실에도 참여하도록 격려하였다. 그들 중 대다수가 그렇게 하였고, 그중 일부, 예를 들어, 엘리자베스 버팔로(Elizabeth Buffalo), 애디나 로스키스(Adina Roskies), 에릭 톰슨(Eric Thomson) 등은 완전히 철학을 떠나 신경과학 전문가로 나섰다. 다른 이들, 릭 그루쉬(Rick Grush)와 브레인 켈레이(Brain Keeley) 등은 성공적으로 두 분야에 양다리를 걸쳤다. 샌디에이고에서 내가 참여하였던 주요 신경과학 실험실은 테리 세즈노스키(Terry Sejnowski)에 의해 운영되었으며, 그 연구실은 솔크 연구소(Salk Institute) 내에 있었다. 프랜시스 크릭(Francis Crick) 역시 그 실험실 연구원으로, 일상적으로 활발히 참여하였다. 테리의 실험실은 다양한 분야의 주제들에 관심을 가졌으며, 강화학습과 뉴런 및 신경 그물망이 어떤 계산적 기능을 수행하는지 의문도 포함하였다.15) 또한 우리는 의식을 다루면서, 의식을 뇌에 근거해서 이해하려면 어떤 실험이 도움이 되는지 자주 논의하였다. 실험실에서 차를 마시며 가장 생산적이면서, 넓은 기반에서, 그리고 광범위한 ("철학적"이라 할 만한) 대화가 있었다. 그렇게 실험실 모임과 차 마시는 시간은 지금까지도 나를 고무시키고 반성하게 만들어준 원천이었다.

---

15) 처음부터 협동 연구가 이루어졌으며, 그 결과로 저술 Churchland and Sejenowski(1992)이 있다.

전반적으로 1986년 『신경철학(*Neurophilosophy*)』의 출판은 철학자들에게 결코 환영받지 못했다. 반면에 신경과학자들은 훨씬 환영해주었으며, 그것이 적잖이 심리철학자들을 더욱 격앙케 만든 것 같기도 하다.16) 뇌과학의 번성이 크게 영향을 미친 덕분으로, 그 책은 많은 철학과 학부생들로 하여금, 철학이 아니라, 신경철학 연구를 위해 대학원에 진학하도록 명확히 촉진하였다.

초기에 신경철학을 마주 대했던 철학자들의 적개심은 대부분 누그러들었으며, 소수이지만 진취적인 일군의 젊은 철학자들은 신경철학의 총체적 지적 태도를 열정적으로 포용하였다. 그들은 어떤 형이상학적 낭설임도 없이 심리학과 철학에 대한 신경과학 연구에 편안히 빠져들었다. 그들이 개념적 필연성(conceptual necessities) 연구에서 벗어나더라도, 그것이 그들의 창의성을 감퇴시키지 않는 것 같아 보였다. 세인트루이스 워싱턴 대학(Washington University in St. Louis)은 최초로 "철학, 신경과학, 심리학(PNP)"이란 대학원 프로그램을 설립했으며, 그것은 정말로 번성하여 조화로운 학부과정 프로그램까지 갖추게 되었다. 그것은 다른 유사한 교육 프로그램을 위한 기준이 되었다. 듀크 대학(Duke University) 또한 심리학과 신경과학 프로그램을 연계시키는 데에서 미래를 보았으며, 그 프로그램 역시 번성하였다.

그렇지만 [철학 연구에] 과학 데이터의 관련성을 인식하는 변혁이 일어났다고 해서, 그것을 철학의 몰락이라고 말하기는 어렵다. 미국에서 높은 순위 학교의 현재 대학원 과정과 강의 목록을 대충만 살펴보더라

---

16) 존 마샬(John Marshall)은 옥스퍼드 대학의 저명한 신경과학자이며 리뷰 저술가이기도 한데, 그의 말에 따르면, 1986년 *New York Review of Books* 출판사로부터 내 책 *Neurophilosophy*에 대한 리뷰를 요청받았다. 그는 자신의 리뷰 원고를 출판사에 보낸 몇 년 후, 나에게 자신이 흡족해하는 긍정적 리뷰 원고의 복사본을 보내주었다. 그의 말에 따르면, 그 출판사는 그 원고 출판을 정중히 거절하였다. 그는 그 출판사에 다시는 저작을 써주지 않겠노라고 천명하고, 실제로 그리 하였다,

도, 개념 분석(conceptual analysis)은 지금도 철학의 중심 주제로 다뤄지는 경향을 보여준다. 마음/뇌에 대한 주류의 철학 연구는 스스로를 주로 단어(words)에 관한 것임을 자랑하지, 사물(things)에 관한 것임을 내세우지 않는다. 다른 나라의 철학자들이 더 빠르게 앞으로 나아갈 수도 있다. 예를 들어, 폴란드의 명문 코페르니쿠스 센터(Copernicus Center)는 전형적 행동양식(norms) 같은 어려운 문제들 연구의 선봉에 나서고 있다. 그 전형적 행동양식의 문제들이란, 사람들이 어떻게 학습하며, 표현하고 변화하는지, 그리고 심리학과 신경과학에서 나오는 데이터가 사람들이 어떻게 행동하는지에 관해서 무엇을 보여주는지 등이다.17) 모스크바 의식연구 센터(Moscow's Center for Consciousness Studies) 역시 연구자 집단을 가지며, 그들은 많은 실험실로부터 나오는 통합 데이터에 근거하여, 전통 철학적 문제들에 대해, 즉 의식, 지식, 표상 등의 본성에 관해 진보를 이루려 노력하는 중이다.18)

콰인과 개념 분석 도그마

강력하지만 자주 무시되어온 콰인(Quine 1960) 논의의 교훈은, 철학적 탐구를 자연화하자는19) 주장과 관련되며, 그것을 간단히 요약하면 아래와 같다. 세계를 범주로 분류하기 위해 쓰이는 개념을 명료화하려는 노력은 학술회의에서 혼란을 피하는 데 매우 도움이 될 수 있지만, 그러한 명료화가 우리에게 다음을 말해주지 않는다. 그 개념이 세계의 현상에 정말 적용될 수 있을지, 그 개념이 사실에 비추어 수정되어야 하

---

17) 그 사례로, Brozek(2013), 그리고 Heller, Brozek, and Kurek(2013)를 보라.

18) 그것을 잘 소개하는 인터뷰로 https://youtube/GP80-yjZePc에서 바실리예프(Vadim Vasiliyev)와 볼코프(Dmitry Volkov)가 나와 신경철학을 논의하는 것을 보라.

19) 두 번째 편집 판(2013)의 서문을 보라.

지는 않을지, 혹은 심지어 그 개념이 어쩌면 온전히 버려져야 하지는 않을지 등을 말해주지 않는다.

하나의 개념을 실제 세계의 현상에 적용할 수 있을지 여부는 (대략적으로 말해서) 과학과 사실의 발견에 달려 있다. 그러하다는 것이 "칼로릭(caloric)"과 같은 개념의 경우에서 명확히 드러난다. 만약 우리가 칼로릭의 속성을 갖는다고 믿는 무엇에 관해서, 예를 들어, 그 무엇이 뜨거운 물체로부터 차가운 물체로 이동하며, 뜨거운 물체는 차가운 물체보다 그것을 더 많이 가지며, 그것이 전혀 질량을 가지지 않는다는 등등을 정당하게 확신한다면, 그것은 존재해야 한다. 그렇지만 그러한 명료함에도 불구하고, 결코 칼로릭은 존재하지 않는다. 온도 차이는 평균분자운동에너지의 차이 문제이지, 칼로릭의 양에 달려 있지 않기 때문이다.

이제 "영혼(soul)"과 같은 개념을 생각해보자. 우리는 어쩌면 그 개념이 의미하는 것으로 데카르트의 관념과 유사한 무엇을 가질 수도 있다. 그 개념에 대한 철학적 분석은 우리에게, 영혼이 실제로 존재하는 것일지, 혹은 심지어 영혼이 그 분석에서 개괄적으로 말해주는 속성을 가질지조차, 정확히 아무것도 말해주지 않는다. 단어의 의미는 단지 현재의 여러 믿음을 반영할 뿐이며, 그러한 믿음은 오도될 수 있다. "원소(element)"란 개념이 처음엔 흙, 공기, 불, 물 등을 포함한다고 믿어졌지만, 그 개념은 통째로 수정되었다. 이러한 논점을 훨씬 일반적으로 확장시켜보자. 특별히 이 논점은 "안다", "믿는다", "합리적이다", "결정하다" 등과 같은 단어로 확장된다.

콰인의 논점을 다듬어서 말해보자면, 단어가 의미하는 것이 무엇인가는, 그 단어가 가리키는 **무엇**을 우리가 **참**이라고 **믿는다**는 것을 반영한다. 그러므로 의미는 지식이 확장됨에 따라서 변화하기 마련이다. 이러한 논점은 과학에 무지한 철학자들에게 완강히 거부된다. 그들의 가정에 따르면, 만약 무언가가 단어 의미의 부분이라고 고려된다면, 그것은 그 단어에 의해 지시되는 무엇의 필연적 특징이다. 의미와 연관된 특징은 소위 필연적 진리이며, 필연적 진리는 당연히 과학이 무엇을 발견하는가와 무관하게 필연적 진리이다. 그러므로 이러한 철학자들은 스스로를 이렇게 확신한다. 자신들은 세계의 심오한 **필연적** 특징들을 개념 분석으로 알아낼 수 있다.

그러한 논증은, 무언가가 **단어**의 의미 부분이라고 말하는 것으로부터, 그것이 **세계** 내 사물의 필연적 특징이라고 말하는 전환의 순간에, 오류로 빠져든다. 어떻게 그러한가? 심지어 19세기 물리학자들에게조차 "쪼개지지 않는"이란 "원자(atom)"라는 단어의 의미 부분이었지만, 이것이 원자는 쪼개지지 않는다, 즉 원자는 어떤 하부구조물도 갖지 않는다는 것을 필연적 진리로 만들어주지 않으며, 심지어 그 말은 참이지도 않다. 그럼에도 불구하고, 철학자들은 "안다", "믿는다", "의식" 등과 같은 단어 의미의 언어 분석에 근거하여, 마음에 관해 참인 무엇을 주장하려는 오류를 범한다.

개념 분석에 관해 하나 더 핵심 논점을 지적해보자면, 전형적으로 "개념 분석"이라는 상표 아래 거래되는 것이란, 일상적 사람들의 일상적 사용에 쓰이는 단어 의미를 실제로 반영하지도 못한다(Schooler et al. 2014). 그보다 그것은 비록 위장된 것이긴 하지만, 의식, 선택, 지식 등과 같은 어떤 현상의 본성에 관해 말해주는 하나의 **이론**이다. 예를 들어, 믿음이란 문장과 관계된 확정된 마음 상태이므로, "믿음은 결단코 언어적이다"라는 생각을 검토해보자.20) 이런 생각은 언어에 대해 일상인들이 의미하는 바, 혹은 심지어 일상인들이 언어에 대해 함축적으로 의미하는 바에 근거한 것조차 아니다. 여러 철학자의 언어 분석 주장은

---

20) [역주] 일부 철학자들은 우리 사고가 언어로 구성된다거나, 마음 상태인 믿음이 언어로 구성된다고 가정한다. 그러므로 그들은 언어 분석이 마음 상태의 본성을 밝히기에 적절한 접근법이라고 확신한다. 짧게 말해서, 믿음이 언어적이므로 언어 분석은 믿음의 본성을 밝히는 좋은 접근법이라고 확신한다.

의미를 훌쩍 넘어선다. 그러한 주장은 실제로, 개념적 진리라고 **위장되고 품절된**, 경험적 근거가 빈약한, 심지어 어떤 경험적 증거도 없는, 경험적 가설이다.

이론화는, 지식을 발전시키려는, 그리고 마음/뇌의 세계를 포함하여, 세계를 이해하려는 노력으로서 중요한 시도이다. 철학자들 역시 다른 이들과 마찬가지로 이론화의 시도에서 환영받으며, 일부 철학자들은 분명히 이러한 영역에서 중요한 공헌을 이루기도 하였다.21) 그렇지만 개념 분석과 필연적 진리와 관련한 낡은 생각에 매달리는 것은, 철학자들이 그렇지 않았다면 이루었을 진보를 방해한다. 일반적으로 어떤 현상을 설명해줄 이론을 탄생시키려 노력할 경우, 누군가의 직관에 기대어 "필연적 진리"를 얻으려 하기보다, 실제의 데이터를 고려해보는 것이 더욱 유익하다. 직관으로 그런 진리를 얻겠다는 것은, 유머 있는 생물학자 피터 메다워 경(Sir Peter Medawar 1979)이 말했던, "염력(psycho-kinetic)"으로 숟가락 휘기22)의 철학적 등가[즉 철학적으로 설명하기]에 비유된다.

결론으로 한마디

뇌의 조직과 신경망의 역학에 관해 더 많은 발견이 이루어질수록, 정신 기능에 대한 우리의 지식 또한, 의심할 바 없이 예측 불허하게, 더욱 확장될 것이다. 오를 수 없는 장벽이 나타날 것인지는 알 수 없으며, 잘 훈련된 직관이 이미 그러한 장애물을 은밀히 탐지했다고 주장하는 철학

---

21) 예를 들어, Eliasmith(2013), Craver(2009), Silva, Landreth, and Bickle (2014), Smith(2011), Danks(2014), Bickle(2013), Arstila and Lloyd(2014), P. M. Churchland(2013), Glymour(2001) 등이다.

22) [역주] 피터 메다워는 저서, 『젊은 과학도에게 드리는 조언(*Advice to a Young Scientist*)』(1979, 박준우 옮김, 이화문고, 1992, 1995)에서, 염력으로 숟가락 휘기와 같은 현상을 과학으로 설명하려는 어리석음을 충고한다.

자들조차도 분명히 알지 못한다.

과학 내에서 우리는 전형적으로, 어느 문제가 아직 해결되지 않은 것인지, 아니면 절대로 해결될 수 없는지 말할 수 없다. 그것을 우리는 단지 바라보는 것만으로, 혹은 단지 당신의 직관을 사용함으로써, 말할 수 없다. 마치 지브롤터 해협(Straits of Gibralter)23)이 한때 세계의 외부 한계선이라고 생각되었던 것처럼, 현재 우리가 상상할 수 없다는 것이 과학이 발견할 수 있을 한계선이라고 생각되기 쉬운 경향이 있다. 그것은 잘못이며, 그런 생각은 철학적 자족감과 지적 용기의 결핍에서 나온다. 물론 어떤 문제들은 신경과학의 문제가 아니며, 철학의 문제도 아닐 수 있다. 예를 들어, 에볼라 바이러스에 대한 백신을 만드는 문제 혹은 호모 에렉투스와 같은 멸종된 인간 종의 게놈(genome) 염기 순서를 밝히는 일처럼 말이다. 일부 문제들은, 피터 메다워 경이 현명하게 우리를 깨우쳐주었듯이, 예를 들어, 테러 행위에 대처할 더욱 효과적인 방식, 혹은 말기적 질병에 의사 조력 자살을 허용해야 할지 등과 관련된 것들은 정치적인 문제들이다. 어떤 문제들은, 예를 들어, 직업을 바꾸어야 할지에 관한 것은 개인적 문제이다.24) 그러나 일부 문제들은 과학을 위한 문제들이며, 의식의 본성이 무엇인지가 바로 그러한 문제들 중 하나이다. 우리가 그 문제를 실제로 풀어낼지는 두고 볼 일이다.

젊은 철학자들은 스스로 기초적 질문을 할 필요가 있다. 내가 실제로 이해하고 싶은 것은 무엇일까? 그것이 단지, 다른 철학자들이 어떤 문제에 대해 말해주는 것일까? 그러한 철학자들의 가정 체계 내에서 내가

---

23) [역주] 지브롤터 해협은 지중해의 서쪽 끝에 유럽과 아프리카 사이의 해협이다. 한때 서양에서는 이곳이 세계의 끝이며, 이곳을 넘어 먼 바다로 나가면 돌아올 수 없다고 믿어졌다. 그러나 콜럼버스가 이 한계선을 넘어 대서양 건너 아메리카 대륙을 발견하였다.

24) 예를 들어, 나는 이러한 논점을 『뇌처럼 현명하게(Brain-Wise)』(2002)에서 지적하였지만, 로저 스크러턴(Roger Scruton 2014)과 같은 철학자들은 여전히 손을 휘저으며 과학이 모든 문제를 풀 수는 없다고 통고한다.

어떻게 현명한 대답을 찾아낼 수 있을까? 그것이 현재 영어의 쓰임에 관한 무엇일까? 예를 들어, 그 문제를 가리키는 단어가 평소 **의미하는** 것은 무엇일까? 혹은 그것이 사물의 **본성**일까? 그리고 그것이 어떻게 작동할까? 이러한 물음들은, 탐구자로 하여금 매우 다른 방법을 이용하게 만들고, 매우 다른 방향으로 접근하게 안내해주는, 아주 다른 물음이다.25)

---

25) [역주] 박제윤의 「창의적 과학방법으로서 철학의 비판적 사고」(2013)에 따르면, 이러한 기초적 질문은 철학의 비판적 사고 중 하나이며, 세계를 새로운 시각으로 바라보게 만들어줄 거대한 창의성을 유도한다. 이러한 기초적, 즉 궁극적 질문하기가 서양 지성사에서 처음부터 지금까지 이어져왔으며, 그러한 철학적 질문에 의해 학문 발전의 계기가 만들어졌다. 어떻게 그러할 수 있는지에 대한 가설적 설명을, 폴 처칠랜드의 『뇌중심 인식론, 플라톤의 카메라(*Plato's Camera*)』(2012), 4장에서 참조.

5. 목적의미론
Teleosemantics

데이비드 파피노 David Papineau

표상의 문제

"목적의미론(Teleosemantics)"이란 하나의 표상이론(theory of repre-sentation)이다. 표상에는 서로 다른 많은 종류가 있다. 일부 표상들은 신념, 인식, 희망, 두려움 등과 같은 정신 상태(심적 상태(mental states)) 에 관한 것들이며, 다른 표상들은 문장, 지도, 도표, 그림 등과 같이 공적이며 비정신적인 항목들에 관한 것들이다.

모든 표상은 공통적으로 "진리 조건(truth conditions)"을 가진다. 어느 표상이든 세계가 어떠하다고 묘사한다. 그것은 그 표상 자체를 검증할 조건과 그렇지 않은 조건을 구분시켜줄 논리적 공간을 나눈다. 내가 "엘비스 프레슬리가 파리를 한 번 방문했다(Elvis Presley once visited Paris)"라고 주장할 때 또는 그와 대응하는 생각을 할 때, 나의 말, 나의 정신 상태 등은 엘비스 프레슬리가 한 번이라도 파리에 갔을 경우 그리고 오직 그 경우에만(if and only if, 필요충분조건으로) 참이다.

("그림은 수많은 말의 가치를 지닌다." 지각(perception)이나 지도에 의해서, 또는 표상을 묘사하는 다른 수단에 의해서 주장되는 무엇을 명확히 말하기란 언제나 쉽지 않다. 그러나 그렇다고 해서, 이 말이 그런 정신 상태는, 조밀하고 복잡한, 진리 조건을 결여하고 있음을 의미하지는 않는다.)

표상은 수수께끼처럼 보일 수 있다. 하나의 상태가 어떻게 다른 상태를 **나타낼 수** 있는가? 내가 무언가를 말하거나 종이에 적을 경우, 나의 메시지는 음파나 흔적으로 전달되며, 내가 무엇을 믿거나 지각할 때, 내 생각은 내 머리 내부의 어떤 뉴런들 배열로 담긴다. 어떤 신비로운 힘이 이러한 일상의 물리적 배열로 하여금 더 많은 가능한 사건의 사태를 추론하고, 주장할 힘을 부여해주는가? 가령, 내가 "토성이 45개의 위성을 가진다"거나 "영국이 1966년에 월드컵에서 우승했다"는 것과 같이, 시간적으로 그리고 공간적으로 멀리 떨어진 사태를 표상할 수 있게 하는가?

먼저 자연스럽게 떠오르는 생각은 이렇다. 표상의 물리적 담지자 (physical vehicles of representation)가 위와 같은 진리 조건을 가진다고 **해석된** 덕분에 진리 조건을 얻는다. 예를 들어, "엘비스 프레슬리가 파리를 한 번 방문했다"는 영어 문장은, 영어를 말하는 화자가 그것을 어떠하다고 "이해하기" 때문에, 그렇다는 것을 의미한다. 이것은 잘못된 임의적 생각은 아니며, 나중에 다시 살펴보겠다. 지금은 더 세부적인 논의 없이, 일단 그 생각을 수용해보자. 문장이 특정 진리 조건을 의미한다는 해석은, 언어를 사용하는 사람들에 의해서 특정 유형의 "정신 상태", 예를 들어, 엘비스가 파리를 한 번 방문했다고 생각하는 상태와 관련된 때문이라고, 가장 자연스럽게 이해된다. 그러나 이런 이해는 그러한 정신 상태에 **자체의** 진리 조건을 제공하는 것이 무엇인지를 묻게 만든다. 그리고 만약 그 대답이, 그러한 정신 상태가 "더 많은 정신 상태" 덕분에 해석되는 것이라면, 그것은 명백히 해명이 아니다. 우리는 ("본래적 지향성(original intentionality)"이라 흔히 불리는) **기원적 의미** (original meaning)에 대한 설명이 필요하다. 우리는 정신 상태가, 다른 의미 상태의 도움으로 해석된 덕분에 의미를 갖는다기보다, 자체의 권리로서 의미를 가지는, 그런 종류의 상태를 설명하고 싶어 한다.

많은 철학자는 본래적 지향성은 의식의 산물이라고 생각한다. 그들이 그렇게 보았듯이, 그런 지향성은, 세계를 주관(subject)에 표상해주는 내재적 힘을 지닌 특별한 "의식적 상태"이다.1) 철학자들은 지각과 사고가 내성적으로 우리를 촉발하는 방식에 호소한다. 당신이 지금 당장 한 나무를 바라본다고 가정해보자. 그 방식이 당신의 감각 상태를 의식하는 본성에 내재되어 있지 않은가? 이렇게 반문하는 철학자들에 따르면, 그런 의식적 본성이 당신 주위에 나무가 있다는 것을 표상한다. 일부 사람들은 비슷한 생각에서, 예를 들어, "주식시장이 하락했다"는 것을 표상하는, 사고의 의식적 본성에 그 방식이 내재한다고 주장한다.

이런 관점은 매혹적이나 근본적으로 잘못되었다. 물론 의식 상태가 표상하지만, 그것이 의식적 속성 덕분은 아니다. 그러한 의식적 속성을 지닌 상태는 원칙적으로 다른 것을 표상할 수 있지만, 아무것도 표상하지 않을 수도 있다. 그러나 이것은 구체적 논의를 위한 쟁점이 아니다. 다른 곳에서도 그러한 논의를 했다(Papineau, 2016). 이 장에서 나는 표상을 의식에 근거하여 설명하는 대신, 표상을 "무의식적 속성 및 관계 (nonconscious properties and relations)"에 의존한다는 대안적 접근을 탐구해보겠다. 이러한 접근은, 의식적 본성보다, 무의식적 속성 및 관계에 의해 의식적 상태의 표상적 힘을 설명하려 한다. 그리고 나아가서 무의식적 상태 역시 완전한 의미에서 표상될 수 있다는 것을 주장하겠다.

논의를 전개하기 전에 예비적으로 지적해둘 것이 있다. 모든 표상이 **범주적**(categorical)이지는 않은데, 그 경우가 무엇**이어야** 하는지에 대조

---

1) 물론, 이것은 철학사에서 지배적 전통이다. 이러한 접근에 대한 최근 방어를, Kriegel(2013)의 서문과 논문들에서 볼 수 있다.

해서, 그 경우가 무엇이라고 말함으로써 제안되거나 수용된다는 의미에서이다. 예를 들어, 억측, 상상, 희망, 두려움 등등이 모두 표상인 것은 맞지만, 범주적이지는 않다. 그것들은 진리 조건을 가지며, 따라서 다른 표상처럼, 참/거짓으로 판명될 수 있다. 그러나 그러한 표상들은, 사물이 존재하는 방식, 즉 주장, 믿음, 지각 등이 있는 방식으로, 즉 범주적으로 전달함으로써 받아들여지는 것들이 아니다. 그러한 표상들은 단지 고려 가능성이 있을 뿐이다. 다음에, 우리는 범주적 표상에 특별히 관심을 기울이겠다. 일단, 이것이 설명되고 나면, 아마도 비범주적 표상에 대한 설명은 그 기반에서 구축될 수 있을 것이다.

생물학적 범주로서의 표상

표상을 이해하는 열쇠는 그것을 생물학적 현상으로 보는 것이다. 목적의미론의 기획에 따르면, 표상은, 생물학적 기능(biological function)이 그러그러한 여러 조건에 적합한 방식으로 행동을 안내하는, 생물학적 기능의 상태이다. 그러한 여러 조건은 표상 상태에 대한 진리-조건의 내용이다. 만약 그러한 조건이 만족된다면 그 표상이 참이지만, 그렇지 않다면 거짓이다.2)

왜 그러한지 설명해보자. 케냐의 버빗 원숭이(vervet monkeys)는 표범, 독수리, 뱀 등에 대해 세 가지 다른 경보를 한다. 이러한 경보는 원숭이 집단 내에 특정 행동을 촉발하도록 설계되어 있다. 세이파스, 체니, 말러 등이 그들의 고전적 논문(Seyfarth, Cheyney, and Marler 1980)에서 설명했듯이, 그 원숭이들은 "표범 경보에 나무로 달려가고, 독수리 경보에 위를 쳐다보며, 뱀 경보에 아래를 내려다보는 반응을 보인다." 이러한 반응은 각 경보가 표상하는 것이 무엇인지 결정해주는데, 각 경

---

2) 이러한 목적의미론의 생각을 발전시킨 최초의 연구는 Milikan(1984), Fodor (1984), Papineau(1984, 1987), Dretske(1986, 1988) 등이 포함된다.

보의 진리 조건은 그 원숭이가 경보에 따라 하는 행동이 자신의 생존에 적합했을 환경이다.

이 경우를 루스 밀리칸(Ruth Millikan 1984)에 의해서 잘 알려진 용어로 분석해볼 필요가 있다. 그 경보의 신호 발신자인 "생산자(producer)"와, 경보에 반응하는 원숭이인 "소비자(consumer)"를 구분해보자. 목적의미론의 분석에 따르면, 경보의 진리 조건 내용을 결정하는 것은 생산자를 촉발하는 환경이 아니라, 소비자의 행동이다. 소비자 원숭이가 어떤 경보에 따라 위급한 독수리에 적절한 행동으로 반응한다고 가정해보자. 그러면 이것은 그 경보가 "독수리"를 의미한다는 것을 보여준다. 그리고 이것은 비록 생산자가, 정기적으로, "빠르게 움직이는 구름", "저공 비행기" 등에 대한 반응으로 같은 경보를 외치더라도 마찬가지다. 그 신호의 진리 조건은, 생산자가 신호를 내도록 만드는 데에 있지 않으며, 소비자가 그것에 어떻게 반응하는지에 달려 있다.

이 예에서, 생산자는 하나의 유기체이고, 소비자는 다른 유기체이다. 그러나 만약에 생산자와 소비자가 동일 개인 내부에 있다면, 그 이야기는 똑같이 작동할 것이다.3) 그래서 이것은, 공적 신호와 마찬가지로, 정신 상태에 의한 표상 모델을 생각하게 해준다. 아래와 같이 납득될 만하게 가정해보자. [인간과 마찬가지로] 원숭이들 역시 시각 시스템(visual system)에 의해 "생산되고", 운동조절 시스템(motor control system)에 의해 "소비되는", 세 종류의 대뇌 상태(cerebral states)를 갖는다. 그러면 그 이야기는 똑같이 작동한다. 이러한 두뇌 상태들은, 원숭이들이 그러한 위험에 적절한 방식으로 행동하도록 구축된 사실 때문에, 표범, 독수리, 뱀 등에 각각 다르게 표상할 것이다.

여기서 우리는 표상에 대해 단순한 설명을 해볼 수 있다. 그것은 마법이 아니다. 그것은 단지 그러그러한 조건에 적절한 행동을 유발하는

---

3) [역주] 즉, 생산자의 신호 발생에 따른 행동의 소비가 정확히 이루어진다.

생물학적 기능을 갖는 특정 상태의 문제일 뿐이다.

어떤 의미에서, 이러한 설명은, 표상적 상태의 의미가 해석되는 방식에 의존한다는 직관적 생각을 지지한다. 표상이란, 그러한 환경을 알려줌으로써 소비자가 어느 환경에 적절한 방식으로 행동한다는 의미에서, 소비자가 해석할 때마다 등장하는 무엇이다. 여기에서 중요하게 지적해야 할 것으로, 진행 중인 해석된 관념(idea)이 행위자에게 뭔가 그 이상의 정신적 상태를 촉발하는 표상적 관념은 아니다. 우리가 앞서 보았듯이, 만약 우리가 해석을 이러한 정신적 방식으로 이해한다면, 해석에 대한 호소는 불가피하게 퇴행에 빠지기 때문에, 본래적 지향성을 설명하기에 적합하지 않다. 그렇지만 현재의 제안은 이러한 퇴행에서 벗어난다. 이제 해석은 "행동하기"의 문제이며, 그 이상의 사고를 "생각해내기"의 문제가 아니다. 표상은 아래의 조건에서, 즉 만약 그 표상이 소비자로 하여금 특정 진리 조건에 따라 어떤 "사고(thought)"를 형성하기보다, 그런 조건에서 적절한 방식으로 "행동"하도록 유도한다면, 특정한 진리를 가진다고 해석될 수 있다. 이런 의미에서, 우리는 "사고"를 전제하지 않고서도 "표상"을 설명할 수 있다.

위의 이야기를 일반화하기

목적의미론의 설명이 생물학적 기능으로 표상을 어떻게 설명하는지 더욱 충실히 도식화하는 것은 유용하다. 우리가 표상 R(representation)에 행동 B(behavior)로 반응하는 소비자 시스템을 가지며, 이런 소비자의 생물학적 목표는 목적 E(end)를 성취하는 것이라고 가정해보자. 그러면 표상 R을 산출하는 그 시스템은 조건 C(condition)가 획득될 때 표상 R을 산출하는 기능을 가질 것이며, 그 경우에 조건 C는 행동 B가 목적 E를 인과한다는 것을 명확히 해줄 조건이다. 만약 이 모든 것이 제대로 작동한다면, 표상 R은 조건 C를 **표상할** 것이다. 그 소비자는 C의 조건에서 표상 R을 산출한다고 생물학적으로 가정된다. 왜냐하면 이런 조건이 그 소비자로 하여금 목적 E를 달성할 기능을 수행하도록 지원해줄 것이기 때문이다.

버빗 원숭이 사례에서, 우리는 단순히 생존과 번식을 위한 적절한 목적 E를 설정했다. 그러나 우리는 또한, 생존과 번식보다 더 구체적인 결과를 설정함으로써, 더 세밀한 방식으로 생물학적 목적을 살펴볼 수 있으며, 그렇게 함으로써 우리는 목적의미론 접근법을 통해 좀 더 복잡한 표상을 적절히 처리해볼 수 있게 된다.

생물학적 항목(biological items)이, 생존과 번식보다 더 특정한 생물학적 기능을 어떻게 가질 수 있는지를 이해하기 위해, 그 생물학적 시스템이 상호 연관된 구성요소들의 중첩된 구조로 분해될 수 있음에 주목해보자. 예를 들어, 인간 신체는 뇌, 온도조절 시스템, 심혈관 시스템 등등으로 분해된다. 심혈관 시스템 그 자체는 심장, 폐, 혈관 등으로 분해된다. 이제 이런 모든 구성요소가 생존과 번식을 촉진하는 최종의 생물학적 기능을 가진다. 그러나 그것들 모두는 다음과 같은 특별한 방식으로 그런 기능에 기여한다고 가정된다. 즉, 뇌는 행동과 호르몬 수준을 관리함으로써, 온도조절 시스템은 일정 온도를 유지함으로써, 심혈관 시스템은 산소와 영양소를 순환시키고 이산화탄소와 독소를 제거함으로써, 또한, 심장, 폐, 혈관 등은 각각 혈액을 펌프질하고, 산소를 공급하고, 혈액을 운반한다고 가정됨으로써, 생물학적 기능을 수행한다.

그런 전제에서, 우리는 모든 전체의 생물학적 시스템 내의 구성요소들의 **특정한**(specific) 생물학적 기능들을 확인할 수 있다. 예를 들어, 심장의 특정한 기능은 혈액을 펌프질하는 것이다. 물론, 심장은 또한 산소와 영양분을 순환시키고 이산화탄소와 독소를 제거하여 생존과 번식을 촉진하는 추가적 기능도 가진다. 그러나 이러한 추가적 기능은, 마치 그런 기능을 충족하지 않았다는 것이 심장이 **그와 같은** 일을 하지 않는다는 것을 의미하지 않는다는 사실에서 알아볼 수 있듯이, 심장에 특정한 것은 아니다. 즉, 만약 산소가 순환되지 않는다면, 그럴 가능성은 폐가 혈액에 산소를 공급하지 못하기 때문이며, 심장이 펌프질하지 못하기 때문이 아닐 수도 있기 때문이다. 일반적으로 우리는 이렇게 말할 수 있다. 일부 생물학적 구성요소의 특정한 기능은, 그 자체가 분석되지 않는 구성요소로 보이는, 그런 수준의 해체적 분석에서 산출된다고 가정되는, 가장 직접적 효과이다. 예를 들어, 펌프질은, 일단 우리가 심장혈관 시스템을 구성요소로 분해하기만 하면, 심장에 귀속되는 가장 직접적 효과이다.4)

이것은 다음을 의미한다. 만족 상태의 표상 기능이 항상 생존과 번식에 맞물려 있을 필요는 없다. 만약 일부 표상 R이 구성요소 자체인 생산자-소비자 시스템이 어느 특정한 목적 E를 가지면, R의 표상 내용은, 생존 또는 번식 여부와 관계없이, 결과 행동이 목적 E를 달성할 수 있게 해줄 조건 C가 될 수 있다.

이러한 생각에 대한 한 가지 분명한 적용은 **욕구**(desire)와 동기적 상태를 형성하고 활성시키는 유기체가 될 수 있다. 이러한 동기적 상태는 그 자체가, 특정한 생물학적 목적이 어떤 적정의 결과를 성취해야 할, 예를 들어, 물, 혹은 성욕, 혹은 사회적 평가, 혹은 그 동기적 상태가 목적으로 하는 무엇이든, 소비자 메커니즘으로 간주될 수 있다. 이러한 동기적 상태는, 생존과 번식 같은 일반적인 결과를 목적으로 하지는 않는데, 왜냐하면 일단 그러한 특정한 목적이 성취되기만 하면, 비록 이러한 추가적인 결과가 뒤따르지 않는다고 하더라도, 그 자체의 오류는 아니기 때문이다. 예를 들어, 물에 대한 내 욕구가 하는 특정한 일은 내 몸에 물을 공급하는 것이며, 그리고 그 욕구는, 비록 나의 위가 오작동하거나 나의 생존과 번식에 도움이 되지 않는다고 하더라도, 그 목적을 성취할 것이다.

---

4) 특정 기능에 대한 이러한 설명은 Neander(1995)로부터 차용했다.

이렇다는 것을 수용하면, 욕구와 다른 동기를 추구하려는 행동 선택을 가리키는 표상들이 그러한 동기의 특정한 목적을 성취하기에 적절한 환경을 표상할 것이다. 내가 갈증을 느낄 때, 나에게 무엇을 마실지 알려주는 표상적 상태는, 물을 찾아가는 특정한 기능을 가지며, 비록 물이 나의 생존 혹은 번식에 도움이 되지 않는 경우일지라도, 이러한 기능을 수행한다.

또 다른 중요한 경우는, 연관된 소비자의 목적 그 자체가 추가적인 표상을 산출하게끔 되어 있을 경우이다. 예를 들어, 우리의 지각 시스템 내의 많은 생산자 메커니즘(producer mechanisms)은 "특징들(features)" (예로, 물리적 사물의 모서리)을 감지하는 목적을 가지며, 그런 기반에서 추가적인 소비자 메커니즘은 더욱 복잡한 현상의 표상들(예로, 3차원 사물)을 구성해낼 것이다. 이러한 경우에, 생산자(모서리 검출기)는 **모서리**를 표현할 것인데, 말하자면, 그 출력은 모서리의 출현에 특정하게 적절한 방식으로 소비자(사물 표상자(object representer))에 의해 처리된다는 사실 덕분이다. (그래서 이러한 소비자는 **사물**을 표상할 목적을 가지는데, **그러한** 출력이 다음에, 자체의 특정한 목적이 주어질 경우, 그 사물의 출현에 적절한 방식으로, 추가적 메커니즘에 의해 소비된다는 사실 덕분이다.)

이러한 예들은 일반적인 목적의미론 접근법이, 유기체의 내부 인지 구조의 세부 사항에 의존하는 서로 다른 유기체의 서로 다른 구성요소에서 다양한 종류의 표상을 식별할 수 있다는 것을 보여준다. 유기체의 구성 메커니즘 내의 상태들이 무엇을 표상하는지는, 동기적 상태들의 구조, 시각적 지각을 지원하는 계산적 구조 등등에 의존할 것이다. 이렇다는 것이 목적의미론의 약점은 아니다. 오히려 반대로, 이것은 다음을 보여준다. 광범위한 여러 인지적 구조물은 그 구성요소의 지원으로 특정한 표상적 목적을 식별할 수 있으며, 그러한 인지적 구조물은 하나의 강력한 체제(framework)를 형성한다.

진리가 기능적일까?

표상에 대한 목적의미론 접근은, 표상의 **진리**가 **생물학적 기능 충족하기**(fulfilling)와 일치한다는 생각에 근거한다. 이런 생각은 일상적 사물에 대해 목적의미론 접근을 허락한다. 즉, 표상에 대한 진리와 생물학적 기능이 따로 분리될 수 있다. 특히, 반론이 있음에도 불구하고 수많은 경우에 표상이, 비록 오류일지라도, 생물학적 기능을 충족할 수 있다. 진화는 진리를 고려하지 않지만, 실질적이 생물학적 성공을 고려한다. 만약 우리가 진리를 이해하고 싶다면, 생물학적 영역을 넘어, 실질적 결과에 배타적으로 초점을 맞추어 바라볼 필요가 있다(Plantinga 1993; Burge 2010).

여기에서 논의할 가치가 있는 서로 다른 세 가지 경우들이 있다. 첫째, **생물학적 기대**가 진리라기보다 오히려 **거짓**인 표상이 있다. 둘째, **거짓임에도 불구하고** 운 좋게 생물학적 성공으로 이끄는 표상이 있다. 셋째, **거짓인 덕분으로** 상당히 긍정적인 생물학적 이득을 체계적으로 부여하는 표상이 있다.

이제 그러한 것들을 차례로 살펴보자. 거짓이 생물학적 규범이 되는 사례로, 버빗 원숭이를 살펴보는 것은 꽤 유익하다. 다음을 가정해보자. [실험에서] 그 원숭이들은 지나친 조심으로 실수하도록 고안되었으며, 그래서 사소한 핑계로 독수리 위협을 무리에게 경고할 것이며, 그 결과 대부분 "독수리"라는 경보는 독수리보다 구름, 비행기 등등에 의해 발생한다. (나는 이런 가정의 생태학적 정확성에 대해 어떤 주장도 하지 않는다.)

우리는 원숭이가 왜 이런 방식으로 설정되었을 수 있는지 그 이유를 알 수 있다. 거짓-긍정(즉, 빠르게 움직이는 구름에 의해 촉발된) 경보에 대한 비용은, 거짓-부정(실제 독수리 무시하기) 경보에 대한 비용보다 훨씬 적다. 앞의 잘못은 헛되이 치켜뜬 시선을 의미하지만, 후자의 경우는 죽음을 의미할 수 있다. 생물학적 측면에서, 탐지되지 않은 독수리로 인해 잡힐 위험에서 도망치는 수고보다, 정기적으로 거짓 경보의 비용을 부담하는 편이 훨씬 더 낫다.

그러나 이러한 경우가 목적의미론에 문제가 된다는 생각은 잘못이다. 거짓 긍정의 빈도가 높을지라도, 그 거짓은 "독수리" 신호에 대한 어떤 생물학적 **기능**의 부분도 아니며, 그 신호를 산출하는 메커니즘의 부분도 아니다. 생물학적 기능은 항상 생존과 번식 성공에 기여하는 유익한 효과이다. 거짓 경보로 인해 어떤 유익한 효과도 나타나지 않는다. 구름으로 인해 [하던 동작을] 멈추고 위를 쳐다보는 것은 순수한 헛된 노력이다. "독수리" 신호의 유익한 효과는 주변에 실제로 독수리가 있는 경우에 특정하게 발생되며, 그 신호는 그 원숭이가 포획에서 벗어날 수 있게 해준다. **그것이** 그 신호의 기능이며, 그리고 그것은 그 신호가 참일 경우에 (목적의미론 접근법이 그러하듯이) 특징적으로 충족된다.

그 원숭이의 사례는, 일부 형질의 생물학적 기능이 정상적으로 또는 심지어 종종 성취될 필요가 없다는, 그것이 발생했을 때의 이득이 실패했을 경우의 비용보다 훨씬 더 크다는, 논점의 특별한 경우이다. 남성의 정자(sperm)는 그 표준적 사례이다. 거의 모든 정자는 수정란이 되지 못하고 소멸할 운명이다. 그러나 그렇다는 것이 수정하기가 정자의 기능이 아님을 의미하지는 않는다. 수정하지 못하고 소멸하기가, 그럴 운명이 생물학적으로 압도적 개연성을 갖는다고 해서, 정자의 기능이라고 우리는 말하지 않는다.

이제 두 번째 사례에 관심을 가져보자. 때때로 거짓 표상으로 촉발된 행동이 어쩌다 생물학적 성공을 이끌 수도 있다. 목마른 원숭이는 어느 한 방향으로 출발하는데, 그것은 냇가로 가면 물이 있다는 믿음으로 촉발되었다. 언제나 그러하듯이, 그 믿음이 거짓이지만(물줄기가 말라버렸다), 다행히도 그 원숭이는 그곳에 조금 남은 물웅덩이를 만났다. 대략 이런 상황이 비록 거짓일지라도 생물학적 기능을 지원하는 믿음인 경우처럼 보인다. 결국, 여기에서 그 믿음은 원숭이의 갈증-해소 메커니즘에 의해 소비되며, 그 메커니즘의 생물학적 목적을 만족시키도록 성공적으로 안내한다.

그러나 이것 역시 목적의미론에 대한 문제는 아니다. 갈증-해소 메커니즘이 그 목적을 성취했지만, 그 믿음 자체는 자체의 생물학적 기능을 지원하지 않는다. 그 특정한 기능은 냇가에서 풍성한 물을 만나는 행동 조절이다. 냇가에 전혀 물이 없으므로, 이 경우에 그 기능은 충족되지 않았다. 물의 발견은 단지 운이 좋아 일어난 것일 뿐이다. 즉, 그 믿음이 가정되었던 대로 성취된 때문은 아니다.

일반적으로, 생물학적 형질(biological traits)은 그것이 선택된 특정한 기능을 지원하지 않고, 특별한 경우에 운에 의해 생물학적 성공으로 인도할 수 있다. 어떤 경우에 곤충의 위장은 아이를 웃게 만들어 그 웃음 소리가 새를 두렵게 하여 포식자로부터 그 곤충을 구하도록 만들 수 있다. 그러나 이것은 분명 곤충을 **숨기는** 특정한 기능을 지원하는 위장의 경우는 아닐 것이다. 마찬가지로, 어느 믿음이 거짓임에도 불구하고 운 좋게도 성공을 발생시킬 수 있다는 사실은, 그것의 특정한 기능이 소비자의 행동을 진리 조건으로 조절한다는 목적의미론의 주장에 대한 반례가 결코 아니다.

셋째, 표상이 거짓인 덕분에 진정한 생물학적 기능을 진실로 발휘하는 경우는 거의 없다. "우울한 실재론(depressive realism)"이 [내세우는] 표상을 생각해보자. 대부분 심리적으로 건강한 사람들은, 객관적 척도의 비교를 통해서, 자신의 사회적 지위에 대해 과장된 견해를 가진다. 오직 자신의 지위에 대한 정확한 믿음을 지닌 사람들만이 우울해지는 경향이 있다. 우울하지 않은 사람 중 이러한 잘못된 믿음이 생물학적 목적을 가진다고 가정해보자. 널리 퍼진 거짓 믿음의 기능은, 사람들이 자신들의 가림막으로 들어가는 것을 막고, 그들이 진취적 태도를 갖도록 격려해준다. (다시 말하지만, 나는 이러한 가정에 대한 생물학적 정확성을 결

174

코 주장하지 않는다.)

이제 그러한 경우는, 그런 믿음이 거짓이기 **때문에**, 생물학적 기능을 지원하는 믿음을 포함한다. 그것은 특히 낮은 지위 사람들이 자신들이 진취적이게끔 격려되는 더 높은 지위에 있다고 생각할 때 나타난다. 그리고 이것은 분명히, 우리가 믿음에 대한 진리-조건의 내용을, 특정한 생물학적 기능을 지원하는 그런 상황을 일치시킬 수 있는, 목적의미론적 생각과 긴장을 이루는 것 같다. 여기 진리 조건은 당신이 더 높은 지위에 있지만, 그 기능은 당신이 더 낮은 지위에 있을 때 제공된다는 것이다.

이 쟁점을 다루기 위해, 목적의미론은 몇몇 표상들이 두 가지 서로 다른 기능을 지원할 수 있음을 인식할 필요가 있다. 이것은 충분히 친숙한 생물학적 생각이다. 예를 들어, 큰 귓불은 청각과 열 조절에 도움을 줄 수 있으며, 이러한 긍정적인 효과 모두를 위해 선택될 수 있다. 마찬가지로, 우리의 경우에, 그런 믿음은 분명히 다음 두 가지 기능, (1) 현재의 활동적 동기 상태에 만족하도록 행동을 안내하는 기능, (2) 자존감을 높여주어 진취성을 고양하는 기능을 가진다.

일단, 우리가 이 두 가지 별개의 기능을 인식하기만 하면, 표상에 대한 목적의미론 접근을 손상할 것이 전혀 없음을 알 수 있다. 믿음에 대한 목적의미론에 문제가 되는 기능은 전자, 즉 현재 활동적 동기를 지원하는 방식으로 행동을 안내하는 것이다. 이런 기능을 충족하려면, 당신의 믿음은 여전히 참이어야 한다. (당신이 돈을 벌고 싶으며, 높은 지위가 당신에게 100달러의 상을 줄 것이란 믿음에서 인기 경연에 참가하기를 원한다고 가정해보자. 만약 당신의 믿음이 참이 아니라면, 당신은 원하는 것을 얻지 못할 것이다.) 그러한 몇몇 특정한 믿음들, 가령 당신의 지위에 대한 믿음은, 자부심을 강화하기와 같은, 어떤 추가적 기능을 가질 수 있다. 가령, 자신에 대한 자부심의 믿음이 거짓일 때 충족되는 기능[즉, 현재 활동적 동기를 지원하여 성공으로 이끄는 추가적 기능]은,

체온조절 기능을 얻은 귓불이 청각 기능을 무시할 수 있는 것만큼, 이전 목적의미론의 기능을 무시할 수도 있다.5)

내용 결정성

목적의미론에 대한 표준적 반론은, 목적의미론이 표상적 상태에 의해 충분히 결정적인 내용의 소유를 설명하지 못한다는 것이다. 제리 포더 (Jerry Fodor 1990)는 그러한 논점을, 날아가는 곤충의 방향으로 개구리가 혀를 뻗어 낚아채도록 촉발하는 개구리 두뇌의 상태와 관련하여 주장했다. 포더는, 그러한 두뇌 상태가 왜 (작고 검은 움직이는 것이 아니라) 날곤충(flying insects)을 표상하는 것으로 간주되어야 하는지를 설명하려는 목적의미론에 도전했다. 결국, 포더는 다음과 같이 주장한다. 우리는 개구리의 시각 시스템이 작고 검은 움직이는 물체에 대해 날곤충으로 반응하도록 생물학적으로 설계되어 있다고 흔히 생각할 수 있다. 건강한 개구리는 작고 검은 움직이는 물체가 출현할 때마다, 그것이 날곤충이든 아니든, 혀를 뻗어 그것을 낚아챌 것이다.

포더에 대한 초기 대답은 다음과 같이 응답하는 것이다. 목적의미론은 생물학적 성공을 보장하는 조건에 초점을 맞추며, 그리고 그가 염두에 두는 대안적 조건들은 이러한 요구사항을 충족시키지 못한다. 건강한 개구리가 작고 검은 움직이는 물체에, 비록 그것이 날곤충이 아닐지라도, 반응하는 것은 사실이다. 그러나 목적의미론이 고려하는 조건이란, 개구리의 상태를 인과한다(cause)고 기대되는 조건이 아니라, 오히려 그 결과로 발생한 행동이 성공을 일으키는 조건이다. 개구리의 상태는 분명히 작고 검은 물체보다 날곤충을 잡기에 도움이 되는 기능을 가진다. 즉, 날아가는 검은 영양가 없는 물체를 낚아채는 개구리에게 어떤

---

5) 이러한 가장 최근의 경우에 대한 좀 더 자세한 논의는 Papineau(1993, ch. 3)을 참고하라.

선택적 유리함도 주어지지 않는다. 그래서 이러한 맥락에서, 목적의미론 지지자들은 이렇게 주장할 수 있다. 개구리의 뇌 상태는 작고 검은 물체보다 일정 방향으로 날아가는 곤충을 표상한다. 왜냐하면, 그런 뇌의 상태는, 어떤 작은 검은 물체보다, 날곤충에 의해 촉발될 때, 유익한 효과가 유도되기 때문이다(cf. Millikan 1993).

그렇지만 이러한 반응이 포더의 염려에 충분한 응답은 분명 아니다. 나는 단지, 개구리의 상태에 의한 유익한 결과는 작고 검은 물체보다는 날곤충이라고 말할 뿐이다. 개구리가 곤충이 아닌 작고 검은 물체를 잡는다면, 번식에서 어떤 유리함도 발생하지 않는다. 그러나 왜 거기에서 멈추어야 하는가? 날곤충을 잡는 생물학적 목적은 그것을 잡아서 뱃속으로 넣는 것이다. 만약 곤충을 잡아도 그것을 섭취하지 않으면, 번식에서 어떤 유리함도 발생하지 않는다. 다시 말해서, 무엇인가를 위에 넣는 생물학적 효과는 영양분을 혈류에 공급하는 것에 있다. 곤충이 섭취되더라도 혈류로 영양분을 공급하지 않으면 번식에서 어떤 유리함도 발생하지 않는다. 그리고 기타 등등을 얘기해볼 수 있다. 결국, 모든 기능적 형질(functional traits)의 궁극적 목적은 생존과 번식에 있다. 그 형질이 생존과 번식을 유발하지 않으면, 어느 매개적 효과로부터도 결코 번식의 유리함은 발생하지 않는다.

이런 모든 경우에도 불구하고, 그 개구리의 상태를 날곤충 표상하기라고 우리가 왜 해석해야 하는지 분명하지 않다. 그것을 위에 채워 넣기를 표상하는 것이라고 왜 이해하면 안 되는가? 혹은 영양 공급원으로? 또는 심지어, 번식 강화하기라고?

이런 쟁점을 해결하려면, 생물학적 형질들이, 전체 생물체의 다른 구성요소와 공유하는 기능 이외에, 각자의 특정한 기능을 가진다는 생각으로 돌아가볼 필요가 있다. 앞서 사용된 사례에서, 심장의 특정한 기능은 혈액을 펌프질하는 것이다. 또한, 그것은 산소를 순환시키고, 결국에는 생존과 번식을 촉진하는 기능을 가지지만, 그런 기능들은 (폐와 같은) 다른 기관과 공유하는 것들이며, 그래서 그런 기능들은 심장 자체에만 특정한 것은 아니다.

앞서 우리는, 동기부여 상태를 지닌 유기체에 목적의미론을 적용하려 할 때, 그런 특정한 기능의 개념이 어떻게 문제 되는지를 살펴보았다. 그것은 우리가 다음과 같이 생각하도록 만들었다. 욕구와 같은 상태란 그 자체가 특정한 기능을 가진 생물학적 구성요소이며, 그 구성요소는 그 욕구를 만족시킬 특정한 효과를 생산한다. 그리고 그러한 욕구를 추구하도록 알려주는 표상적 상태의 진리 조건은, 그 욕구를 만족시켜줄 조건과 동등하다.

그래서 만약 우리가 개구리에게서 어느 동기적 상태를 신뢰할 수 있다면, 이것이 우리의 쟁점을 해결해줄 수 있다. 만약 개구리의 행동이 그렇게 날곤충에 대한 욕구로 인해 충동된다면, 특정 방향으로 혀를 뻗어 낚아채는 상태는 그 방향에 날곤충이 있음을 의미한다. 반면에 만약에 개구리가 영양 공급원에 대한 욕구로 충동된다면, 그 상태는 그 방향에 있는 영양 공급원을 표상할 것이다.

그렇지만 개구리에게 그러한 동기적 상태를 돌리기에 어떤 좋은 근거도 없다. 현대 생리학 연구가 시사해주는 바에 따르면, 개구리는 믿음-같은 어떤 상태로부터 욕구를 가질 수 있는 어느 통합적 의사결정 시스템을 갖지 못한다. 오히려 각각의 행동 시스템은, 다른 행동조절 시스템에서 사용될 수 없는, 자체 독점적 정보에 의해 통제된다. 감각 정보의 한 채널은 먹이 잡는 행동을 통제하고, 또 다른 채널은 어렴풋한 위협으로부터 점프하여 도망가는 능력을 통제한다. 개구리 시각 시스템의 손상 연구를 통해 이러한 서로 다른 여러 능력이 분해된다는 것이 드러났다(Milner and Goodale 1995, sect. 1.2.2).

그렇지만 이러한 통합된 의사결정 시스템이 없다는 것이, 특정한 기능에 관한 아이디어가 개구리에 대해 전혀 파악할 수 없다는 것을 의미하지는 않는다. 우리가 이러한 생각을 먹이-포획 시스템(prey-catching system)에 직접 적용하지 못할 어떤 이유도 없다. 다른 경우와 마찬가지로, 이런 시스템은 일련의 여러 기능을 포함한다. 그 시스템은 날곤충을 포획하고, 삼키고, 소화하고, 그 영양분을 혈류에 흐르도록, 그렇게 해서 … 번식에 성공하도록 설계되어 있다. 그러나 이런 기능들 가운데 첫째만이 먹이-포획이란 특정한 기능으로, 즉 머리 회전과 혀 운동을 관장하는 시각-운동 시스템(visuomotor system)으로 고려된다. 만약 날곤충을 잡고도 위장으로 넣지 못한다면(삼키는 메커니즘이 작동하지 않아서), 혹은 위장으로 넣었지만 소화하지 못한다면(위장이 작동하지 않아서), 혹은 등등일지라도, 반드시 그것이 이 시스템의 결점은 아니다.

만약 우리가 이러한 이유로, 어느 후자의 효과들보다, 먹이-포획 시스템이 날아다니는 곤충을 잡는 특정한 기능을 가진다는 것을 수락한다면, 우리는 감각 신호가 그 시스템의 행동을 촉발하였으며, 그 행동이 시스템의 특정한 목적을 성취할 환경을 가리킨다고 볼 수 있다. 즉, 날곤충의 현재 위치가 이러이러한 방향임을 가리킨다고 볼 수 있다.

여기에 추가적인 문제가 있다. 나는 그 관련 신호가 먹이-포획 시스템의 일부라고 생각한다. 그리고 이것이 결단코 강제적(필수적)이진 않을 것이다. 결국, 개구리의 감각 신호를 먹이-섭취(prey-stomaching) 혹은 먹이-소화 시스템(prey-digesting system)의 일부라고 간주하지 않을 이유가 있는가? 감각 신호로 인해서 나타날 효과는 보통 날곤충이 잡히는 것에서 끝나지 않는다. 모든 것이 제대로 작동한다면, 날곤충은 즉시 삼켜지고, 소화되고, 기타 등등과 같은 작용이 일어날 것이다.

그래서 이 문제는 감각 신호의 내용을 또다시 불확실하게 만들도록 위협한다. 문제의 시스템 각각이, 즉 먹이-포획 시스템, 먹이-섭취 시스템, 먹이-소화 시스템 등등이 각자의 특정한 기능을 갖는다. 그러나 만약 더 큰 시스템의 어느 부분이 그 감각 신호를 받는지 결정되지 않는다면, 이것이 감각 신호를 일정한 내용(determinate content)으로 부여해 주지 못한다. 그 감각 신호가 먹이-포획 시스템에 곤충에 관해 알려주고, 또한 먹이-섭취 시스템에 위가 찼음을 알려주고, 먹이-소화 시스템에 영양소 자원에 관해 알려주는 등등이 미결정적이다.

그렇지만 이런 논점은 사실상 이미 다루어졌다. 문제의 그 신호는, 먹이-섭취 시스템 또는 먹이-소화 시스템이 아닌, 먹이-포획 시스템의 구성요소로 적절히 간주된다. 우리가 더 큰 먹이-섭취 시스템을, 예를 들어, 구성요소 먹이-포획 및 먹이-삼키기 시스템으로 처음 분석할 때, 그런 신호를 끌어올 필요는 없다. 더 큰 먹이-섭취 시스템은, 그 구성요소인 머이-포획 시스템과 먹이-삼키기 시스템이 (어떻게 그렇게 하도록 작동하든) 자체의 기능을 충족하는 한, 자체의 특정한 기능을 충족할 것이다. 먹이-포획 시스템은, 그 구성요소가 그 기능을 충족할 경우, 자체의 특정한 기능을 충족한다. 이러할 수 있는 것은, 그중에 특히, 그 신호가 최종으로 낚아채는 행동이 날곤충을 확보할 조건을 추적할 수 있어서이다. 따라서 그 감각 신호는 특정적으로 먹이-포획 시스템과 진리 조건 (특정 방향으로 날아다니는 곤충의 존재) 내의 구성요소이다.6)

입력을 넘어 출력

목적의미론에 따르면, 표상의 진리 조건은 그 표상의 출력, 즉 그 표상이 촉발하는 행동에 의존하며, 그 표상의 입력에 대해서가 아니라, 어

---

6) 앞선 논문(Papineau 2003)에서, 나는 이렇게 주장했다. 그 개구리의 상태는, 모든 중첩된 먹이-포획, 먹이-위장, 먹이-소화 등의 시스템들 내의 구성요소로 고려될 수 있다는 근거에서, 정말로 미결정적(indeterminate)이다. 이런 주장은, 특정한 기능에 대한 니앤더(Neander 1995)의 개념이 어떻게, 첫째 선택지를 선호하여, 이 문제를 해결하는지를 내가 이해하는 논문을 쓰고 난 후에야 나왔다. (니앤더는 1995년 논문에서 개구리의 상태가 "작고 검은 물체"를 표상한다고 주장했음을 분명 언급할 가치가 있다. 그녀는 건강한 동물의 형질이 단지 환경의 도움이 없다고 오작동할 수 없다는, 잘못된 일반적 가정에서 나온 결론에 이끌렸다고 말하고 싶다. 이것은 건강한 개구리는 검은 진흙 반점 때문에 단순히 오류 표상을 가질 수 없다는 것을 함축한다.)

떤 환경이 그 표상을 인과하는지(일으키는지)에 의존한다. 버빗 원숭이의 표상 상태는 "독수리"를 의미한다. 왜냐하면, 비록 그 표상이 원숭이가 독수리에 대해 적절한 방식으로 행동하도록 촉발하기 때문이며, 심지어 그 상태를 일으키는 대부분이 독수리가 아닐지라도 그렇다.

이러한 측면에서, 목적의미론은 표상적 내용의 인과적 이론, 즉 그 특징적 원인으로 인해 진리 조건을 설명하려는 이론과 대조된다. 그러한 이론이 직면한 명확한 문제는, 진리 조건을 구성하는 원인은 표상을 일으키는 다른 것과 구별된다. 이런 문제는 흔히 "선언주의(disjuncti-vism)"로 불린다. 무엇이, 선언주의 조건, 즉 "독수리-**또는**-저공비행-구름-**또는**-비행기-**또는**-다른 것들(그 상태를 일으키는)"보다, "독수리"를 원숭이 표상 상태의 진리 조건으로 만드는가?

이런 문제는 정확히 입력보다는 출력의 측면에서 진리 조건을 이해하기 때문에, 처음부터 목적의미론이 다루어왔다. 이 문제는 표상 상태의 원인을 살펴보는 것에서 출발하지 않으며, 그래서 진리 조건의 원인에 이르기까지 어느 정도 좁혀서 찾는다.[7] 그 문제는 그 표상 상태로부터 발생한 행동이 성공적일 수 있음을 무엇이 보장할 것인지를 묻는다.[8]

모든 논평가가 목적의미론의 이러한 출력 지향 방침을 장점으로 보지는 않는다. 만약 원숭이 표상이 독수리에 의한 것처럼 구름에 의해 손쉽게 촉발된다면, 그 표상이 구름을 그 진리 조건에 포함시키는 편이 낫지 않을까?

---

7) 아마 가장 잘 알려진 인과 이론(causal theory)은 포더의 비대칭-의존 이론 (asymmetrical dependence theory)이다.

8) 때때로 목적의미론은 진리 조건을 ("인식론적 이상 조건"을 일으킨다고 생물학적으로 가정되는) 환경과 같다고 보는 것으로 이해되었으며, 그래서 "인식론적 이상"을 정의하는 어떤 순환적이 아닌 방법도 갖지 못한다고 비판받았다. 그러나 이러한 비판은 다음을 전제한다. 목적의미론이, 사실상 원인이 아니라 오직 성공을 위한 조건만을 고려할 때, 좋은 원인과 나쁜 원인을 구별하는 일을 담당한다.

이런 반응은 다음과 같이 잘 알려진 폴 피에트로스키(Paul Pietroski 1992)의 사고 실험에 의해 뒷받침된다. 키무(kimu)는 그의 유일한 적이 스누피(snorf)란 생물이다. 스누피는 키무를 새벽에 사냥한다. 그런데 어느 날 생물학적 돌연변이가 키무 중 한 마리에게 빨간 것을 알아볼 능력을 부여하였고, 그래서 그것들에 다가가는 성향을 부여하였다. 이런 성향은 그 능력을 소유한 키무에게 유리함이 된다. 왜냐하면, 그 능력은 키무에게 새벽에 언덕을 오르도록 유도하는데, 붉은 해돋이를 더 잘 관찰할수록, 결과적으로 그것들이 스누피를 더 잘 회피하기 때문이다. 이것은 스누피가 언덕을 오르도록 잘못 맞춰진 것이지만 말이다. 결과적으로 그런 성향은 키무의 개체 수를 널리 퍼지게 만든다.

키무가 무언가 빨간 것으로 자극받았을 때, 그것이 가지는 상태를 고려해보자. 그런 상태에 "붉은색"이란 내용으로 신뢰하는 것은 당연한 일이다. 그러나 출력-기반 목적의미론은 사물을 다르게 본다. 일반적으로, 키무가 붉은 것에 접근할 때 키무에게는 아무런 좋은 일도 발생하지 않는다. 대부분 키무의 붉은색 접근 행동은 시간 낭비이다. 그것이 생물학적 이점을 얻을 수 있는 것은, 오직 스누피로부터 회피할 때뿐이다. 그러므로 출력-기반 목적의미론은 문제의 상태를 "스누피-해방" 또는 "포식자-해방" 혹은 그와 같은 무엇을 표상한다고 해명한다. 결국, 가설적으로 키무의 감각은 스누피가 아닌, 붉은색을 추적한다.

그러나 이러한 논증은 결코 결정적이지 않다. 목적의미론 수호자들은 이렇게 반박할 수 있다. 피에트로스키의 직관은 보증되는 것보다 더 많은 이야기를 지어낸다. 피에트로스키가 처음 말했듯이, 키무는 붉은색에 의해 촉발되는 어떤 상태를 진화시키고, 그 기능은 자신들을 스누피로부터 보호하는 것이다. 그러나 그의 후속 논의는 우리가 다음을 가정하게 만든다. 키무는 어떤 일반적-목적의 시각 **시스템**을 가지며, 그 시스템의 출력은 (죽음을 회피하거나, 사과를 찾거나, 실제로 붉은 사물을 보려는 등의) 다양하고 가능한 목적에 맞춰진 일련의 열린-목적의 행동들을 전달한다. 그렇지만 이런 가정은 피에트로스키의 처음 이야기에 중요한 추가적 구조를 구축하며, 그래서 목적의미론자가 다음과 같이 주장할 여지를 남긴다. 그러한 추가적 구조를 가진 유기체는 정말로 스누피로부터의 자유보다 붉은색을 표상한다. 만약 키무의 시각 시스템이 다른 목적에 이끌려 다른 **일련의** 행동들을 알려준다면, 그 시각적 상태의 내용은 모든 그러한 목적들을 성취하게 해줄 조건이 될 것이며, 그 표상 상태는 붉은색을 나타내는 것으로 드러날 수 있다. 대조적으로, 만약 우리가 스누피에 대해 최소한의 이해를 고수한다면, 피에트로스키의 처음 이야기에 따라서, 즉 스누피의 회피를 제외하고는 아무런 이점도 가져다주지 않는 특정-목적의 시각적 민감성을 갖는 것으로 이해한다면, 그것들의 상태가 "스누피-자유"를 표현한다고 이해하는 것에 어떤 잘못이 있다는 것은 그다지 명확하지 않다. 결국, 만약 이러한 상태가 간단한 회피 행위를 제외하고 아무것도 하지 않는다면, 그들이 회피하도록 설계된 위험을 그들이 표상한다고 이해하는 것은 아주 당연하다.

역사 없이 하기

목적의미론이 입력보다 출력 측면에서 내용을 설명하려는 유일한 표상 이론은 아니다. "성공 의미론(success semantics)"은 램지(Ramsey 1927)에 의해서 처음 제안되었으며, 특별히 믿음-욕구 시스템에 초점을 맞추며, 그런 맥락에서 믿음의 진리 조건과, 결과적 행동이 욕구를 만족시키는, 환경을 동일하게 보는 목적의미론에 동의한다. 더 일반적으로 말해서, 다양한 종의 규약-기반 신호발생 이론(convention-based signaling theory)은, 신호의 진리 조건과, 그 신호의 수용자에 의해 수행되는 행동이 수용자의 목적을 만족시킬 수 있는, 환경을 동일하게 보는 생산자-소비자 목적의미론의 구조에 동의한다(Lewis 1969; Skyrms 1996, 2010).

이러한 이론들이 목적의미론과 다른 점은, 이러한 구조들이 필연적으로 **생물학적 기능들**을 포함하는 것으로 보지 못하는 데에 있다. 목적의미론에 대해, 욕구 만족 조건, 더 일반적으로 말해서, 표상 소비자의 목적은 이런 시스템들이 **생물학적으로** 산출한다고 가정되는 효과와 동등하다. 그리고 그에 상응하여, 표상의 생산자들은, 결과적 행동이 그 소비자의 기능들을 충족시킬 환경에서, 표상을 산출하는 **생물학적** 기능을 갖는다고 믿어진다.

성공 의미론과 신호발생 이론은 이러한 생물학적 언급을 외면한다. 그 이론들은 표상을 이해하기 위해서 생물학을 끌어댈 어떤 이유도 보지 못한다. 그들의 견해에 따르면, 우리는 어느 욕구가 어떤 결과에 이르려는지, 혹은 더 일반적으로 말해서, 소비자가, 생물학적 기능에 대한 어떤 호소에 독립적으로, 어떤 목적을 달성하려는지 이해할 수 있다. 이런 것들은 완벽하게 훌륭한 일상적 관념들이며, 그런 관념들이 더 이상 분석될 필요는 없을 것 같다. 그리고 비록 그 관념들이 분석될 필요가 있다고 하더라도, 주장컨대 그 관념들은, 심리적 또는 신체적 평형에 기여한다는 식으로, 다른 비생물학적인 일상적 관념으로 이해될 수 있다.

정말 그렇다. 표상을 목적의미론 용어로 이해한다면, 세계가 그런 표상 시스템을 가질 **이유**를 자동적으로 설명할 수 있게 해줄 것이다. 목적의미론은 생물학적 기능에 대한 표준적 원인론적(etiological) 이해와 함께 작용한다. 어떤 형질 T는 아래의 경우에 기능 F를 가진다. 만약 어떤 형질 T가 자연선택으로 기능 F를 산출하도록 설계되었다면, 다시 말해서, 혹은 덜 은유적으로 말해서, 만약 형질 T가 T의 조상 버전이 효과적 기능 F를 산출하기 때문에, 선택되어서 현재 존재한 것이라면 말이다 (Wright 1973; Millikan 1989; Neander 1991). 기능에 대한 이러한 원인론적 설명에서, 기능 F를 형질 T로 귀속시키는 것은 그와 함께 형질 T의 출현을 그것의 선택적인 과거로 설명하는 것이다. 그리고 우리가 표상 시스템을 다루는 경우에, 목적의미론뿐만 아니라, 생물학적 기능으로 돌려 설명하는 것은 그 표상 시스템을 진화론적으로 설명하는 것이기도 하다.

그러나 목적의미론에 대해 비생물학전 대안을 선호하는 사람들은, 표상 시스템의 존재를 설명하려는 것과 행위 설명을 위해 그 시스템을 끌어들이는 것은 별개라고 반박할 수 있다. 우리가 단지 더 많은 것을 설명하기 위해 표상에 호소한다는 이유에서, 표상이 왜 존재하는지에 대해 진화론적으로 (혹은 어떤 다른 방식으로) 설명할 필요는 없다.

이런 과제를 해결하기 위한 예비 단계로서, 표상의 관념이 우리가 어떻게 더 많은 것들을 예측하고 설명하기에 도움 되는지를 명확히 밝힐 필요가 있다. 첫 번째 떠오르는 생각에 따르면, 표상이란 관념은, 지각, 신념, 동기 등과 같은 내적 대뇌 상태가 신체 운동을 발생하도록 어떻게 상호작용하는지를 우리가 이해하도록 도와준다. 그러나 이런 종류의 "좁은" 심리적 설명은, 내적 대뇌 상태와 환경의 특징을 관련시키는, 표상 관념을 실제로 전혀 쓸모없게 만든다. 결국, 만약 우리의 설명적 관심의 초점이 신체 동작을 예측하고 설명하는 데에 있다면, 우리는 대뇌 상태를 머리 밖의 것들과 관련하여 생각할 필요가 전혀 없을 것이다. 우리는 대뇌 상태를 단지 인과적 작동 구조 내의 내적 구성요소로 생각해볼 수 있다(Papineau 1993, ch. 3).

표상적 관념의 진정한 의의는 그것들이 우리에게 **성공**을 예측하고 설명하도록 허락해주는 데에 있다. 즉, 최종 결과의 성취에 있다. 어느 만(bay)에 가재가 있다는 나의 믿음은 내가 그리 향하도록 결정해준다. 그후, 만약 그 믿음이 참이라면, 이어서 내가 가재를 잡도록 안내한다. 표상은 이러한 최종의 결과를 설명하기 위해서, 즉 나의 믿음이 가재의 소재를 추적하도록 가정되는 방식에서, 중요한 걸쇠이다.

그러므로 그 중요 [예측 및 설명] 패턴은 이렇다. 목적 E를 추구하는 행동 B는 진리 조건 C와 함께 표상 R에 의해서 알려지고, 조건 C를 얻을 때(표상 R이 참일 때), 행동 B가 수행될 뿐만 아니라, 목적 E도 성취된다. 간략히 말해서, 진리가 성공을 말해준다. 표상적 내용을 표현함으로써, 우리는 최종 목적 성취를 통제하는 체계적 패턴을 식별할 수 있다.

여전히, 목적의미론에 반대하는 자들에 따르면, 이렇게 생물학적 기능성에 의존할 필요가 전혀 없다. 아마도 목적의미론자들은 그 관련 목적 E를 생물학적 목적을 충족시키는 것으로 치켜들 것 같다. 그런데 그것이 왜 문제가 되는가? 설명 패턴을 일으키는 표상은 단지, 표상 R에 의해서 촉발된 행동 B가 어떤 목적 E를 산출한다는 것을 체계적으로 보장해주는, 어떤 조건 C가 있음을 요구할 뿐이다. 그리고 만약 이것이 목적의미론자에 의해 확인되는 목적 E와 조건 C에 대해서도 그러하다면, 목적 E가 생물학적 기능을 충족하든 못하든 간에 그것은 그런 채로 있을 것이다. 중요한 것은, 표상 시스템의 연동 부분을 관련시키는 오늘날 패턴이지, 그 시스템의 진화된 역사가 아니다.

이러한 반진화론 노선을 진행하는 서로 다른 두 가지 방법을 구분할 필요가 있다. 지금까지 나는 출력-기반 대안들이 생물학적 기능에 대한 목적의미론의 호소를 거부할 것이라고 가정해 왔다. 그러나 하나의 대안은 표상을 생물학적 기능의 문제로 바라보는 것으로 충분하지만, 기능을 일부 비원인론적(nonetiological) 방식으로 이해하기도 한다. 가용한 생물학적 기능에 접근하는 다양한 비원인론적 접근법이 존재한다. 그 다양한 접근법들은, 형질의 생물학적 기능이, 그 형질의 출현을 **인과적으로 설명하는 과거**의 효과보다, **현재** 또는 **미래**의 생존, 생식, 또는 다른 유익한 효과에 기여를 포함한다는 일반적 생각에 의해 통합된다 (Cummins 1975; Boorse 1976; Bigelow and Pargetter 1987). 기능에 대한 이러한 비원인론의 "전향적(forward-looking)" 설명은, 표상이 생물학적 기능 방식으로 행동을 안내하는 문제라는, 그러나 그 관련 생물학적 기능들을 비원인론적으로 보려는, 목적의미론에 동의하는 출력-기반 이론을 위한 여지가 있음을 의미한다.9)

186

여기에 하나의 쟁점은 생물학적 기능에 관한 주장을 이해하는 올바른 방법에 관한 문제이다. 이것은 많이 논란되는 문제이다. 한 가지 상대적으로 논란이 없는 (충분히 검토되지 않았을 경우) 논점에 따르면, 원인론적 기능은 그런 기능을 가지는 형질의 출현을 **설명하기에** 적절하며, 그래서 성공적 설명을 위해 (직관적으로 그렇게 명확해 보이듯이) 그러한 주장을 **심장의 기능이 혈액을 펌프질하는** 것이라고 이해하기에도 적절하다. 그러나 이것은 또한 생물학적 기능에 관한 주장이 비원인론적인 전향적 방식으로 적절히 이해된다는 것을 의미하지 않는다. 그러한 전향적 기능의 주장은 기능을 가진 항목의 출현을 **설명하지** 않지만, 그런 주장은 어떤 생물학적 효과를 범주화하는 유용한 방법을 제공할 수도 있다.

다행히도, 현재의 맥락에서, 우리는 생물학적 기능에 관한 주장을 제대로 이해하는 이런 쟁점을 우회할 수 있다. 아마도 **생물학적 기능**이란 관념은 과학 및 다른 분야의 맥락에서 가장 최근에 등장하고 다뤄온 중요한 철학적 쟁점이다. 그러나 어느 경우에도, 그리고 그런 논쟁이 나타나더라도, 누군가 현재 또는 미래의 유익한 효과에 기여를 포함시키는 어떤 비원인론적 방법으로 생물학적 기능이란 개념을 **정의하려는** 것을 막을 방법은 없으며, 혹은 다소 그러하므로, 표상은 그렇게 정의된 생물학적 목적에 기여하는 덕분에 가장 잘 이해된다고 주장할 수 있다. 그래서 아마도 다음과 같이 주장할 수도 있겠다. 이러한 이해는, 우리가 최종 결과를 성취하는 성공을 예측하고 설명해주는 표상을 채용할 때 우리가 호소하는 현재의 패턴을 가장 잘 포용한다.

그래서 생물학적 기능의 쟁점은 출력-기반 표상 이론의 맥락에서 우

---

9) 몇몇 작가들은 용어 "목적의미론"을, 이런 방식으로 표상을 비원인론적 "생물학적 기능"으로 설명하는 이론으로 확장한다(Abrams 2005; Nanay 2014). 이런 것에 어떤 문제도 없지만, 현재의 목적을 위해 "목적의미론"을 원인론-기반 이론으로 계속 제약하는 것이 편리할 것이다.

리의 관심을 돌리는 무엇으로 드러난다. 목적의미론자들은 표상을 원인론적 기능으로, 즉 표상 시스템의 선택적 역사에 중요했던 효과로 설명하고 싶어 한다. 반면, 대안적인 출력-기반 접근법은, 표상에 대해 체계적으로 추적될 수 있는 성취 결과 확인에 반대하여, 선택적 역사가 중요하다는 것을 부정한다. 이러한 대안 접근법이 그 관련 목적을 생물학적 기능으로 생각하는지 여부는 부차적 쟁점이다. 어느 방식이든, 우리는 목적의미론에 동일한 도전을 가진다. 즉, 그 관련 목적이 과거에 어떤 역할을 했는지는 현재의 예측 및 설명 패턴에 얼마나 중요할까?

늪지-인간

목적의미론에 대한 도전은 잘 알려진 "늪지-인간(swampman)" 사고 실험에 의해서 두드러진다(Davidson 1987). 다음을 가정해보자. 열대 정글의 늪지에 번개가 치면서, 우연의 일치로 인간과 그 늪지의 유기 물질 사이에 완벽한 분자-대-분자 교체 조합이 일어났다. 가설에 따르면, "늪지-인간"은 자연선택의 역사를 갖지 못하며, 그래서 목적의미론에 따르면 어느 것도 표상하지 못할 것이다. 그러나 직관적으로 알 수 있듯이, 늪지-인간은 적어도 일부 형식의 정신적 표상은 할 수 있을 것 같다. 결국, 늪지-인간은 신체적으로 정상 인간과 동일할 것이므로, 시각적으로 주변을 알아볼 수 있으며 적절한 행동 반응을 보여줄 수도 있을 것이다. 이런 가정을 고려해볼 때, 진리 조건을 가지는 늪지-인간의 상태를 신뢰할 모든 이유가 있으며, 이것을 이용하여 늪지-인간이 자신의 목적을 성취할 때, 우리는 그 성취 과정을 추적할 수도 있을 것이다. 이런 가정에서, 만일 목적의미론이 늪지-인간은 표상적 능력을 가진다는 것을 부정한다면, 그것은 마치 목적의미론 어딘가에 오류가 있는 것처럼 보인다.

이런 곤경에 대한 표준적 목적의미론의 반응은, 어쩔 수 없이, 늪지-

인간이 정말로 표상 능력을 갖지 못한다고 결론 내리는 것이다. 아마도 일상의 직관적 생각은 이렇게 주장할 것이다. 늪지-인간은 표상할 수 있으며, 그래서 집중 공격을 당할 것이지만, 어떤 좋은 이론적 설명은 일부 일상적 직관을 뒤엎을 수 있어야 한다. 마치 물고기에 대한 현대 개념이 고래를 배제하듯이, 소박한 직관에도 불구하고, 그와 반대로 발달된 표상 개념은 늪지-인간을 배제시켜야 한다. 그렇다면, 이런 생각의 맥락에서, 우리는, 늪지-인간에 관한 직관을 뒤엎는 대가를 치르더라도, 우리 자신들의 소박한 표상 개념을 이론적으로 더 강력한 선택-기반 관념으로 대체해야 한다(cf. Millikan 1996; Neander 1996; Papineau 1996).

그러나 늪지-인간의 근심에 반대하여 목적의미론이 대안적이고도 미묘한 방어를 할 여지는 남아 있다. 일상적 표상 **개념**을, 표상자(representer)로서 늪지-인간을 배제시키자는 개념으로 대체하기보다, 오히려 목적의미론은 그 개념을 사실상 남겨둘 수 있으며, 대신에 목적의미론의 자격이 표상적 사실에 대한 **후험적 환원**(*a posteriori* reduction)에 있다고 호소해볼 수 있다. 목적의미론을 이해하는 자연스러운 방식에서, 그것은 표상에 대한 우리의 일상적인 표상 개념을 분석함으로써 제공되지 않으며(결국, 이런 일상적 개념이 선택적 역사를 언급해야 한다는 것은 언제나 그럴 법하지 않았다), 그보다 오히려 이론적 환원(theoretical reduction)에 의해 제공되었다. 이론적 환원은, 마치 과학 이론이 물과 다른 친숙한 화학물질들의 기초 본성을 밝혀내었듯이, 과학 이론에 호소하여 서로 다른 표상의 사례를 함께 묶는 중요한 기초 특징들을 밝혀낼 수 있다.

이러한 전망에서, 표상하는 늪지-인간이 우리의 일상적 표상 개념과 일관성을 갖는다는 것이 결코 목적의미론에 반대 논증이 되지 못한다. 어쩌면 당신은 XYZ으로 구성된 물이 일상적 물의 개념과 일관성을 갖는다는 배경에서 현대 화학에 반대하는 주장을 펼치는 것과 마찬가지다. 표상을 갖는 늪지-인간이 **상상될** 수 있다는 사실이, **실제** 세계에서 표상적 사실이 선택적 사실에 의해 **구성된다**는 목적의미론의 핵심 주장을 전혀 무너뜨리지 못한다.

물론, 만약 늪지-인간이 실제 세계에 존재한다면, 상황은 달라진다. 그러한 존재는 분명히, 일상적 표상 관념의 입장에서, 그 목적의 성취를 표상적으로 안내한다는 것을 포괄하는, 중요한 설명 패턴에 관여할 것이다. 하여튼, 만약 늪지-인간이 존재한다면, 목적의미론은 단순히 거짓이 된다.10) [그러하다면] 선택적 역사는, 표상하는 생명체들이 공통으로 가진다는, **후험적** 이론에 중요하지 않은 부분이 될 수 있다(그것이 생명체들이 공통으로 가지는 무엇이 전혀 아닐 것이므로). 여전히 이러한 어느 것도 사물이 실제 세계에 존재하는 방식과 전혀 관련 없으며, 늪지-인간은 실제 세계에 존재하지 않고, 모든 표상자들은 자신들이 선택적 과거를 공유한다는 것을 **후험적으로** 밝힌다. 이 점을 고려할 때, 목적의미론은 이렇게 주장할 수 있다. 상상의 늪지-인간은, 상상의 분자 허구가 화학과 무관하듯이, 목적의미론과 전혀 상관없다(Papineau 2001).

여전히, 늪지-인간 도전에 대한 목적의미론의 대답이 비원인론적 출력-기반 표상 이론에 의해 발생된 궁금증을 실제로 해소할 수 있는가? 아마도 실제 세계에서 표상의 일반적 운영은 선택적 역사를 가진다. 그러나 그것에 대해 왜, 실제 세계가 표상 시스템을 포함하는지를 설명해 줄 부차적 과거 상황보다, 표상을 **구성하는** "중요한 기초적 특징"으로 생각하는가? 결국, 표상 시스템이, 무엇이 그들을 그렇게 만들었을까가 아닌, 행동적 성공에 대한 오늘날 패턴을 보여주는 것이 중요하지 않은가? 표상 시스템이 그러한 패턴을 보여주는 한, 표상 시스템은 풍성하

---

10) [역주] 즉, 늪지-인간이 실제로 존재한다면, 우리는 그 존재를 표상할 수 있어야만 했을 것이며, 그런 표상은 우리의 이론적 설명 패턴에 변화를 주었을 것이다. 그리고 그런 존재로 인해서 목적의미론이 주장하는 "모든 유기체가 선택적 역사를 가진다"는 명제가 부정될 수밖에 없을 것이다.

게 표상적으로, 그것도 그들이 가졌을 선택적 역사를 독립적으로 드러낼 수 있다. 우리는 늪지-인간에 대해 그러한 논점을 보기 위해서 한 번 더 생각할 필요가 있다.

계속되는 도전에 대한 대답으로, 목적의미론자들은 우선적으로 다음임의 논점을 제시할 수 있다. 실제 세계에서 발견되는 모든 표상 시스템들이 선택적 역사를 가진다는 것은 우연이 아니다. 표상적 시스템은, 가장 단순한 것조차도, (그 소유자인 유기체의 필요에 아주 적합한) 여러 정보-수집 생산자와 여러 유연한 행동의 소비자를 포함하는 복잡한 구조를 갖는다. 자연 세계에서 모든 다른 명확한 설계 사례와 함께, 그러한 구조의 존재에 설명이 필요하다. 그런 설명은 그러한 유익하고 복잡한 메커니즘이 실제로 우연히, 늪지-인간 식으로, 발생할 수 있다는 믿음에 기댄다. 그 유일하고 엄연한 가능성은 다음과 같다. 그런 메커니즘은 과거 선택적 과정의 결과이며, 그 과정에서 그 소유자들은 생물학적으로 유익한 구조를 보존하고 정제한다.

목적의미론자들은 그래서 표상 시스템을, 표상 시스템에 관해서 알고 싶은 사람은 누구나 필연적으로 자신의 선택적 역사에 관심을 가질 것이라는 논점에서, 다음과 같이 생각할 수 있다. 표상 시스템은 원리적이기보다 발견적인(heuristic) 것이다. 연구자에게 어떤 절대적 장애물도 존재하지 않으므로, 연구자는 여러 표상 시스템들이 서로 다양하게 연동되는 부분의 작동을 직접 관찰로부터 온전히 파악할 수 있다. 그러나 이 방식이 실제 연구 방법은 아니다. "역공학(reverse engineering)", 즉 그 작동을 관찰함으로써 어떤 메커니즘의 내적 작동을 파악해야 하는 경우처럼, 표상 시스템이 어떻게 설계되어 있는지를 고려해보고, 그 부분들이 함께 작동한다고 **가정되는** 방식에 관해서도 생각해보는 것이 실질적으로 중요하다.11) 그 부분들의 설계 목적을 고려하지 않고, 중요한

---

11) [역주] 즉, 직접 관찰로부터 표상 시스템의 작동 원리를 귀납적으로 추론할 수 있다는, 과거 논리실증주의 초기 가정은 오늘날 철학에서 인정되지 않는

효과를 부수적인 특징들로부터 구별하려 들면 낭패를 볼 것이다. 그리고 이러한 지적은, 인간이 설계한 시스템뿐만 아니라, 자연선택에 의해 설계된 시스템에도 적용된다. 생물학 전반에 걸쳐, 연구자들은 생물학적 시스템의 현재 작동을 이해하기 위해서 가능한 진화의 역사에 호소한다.

표상 시스템의 경우에, 이런 지적은 시스템 내에 만들어진 표상 상태들 사이의 인과적 변환(causal transitions)에, 일부 내적 상태들이 다른 내적 상태들을 이끌고, 마침내 행동 선택으로 안내하는, "구문론적" 진행(syntactic moves)에 특별히 적용된다. 이런 진행은 보통 다음을 고려하지 않은 추정이다. 이런 구문론적 진행은 그 관련 상태들의 의미론적 가치를 고려해야 한다. 즉, 구문론적 진행은 참인 상태로 이끄는 방식으로 만들어져서, 일반적으로 더 참인 상태를 유도하고, 그렇게 하여 목표에 적합한 행동 선택으로 이어진다. 이러한 가정 없이, 인지과학과 신경과학의 많은 이론에 중요한 정보처리 흐름도를 그리는 것은 불가능할 것이다. 그러나 "구문론이 의미론을 고려한다"는 이런 가정은 그 자체로 설계 가정이다. 그런 가정은, 행동 선택이 환경에 적절하게 조정될 것을 확신할 수 있도록 표상 시스템이 설정된다는 생각에 의존한다.

목적의미론의 반대자들은 이렇게 논박하고 싶어 할 수 있다. 이런 것 중 어느 것도 실제로 목적의미론의 중심 논점, 즉 표상 시스템의 현재 작동이 형이상학적으로 그 시스템의 인과적 역사로부터 독립적이며, 그래서 현재 행동 성공을 예측하고 설명하는 것은 [인과적 역사가 아니라] 표상 시스템이라는 논점을 설득하지 못한다. 그렇지만 현재의 단계에서 이 논점은 [설득하기에] 어려움이 있다. 만약 모든 실제 표상 시스템이 설계 역사를 가진다면, (그리고 표상 시스템을 이해하고 싶은 사람이라

다. 어떤 단순한 관찰도 이미 가설 혹은 배경 이론이 얹어지기 때문이다. 실험적 관찰을 시행하려면, 우선 "가정적" 가설을 고려해보지 않을 수 없으며, 고려해야만 한다.

면 누구라도 표상의 설계 역사에 또한 관심을 가져야 한다면) 실재적 표상만이 유일하게 현재의 패턴을 포함한다고 왜 계속 주장할까?

시계를 고려해보자. 원인론적으로 시계를 생각해보는 것은 자연스럽다. 시계는 하루의 시간을 시각적으로 볼 수 있게 해주는 휴대용 제품이며, 더구나 이러한 목적을 위해 설계되었으며, 물론 자연선택이 아니라, 의식적인 시계공에 의해 설계되었다. 그들은 정확한 시간을 특별히 보증해줄 복잡한 작동을 구성했다.

그러나 혹자는 시계에 대한 반원인론주의자를 상상해볼 수 있다. "중요한 것은 오직 시계는 시간과 관련된다는 것이다. 우리가 시간을 말하기 위해 그것을 사용한다는 것이 바로 이러한 현재의 패턴이다. 정말 그렇다. 모든 보통의 시계는 분명 이러한 목적을 위해 의식적인 설계자에 의해 제작된다. 그러나 그렇게 제작되었다는 것은 다른 문제이다. 그것이 어쩌면 시계의 존재를 설명해줄 수 있겠지만, 시계에 관한 예측적, 설명적 의미는 부차적이다."

글쎄, 설계 원인론이 시계의 존재를 위한 필요 사항이 아니냐는 식으로 누군가 주장할 수 있다. 그러나 여기 논점이 무엇이었던가? 결국, 시간을 표시해주는 모든 휴대품은 그 목적을 위해 설계되었으며, 더구나 만약 당신이 시계의 작동을 이해하고 싶다면, 그 설계자가 구성요소로 무엇을 의도한 것인지를 파악하려 시도하는 수밖에 없다. 이 점을 고려한다면, 범주들에 대한 부자연스러움과 불필요한 정화(제거)와는 무관하게, 시계의 존재를 위한 원인론적 필요 사항을 제거함으로써 아무것도 얻지 못할 것 같다.

비유는 명확히 해야 한다. 우리는 원칙적으로 표상을 비원인론적 종류로 생각해볼 수 있다. 그러나 그것으로 아무것도 얻지 못할 것이다. 동일 부류의 사례들이 여전히 표상으로 드러날 수 있으며, 우리는 그 작동을 이해하기 위해 실질적으로 필수적인 무엇의 표상을 단순히 제거해왔을 수 있다.

선택의 다양성

잠시 동안 일부 독자들을 걱정하게 했을 쟁점에 대답하는 것으로 결론을 맺으려 한다. 마지막 두 절의 내용에서 명확히 밝혔듯이, 목적의미론은 모든 본래적 표상에 대해 그 기능성이 자연선택의 과거 역사에서 파생되었음을 명확히 인정한다.12) 그러나 이것 모두가 그럴듯한가? 가장 친숙한 자연선택이란 유전자의 세대 간 선택이다. 하지만 본래적 표상들이 그러한 **유전적** 선택의 측면에서 설명될 가능성은 거의 없다. 처음에는, 대부분 인간 정신 표상들은 계통발생(phylogeny)보다 개체발생(ontogeny)의 산물이다. 새로운 아이폰(iPhone)에 대한 나의 욕구나 메츠(Mets) 팀이 월드시리즈에서 우승할 것이라는 나의 믿음을 품기 위해 특별히 어떠한 유전자도 선택되지 않았다.

다행스럽게도, 목적의미론 기획을 위해 생물학적 형질에 의한 원인론적 기능의 소유는, 그러한 형질을 일으키는 유전자 선택에 항상 의존하지 않는다. 나는 우리가 비유전 형질에서 원인론적 기능성을 가질 수 있는 세 가지 방법을 구별할 것이다. 첫째는, 루스 밀리칸에 의해 강조되었으며, 여러 기능의 많은 계층적 설명에 호소한다. 둘째는, 학습에서 비유전적 선택을 포함한다. 셋째는, 비유적전 항목의 세대 간 유전에 의존한다. 이러한 세 가지 방법과 함께, 세 가지 과정들은 원인론-선택적 기능들을 소유할 수 있는 항목의 범위를 확장한다.

첫째로, 다층적 기능(multilayered functions)을 이야기해보자. 밀리칸은, 일부 생물학적 항목들이 "관계적" 기능을 가진다는 점에 주목하는

---

12) 내가 "original"을 말하는데, 물론, 그 이유는 많은 파생된(derived) 표상 시스템들, 즉 부호(code), 컴퓨터 언어, 일반적으로 인공 언어 등이 자연선택이 아니라 의식 있는 설계자에 의해 그 표상의 목적을 지원하도록 구성된 때문이다. 그러나 본래적 표상 "눈먼" 설계자로 사용되려면 자연선택이 필요하다.

데, 그것은 다른 것과 특정한 관계를 맺을 때 무엇인가를 수행하는 기능이다. 카멜레온의 위장 시스템은 카멜레온의 피부색을 (그 무엇이든) 주변의 배경과 일치시키는 관계적 기능을 가진다. 맞추어야 할 특정한 배경이 주어지면, 이 메커니즘은 **파생적** 기능으로 형질을 발휘한다. 카멜레온이 갈색 나뭇가지에서 웅크리고 있을 때, 그 갈색은 나뭇가지와 일치하는 파생적 기능을 가진다. 이전에 그 위장 메커니즘은 갈색 색조로 변화하지 않았는데, 그래서 그 피부색이 그런 파생적 기능을 발휘하지 않았다. 그러한 모든 위장 메커니즘은 그 어떤 색깔이라도 배경과 일치하도록 선택된 덕분이다.

그러한 다층적 기능은, 더 단순한 구성요소로 복잡한 표상을 구성한다는 의미에서, **합성적인**(compositional) 많은 표상 시스템과 관련된다. 그러한 합성적 시스템은 흔히 전혀 새로운 표상, 즉 어떤 역사적 전례가 전혀 없더라도 의미 있는 항목을 발생시킨다.

꿀벌의 춤을 생각해보자. 그 춤은 다른 꿀벌들에게 자당을 찾기 위해 어디로 가야 할지를 "말해"주는데, 그 춤의 방향은 자당(nectar)의 방향을 가리키며, 춤의 지속 정도는 그 거리를 가리킨다. 어느 특정한 춤이 현재 자당의 위치에 적응될 것이며, 그렇게 그 위치에 적절한 방식으로 행동을 안내하는 파생적 기능을 가진다. 그러나 그렇게 특정한 거리와 방향을 가리키는 춤은 아마도 벌의 역사 이전에 발생지는 않았을 것이다. 그렇다면, 그 춤이 그러한 기능성을 가지는 것은, 그 특정한 춤의 이전 버전의 어느 유익한 효과 때문이 아니라, 방향과 거리를 가리키기 위한 종합적 표상 **시스템**의 유익한 효과 때문이다.[13]

이런 일반적인 모델은, 인간의 인지를 포함하여, 많은 표상 시스템에 적용될 수 있다. 나는 누군가가 "낡은 테이블로 좋은 이쑤시개를 만들 수 있다"고 생각한 적이 있음을 문장으로 받아 적어보기 전에는 의심한

---

13) 이러한 카멜레온과 꿀벌의 사례는 모두 Millikan(1984)에서 더 상세히 논의된다.

다. 그러나 이것이 다음과 같은 경우를 방해하지는 못할 것이다. 정신적 표상이 생물학적 기능을 발생시킬 것이며, 따라서 더 단순한 개념으로부터 복잡한 생각을 발생하는 전체 시스템의 기능성에서, 그 진리 조건도 나온다.

그럼에도 불구하고, 단순한 개념 "테이블" 및 "이쑤시개"와 같은, 합성 시스템의 **구성요소**는 어떠한가? 그것들의 기능성이, 비록 "낡은 테이블로 좋은 이쑤시개를 만들 수 있다"는 특정한 조합에서는 아닐지라도, 과거의 기여로부터 유전자 선택을 이끌어내야 하지 않는가? 그러나 이런 것과 같은 개념이 어떤 종류의 유전자-기만 기능을 가질 수 있다는 것은 거의 믿을 수 없다.

목적의미론은 앞에서 언급한 다른 두 생각에 호소할 수 있다. 첫째는 선택-기반 "학습"(selection-based "learning")이었다. 이것은 여러 세대에 걸친 유기체의 차별적인 복제를 포함하지 않지만, 임의적 개인의 발달과정 중 인지적 혹은 행동적 항목의 차별적 "복제"를 포함한다. 예를 들어, 인지적 반응이 학습 중 경험에 의해 형성될 때, 그러한 개체발생적 선택이 발생한다. 그러한 경우에, 우리는 그 항목들이, 학습 메커니즘에 의해서 선호된 덕분에, 그러한 효과를 내는 기능을 가짐으로써 선택된다고 생각할 수 있다. "테이블", "이쑤시개" 등과 같은 개념들이 이 경로를 통해 표상적 기능을 얻을 수 있다는 것은 논쟁의 여지가 있다.

목적의미론과 관련된 비유전적 선택의 대안적 형식은 비유전적인 "세대 간 선택"이다. 많은 형질들이 성적 "병목현상" 이외의 비유전적 통로를 통해서 부모로부터 어린이에게 전달된다. 즉, 이러한 형질들은 기생충의 소유, 각인 메커니즘(imprinting mechanisms)의 결과,14) 그리고 사회적 학습을 통해 부모로부터 습득된 많은 인지적/행동적 기질 등

---

14) [역주] 출생 후 처음 보고, 자신을 돌보는 어른을 부모로 인식하는 결과, 이런 현상은 특히 조류 새끼에게서 명확히 나타나며, 심지어 사람을 자기 부모로 인식하고 따르기도 한다.

을 포함한다. 많은 생물학 이론가들은 이렇게 주장한다. 그러한 비유전
학적으로 유전된 형질들은, 유기체의 차별적 복제의 정상적인 다원주의
과정을 통해 자연적으로 선택될 수 있다(예로, Jablonka and Lamb
1999; Mameli 2004). 이러한 방식으로 널리 전파된 비유전학적으로 유
전된 형질들은 기능, 즉 그 소유주를 선호하는 효과를 가질 것이다. 다
시 말해서, 이런 종류의 기능들은 정신적 표상의 내용을 설명하기에 도
움이 될 수 있어 보인다. 결국, 특정한 비유전학적으로 유전된 사고방식
들은, 그것들이 소유자로 하여금 환경의 어떤 특징에 민감하도록 만들
어주기 때문에, 그 사고방식의 소유자에게 유리함이 된다는 것은 아주
당연한 생각이다.

결론

목적의미론은 비표상적 용어로 표상의 본성을 설명해줄 강력한 체계
를 제공한다. 언뜻 보기에, 생물학적 기능에 대한 단순한 호소가 진리의
의의를 설명해주거나, 또는 표상적 내용의 결정성을 도모해주거나, 또는
어떤 유전적 근거도 없는 표상적 국면을 다룰 수 있다는 것은 있을 법
하지 않다. 그렇지만 우리가 일단 목적의미론이 호소할 수 있을 재원의
전체 범위를 인식하기만 한다면, 우리는 목적의미론이 이러한 혹은 다
른 반론을 다룰 유연성을 가지고 있음을 알아볼 수 있다.

6. 정보적 목적의미론을 위한 방법론적 논증
The Methodological Argument for Informational Teleosemantics

카렌 니앤더 Karen Neander

핵심 내용

데니스 스탬프(Dennis Stampe 1977)와 프레드 드레츠키(Fred Dretske 1986)는 정신적 내용 지칭(mental reference to content)은 정보-전달 기능(information-carrying functions)에 수반한다고 제안하였다.1) 그들의 제안은 다음과 같은 주요한 두 논제를 승인한다. (1) 정신적 내용 지칭은 인지 시스템 구성요소의 정상-고유 기능(normal-proper functions)에 근거하며(목적의미론), (2) 정신적 내용 지칭은 인지 시스템에 의해 처리되는 자연적 정보(natural information)에 근거한다(정보의미론). 여기

---

1) 목적의미론의 다른 정보적 버전은 Neander(1995, 2012), Jacob(1997), Shea (2007), and Schulte(2012) 등을 보라. Stampe(1977)는 스스로 정보적 의미론(informational semantic theory)을 제안하는 것으로 생각하지 않았지만, 인과관계(causal relations)와 이웃관계(nearby relations)를 자연적 정보관계(natural information relation)의 기반으로 간주했다.

6. 정보적 목적의미론을 위한 방법론적 논증 199

서 나의 목적은 이 두 주제를 지지하는 방법론적 논증을 명확히 보여주는 것이다(정보적 목적의미론 informational teleosemantics). 그 논증은, 마음과 뇌과학 내의 설명적 개념(explanatory concepts)과 실천(practices)에 관한 특정 주장들에 의존한다는 의미에서, 방법론적이다.

첫째 단원은 방법론적 논증의 핵심 버전을 설명해준다. 이후 단원에서는 여러 전제들을 차례로 각각 논의하고, 그런 후 그 논증이 그 결론을 위해 제공하는 지지의 종류와 정도를 논의하겠다. 거두절미하고, 핵심 버전은 아래와 같다.

전제 1: "정상-고유 기능"이란 관념(notion)은, 현재 생리학자와 뇌 생리학자에 의해 제공되는, 신체 및 두뇌의 작동에 대한 다층-구성요소 분석(multilevel componential analyses)("기능 분석"으로 알려진)에서 주요하다.

전제 2: 두뇌의 정상-고유 기능은 여러 인지 기능을 포함한다.

전제 3: (전제 1에서 언급한) 동일 기능의 관념[즉, 정상-고유 기능이란 관념]은 인지과학자가 제공하는 인지에 대한 기능 분석에서 주요하다.

전제 4: 인지과학의 주류 분야 내의 전제에 따르면, 인지는 정보처리(information processing)를 포함한다.

전제 5: 인지과학 내에 정보처리를 논의하기 위해 포함된 그 (관련) "정보"라는 관념은 "자연적, 사실적 정보"를 가리킨다.

전제 6: 인지과학은 "규범적 관함(normative aboutness)"을, 정상-고유 기능에서 파생되는 규범과, 자연적, 사실적 정보에서 파생되는 "관함(aboutness)"으로 가정한다.

결론: (대략 생각할 수 있는) 몇몇 버전의 정보적 목적의미론은 현재 마음과 뇌과학이 제공하는 인지에 대한 설명으로 지지된다.

아마도 스탬프와 드레츠키에 의해 암묵적으로 제안되긴 했지만, 이런 논증은 이제까지 충분히 해명되지 못해왔다. 나는 뒤의 논의에서 이에 대한 이유를 애써 조명해보겠다.

전제 1

전제 1이 말하는 바에 따르면, 정상-고유 기능이란 관념은 생리학자와 뇌 생리학자가 현재 내놓는 신체와 두뇌의 작동에 대한 다층-구성요소 분석(기능 분석)에서 주요하다. 이것은 현재 생물학자가 제공하는, 살아 있는 시스템의 기능 분석에 대한 기술적(descriptive) 주장이다. 이것은 그 시스템이 제공해야만 하는 기능 분석에 대한 처방적(prescriptive)[2] 주장이 아니다. 이것에 대해 여전히 논란이 많지만, 해명되어야 한다는 점만은 논란이 없을 것 같다.

이와 관련하여 언급할 첫째 사항은 이렇다. "정상-고유 기능"이란 관련 관념은 여기에서, 정상 및 비정상으로 기능하는 생물학적 논의에 주요하다고, **명확히** 확인된다. 비정상이란, 정상으로 기능하는 시스템의 기능장애(dysfunction), 오작동(malfunction), 손상된 기능(impaired functioning), 기능적 결함(functional deficits) 등을 말한다. 그래서 전제 1이 그 관념의 어떤 특별한 철학적 분석을 하도록 안내하지는 않는다. 정상-고유 기능에 귀속됨이 어떻게 잘 이해될 수 있는지는 생물학의 철학자들(philosophers of biology) 사이에 논란거리이지만, 전제 1은 이런 논란에서 완전히 벗어난다.[3]

그 관념에 대한 몇 가지 논점이 일반적으로 (정당하게) 받아들여진다.

---

2) [역주] 실천윤리학에서, 당위(ought)란, 사실(is)과 구분되는, 실천적 행위-안내(action-guiding)를 의미한다는 측면에서, "prescriptive"에 대한 번역은 "처방적"이 적절하다.

3) Neander(2012)는 생물학적 기능에 대한 여러 관점을 소개해준다.

이러한 "기능"에 대한 의미에서, 한 시스템 내의 하나의 구성요소의 기능이란 단지 그 기능의 효과(결과)가 아니다. 비록 심장이 혈액을 순환시키면서 "쉭~" 하는 소음을 내기도 하며, [그래서] 그 소음이 진단에 도움이 되기도 하지만, 심장은 혈액순환의 기능을 갖는 것이지, 그런 소리의 기능을 갖지는 않는다. (실현된(token)) 구성요소가 그 기능의 수행에 꼭 필요하지는 않다. 적절한 상황이 벌어지지 않을 수 있으며(동물원에서 태어난 영양은 포식자로부터 도망하기 위한 자신의 긴 다리를 사용할 필요가 없을 수도 있으므로), 환경이 협조적이지 않을 수도 있다(잠수부가 심해로 내려갈 때 산소탱크에 산소가 고갈되는 경우 산소를 흡입하지 못하므로). 게다가, 실현된 어느 구성요소가 오작동할 수도 있다. 만약 그 구성요소가 오작동한다면, 그 기능을 수행할 수 없거나, 정상 수준의 효율로 수행하지 못한다(어떤 사람의 췌장은 인슐린 생산 기능을 가짐에도 불구하고, 인슐린을 생산하지 못하거나 적절한 시기에 적절한 양을 생산하지 못할 수도 있으므로). 그리고 예를 들어, 전염병이나 환경재난으로 인한 기능 손상으로 한동안 전체적으로 전형적이지 않을 수 있다는 생각은 결코 일관성이 없지는 않다. 기능장애가 한동안 전형적일 수 있다고 가정한다면, (일부 사람들이 주장하듯이, 비록 통계적 사실들이 어떻게든 포함되더라도) 기능/오작동 사이의 구별은 단순히 전형적/비전형적 구별이 아니다.

스스로 목적의미론의 지지자라고 공언하는 사람들 대부분은 그러한 기능들이 (거의) "라이트식" 기능(Wright-style functions)이라는 생각을 지지해왔다. 래리 라이트(Larry Wright, 1973)의 독창적 생각에 따르면, 어느 존재(entity)의 기능은 "그것이 왜 있는지" 혹은 "그것의 형태가 왜 그러한지" (가령, 눈의 단속운동(eye saccades)이 왜 있는지, 또는 우리에게 왜 송과선(pineal gland)이 있는지) 등을 설명해주는 무엇이다. 좀 더 정확하게, 스스로 목적의미론 지지자라고 공언하는 사람들 대부분은 더욱 최근의 (오늘날 저자가 개발한 것과 같은4)) 원인론(etiological theory)을 채택하는데, 그것은 라이트의 것과 상당히 다르다. 대개 그러한 이론들은 구성요소의 기능을 과거의 선택에 명확히 관련시킨다. 그 핵심적 생각에 따르면, 어떤 항목의 기능은 실행을 위해 선택된 것을 이행하거나, 혹은 실행을 위해 선택된 어떤 유형의 항목(어떤 유형의 선택이 관련되는지에 의존하는)을 이행하는 것이다. 이런 관점에서 정상-고유 기능이란 "선택된 효과(selected effects)"이거나, "선택된 기능(selected functions)"이다. 그리고 언뜻 보기에도, 선택된 기능이란 정상-고유 기능과 동일하게 여겨질 만한 후보라는 것에 모든 사람이 동의할 것이다. 심장은 혈액이 순환하는 소리(쉭~)를 내기 위해 선택된 기능을 갖지 않는다. 실제의 것들은 선택된 기능을 수행할 필요가 없는데, 왜냐하면 적절한 상황이 일어나지 않을 수 있거나, 혹은 현재의 환경이 협조적이지 않을 수도 있기 때문이다. 그리고 역시 실제의 오작동과 전형적 오작동 모두의 가능성이 있는데, 왜냐하면 선택된 실제 기능은 현재의 성향이 아니라 과거의 성향으로부터 초래된 과거의 선택에 의존하기 때문이다.

정상-고유 기능이 선택된 기능이며 다른 분석을 제공하는지 여부에 대한 몇몇 논쟁이 있긴 하지만, 현재 논점은 정상-고유 기능이 전제 1을 논박할 필요가 없다는 것이다. 즉, 전제 1은 정상-고유 기능의 원인론에 어떤 개입도 하지 않는다.

전제 1을 위해 말해야 할 다음은 (꼭 진화주의자가 아니라도) 생리학자와 신경생리학자가 분명히 정상-고유 기능이란 관념을 사용한다는 것이다. 이것이 그다지 논쟁적이지는 않다. 예를 들어, 단어를 세어보면, 『미국 생리학 저널(*American Journal of Physiology*)』에 발표된 한 논문이 "기능장애(dysfunction)"라는 용어를 22회 사용했다는 것을 알 수 있다.[5] (물론 이 용어의 논리를 확인하려면 좀 더 많은 작업이 필요하지

---

4) 자세한 사항은 Neander(1991, 2016), Neander and Rosenberg(2012)를 보라.

만, 내가 이미 가정했듯이, 앞서 언급되고 일반적으로 인정되는 특징들은 여기 이 논박에서 제외된다.) 두드러지고 적절히 논박될 수 있는 것은, 만약 그런 것이 있다면, 그것은 정상-고유 기능이란 관념을 사용함으로써 지지되는 이론적 목적이다. 전제 1이 말해주는 것은, 생리학자와 신경생리학자가 **신체와 두뇌가 어떻게 작동하는지를 설명하면서** 구성요소의 정상-고유 기능을 언급한다는 것이다. 그리고 이것을 이야기할 때, 전제 1은 단어를 세어서 확립될 수 있는 것을 넘어선다. 생리학자와 신경생리학자가 정상 및 비정상 기능을 언급하는 것은 명확하지만, 그들이 왜 그렇게 하는가? 전제 1을 평가하려면, 생리학자와 신경생리학자가 신체와 두뇌가 어떻게 작동하고 기능하는지를 설명하려 할 때 제시하는 설명의 일반적 성질에 대한 메타과학적 분석이 필요하다. 여기에서 그것을 충분히 논의하기는 어렵지만, 몇 가지 중요한 점들은 논의될 수 있다.

그것을 논의하려면, "시스템 기능(systemic function)" 또는 "커민스 기능(Cummins' function)"(또는 인과-역할 기능) 등 다양하게 불리는 기능에 대한 둘째 관념에 주목할 필요 또한 있다. 이것은 시스템 능력(system capacity) 이론, 즉 로버트 커민스(Robert Cummins 1975)의 고전적 버전으로 정의된다.[6] 커민스의 독창적 분석에 따르면, 한 시스템 내의 구성요소의 기능은, (분석에서 공교롭게 드러나는) 복잡하게 성취되는 그 시스템의 능력(Z^*)에 대한 기여이다. 커민스는 이렇게 말한다. 시스템 S의 구성요소 X는 "S 내에서 시스템 능력 Z로 기능하는데(혹은 S 내의 구성요소 X의 기능이 Z에 이르는데), 그것은 시스템 능력 Z^*에 이르는 S의 능력에 대한 분석적 설명 A에 상대적이다. 그리고 이런 경우는 오직, 구성요소 X가 시스템 S 내에서 시스템 능력 Z를 발휘할 수

---

5) Dayal et al.(2008).

6) Craver(2001)도 보라.

있고, 분석적 설명 A가 시스템 S 내에서 시스템 능력 Z에 이르는 구성 요소 X의 능력에 호소함으로써, 시스템 열량 Z*에 이르는 시스템 S의 능력을 적절히 설명할 수 있을 때이다."(Cummins 1975, p.762)[7] 커민스의 독창적 분석에 의해 정의되는 이러한 기능을 "커민스 기능"이라고 부르자.

커민스에 따르면, 그것이 바로 **이러한** 커민스 기능이며, 현대 생물학자가 언급하는 라이트식(Wright-style)의 "선택된 기능"은 아니다. 그리고 많은 "생물학의 철학자"는 이에 대하여 커민스에 동의하는데, 적어도 "어떻게"라는 질문(예를 들어, "인간의 시각 시스템이 어떻게 볼 수 있게 해주는지?" 또는 "우리의 하루 생체주기는 어떻게 조절되는지?" 등)[8]에 대한 생물학자의 대답에 동의한다. 여전히 모든 사람은, 최소한 커민스가 정의한 것처럼, 그러한 기능이 정상-고유 기능이 아니라는 데에 동의할 것이다. 예를 들어, 그들은 통상적인 기능/오작동 구별을 존중하지 않을 것이다. 커민스(Cummins, 1975, p.757)의 말에 따르면, "만약 시스템 S에서 무언가의 기능이 펌프질하는 것이라면, 시스템 S에 펌프질할 능력이 있어야 한다" (그리고 이것이 그의 분석에 의해 실제로 함의된다(entailed)). 이것은 (전형적인 오작동은 제외하고) 실현된 오작동(token malfunction) 가능성을 배제한다. 오작동이 가능하려면, 적절한 환경에서조차, 정상-고유 기능을 가지는 무언가가 수행 능력을 결여하는 일이 가능해야 한다. 게다가 구성요소들은 때때로 커민스 기능들을 오작동하도록 만들 것이다. 왜냐하면, 시스템 능력 Z*는 연구자의 관심에 따라서 결정되며, 생리학자는 종양의 성장과 같은 복잡한 병리학적 과정을 설명하는 데 관심을 가진다. 여러 구성요소는 커민스 기능이, 병리학적 과정이 분석될 때(만약 그 요소들이 그 과정에 기여한다

---

7) 편의를 위하여 커민스의 기호(Cummins' symbols)는 변경되었다.

8) Millikan(2002)과 대조되는 Godfrey-Smith(1993) 및 Millikan(1989)를 보라.

면), 병리학적 과정에 기여하도록 영향을 미칠 것이다. 생리학자들과 신경생리학자들이 어떤 이유로 또는 아직은 확정되지 않은 이유로 정상-고유 기능을 언급하지만, 복잡한 유기체 시스템이 **어떻게** 작동하는지를 설명하는 것은 아니라고 해야 할까?

기능에 대한 원인론적 이론과 시스템적 능력 이론은 때때로 매우 다른 여러 메타-분석 목적을 가지는 것으로 제시된다. 가령 폴 셀든 데이비스(Paul Sheldon Davies)는 이렇게 말한다. "그 이론들은 서로 다른 설명 목적을 가지는 것 같다. 선택된 기능들은 집단 내에서 어떤 형질이 유지되고 증식될지 설명해주는 반면, 시스템의 기능들은 시스템이 어떤 능력을 어떻게 실행하는지를 설명해준다."(Davies 2001, p.28) (데이비스는, 이러한 설명적 노력의 구분으로부터, 선택된 기능들이 도대체 필요한지 아닌지를 따지는 것에 이의를 제기한다.) 비슷한 관점에서 필립 휴네먼(Phillipe Huneman)은 이렇게 말한다. 원인론적 이론과 시스템적 능력 이론의 지지자들은 "공통으로 '기능'이 모종의 설명에 사용되는 개념임을 인정하면서도, 처음부터 서로 의견을 달리한다. 왜냐하면 원인론적 설명은 'X의 기능이 Y라는 것이, X의 출현을 설명해준다'고 보는 반면, 인과적 역할 이론가들은 'X의 기능이 Y라는 것이, X를 포함하는 어떤 시스템의 일반적인 고유 활동을 설명해주거나 그런 설명에 기여한다'고 보기 때문이다."(Huneman 2013, p.2)

물론, (1) 생리학자와 신경생리학자들이 정상-고유 기능을 언급하면서도 (2) 그들이 복잡한 유기체 시스템이 어떻게 작동하는지를 설명하기 위해 그것을 언급하지 않는 것에 명백히 모순은 없다. 그러나 과학을 주의 깊게 살펴보면 생물학자들이 바로 이러한 맥락에서 자주 정상-고유 기능을 언급한다는 것이 드러난다. 시스템의 "일반적 고유" 기능에 대한 휴네먼의 언급은 그들이 왜 그러는지에 대한 실마리를 제시한다. 생리학자들이 복잡한 유기체적 시스템의 "일반적 고유" 활동을 설명한다면, "고유" 활동에 대한 **어떠한** 관념이 포함되어 있다.

내 생각은 이렇다. 생물학자가 복잡한 유기체적 시스템의 작동을 설명할 때는 먼저 개념적으로 여러 분석 수준에서 시스템을 그것의 구성요소들로 나눈 뒤에, 시스템의 복잡하게 성취된 능력들이 다양한 구성요소 각각이 추가하는 다양한 기여를 통해 어떻게 산출되는지 기술한다는, 커민스의 주장은 옳다. 또한, 생리학자들과 신경생리학자들의 많은 작업이 살아 있는 시스템의 실제적 기능을 설명하는 것을 목표로 한다는, 그의 주장도 옳다. 이런 작업의 많은 부분은 실험적이고 하나 또는 몇 개의 구성요소, 또는 일부 개체들의 **실제** 활동을 이해하는 데 도움이 된다. 그러나 생리학자와 신경생리학자들은 하나의 집단으로서 소위 정상 시스템에 관한 기술을 발전시키는 데도 기여하며, 여기에는 정상 시스템이 적절히 기능할 때 그 기능에 대한 서술도 포함한다. 예를 들어, 생리학자들은 정상적인 인간 면역체계의 기능을 설명하려 하고, 신경생리학자들은 정상적인 인간 시각 시스템의 기능을 설명하려 한다. 이런 집단적 과업은 정상-고유 기능이라는 관념과 관련된다. (그것이 이 관념**에만** 관련된다고 말하는 것이 아님에 유의하라. 당연히, 아마도 기능의 다른 관념들을 포함하여 다른 여러 관념들도 사용된다.) 생리학과 신경생리학 저널에 보고되는 연구들은 정상적 시스템이나 비정상적 시스템에서 일어나는 일에 대한 보고에 해당한다고 뭉뚱그려 말할 수 있다.

생물학 이외의 일부 과학은 순환하는 과정들을 여러 수준의 구성요소들로 분석하는 다층적 분석을 제공한다. 가령 우주론자들은 행성계 형성에 관하여 그런 다층적 분석을 제공한다. 그들은 원자보다 작은 입자들만큼 작거나 항성들만큼 큰 구성요소의 일반적 인과 역할을 기술할 때, 일반화를 위하여 통계학을 사용하기도 한다. 그러나 다층적 구성요소 분석에 통계학을 동원하는 일은 정상-고유 기능의 관념을 활용하는 일과 같지 않다. 우주론자들은 오작동을 허용하는 기능들을, 행성 형성에 전형적으로 기여하는 구성요소들 탓으로 돌리지 않는다. 왜 생리학자들과 신경생리학자들은 오작동을 허용하는 기능들을 [그 구성요소들의] 탓으로 돌리는가?

과학적 이상화는, 기술되는 대상의 복잡성에 대한 응답으로, 종종 단순화의 수단으로 사용된다. 그리고 한 사람의 뇌는 고사하고, 단 한 개의 세포나 신체 기관의 작동을 기술하는 일만 해도 그런 기술 대상의 순수한 복잡성 때문에 벅찬 과업이다. 그러나 살아 있는 시스템의 정상-고유 기능을 기술하는 일에서 이상화는, 정상 시스템도 최소한 비정상 시스템만큼 복잡하므로, 단순화의 목적에 기여하지 못할 것처럼 보인다. 정상-고유 기능이 어떻게 이해되어야 하는지 논제에 대한 입장표명 없이, 이상화의 목적을 한층 더 완전하게 기술하기란 어려운 일이다. 그러나 내가 볼 때, 이런 목적은 부분적으로는 한 종의 실제적 기능에서 나타나는 방대한 분량의 변형에 맞서 **일반화**를 시도하는 것이며, 또 부분적으로는 구성요소들이 외부 환경에 적응하는 동시에 함께 적응하면서 생겨나는 종류의 **조직화된** 복잡성을 기술하는 것이기도 하다.9)

만약 생리학자와 신경생리학자들이 선택된 기능이란 관념을 이런 목적으로 사용한다면, 그들이 기술하려는 정상 시스템이란 무엇인가를 하기 위해 선택된 각 구성요소가 그것을 하기 위하여 선택된 것을 할 수 있는 (적어도 그런 성향을 지닌) 것들을 (또는 그런 것들 가운데 하나를) 가리킨다. 그러나 정상-고유 기능에 대한 다른 철학적 설명은 유기적 시스템이 **얼마나** 복잡하게 동작하는지를 설명하는 데 있어서 정상-고유 기능의 기술이 유용한 이상화 역할을 한다는 생각 또한 포착하려 할 수 있다.

생리학도 신경생리학도 단일 개념 과학이 아니며, 또는 그 관련 과학자들이 모두 한마음으로 그것에만 전념하는 단일 목적의 과학도 아니다. 그래서 생리학자와 신경생리학자가 시스템이 (정상적으로 적절히

---

9) 나는 Neander(2015)에서 이상화를 좀 더 자세히 기술하였다. 또 정상-고유 기능이 이런 이론적 목적에 대한 기여한다는 점에 대해서는 Boorse(1977), Neander(1991), Millikan(2002), Garson(2013), Brandon(2013) 등을 보라.

기능할 때) 어떻게 기능하는지를 기술하려 한다는 주장에서, 내가 독단적 주장을 하고 있지는 않다. 생리학자들과 신경생리학자들 또한 (예컨대, 당뇨나 알츠하이머 같은) 병리학적 과정을 설명하고 싶어 한다. 이와 더불어, 앞에서 지적했듯이, "일반적인" 것과 "고유한" 것은 완전히 분리될 수 있다. "고유"하지 않은 어떤 일반적 활동이 (적어도 원인론적 이론의 관점에서) 어느 생물종의 복합적 초상화의 창작에서 여전히 묘사된다. 예를 들어, 구조적 또는 발달적 제약 때문에 변경되기 어려운 특성들의 적응적 및 오적응(maladaptive) 결과를 기술하는 것은 유용하다. 그리고 적어도 원인론의 관점에서 볼 때, "고유한" 것이 항상 일반적인 것은 아니다. 선택은 아주 많은 적응적 형질들을 고정시키는 방향으로 몰아가는 경향이 있다. 그러나 정상적인 것이 되는 데는 여러 다른 방식들 또한 있다(상이한 성(sex), 발달 단계, 지역적 적응, 빈도-의존적 적응도의 양자택일 등등이 존재한다). 뿐만 아니라, 개체들로 하여금 그것들의 생애 동안 특정 환경에 적응시키도록 하는 정상-고유 기능을 갖는 구성요소들(일부 관련된 개체발생적 선택과정, 예를 들어, 면역과 관련한 항체 선택, 그리고 학습에 관련한 신경 선택)도 있다. 그러므로 정상-고유 기능 역시 어떤 관점에서는 특유한 것일 수도 있지만, 개체발생적 적응 과정(면역 과정, 학습 과정, 기억 과정 등등)을 기술하는 일은 일반화의 목적에 부합한다.

반복하자면, 전제 1은 생리학자들과 신경생리학자들이 **신체와 뇌가 어떻게 작동하는지 설명하기 위하여** 정상-고유 기능이란 관념을 사용한다고 주장한다. 그것은 정상-고유 기능의 관념이 어떻게 가장 잘 이해되는지를 말해주지는 않는다. 어떤 사람은 전제 1에 동의하면서, 정상-고유 기능에 대한 원인론적 설명을 지지할 수도 있다. 또, 어떤 사람은 전제 1에 동의하는 대신, (아마도 필립 키처(Kitcher 1993)가 제안한 우호적인 수정 노선을 따라) 정상-고유 기능이 **변형된** 커민스 기능들이라는 생각을 지지할 수도 있다. 아니면, 대신에 그 사람은, 크리스토퍼 부스

(Christopher Boorse 1997, 2002)가 정상-고유 기능을 생물통계학과 사이버네틱스로 설명하듯이. 정상-고유 기능에 대한 다른 설명을 지지할 수도 있다.10) 전제 1은, 생리학자들과 신경생리학자들이 신체와 뇌가 어떻게 동작하는지를 설명할 때, 그들이 제공하는 설명적 기술에서, 정상-고유 기능 귀속이 역할을 하는지에 대해 분명한 입장을 취한다. (그러나 정확히 왜 그러는지는 말하지 않는다.) 내가 보기에, 세부사항에 대한 합리적 토론의 여지야 있겠지만, 전제 1은, "명백한" 참은 아닐지 몰라도, 참이다.

전제 2와 전제 3

전제 2는 뇌 기능이 인지 기능(cognitive functions)을 포함한다고 말한다. 그러나 뇌의 모든 기능이 인지적이라거나, 뇌만이 인지 기능을 수행한다거나, 뇌가 하는 모든 것이 인지 기능이라고 주장하지는 않는다. 전제 2를 부정하려면 인지에 대하여, 혹은 최소한 인간의 뇌에 관해 표준에서 크게 벗어난 관점을 채택해야 한다. "방법론적 논증"은 정보적 목적의미론이 마음과 뇌에 관한 현재 과학의 주류 논조에 의하여 암묵적으로 지지된다고 주장한다. 그것은 마음과 뇌에 관한 이상적이고 완전한 과학이 제공할 지지를 주장하는 것은 아니다. 그래서 그것이 정보적 목적의미론에 제공하는 어떤 지지도, 인지에 대한 매우 급진적 관점들, 예를 들어, 데카르트식 이원론자, 존재론적 행동주의자, 또는 체화된 인지 이론의 초급진적 버전 등이 참이 아니라는 조건과 어떻게든 결부된다.

전형적으로, 의사결정, 기억, 학습, 신중한 추론 등이 인지 과정으로 간주되지만, 여기서는 지각과 운동 조절도 인지 과정으로 간주된다. 이

---

10) Nanay(2010)는 급진적으로 다른 대안을 제시한다. 하지만 Neander and Rosenberg(2012)의 반박을 보라.

것이 관대한 의미에서 "인지"이다. 최소한, (정서를 포함하여) 동기(motives)의 어떤 측면들 역시 인지로 간주된다. 그러나 현재 논증은 어떤 과정들이 정확히 인지적인지를 따지려는 것은 아니다. 만약 누군가 "인지"에 대한 관대한 사용에 반대한다면, 그 논증이, 그 과정들을 수용해야 할 경우, 달리 표현될 필요가 있겠지만, 이는 단지 용어의 내안적 선택이 될 뿐이다.

전제 3은, 전제 1에서 언급된 것과 같은, 정상-고유 기능의 관념이 (현재 인지과학자들이 제공하는) 인지의 기능 분석에서 핵심적이라고 말한다. 나는 이것이 참이라고 믿는다. 예를 들어, 인지신경심리학자들이 "신경" 손상에 대해 말하는 방식은, 그 결과인 "인지적" 손상에 대해 그들이 말하는 방식과 같아 보인다. 즉, 그들은 두 경우에 대해 같은 의미로 "기능적 손상"을 사용하는 것 같다. 이것에 대해서, 과학적 문헌에 대한 폭넓은 언어적 분석을 활용하는 길 이외의 방식으로 주장하기 어렵겠지만(여기서 내가 주장할 생각은 없다), 나는 그 반대 방향의 어떤 좋은 논증도 알지 못한다.

여기, 그것에 우호적인 논증이 하나 있다. 인지과학이 신경과학은 아니지만, 두 분야의 주된 목표의 차이는 그것이 서로 뚜렷이 엇갈린다기보다, 강조점이 다르다는 것이다. 인지과학자의 핵심 목표는 신경 기질(neural substrate)에 의해서 지지되는 정상적 정보처리를 이해하는 것이지만, 신경과학자의 핵심 목표는 정보처리를 지원하는 정상적인 신경 기질을 이해하려는 것이다. ("신경 기질"은 정확히는 "신경-추가 기질(neural-plus substrate)"을 의미한다.11) 나는 그 관련 기질이 오로지 신경세포만으로 구성되었다고 말하려는 것이 아니다.) 방금 서술한 것처럼, 둘 사이의 차이가 강조점의 차이라면, 인지과학자들과 신경과학자들이 비록 이런 분석의 서로 다른 수준이나 측면에서, 또는 적어도 다른

---

11) 펠리페 드 브리가드(Felipe de Brigard)로부터 "신경-첨가(neural-plus)"라는 용어를 발췌하였음.

강조를 실으며 작업하고 있더라도, 그들은 우리의 인지 능력이나 그것을 가능하게 하는 기질 전반에 대한 기능 분석이란 동일 작업을 한다. 만약 이것이 전반적으로 동일 기능 분석이고, 임상전문가들이 그것들을 같은 것으로 본다면, 정상적 인지 시스템의 분석에서 중요한 정상-고유 기능이란 관념은 뇌(또는, 뇌만을 언급하는 것이 너무 좁은 관점이라면 상황적, 체화적, 진화적 뇌)의 분석에서 핵심적인 것과 아마도 같을 것이다.

이것이 나에게 옳다고 보인다. 그러나 내가 가정컨대, 심리학의 자율성(autonomy), 혹은, 그 대신, 성인 각각의 인지 시스템이 특유하다는 것이 이러한 주장을 무너뜨릴 수 있다고 생각하는 사람들도 있을 것이다. 만약 그러하다면, 그들은 또한 전제 3도 무너뜨릴 수 있다고 생각할 수 있다.

인지과학의 자율성에 관한 문헌의 유용한 검토에서, 빅토리아 맥기어(Victoria McGeer 2007)는 어떤 사람들은 극단적 자율성 옹호자(ultra pro-autonomy)로, 그리고 어떤 사람들은 극-극단적 자율성 옹호자(ultra-ultra pro-autonomy)로 분류하며, 이러한 쟁점을 염두에 두고 "극단적"과 "극-극단적" 사람들의 관점을 검토해보는 것은 도움이 될 것 같다.

맥기어는 인지과학자인 알폰소 카라문자(Alfonso Caramunza)를 "극단적 자율성 옹호자"로 분류한다. 카라문자는, 신경과학에 독립적으로 인지 시스템의 탐구를 허락하는 만큼, 자신의 분야, 즉 인지신경심리학에 대한 탐구 방법을 옹호한다.[12] 그의 주장에 따르면, 정상적 인지 시스템의 구조에 대한 추론이 기능적 손상을 입은 단일-피검자(single-subject) 연구에서 얻어질 수 있다.[13] 카라문자의 주장에 따르면, 단일-피검자 연구의 축적이, 인지 능력이 어떻게 분해되는지에 관한 강력한 증거

---

12) 특별히 Caramuzza(1986)를 보라.

13) Caramuzza and Coltheart(2006)를 또한 보라. 그리고 단일-피검자 연구와 같은 흥미로운 예시를 McCloskey(2009)에서 보라.

를 제시할 수 있으며, 그래서 비록 인지 능력을 수행하는 기질에 대한 이해를 갖지 못하더라도, 어떻게 여러 인지 능력이 정상적으로 결합하고 교류하는지에 관한 강력한 증거를 확보할 수 있다. 그래서 그는 이렇게 주장한다. 인지신경심리학은 신경과학으로부터 어떤 도움을 받지 않더라도 발전할 수 있다. 그러나 카라문자(Caramunza 1992, p.85)는 또한, "인지과학과 신경과학의 공진화(co-evolution)가, 결과와 이론의 수준에서, 다중 교차-수정에 의해 앞으로 나아가는" 것이 가능하다는 분별 있는 말을 하기도 한다. 정상 시스템의 관념과 정상 기능, 그리고 정상 기능과 기능적 손상 사이의 구분은 카라문자 연구 전략에서 핵심이다.14) 또한, 그는 신경과학의 발견이 인지과학에 정보를 제공하고 제한할 수 있으며, 그 반대도 일어날 수 있음을 인정한다. 그의 견해는, 그러한 두 과학이 연구하는 기능 분석이 결국 통합될 것이라는 견해와 완전히 일치한다.

맥기어가 "극-극단적 자율성 옹호자"로 분류하는, 맥스 콜더트(Max Coltheart)는 (자신을 스스로 "극단적"이라고 말하는) 구절에서 더욱 극단적인 견해를 표현한다. 그는 이렇게 말한다(Coltheart 2004, p.22).

컴퓨터 하드웨어에 대해 아무리 많은 양의 지식도 컴퓨터가 동작하는 소프트웨어의 본성에 대해 어느 진지한 것도 알려주지 못한다. 같은 맥락에서, 뇌 활동에 대한 어떤 사실도 인지의 어떤 정보처리 모델을 확증하거나 반박하는 데 활용될 수 없다. 이것이 바로 "인지신경심리학 내에 어느 '신경적인(neuro)' 것이 있어야 하는가?"라는 질문에 대한 극단적 인지신경심리학자의 대답이 "분명히 없다. 뭘 물어?"인 이유이다 .

---

14) Caramuzza(1986)에서 "정상(normal)"이라는 단어는 39차례 사용된다. 정상 대 비정상 기능의 특별한 의미에서 몇 번이나 사용되었는지는 알 수 없지만 같은 작업에서 카라문자는 또한 병변, 손상된 수행, 일탈적 수행, 뇌-손상 환자 등을 언급한다.

이것은 내가 거부하고 싶었던 방식의 1960년대와 1970년대 "기계 기능주의자들(machine functionalists)"의 주장을 되풀이하는 것이다.15) 그러나 어떤 경우든, 콜더트는 "정상" 시스템이란 평범한 관념을 끌어들인다. 예를 들어, 그가 인지심리학과 인지신경심리학을 위해 존중할 만한 근거를 묘사할 때, 이렇게 말한다(Coltheart 2004, p.21).

인지심리학의 목적은, 사람들이 다양한 인지 활동을 수행하기 위해 사용하는 정신적 정보처리 시스템에 관해서 더 많이 알아내는 것이다. 어떤 인지심리학자는, 인지처리 시스템이 정상적인 사람들의 실행(performance)을 연구함으로써 그것을 탐구한다. 다른 인지심리학자들은, 어떤 인지처리 시스템이 비정상적인 사람들을 연구함으로써 그것을 탐구한다. 그러한 연구자들이 바로 [인지]신경심리학자들이다.

[위와 같이] 콜더트가 말하는 것이, (내가 아는 한) 그가 정상 및 비정상 시스템이란 동일 관념을 사용한다는 주장에, 그가 신경학적 또는 인지적 정상 시스템 또는 비정상성을 논의하든 안 하든, 모순적이지 않다. 나는 오늘날 어느 비율의 인지과학자들이 심리학의 자율성을 지지하는지 알지 못한다. 그러나 맥기어가 지적하듯이, 그런 학자일지라도 오직 **절차적**(procedural) 자율성(극-극단적 자율성 옹호자의 경우 완전한 절차적 자율성, 그리고 극단적 자율성 옹호자의 경우 부분적 자율성)을 지지하는 것처럼 보인다. 절차적 자율성은, 신경과학자와 인지과학자가

---

15) 콜더트의 언급은, 우리로 하여금, 소프트웨어로서 마음과, 하드웨어로서 기질로 이루어진 두 층위 시스템으로서, 마음과 그것의 기질을 떠올리게 해준다. 서로 다른 두 층위로 이루어진다는 아이디어는, 학습과 기억이 뇌 안에서 해부학적인 구조상 다소 지속적인 변화와 관계된다는 사실 때문에 유지되기 어려워 보인다. Squire and Kandel(2003)를 보라. 이것은 또한, 그 증거가 제시하는 것보다 많은 가소성(plasticity)과, 그보다는 적은 기능적 전문화(specialization)를 요구할 것 같다.

동일 시스템의 동일 전체 기능 분석에서 서로 다른 국면을 (다소 독립적으로) 각각 탐구한다는 것과 완벽히 양립된다.

만약 콜더트의 극-극단적 자율성 태도가 옳다면, 인지과학은 "신경심리학" 내의 "신경"을 필요로 하지 않을 것이다. 그 태도는, 내 관점에서 보면, 너무 극단적이다. 그러나 비록 그런 태도가 옳다고 하더라도, 신경과학은 "신경심리학" 내의 "심리학"을 여전히 필요로 할 것이다. 인지를 설명하지 않은 채, 인간의 뇌와 신경계의 기능을 완전히 설명하려는 것은, 인간 면역 시스템이 병을 어떻게 방어하는지 설명하지 않은 채, 면역 시스템을 완전히 설명하려는 것과 같다.16) 그런 시도는, 뇌의 기능이 인지 기능을 포함하기 때문에, 간단히 성취될 수 없다. 그래서 이러한 이유와 앞서 언급한 이유로, 나는 전제 3이 참이라고 결론 내린다. 정상-고유 기능이란 동일 관념이, 신체와 뇌가 어떻게 작동하는지 설명할 때 생리학과 신경생리학에서 사용되듯이, 인지 시스템의 기능을 설명할 때도 역시 사용된다.

성인의 인지가 각각의 개인마다 달라서, 전제 3이 무너지는지 문제로 돌아가서, 인지 기능에 관하여 뇌의 "일반적 고유한(general proper)" 활동에 대한 기술은 특별한 어려움에 내몰릴 수 있다는 것이 고려되어야 한다. 뇌는, 대략적으로 보기에도, 함께 짜 맞춰지고 계통발생의 선택과정에 의해 상호 적응된 여러 메커니즘의 복합체이지만, 또한 기억과 학습의 경우 짧은 기간, 그리고 지각과 행동-반응 조절의 경우 더욱 짧은 기간, 생명체의 개별 환경에 스스로 더욱 적응시키려는, 이런 과정들에 의해 적응되어온 시스템이기도 하다. 누군가는 아마도, 최소한 **성인**의 인지는 결과적으로 개인마다 매우 달라서, 성인 인지 시스템의 정상-고유 기능에 대한 논의가 유용하지 않다고 생각할 수도 있다. 명백히, 어느 정도의 가소성, 많이 습득된 문화, 그리고 많은 개별적 학습 등은 규

---

16) Figdor(2010)는 다중 실현이나 다중 실현 가능성이 심리학의 자율성을 함의하지 않을 것이라고 주장하는데, 내 생각에, 이것은 옳다.

범(norm)**이다**라는 주장은 상당히 옳으며, 그리고 각각의 성인 마음이 독특하게 다르다는 주장은 더 많이 옳다. 그러나 서로 다른 유전자와 서로 다른 환경, 그리고 그 양자 사이에 서로 다른 상호작용의 생애 등에 의해서, 아마도 각 성인의 신체 역시 서로 다를 것이다. 전제 3과 관련하여, 더욱 관련되는 것은, 특별한 정도의 가소성과 문화와 학습을 위한 특별한 능력이 우리에게 부여되는 경우에, "인지 시스템의 정상-고유 기능이 있는지"의 의문이다. 또는, 더 엄밀히 말해서, 더욱 관련되는 것은, "인지과학자들이 그런 기능이 있다고 가정하는지"의 의문이다.

인지과학자들은, 철회할 수 있을 시작 지점으로, 인간의 인지 시스템은 다소 보편적 종 설계(universal species design)를 공유한다고 가정하는 경향이 있다. 예를 들어, 그들은 정상적 인간 시각 시스템에 대해, 그리고 인간 기억 내의 특정한 정상적 과정에 대해 말한다. 그러나 인지과학에서 발전 가능성이 인지적 능력과 관련된 단일의 획일적 종 설계가 있다는 것에 구속되지 않는다. 신체의 경우에도 하나의 획일적 종 설계만 있지는 않다. 그런 보편성 가정은 인지 시스템의 경우에, 혹은 적어도 인간의 인지 시스템의 경우에 너무 과도한 단순화라는 것, 즉 인지과학 내에 유용하고 참인 일반화가 거의 성취되지 않았기 때문에, 인지과학 내의 상당한 실질적 진전이 가능하지 않다는 것이 합리적으로 드러날 수도 있다. 인지과학 내의 미래 발전과 관련하여 낙관주의는 이것이 참으로 드러나지 않았음을 전제로 제시한다. 그러나 인지과학에서 미래 발전을 위해 보편적 종 설계가 필요치는 않다.

그 외에, 전제 3이 우리를 인지과학의 발전이 가능하다고 생각하도록 만들지는 않는다. 그보다, 전제 3은 인지과학이 최근 제공하는 설명에 대해 말할 뿐, 미래에 관한 어떤 예측도 하지 않는다.

전제 4와 전제 5

이런 이야기가 우리를 전제 4로 안내하며, 그 전제는 다음을 말해준다. 인지과학 주류 내의 핵심 가정은 "인지에 정보처리 과정이 포함된다"는 것이다. 다시 말해서, 이 전제는 서술적 주장이며, 처방적 주장은 아니다. 그리고 서술적 주장으로서, 이 전제는 논란의 대상은 아니다. 인지과학자들은 표준적으로, 감각 수용기에서 정보의 변환, 연속적 신호에 의한 정보의 전달, 정보의 처리, 정보의 저장 및 검색, 적응적 행동을 가능하게 하는 정보의 사용, 기타 등등을 상정한다.

전제 5에 따르면, 인지과학은 자연적, 사실적 정보란 관념을 포함한다. (최소한) "정보"에 대한 두 가지 의미가 있다. 우리가, 리찌(Lizzie)는 경찰에게 다이아몬드의 위치를 잘못 알려주었다, 혹은 정부가 잘못된 정보를 홍보했다고 말할 때, 우리가 말하는 정보의 내용은 표상적 내용(representational content)이다. 이러한 "정보"의 의미에서, 오정보(misinformation)는 오표상(misrepresentation)이다.[17] 인지과학자들은 종종 이러한 의미로 "정보"를 사용한다. 그렇지만 그들은 또한 "정보"를, 두 번째 의미로 사용한다고 여기며, 그리고 나는 그들이 일반적으로

---

17) Dretske(2008, p.2)는 또한, 정보의 지향적 관념조차도, 그가 다음과 같은 구절을 말할 때, 잘못된 정보를 허용한다는 것을 부정한다. "정보는 의미와 달리, 참이어야 한다. 만약 당신이 기차에 관해 들은 것이 아무것도 없다는 것이 참이라면, 당신은 기차에 대한 정보를 받은 것이 아니다. 기껏해야, 당신은 잘못된 정보를 받은 것이고, 그리고 잘못된 정보는, 유인용 오리는 오리가 아니라는 것과 마찬가지로 정보가 아니다." 드레츠키는 "잘못된(mis)"이 정보를 거짓으로 만든다는 것을 부정한다. 그 대신, 그는 그 접두어는 "잘못된 정보는 진짜 정보가 아니라"는 것을 말할 때, 효과적으로 사용된다고 주장한다. 만약 드레츠키가 옳다고 하더라도, 이것이 여기의 중요한 논증을 훼손하지 않는다. 이것은 단지 어떤 "정보적 내용(informational content)"의 의미도 결코 "표상적 내용(representational content)"과 동의어일 수 없음을 보여줄 뿐이다.

그렇게 사용한다고 생각하는 것으로 믿는다. 두 번째 의미에서, 정보란, 자연적 신호(natural sign)에 속하는, 그라이스식(Gracean) "자연적 의미 (natural meaning)"와 유사하다.[18] 그런 정보는 **사실적**(factive)이다. 만약 지평선 위의 검은 구름이 폭풍이 오고 있다는 정보를 전해준다면, 폭풍이 실제로 오는 중이다. 만약 자니(Johnny)의 반점이 홍역을 앓고 있다는 정보를 전해준다면, 그는 실제로 홍역을 앓는 것이다.[19] 그것이 사실적이기 때문에, "정보"의 이런 두 번째 의미에서, 오정보의 가능성은 전혀 없다. 만약 어떤 폭풍도 오고 있지 않다는 것이 드러난다면, 검은 구름은 실제로 폭풍이 오고 있다는 정보를 전해주지 않는다. 만약 자니가 실제로 홍역을 앓고 있지 않다면, 그의 반점은 그가 홍역을 앓고 있다는 정보를 전해주지 않는다.

대부분 사실적 정보에 대한 분석은, 인과관계, 상관성, 또는 조건부 개연성 혹은 그 같은 것 덕분에, 그것을 분석하려고 한다. 이것은, 예를 들어, 의사소통 관습에서 암묵적 사회 및 법적인 또는 명시적인 동의로, 단어들의 의미 또는 교통신호 또는 모스 부호(Morse code)의 연쇄 등을 정초하려는 시도와 대조된다. 사실적 정보는 그 덕분에 사실적인 만큼 **자연적**이라고 불린다.[20]

---

18) Grice(1989)를 보라.

19) 인지과학자들이 정보에 대한 충분히 사실적인 관념을 사용한다는 주장은, 그 관련된 정보의 개념이 합의된 분석을 전혀 갖지 않는다면, 반박에 취약하다. 이것은 현재의 논의를 복잡하게 만든다. 예를 들어, x의 발생이 P를 더욱 가능하게 만들어주는 경우, x가 그러한 P라는 정보를 전하는 것으로 여겨진다고 가정해보자. 그러면 x는, x의 발생과 일관성이 있는 P라는 정보를 전달할 수 있지만, 아직 P는 아닐 수 있다. 게다가, 이것은 잘못된 정보의 가능성을 제공할 수 있을 것으로 보인다. 그래서 자연적 정보는 이미 비사실적이며, 잘못된 정보를 허용하는 것이라고 주장될 수 있다. 나는 확률적 분석이 너무 취약하다고 믿는다. 그렇지만 여기서 내가 그것에 반대하는 논의를 애써 하지는 않겠다.

20) Shannon and Weaver(1998)의 전통에서.

불행하게도 자연적, 사실적 정보에 대해 어떤 합의된 분석도 없다. 표상이란 관념처럼, 자연적, 사실적 정보란 관념은 설명적 근원으로 사용된다. 그것은 인지를 설명할 때 사용되지만, 그것의 분석은 메타과학의 기획이다, 그것이 "정보 이론적(information theoretic)"이라 불리는 반면, 그것은 또한 그와 같은 정보 이론이 한 사건(event)이나 사건의 상태(표시)가 (가리켜지는) 다른 것에 대한 정보를 전한다는 것은 또한 잘 알려져 있다. 나는 단순한 인과 분석이 인지과학의 목적과 목적의미론의 정보적 버전에 잘 맞는다고 생각한다. 그러나 나는 어떻든 진심으로 안드레아 스카란티노(Andrea Scarantino 2013, p.64)에 동의한다. 그는 "정보는 같은 제목 아래 매우 다양한 서로 다른 현상들을 포괄하는 잡종 개념이다"라고 말한다. 스카란티노가 첨언했듯이, 단일 분석으로 할 수 있는 최선은 그 쓰임의 어떤 부분에서 촉발되는 어떤 흥미로운 현상을 파악하려 노력하는 것이다.

아마도 인지과학에서 "정보"란 용어를 사용하는 부분적 요지는, 그것이 내적 세계와 외적 세계 사이에 자연적, 사실적 관계를 위해 합의된 용어라는 사실이다. 그 관계는 인지 시스템의 구성요소에 의해 일어난다고 가정되지만, 그 엄밀한 본성에 대해서는 논란이 있다. 그러나 주요 논점은 인지 시스템이 어떻게, 환경의 가변적 특징들의, 내적 자연적 신호(지속적이든 임시적이든)를 창안하고, 그것들을 이용하여 적응적 방법으로 그 생명체의 반응을 수정하는지를 말하는 것이다.

정보가 정보처리 과정 동안 흘러갈 때, 흘러가는 것의 명시적이고 일반적으로 합의된 분석이 없음에도 불구하고, 정보-처리 패러다임(information-processing paradigm)은 인지과학에서 지배적으로 남을 것이다. 다시 말하건대, 전제 4와 전제 5가 서술적으로 의도된 것이며, 처방적으로 의도된 것이 아님을 기억하는 것이 중요하다. 누군가는 전제 4와 전제 5에 동의할 수 있겠지만, 여전히 정보-처리 패러다임은 대체되어야 한다고 생각할 수도 있다.

전제 6

끝으로, 전제 6은 이렇게 말한다. 인지과학은, 정상-고유 기능에서 파생된 규범과, 그 관련 정보에서 파생된 "관함" 등으로, "규범적 관함"을 상정한다.

자연적 정보는 사실적임에도 불구하고, "관함"을 가진다. [즉, 정보는 무엇에 "관한" 정보이다.] 검은 구름은 폭풍의 도래에 **관한** 정보를 전해주고, 자니의 반점은 홍역을 앓고 있음에 **관한** 정보를 전해준다. 같은 맥락에서, 시각 피질의 활동성은 시각 대상의 모양, 색상, 질감, 운동, 그리고 위치에 **관한** 정보를 전해준다. 소위 흔적들(traces)은 과거에 관한 정보를 전해줄 수 있어서, 기억을 재구성할 수 있게 해준다. 자연적, 사실적 정보를 전해주는 신호들은 "정보적 내용"을 가진다고 말할 수 있다. 그것만으로, 이것이 지향적 또는 표상적 내용은 아니다.

표상적 내용이 오표상 가능성을 허용하지 않는다고 하며, 반면에 단지 자연적, 사실적 정보 내용이 그 자체만으로 오표상 가능성을 허용하지 않는다. 모든 정신적 표상이 잘못 표상할(misreprsent) 수 있지 않으며, 혹은 사용의 맥락에서도 아니다. 만약 아이스크림을 마구 먹을 때 혹은 스피커가 윙윙거리는 소리를 듣고서 내가 "멈춰라!"라고 생각한다면, 그런 명령은, 비록 그것이 실현될 수 없더라도, 오표상일 수는 없다. 그렇지만 모든 정신적 표상들은 여러 만족 조건에 기여한다. 즉, 표상적 정신 상태는 진리 조건, 올바름 조건, 정확성 조건, 충족 조건, 실현 조건 등등을 가진다. 그리고 이러한 상태와 관련된 정신 표상의 표상적 내용은 그러한 것들에 기여한다.

표상적 내용은, 그것이 (그것을 설명하기 위한 일상의 간단한 방법을 채택하기 위하여) 오표상을 허용하기 때문에, "규범적"이라고 한다. 또한, 정상-고유 기능은, 그것이 오기능(malfunction)을 허용하기 때문에, "규범적"이라고 한다. 그렇지만 그 관련 의미론적 규범이나 그 관련 기능적 규범들도, 서술적에 반대되는, 규정적이라는, 어떤 의도된 함축 (implication)도 없다. 의미하는 것은, 옳은 표상과 오표상이 있으며, 그리고 고유 기능과 오기능이 있다는 것이다. 이것이 그 자체로 자연적, 사실적 정보 혹은 실제 기능에 대한 참은 아니다.

그렇지만 인지 능력에 대한 인지과학자의 설명에서, 정상-고유 기능에 연관된 "규범성(normativity)"은 사실적 정보의 관함과 결합된다. 여러 인지 메커니즘들이, 정보로 다양한 것들을 수행하는 **(정상-고유) 기능을 가진다**고 한다. 그런 메커니즘들은 정보를 변환하고, 보내고, 전달하고, 처리하고, 저장하고, 검색하고, 다양한 방법으로 사용하는 등의 기능을 가진다고 한다. 그리고 그 메커니즘들은 그렇게 수행할 기능을 가질 수 있지만, 그렇게 하는데, 그것들을 (말하자면) "가정된" 방식으로 적절히 수행하지 못할 수도 있다.

정보적 목적의미론을 거부하는 목적의미론의 지지자들은, 정상-고유 기능들과 자연적, 사실적 정보들은 기름과 물과 같아서, 이런 방식으로 결코 결합될 수 없다고 꽤 자주 주장하곤 한다. 이러한 그들 주장의 축약 버전에 따르면, 사물의 정상-고유 기능은 그 효과(선택된 효과)와 관련되는 반면, 그 기능이 수행하는 어느 정보는 그 원인과 관련되며, 그래서 무엇인가를 실행하는 특정 방법으로 인과되는 기능이란 없다. 그러나 이것은 단지 기능의 관념에 관한 오해이다. 정상-고유 기능은 필연적으로 효과와 관련되지만, 원인 역시 관련된다. 반응 기능(response function)이 있을 수 있으며, 그것은 특정 방식으로 상태를 변화시킴으로써 특정 원인에 (특정 자극에) 대해 반응하며, 그래서 다른 상황에 다른 효과를 내는 기능이다.21)

그래서 어떤 종류의 규범적 관함은 마음과 뇌과학 내의 이론적 가정으로 탄생되었다. 이것은 스탬프와 드레츠키의 단순하고 우아한 통찰이

---

21) 좀 더 확장된 토론을 위해서 Neander(2013)을 보라.

며, 그들은 긴 서론 없이 그것을 내놓았다. 그 통찰에 따르면, 오류를 일으키는 자연의 방식인 규범적 관함은, 드레츠키가 가정했듯이, 인지 시스템의 구성요소에 의한 정상-고유 기능들과, 어떤 구성요소들이 변환하고, 내보내고, 전달하고, 처리하고, 저장하고, 검색하고, 이용하는 등등의 기능을 가진다고 하는, 자연적, 사실적 정보 사이의 결합으로 태어난다.

방법론에서 형이상학으로

결론은 이렇다. 넓게 고려해볼 때, 정보적 목적의미론의 어떤 버전은 마음과 뇌과학이 현재 제공하는 인지에 대한 설명으로 지지된다. 넓게 고려해볼 때, 목적의미론은, 정신적 내용 지칭(mental reference of content)이 존재론적으로 인지 시스템 구성요소의 정상-고유 기능에 근거한다는 논제이다. 넓게 고려해볼 때, 정보적 의미론은, 정신적 내용 지칭이 그러한 시스템에 의해 처리되는 자연적, 사실적 정보에 근거한다는 논제이다. 그렇게 생각해볼 때, 정보적 목적의미론은 이러한 두 주장을 같이 내세우지만, 정상-고유 기능 또는 자연적, 사실적 정보가 어떻게 분석되어야 하는지에 관한 어떤 특별한 주장도 하지 않는다. 그러한 분석은 메타과학적 기획이지, 과학적 기획은 아니다(물론, 과학자들이 그 기획에 참여한다고 하더라도).

그렇지만 정보적 목적의미론은 정상-고유 기능과 자연적, 사실적 정보 등에 대한 분석을 제한한다. 예를 들어, 그것은, (커민스가 하려던 것처럼) 기능이 연구자들의 설명 목적에 존재론적으로 기초한다는 것을 주장하려는 것이 아니며, 그래서 그러한 기능으로 기초하듯이, (연구자들의 설명 목적과 같은) 지향적 정신현상으로 돌아가서 그것을 설명하겠다고 주장하려는 것이 아니다. 여하튼, 그것은 [그러한 주장을] 하려는 것은 아니며, 물론 여전히 지향적 정신현상에 대해 자연주의적으로 설명하려는 희망, 쉽게 포기될 수 없는 희망을 가진다.

이것은 내가, 한 사람의 전건긍정(*modus ponens*)이 다른 사람의 후건부정(*modus tollens*)이라고 말한 것을 상기시킨다.22) [전건긍정의 내 추론으로] 만약 우리가, 정보적 목적의미론이 참(또는 어떻게든 현재 과학에 의해 지지되는)이라고 생각할 근거를 가지며, 지향성이 비지향적 용어로 마땅히 설명되기를 기대한다면, "정상-고유 기능"과 "자연적, 사실적 정보"의 그 관련 관념들은 "비지향적 분석"이 이루어질 것으로 기대될 수 있다. 그렇지만 누군가 다른 사람은 반대 방향에서 [후건부정으로] 이렇게 주장할 수 있다. 우리가 그 관련 관념들의 하나 또는 둘 모두 의도적으로 부과된 것이라고 (예를 들어, 연구자들의 설명 목적에서 반드시 분석될 것이라고) 생각할 독립적 근거를 가지며, 그래서 정보적 목적의미론이 참이 아니거나, 또는 지향성이 비지향적 용어로 결코 분석될 수 없다고 우리가 믿을 이유를 가진다. 서로 다른 철학자들이 시작하는 곳에 의존한다면, 그들은 서로 다른 길을 걷게 된다. 그러나 아마도 방법론적 논증은 아직 어느 길도 선택하지 않은 사람들을 위해 [판단의] 저울을 기울여줄 것이다.

생리학자, 신경생리학자, 그리고 인지과학자들이 복잡한 체계가 어떻게 작동하는지와 인지 능력을 설명하기 위한 정보처리 방식을 이상적으로 기술한 방식을 아주 급진적인 개선으로 보기에는 부족하지만 몇몇 종류의 목적의미론들은 인접 과학의 암묵적인 지지를 받고 있다. 인지

---

22) [역주] 전건긍정이란, 다음과 같은 가정적 추론 형식이다. "만약 P(전건)라면, Q(후건)이다. 그리고 P이다. 따라서 Q이다." 이 형식은 전건을 긍정함으로써, 후건을 긍정하는, 타당한 연역추론 형식이다. 반면, 후건부정이란, "만약 P라면, Q이다. 그리고 Q가 아니다. 따라서 P가 아니다."라고, 후건을 부정함으로써 전건을 부정하는, 타당한 연역추론 형식이다. 이 형식은 칼 포퍼가 반증주의로 내세우는 논리이지만, 이후 여러 과학철학자들에 의해 이 추론에도 문제가 있음이 지적되었다. 참고, Wesley C. Salmon 1966, 1967, *The Foundations of Scientific Inference*.

를 설명하는 데 가장 밀접하게 관련된 과학은 (자연적, 사실적) 정보-처리 (정상-고유) 기능을 상정한다. 그럼으로써, 그런 과학은 규범적 관함을 상정하는데, 여기에서 그 관함은 정보로부터 나오며, 규범성은 기능으로부터 나온다. 최소한, 그 논증은, 넓게 생각해볼 때, 정보적 목적의미론은 매우 보수적 논제임을 보여준다. 자연적, 사실적 정보라는 관념과 정상-고유 기능이란 관념에 호소하여, 그것들을 인지의 어떤 국면을 설명하기 위해 함께 끌어와서, 정보적 목적의미론은 단지, 이미 호소한 것을 호소하는 것뿐이며, 인지 능력을 설명하는 데 기여한 과학에 의해 이미 결합된 것을 함께 끌어오는 것뿐이다.

물론, 이것이 정보적 목적의미론이 참이라는 것을 증명해주지는 않는다. 정보적 목적의미론을 위한 지지는 조건적이며, 반박될 수 있다. 그것이 조건적인 이유는, 목적의미론이 정신적 내용 지칭의 실재 본성에 관한 이론이고 신경생리학과 인지과학의 주류는 관련 상황에서 잘못된 방향으로 가는 중일 수도 있기 때문이다. 아마도 그 분야들은 그 관련 국면에서 수정될 것이거나, 이미 수정되고 있는 중일 것이다. 나는 마음과 뇌과학의 미래를 예측하려 하지 않으며, 이미 벌어지고 있는 논쟁을 중재하려 들지도 않는다. 또한, 나는, 다소 비주류 접근이 오늘날 이미 어느 정도 지지를 얻고 있는 인지를 설명함에 있어, 정상-고유 기능이란 관념 혹은 자연적, 사실적 정보란 관념, 즉 사실적 정보의 역할을 명료히 하려는 것도 아니다. 그러나 비교해서 말하자면, 그 방법론적 논증은, 마음과 뇌과학의 특별히 불안정한 국면이나 비주류의 국면, 그 어느 쪽에도 의지하지 않는다. 그 둘 다 주류이며 잘 정립되어 있다.

또한, 정보적 목적의미론에 대한 지지도 반박될 수 있다. 만약 그 관련 과학이 인지를 어떻게 설명하는지 살펴본다면, 목적의미론의 정보적 버전은 그 가지 끝에 매달려 수확할 만큼 무르익은 것처럼 보일 수 있다. 나는, "우리"라는 다소 모호한 의미에서, 우리 철학자들이 그것이 쓰레기가 되도록 놔두지는 않는다고 생각한다. "의미가 어떻게 근본적으로 무의미한 세계에서 나타나는가"를 이해하려는 사람들은 [다음을] 주목해야 한다. **하나의 이론적 상정으로 고려되는** 그 문제는, 인지 능력을 설명하는 데 가장 관련된 주류 과학의 전망에서, "규범적 관함이 어떻게 생기는가"이다. 이것은 우리가 정보적 목적의미론을 좋게, 오래, 열심히 바라보도록 어떤 의무를 부과한다. 만약 전문인으로서 우리가 그 가능성을 진지하게 고려하지 않는다면, 그것은 어리석은 일이다. 그러나 물론, 철학자이기에, 우리는 또한 그 과일에 숨은 벌레가 없는지 잘 살펴보아야 한다. 그리고 나는, 과일을 맛없게 만드는 벌레들을 이미 찾았다고 생각하는 많은 사람에게 전적으로 감사하다. 그 방법론적 논증이 정보적 목적의미론에 문제가 없다는 것을 보여주지는 않는다. 그것은 심지어 절망적으로 문제가 있다는 것과도 일관성이 있다. 그러나 그 방법론적 논증은, 그것이 가지고 있을 어떤 해결을 찾는 데에서, 상당한 완고함과 낙관적인 인내를 지원한다.

그리고 심지어 정보적 목적의미론이 참이라고 하더라도, 그 범위는 검토될 필요가 있다. 아마도 정보적 목적의미론은, 누군가 (의식적 정신 표상에 반대되는) 무의식적 신경 표상으로 생각하고 싶은 것에, 또는 (개념적 표상에 반대되는) 비개념적 표상에, 또는 유아와 비언어적인 동물이 가질 수 있는 표상에 가장 적절히 적용된다. 그렇지만 원초적으로 확정된 종류의 표상 같은 것을 제외하고는, 성인이 가지는 언어적으로 그리고 문화적으로 특별한 정신적 표상에는 적용되지 않는다.

결론으로 한마디

나는 이러한 시도에 대해 다음과 같이 희망한다. 정보적 목적의미론을 위한 방법론적 논증을 하려는 이러한 시도는, 최선의 가능한 버전을 개발하기 위한 시도 배후의 동기를 명확히 밝힐 수 있다. 서로 다른 철학자들은 마음을 이해하기 위해 서로 다른 과학적 접근법을 선호할 것이다. 분명히, 어떤 이는 여기에 "주류"로 묘사된 과학적 접근법을 거부할 것이다. 어떤 이는 그것이 이미 "구닥다리"라고 생각하거나, 또는 내가 이미 유력한 이유로 거부했던 (과도한 행동주의자 또는 깁슨주의 접근법과 같은) 접근법을 더 선호할 수 있다. 그러나 어느 접근법이 수용되거나 거부되더라도, 만약 어느 철학적 "내용" 이론이 발생시키는 그 내용 귀속이 인지에 대한 과학적 설명과 관련되어야 한다면, 과학과 철학은 완전히 분리될 수 없다. 만약 관련 과학의 주류 분과들이 자연적이고 사실적인 정보들을 전달, 저장하고 사용하는 인지적 메커니즘이 정상-고유 기능이라고 한다면, 우리가 이미 수용한 정보 관련 기능들이 내용에 대한 정신적 내용 지칭을 이해하는 데 얼마만큼 도움이 되는지를 알아보는 것은 매우 합리적이다.

7. 자연의 의도와 우리의 의도 [1)]

Nature's Purposes and Mine

로날드 드 수사 Ronald de Sousa

우리가 찾는 것을 발견할지 못할지는,
생물학적으로는, 하찮은 문제이다.
_ 에드나 세인트 빈센트 밀레이(Edna St. Vincent Millay)

고맙지만 사양합니다. 나는 자연이 인간을 비행 중에 음료를 마시도록 진화시
키지는 않았다고 생각해요.
_ 가드너 레아(Gardner Rea)의 만화에서 비행 중 음료를 거절하는 승객의 말

아리스토텔레스는 "개별 사물에게 자연적으로 고유한 것은, 곧바로
그 개별 사물에 최선이며 가장 쾌적한 것이다"(Aristotle 1984b, pp.6-
7)라고 말했다. 이 장은 아리스토텔레스의 천진한 낙관주의에 대한 다
윈 이후 시대의 질문과 성찰이라 할 수 있다.

아리스토텔레스의 격언은 즉시 다음 네 가지 질문을 제기하게 한다.
첫째, 인간이 자연을 **초월하는** 방법이 무엇인지를 오랫동안 철학자들이
밝히려 했다는 점을 감안할 때, 어떤 것을 "자연적으로 고유하다"고 말
하는 것이 우리에게 과연 무슨 의미일까? 둘째, 입에 쓴 약에 대한 이야

---

1) 나는 이 장의 이전 버전에 대해서 편집인과 크리스토퍼 클라크(Christopher
Clarke)가 해준 훌륭한 조언에 감사한다.

기나 "고통 없이 성취 없다"라는 말을 보면, 아리스토텔레스의 격언은 상식에 맞지 않는다. 최선의 것이 왜 가장 쾌적한 것이어야 하는가? 셋째, 누구에게 최선이고 가장 쾌적하다는 것인가? 아리스토텔레스 스스로 강조했듯이, 인간은 사회적 존재이기에, 나에게 최선이고 가장 쾌적한 것이 남에게는 그렇지 않을 경우가 많으므로, 이 격언은 추가 내용으로 보완이 필요하지 않을까? 이 격언이 엄밀히 옳다고 하더라도, 자연의 행복한 자식이 되고픈 만큼이나 좋은 시민이 되려는 사람에게만 제한적으로 적용될 수 있을 것이다. 그리고 넷째, 우리가 지금 이해하는 이 격언 내에서 "개별 사물"에 고유하다는 의미가 무엇일까? 우리는 살아 있는 부분들로 구성된 총합인데, 우리가 가장 고유하고 최선인 것을 논의할 때 어떤 "개별 사물"에 대해 말하는 것인지 많은 논란이 제기된다. 예를 들어, 종, 인구, 집단, 개체, 세포, 유전자, 미토콘드리아까지, "이 모든 것들"이 자연선택의 수혜자 혹은 자연선택의 "단위(units)"(그 단위들이 동등한지 아닌지 역시 논란의 대상이지만)의 역할을 하는 후보자들이기 때문이다.

이러한 모든 질문이, 암묵적으로라도, 이어지는 여러 질문에 적절하지만, 나는 생물학적 지식이 인간 존재로서의 우리 자신에 대한 철학적 개념에 어떤 영향을 미치는가라는 질문에 관심을 집중하려 한다. 이런 질문들은 형이상학적 관점과 (넓게 보아서) 윤리학적 관점에서 고려될 수 있는데, 나는 후자에 더 관심을 가진다. 왜냐하면, 인간에 관한 철학이 형이상학을 벗어날 수는 없지만, 나는 우리가 어떻게 살아야 하는가의 문제와 어떤 (가능한) 관련조차 없는 종류의 형이상학에는 별로 흥미를 느끼지 못하기 때문이다. 예를 들어, 미세소관의 양자 효과가 자유의지를 가능케 하고 설명할 수 있을 것이란 가능성에 관한 추측(Penrose 1994)을 제외하면, 우리를 구성하는 원자의 내부 구조에 대한 사실이 철학적으로 흥미로운 결과를 가지지는 않는 것 같다. 우리가 세포로 구성되어 있고, 그 세포는 다세포 유기체를 구성하기 전까지는 10억 년 혹은 20억 년 동안 홀로 살아온 우리의 조상이라는 사실이 조금 더 철학적 이득이 있다. 더 분명히 이득이 되는 것은, 뇌가 죽은 후에도 개인의 의식은 살아 있다는 통속적 믿음에 대한 과학적 반박 같은 것이다, 물론 여기서도 우리가 어떻게 살아야 할지를 유추하기란 쉽지 않지만 말이다. 철학적 전통은 죽음에 대하여, 에피쿠로스학파(Epicurean)의 "오늘을 즐기라"는 관점에서부터 가치에 대한 허무주의에 이르기까지, 매우 다양한 태도를 보여준다. 이 장의 마지막에서 나는 생물학과 심리학이 사랑과 성에 관한 우리의 여러 전통 이데올로기에 어떤 가르침을 주는지 구체적인 질문을 하고, 논란이 많은 대답을 제안하겠다. 그렇지만 일단 나는 자연적 사실로부터 가치에 관한 주장을 추론할 수 있는지에 대한 바로 그 오랜 논란에서부터 출발하겠다.

자연과 자연주의 오류

우리 대부분은, "사실-가치 간극(fact-value gap)" 혹은 "이다-이어야 한다 간극"(is-ought gap)이란 것이 있으며, 이 간극을 연결하려는 어떤 시도라도 "자연주의 오류(naturalistic fallacy)"를 범한다고 생각하도록 교육받아왔다. 그런 주장에 휘말리는 여러 논쟁을 살펴보는 것은 지루한 일이지만, 그러한 오류의 존재가 "어떤 윤리학적 정당화도 가능하지 않다"는 주장을 함의한다(entail)는 것만은 짚고 넘어갈 필요가 있다. 왜 그런지 알아보기 위해, "자연(nature)"이란 단어의 애매성에 대해 밀(J. S. Mill)이 멋지게 요약한 글을 한번 살펴보자.

첫째 의미에서, 자연이란 존재하는 모든 것을 묶어서 칭하는 이름이다. 둘째 의미에서, 그것은 인간의 개입 없이 그 자체로 존재하는 모든 것들의 이름이다. … 첫째 의미에서 인간의 행동은 자연에 순응하지 않을 수 없는 반면, 둘째 의미에서 인간 행동의 목표와 목적은 자연을 변화시키고 개선하는 것이다(Mill 1874, p.12).

"자연에 순응하지 않을 수 없다"는 의미에서, 그 자연이란 말의 지칭(reference)은 단순히 실제 세계의 모든 사실의 총체이다. 이 자연(N_1이라고 부르자)은 인간이 만드는 모든 것도 포함한다. 밀의 두 번째 자연(N_2라고 부르자)은 현재의 상태이고, 이는 인간이 변형시키려는 대상이다. N_1과 N_2의 차이는 우리가 실제로 행하는 모든 것이다. 이것을 "행위(action)"의 앞 글자를 따서 A라고 부르자. A의 어떤 것들은 우리가 마땅히 해야 하는 것들이다. A의 다른 것들은 우리가 하지 말아야 할 것들이고, 또 다른 것들은 의무론이나 가치론과는 무관한 것들이다. 가치들은 서로 충돌할 수 있기 때문에, 어떤 한 행동, 사건, 상황이 다른 평가 차원에서는 달리 평가되기도 한다. 포스터(E. M. Foster)의 유명한 말을 상기해보라. "친구를 배신하든지 나라를 배신하든지 둘 중 하나를 택해야 한다면, 나는 나라를 배신할 용기를 가졌더라면 하고 바란다."(Foster 1951, p.68) 친구에게 잘하는 것과 나라에 잘하는 것은 서로 다른 가치이고, 다른 가치 체계들과 각각 다른 연관을 맺고 있으며, 개인을 중시하는지 집단을 중시하는지의 우선순위에 따라 많이 좌우될 수 있다. 그렇지만 과연 무엇이 이런 판단을 정당화하는가? 우리는 어디서 이 가치를 택하는 **이유**(reasons)를 찾을 수 있을까?

가정되듯이, N_1은 모든 실제 사실을 지칭하는 반면, N_2는 우리가 행동하기 전에 존재했던 사실만을 지칭한다. 그리고 우리가 행동하지 않았더라면 실제로 있었을 반사실적(counterfactual) 가능성도 포함한다. 어떤 규범적 진술도 사실에 대한 진술로부터 나올 수 없다면, 어떤 규범적 명제도 N_1이나 N_2로부터 나타날 수 없다.[2] 그처럼 사실이 할 수 없

---

2) 이 장의 목적을 위해, 나는 규준(norm), "당위(ought to)", 그리고 가치(value)의 차이를 두지 않는다. "규범적(normative)"이란 말은 일반적으로 그 차이 사이에서 사실에 반대되는 어떤 것을 지칭하기 위해 썼다.

다면(모든 사실이 N_2와 N_1의 합에 포함되어 있는데), 그 무엇이 규범적 주장을 정당화하는 **이유**를 구성할 수 있겠는가? 그 이유가 어떤 **사실**로도 구성될 수 없다면, 그것은 어떤 비사실(nonfact)로 구성되어야 하는 것인가?

이 질문을 진지하게 다루자면, 우리는 단순한 거짓(mere falsehood)이 아닌 어떤 것을 가정해야만 한다. (비록 많은 도덕 규칙이 엄밀한 의미에서의 비사실에 기반하지만, 예를 들어, 신이나 신의 명령에 대한 비사실) 또 어떤 다른 비사실이 이 자리를 채울 수 있을까?

흄이 "사실의 문제"와 "관념들 사이에 관계의 문제"를 구분한 이후로 (Hume 1975), 철학에서는 체험으로만 발견될 수 있는 경험적 사실 (empirical facts)과, 논리나 의미에만 기반한 선험적 진리(a priori truths)를 구분하는 매우 강한 전통이 생겨났다. 그러나 논리적 혹은 분석적 진리란 것이, 직관에 항상 투명하지 않더라도, 어떤 삶의 방식이 다른 것에 비해 바람직하다거나 어떤 행동은 옳고 어떤 행동은 그르다는 주장을 함의(entail)하지는 않는다.

한마디로, 우리가 지지 기반으로 허용 가능한 진술의 범위에 대한 제한을 유연하게 풀지 않으면, 그 어떤 규범적 진술도 전혀 정당화될 수 없다는 말이다. 이런 제한을 유연하게 푸는 방법 중 하나는 누구라도 승인할 수 있을 정도로 온건한 규범적 주요 전제를 고르는 것이다. 모두가 종교적 믿음을 승인하던 지난 시대에는, 신의 명령이 무엇인지에 대한 논쟁은 있었지만, 신의 명령을 따라야 한다는 규범 자체가 이런 역할을 하는 전제였다. 이와 대조적으로, 우리가 이미 도달했다고 낙관적으로 여길 수도 있을 이 탈종교 시대에는, 생물학이 밝혀주는 것과 같은 우리 자신에 관한 기본 사실이 어떻게 살아야 할지에 대한 지침을 주는 특권적 사실을 이룰 것이다.

그러나 생물학의 수많은 사실 중 우리가 어떤 것을 특권적 사실에 포함되는 것으로 선택할 수 있을까? 인간이라는 동물에 대한 생물학의 가르침을 우리는 최소주의 입장으로도, 확장주의 입장으로도 볼 수 있다. 최소주의자의 해석은 가능한 것에 대한 사실만을 고를 것이다. 사람은 1마일을 4분에 뛸 수 있지만, 맨몸으로 높은 빌딩을 뛰어넘을 수는 없다. 도덕성은 불가능한 것을 요구하지도 금지하지도 않으므로, 우리가 가능한 것에 대한 자연적 사실에서 지침을 얻으려면, 이 자연적 사실들은, 가능한 것뿐 아니라, 가치 있는 삶에 어느 정도 도움이 되는 더 확장적인 특징을 가져야 한다. 가치 있는 삶이 어떤 것인지에 대해 우리 모두 동의한다면, 우리는 진화 이론, 심리학, 뇌과학에서 이에 적절한 새로운 지식을 찾고 싶어 할 것이다.

누군가 정치가들이 이런 지식을 고려하도록 잘 설득할 수만 있다면, 그런 지식이 얼마나 유용할 수 있을지를 보여주는 여러 저작이 있다. 패트리샤 처칠랜드(Particia Churchland 2012)나 샘 해리스(Sam Harris 2011)의 최근 저서들이 바로 이런 시도를 보여주었다. 이 두 사람은 그들을 저지하려는 철학자들에도 개의치 않고 사실/가치 간극을 뛰어넘으려 한다는 비난을 받았다. 그러나 우리가 자율성과 행복 같은 몇몇 기본 가치에 대한 보편적 합의를 가지며, 이런 가치를 실현하려는 능력을 개발해야 한다고 생각한다면, 생물학과 사회과학으로부터 인류에게 도움이 되는 많은 정보를 얻어야 한다(Nussbaum 2000). 예를 들어, 가난한 사람은 건강도 나쁘고, 극단적 불평등은 여러 사회적 질병과 연관이 있다는 근거가 늘어나고 있다(Wilkinson and Pickett 2011; Atkinson 2015). 그렇지만, 철학적 관점에서 보면, 이런 사실을 전제한 논증은 생략된 논증(enthymeme)이고, 여기에 숨어 있는 평가적인 주요 전제는, 소위 반자연주의자들이 거부하는, 인간의 번성과 행복은 내재적으로 좋고, 고통과 강요는 내재적으로 나쁘다는 전제이다. 우리는 가치 진술을 정당화하는 시도를 아예 포기하거나 아니면 사실에서 규범이나 가치로의 추론을 금지하는 비자연주의 원칙(non-naturalist principle)을 완화하거나, 둘 중 하나를 택해야 한다.

자연주의에 부과된 금기를 완화하기

이런 완화를 어떻게 실행할 수 있을까? 나는, 사실/가치 구분에 걸쳐 있는 특권적 사실을 선택하는 서로 다른 원칙에 따라, 두 가지 방법이 있다고 본다. 첫째는 가치를 반응-의존적인 속성으로 보고, 인간의 감성 반응에서 특권적 사실을 찾는 것이다. 둘째는 더 오랜 계보를 가진 방법인데, 자연에 대한 특정한 사실들에, 일어난 것만이 아니라 일어나리라고 **가정되는** 것까지 표상한다고, 특별한 지위를 인정하는 것이다.

첫째 선택에서, 세계에 존재하는 것들의 가치는 "케임브리지 속성(Cambridge properties)" 같은 어떤 것이어서, 세계에 내재하지는 않지만 다른 것, 예를 들어, 인간의 반응 같은 것에 내재하는 속성에서 유도되거나 투사되는 것이다. 물론 이것들은 인간에 대한 사실들이다. 그러나 이 관점에서 그것들은 독립적이고 객관적인 가치의 실재(reality of value)를 전제하지 않는다. 그러므로 그들은 가치 판단을 위한 이유로서 중요할 수 있다. 감정 반응에 호소하는 것은 플라톤의 『에우튀프론(Euthyphro)』에서 제기된 질문에 대한 주관주의자들의 반응을 연상시키는데, 이 질문은 어떤 것이 내재적으로 좋은 것이기 때문에 우리가 그것을 좋아하는 것인지, 아니면 우리가 좋아하기 때문에 그것이 좋은 것인지 묻는다. 후자에 해당하는 주장의 변형들은 "감상주의(sentimental-ism)"로 알려지게 되었다(Kauppinen 2014). 이에 대하여 짚고 넘어갈 것이 두 가지 있다. 첫째, 실제 감정 반응에 주어지는 특권은 일종의 상대주의이지만, 그렇다고 지금 문제인 가치 속성들의 객관성과 양립할 수 없는 것은 아니다. 이것은 두 가지 이유로 그러하다. 첫째, 특권적 사실들을 구성하는 반응들이 주관적 상태라 할지라도, 그 반응들이 일어난다는 사실은 관찰자에게는 객관적 사실이다. 반응이 일어나는 것을 가치론의 관점에서 평가할 수 있는 것이다. 둘째, 감정 반응의 기초가 되는 제2성질(secondary qualities)과 제1성질(primary qualities)의 관계에 대한 로크(J. Locke) 관점의 모델로 보면, 우리는 일반적으로 문제의 반응을 불러일으키는 세계의 어떤 내재적 속성을 상정할 수 있다. 이것들도 역시 객관적이지만, 내재적으로 가치를 지닌 것은 아니다. 노란색이 되는 것이란 빛의 특정한 진동수로 규정되는 확정적 속성을 가지는 것이 아니라, 일반 상황에서 일반 관찰자에게 노란색의 인상을 생성하는 능력을 가지는 것이다. 노란색임은 객관적 속성에 수반하지만, 이와 동일하지는 않다. 주변 환경이 비정상적일 수 있으므로, 이것은 실수나 착시를 허용한다. 이와 비슷하게, 윤리적 속성이 반응 의존적이란 관점은 우리가 윤리적 속성을 상대적으로도 객관적으로도 모두 취급할 수 있게 허용한다.

그렇지만 무엇에 상대적인 것일까? 이 질문은 비자연주의자의 제한을 유연하게 푸는 두 번째 방법으로 이어진다. 이것은 "자연법"의 원리 (the principle of "natural law")인데, 아리스토텔레스와 아퀴나스까지 거슬러 올라가고 지금도 바티칸에서 나오는 칙령의 대부분의 기반을 형성하는 원칙이다. 이는 또한 현대 철학자 중 "덕 이론가들"의 지지도 받고 있다(Hursthouse 1998). 덕 이론(virtue theory)은 좋은 것(the good), 쾌적한 것(the pleasant), 그리고 앞서 말한 아리스토텔레스의 정신 속에 번성하는 것이 실질적으로 동일하다고 본다. 덕 이론이 우리에게 객관적이고 인간-독립적인 도덕적 진실을 믿도록 요구하는지는 확실치 않지만, 보편적 인간 본성의 존재를 주장하는 것으로 보인다.

그러나 우리는 인간 본성을, 적절한 의미로, 실제로 구성하는 것이 무엇인지를 어떻게 발견할 수 있을까? 이 질문에 대한 답은, 자연법 이론의 핵심 활동을 구축하는 것인데, "항상 혹은 대부분" 일어나는 것이 바로 자연이 의도하는 것이라는 아리스토텔레스의 기준을 기반으로 삼아, 통계적 규준을 규범적 지위로 효과적으로 격상시킨다(Aristotle 1984a, Met. 1027a20). 이 전략은 미끼로 꼬드겨 바꿔치는 상술(bait and switch)인데, "자연"과 "법칙"이란 두 단어의 애매성을 가지고 노는 것이다. 이는 사실 N_1의 집합 내의 모든 것이 좋은 것은 아니라는 생각에 힘을 실어주는 규범적 힘에 의지한다. 즉, 자연에서 실제로 일어나는 어떤 것들은 **부자연스럽고**(unnatural), 자연이 "의도한" 것이라기보다는 자연의 탈선이다. "미끼"는 자연이 스스로 자기 "의도"를 어느 정도 드러낼 것이고 그래서 우리가 과학에서 통용되는 의미로의 법칙을 발견할 수 있을 것이라는 기대이다. "바꿔치기"는 주장된 법칙에 예외가 발생할 때 일어난다. 즉, 자연법 이론가는 이런 예외를 가설의 오류로 보지 않고, 그 "법칙"과 양립 불가능함에 기초하여 규범적으로 받아들일 수 없다고 선언한다. 그렇게 과학적 단어 사용에서 법률적 단어 사용으로 바꿔치기하여 선결문제 요구의 오류를 범하는 것이다.

신학적 요소가 있음에도 불구하고, 아리스토텔레스의 도식에 대한 아퀴나스의 수정은, 아리스토텔레스의 것보다 현대 개념에 더 부합한다. 아리스토텔레스는 목적론이 자연에 내재한다고 생각하여, 이를 설명하기 위한 지적인 기획의 필요성을 느끼지 못하였다. 이것[자연법 원리]이 전체로서의 자연에 적용되는지는 매우 논란이 많지만(Broadie 2007), 고정된 본성을 지닌 한 종의 구성원으로 간주되는 개별 유기체 수준에서는 분명히 적용된다. 목적론이 자연 그 자체에 내재한다면, 우리는 이런 자연의 목적론적 사실로부터 적어도 몇몇 규범적 진술을 도출할 수 있어야 한다. 그렇지만, 최근 토머스 네이글(Thomas Nagel)이 지적 설계를 배제한 자연 목적론의 개념을 부활시키려고 시도했음에도 불구하고(Nagel 2012), 그런 생각은 지금 우리 대부분이 이해할 수 없는 충격이다. 자연의 설계를 신의 목적과 동화시키는 것은 자연이 실제로 의도를 가진다는 생각을 받아들이기 더 쉽게 만들어준다. 이것의 단점은, 그것이 신의 마음을 읽는 특권을 가지지 못한 사람에게 우리 주변의 경험적 사실로부터 자연의 의도를 해독하도록 요구한다는 점에 있다.

루스 밀리칸(Ruth Millikan 1984, 1993)과 여러 사람이 지적했듯이, 객관적 목적론의 개념, 즉 인간의 이익(관심)과 목적에 독립적인 목적론의 개념은 결국 지적 설계를 필요로 하지 않는다. 자연의 기능은, 개체의 활동에 미치는 자체의 효과와 밀접하게 연관하여, 그 존재(its being)가 선택되는 결과를 낳고, 그렇게 그 현재적 실존(present existence)을 설명한다. 이후 개선 작업과 반대 논란이 없지는 않았지만(Allen, Bekoff, and Lauder 1998), 나는 자연 기능의 이 원인론적 해석(etiological explication)이 지난 수백 년 간의 철학 역사에서 몇 안 되는 진정한 진보 중 하나라고 감히 생각한다. 그렇지만, 그것이, 어떤 자연 기능을 우리가 가치 있는 것으로 받아들여야 하는가, 그리고 "무엇이 세상에서 우리가 뛰어넘도록 주어진 것인가"(영화 「아프리카의 여왕」에서 캐서린 헵번의 대사)와 같은 핵심적 질문에 답을 주지는 않는다. 오히려 그것은 자연법 이론가를 위해 답을 해준다. 그렇지만 이는 매우 임의적인 대답인데, 마치 자칭 성서 문헌학자라는 이가, 동성애를 금해야 한다는 주장을 신의 명령인 양 해석하면서, 반면에 누군가의 딸을 노예로 팔아넘기는 일이, 한낱 역사의 우연성에 불과하므로, 허용 가능하다는 식으로, 다른 주장을 간과하는 것과 같다.

게이 펭귄의 존재가 알려진 후 바티칸이 동성애 금지령을 푼 날에 우리는 자연법 이론을 더 좋게 생각하게 되었지만, 그런 정책조차, 이 논리적 결론에 포섭되면, 사드 후작(Marquis de Sade)의 교설도 싫지만 받아들일 수밖에 없는 결과로 이어진다. 왜냐하면 "신성한 후작"은 자신이야말로 모든 자연적 경향을 충실히 따르는 유일하게 일관된 자연주의 철학자라고 주장하기 때문이다(Sade 1810). 우리가 N_1의 다양한 원소들 중 일부를 선택할 수밖에 없는 것처럼, 우리는 이런 선택이 만들어지는 기준을 특정할 수밖에 없다.

어떤 과정이 객관적 기능에 기여한다는 사실이 우리가 그것에 가치를 부여해야 함을 뜻하지는 않는다. 반대로, 어떤 능력에 자연적 기능이 없다고 해서 이를 찬양하지 않을 이유는 없다. 남성과 여성의 성적 오르가슴을 생각해보자. 남성 오르가슴은 정자의 사정을 통해 생식에 기여하지만, 여성 오르가슴은 어떤 명확한 기능을 갖지 않는 것처럼 보인다. 남성의 젖꼭지처럼, 그저 음경과 음핵의 상동관계(homology)와 같이, 여성 오르가슴도 일단 상동관계의 부수 효과로 보인다(Lloyd 2005). 이를 지지하는 하나의 예로는 우리와 가까운 종인 붉은털원숭이/벵골원숭이(rhesus monkey, *Macaca mulatta*)에서는 암컷의 오르가슴이 가능하긴 하지만, 야생 환경에서는 매우 드물고 거의 나타나지 않는 것을 들 수 있다(Burton 1971). 이는 이 형질이 자연선택에 노출되지 않아서 결국 선택될 수 없었다는 것을 시사한다. 그렇지만, 남성의 젖꼭지와 달리, 여성의 오르가슴은 가치를 지닌다. 삶에 가장 좋은 것들 중에는 스팬드릴(spandrels)3)도 있다.

자연법 이론을 기각하는 마지막 이유는 종이 전혀 변치 않는다고 해야만 아리스토텔레스의 기준이 말이 되기 때문이다. 진화하는 종에 이 이론이 적용되면, 이 이론은 수백만의 우리 조상들은 모두 변태라는 결론을 함의한다. 왜냐하면 우리 조상 중 현재 인류에 한 발짝이라도 더 가까워진 조상들은 하나같이 그들의 동료에게 "항상 혹은 대부분" 참인 것에서 필연적으로 벗어나는 예외가 되기 때문이다. 인류는 수백만 괴짜의 자손인 것이다. 만일 우리 조상 모두가 정상이었다면, 우리는 아마 단세포 개체일 것이다.

진화윤리학

자연법 이론은 행동 수준에서 생물학의 가르침을 확장적으로 해석한 것에 기반한다. 진화의 수준에서도 생물학의 확장적 해석이 적지 않았다. 철학자와 생물학자는 일반적으로 우주에 의도를 부여하는 것을 어

---

3) [역주] 진화생물학에서 자연선택된 기능이 아니라, 부수적으로 이로운 것들을 뜻하는 비유. 원래 뜻은 건축에서 아치를 만들면 옆에 생기는 공간을 가리킨다.

이없는 일이라고 생각하지만, 대부분 일반인은 진화를 끊임없이 점점 더 개선되고 발전하는 목적론적 과정으로 생각하고, 진화를 통해 유기체들은 인간같이 이상적인 종에 점차 가까워지고 있다고 (혹은 인간도 더 이상적인 종이 될 **운명이라고**) 생각한다. 몇몇 진지한 사상가도 이런 관점을 수용하고, 더 나아가서 이런 관점으로부터 삶의 지침으로 삼을 수 있는 어떤 종류의 제안 같은 것을 끄집어내기도 하는데, 예수회 (Jesuit) 고생물학자 테야르 드 샤르댕(Teilhard de Chardin, 1961) 같은 사람은 진화 과정이 장기간의 설계에 지속적인 복잡성을 추가하는 보조 역할을 하고, 결국 더 높은 집단의식(collective consciousness)이 드러나는 "오메가 지점(omega point)" 같은 궁극의 완성에 도달하게 될 것이라고 생각한다. 최근 어떤 사상가는 놀랍게도 진화를 인터넷에 대한 예언으로 해석하였다(Kreisberg 1995). 생물학자 줄리언 헉슬리(Julian Huxley)는 테야르 드 샤르댕의 책에 진화가 지속적인 복잡성 향상에 기여한다는 가설을 칭찬하는 서문을 써주었다. ("다윈의 불도그"라 불린 토머스 헉슬리(T. H. Huxley)는 손자 줄리언보다 훨씬 강인한 정신을 지녔다. 그는 "사회의 윤리적 진전은, 우주적 과정을 모방하거나 그것으로부터 도망치는 것이 아니라, 그것과 싸우는 것에 달려 있다"(Huxley and Huxley 1947)는 생각을 견지하였다.) 또한, 어떤 사람들은 최적 신체 설계와 인간 같은 지능이 자연선택으로 귀결될 운명이었다고 생각한다(Morris 2003).

가장 낮은 수준의 복잡성에서 시작한 임의적 발걸음이 한 방향으로만, 즉 복잡성 제로 상태에서 멀어지는 쪽으로 나간다는 것은 참이다. 그렇지만 어떤 사람들은 인간 게놈의 복잡성이 이제 더 이상 증가하면 "돌연변이 용융"(충실한 DNA 복제가 증진되는 것에 실패하여, 파괴적인 돌연변이가 복잡성을 후퇴시키는 것)을 일으킬 단계에 도달했다고 걱정한다(Ridley 2000). 복잡성이 무한히 증가하면 최대 엔트로피의 형태 없는 카오스로 귀결된다고 생각할 만한 여러 이유가 있으며, 복잡성제로의 정지 상태와 "극도의 카오스" 사이 어딘가에 생명체를 배치시키는 재미있는 패턴을 제시한 사람도 있다(Langton 1992). 그래도 많은 사람이 최근까지도 계속 진화론 위에 윤리학의 기반을 세우려 기대하며 이런저런 방향으로 많이 노력하고 있다. 이런 여러 시도를 폴 톰슨(Paul Thompson, 1995)이 편집한 책에서 많이 다루었다. 톰슨 자신도 우리가 "악(evil)"을 진화 용어로 정의할 수 있다고 제안하였다. 톰슨에 따르면, 우리는 이 단어에 다음과 같은 생물학적 의미를 부여할 수 있다.

악이란 … 자기 자신의 개인적 적합도(fitness)를 증대시키기 위해 그가 속한 집단의 단기적 혹은 장기적 보존을 해할 수도 있는 시도를 말한다. 집단이 붕괴하면 결국 개인의 보존도 위협받기 때문에 사실 이런 시도는 결국 자신의 적합도를 낮춘다. … 진화적으로 안정된 행동 체계가 자생 가능한, 암묵적 사회계약을 구성한다. 이런 사회계약의 기반은 신다윈주의의 적합성의 핵심 양상, 즉 자기 보존 성향으로부터 나온다. … 인지적 행위자로서 이것은 (부분적으로) 스스로 합리적 자기 이익으로 나타난다. "악"이란 단어는 단순히 이 사회계약의 규칙을 깨는 행동을 가리키는 말이고, 이는 진화적으로 안정된 체계의 유지를 위협하는 일이다. … 그런 행동이 일반화되면, 집단의 모든 구성원의 장기 적합도를 감소시킨다(악의 가해자까지도)(Thompson 2002, p.246).

그의 정의가 우리가 일반적으로 사용하는 악이라는 단어의 의미를 완벽히 담지 못한다는 비판이 있을 수 있다. 그렇지만 일반적 용어에 약간의 기술적 반전을 주는 성공 사례가 하나 있다. 즉, "이타주의(altruism)"라는 단어의 생물학적 해석은 심리학에서 쓰는 이기주의(egoism)와 양립 가능하다(Sober and Wilson 1998). 톰슨의 제안에 대한 치명적인 반대는 이와 다른 종류이다.

사회-지향적 행동(pro-social behavior)과 장기 적합도(long-term fitness)는, 개별 인간이 자손 갖기에 관심 가지는 모습에서 드러나듯이, 우리가 일반적으로 편하게 인정하는 것들이다. 그렇지만 이 둘은, 흥미롭게도 서로 다른 이유에서, 논쟁의 여지가 많다.

첫째, 우리가 심리적 이타주의를 발달시키는 선천적 경향성을 가진다는 것이 확실하다면, 반사회적 행동에 대한 선천적 경향성도 마찬가지로 자연스럽다. 사회-지향적 행동이 권장되는 것은 이것이 자연선택에게 선호되었다는 사실을 뜻하지는 않는다. 그보다 사회-지향적이기 때문에 권장된다는 것이 명확한 사실이다. 나쁜 사람보다 좋은 사람을 선호하는 것에 진화론의 지지가 필요치는 않다. 그렇지 않다고 가정하는 것은 마치, "좋은 사람이 나쁜 사람보다 좋다"는 명백한 명제를 지지하면서, "진화는 사회-지향적 행동을 선호한다"는 의심스러운 명제에 우리가 얽히지 않게 해주는, 건전한 방법론적 원칙을 위반하는 것과 같다.

자손을 남기는 것이 좋은 일이라는 것에 대해서도, 대부분 사람이 이를 명백하다고 생각한다고 해서 선결문제 요구의 오류로부터 자유로워지는 것은 아니다. 한 예로 데이비드 베나타(David Benatar)는, 아예 태어나지 않은 것이, 살아 있는 동안 좋은 삶이라고 여기는 삶보다도 절대적으로 좋다고 주장하면서, 따라서 자손을 가지는 것은 항상 부도덕한 일이라 주장하였다(Benatar 2006).

진화윤리학에 대한 판결은, 한마디로, 진화윤리학의 다양한 버전이 모두 설득력이 없다는 것이다. 진화에서 어떤 행동이 매우 자주 나타나고 어떤 경향과 패턴이 발견된다 해도 이것이 좋은 것이라고 판단할 충분한 이유가 되지는 못한다. 반대로 우리는, 토머스 헉슬리의 제안처럼, 좀 엉뚱해 보여도, 어떤 더 중요한 가치의 이름으로 "우주적 과정과 싸워야 하는" 이유를 가질 수 있다. 그러나 이런 더 중요한 가치라는 것이, 인간으로서의 우리 본성에서 나오는 것이 아니라면, 과연 어디에서 오는 것일까?

여러 가능성의 확대

그 질문에 우리가 가장 솔직하게 답하려면, 지금까지 나를 지배하던 제한된 범위를 넘어서 보아야 한다. 즉, 인간다움이란 무엇인지에 관해 자연적 사실로부터 무엇이 추론될 수 있을지 질문하고, 우리가 다른 동물과 공유하지 않는 그 능력이 우리에게 부여한 **가능성**에 초점을 맞추어야 한다. 물론 그 능력은 언어 능력, 우리에게 새로운 가치를 만들 수 있는 무한한 잠재력을 제공하는 능력을 말한다. 일단 불가능성을 확인하는 데 만족하는 최소주의자의 관점을 넘어서면, 여러 종류의 가능성을 구별하기 시작할 수 있다.

비유하자면, 여러 종류의 가능성은 이전 인형 속에 들어 있고 다음 인형을 담고 있는 러시아 인형[마트료시카]과 비슷한 관계를 지닌다. 논리적으로 가능한 것은 논리 법칙과 호환된다. 수학적으로 가능한 것은 논리적으로도 가능하지만, 수학 법칙의 제약을 받는다. 물리적으로 가능한 것은 논리적, 수학적으로도 가능한 것이고 물리 법칙의 제약을 받는다. 화학적 가능성은 더 나아가 논리적, 수학적, 물리적으로 가능한 것을 담고 있다. 그리고 언뜻 보면, 우리는 마찬가지로 생물학적 가능성이 화학적 가능성을 담고 있다고 생각할 수 있다.

불행히도, 이런 비유는 깔끔하기만 하다. 생물학적 법칙 같은 것은 존재하지 않을 수도 있다. 하디-와인버그 법칙(Hardy-Weinberg law)이나 멘델의 유전 법칙 같은 것들은 우연히 생명 현상에 적용 가능한 수학적 법칙일 수도 있고, 실은 참이 아닐 수도 있고, 혹은 그 둘 다일 수도 있다. 나는 생물학적 가능성이란 더 큰 법칙들 집합의 제약을 받는 것이 아니라, 메이나드 스미스와 자츠마리(Maynard Smith and Szathmáry 1999)의 진화의 "주요 전환(major transition)"에서 예화되는 것 같은 특정 상황의 제약을 받는 것이라고 제안하고 싶다.

주요 전환의 사례에는 원핵세포와, 그 이후의 진핵세포의 "발명"이 포함된다. 또 하나의 주요 전환은 무성생식에서 유성생식으로의 이행이다. 여기서 복제의 신뢰도와 안정성을 조금 손해 보고, 대신 잠재적으로 더욱 다양한 완전히 새로운 형태로의 탐색이 이루어진다. 사실 유성생식은 재생산이 아니라 완전히 새로운 생산, 모든 개체가 완전히 새로운 탄생을 하는 것이기 때문이다. 또한, 단세포 개체들이 함께 모여 협동 체계를 이루면서, 처음엔 세포 덩어리같이 동질적인 일시적 형태가 되고, 다음엔 안정된 후생동물이 되면서, 개별 세포들은 자율성을 잃고 특정한 역할을 하도록 규정된다. 이들은 집합적 개체가 되기 위해 세포사멸(apoptosis)이라는 극적 과정도 받아들여야 한다. 세포의 자율성을 내주고, 그 결과의 개체는 풍부하고 새로운 범위의 가능 형태, 행동, 잠재력을 얻는다. 더 나아가 개별 개체가 사회를 이룰 때에도 이런 비슷한 현상이 일어나는데, 이는 원시 사회적 곤충 모델이나 초고도 사회인 인간에게도 그렇다.

이런 몇몇 전환은 새로운 제약과 구체적 가능성의 범위 확대를 맞바꾸는 것이다. 메이나드 스미스와 자츠마리의 주요 전환 중 가장 최근 것인, 기초적 신호 교환으로부터 언어로의 전환에서도, 새로운 여러 가능성은 새로운 제약보다는 새로운 위험에서 나온다고 할 수 있다. 언어는 개체를 조작/속임수에 노출시키고, 속고 속이는 전쟁/군비 경쟁을 시작하게 해주었다. 그렇지만 가장 중요한 것은 언어가 부여한 여러 가능성이 폭발적으로 증가했다는 점이다. 토론과 논쟁과 추론을 통해 언어는 가치의 창조와 변형을 가능케 한다. 이런 증식 과정에서, 어떤 가치는 자연의 기본 명령인 자기복제와 갈등 상황에 처하기도 한다. 개인이 어떤 이념을 지키기 위해 자신과 자손 생산 기회를 희생하는 경우처럼 말이다. 그 전체 과정은 언어의 존재만이 가능케 한 인간만의 독특함을 잘 보여준다고 주장될 수 있다.

가치의 증식은 본질적으로, 말하고, 논쟁하고, 올바른 혹은 잘못된 추론을 하는 우리의 능력에 의존하며, 우리를 새로운 여러 가능성에 정서적으로 반응하도록 이끌어주는 과정에 관여한다. 우리의 믿음, 우리의 욕망, 그리고 우리의 대인관계라는 그 본성은 더 이상 단순히 포유류 조상에게서 물려받은 정서적 소인(emotional predispositions)으로만 규정 짓기 어렵다. 우리는 생물학을 초월한다. 그렇지만 다니엘 데닛(Daniel Dennett)이 지적했듯이, "이 사실은 우리를 다르게 만든다. 그렇지만 그 자체도 생물학적 사실이다."(Dennett 2006, p.4)

한마디로 결론 내리자면, 생물학의 주된 철학적 의미는 우리가 실존 주의자여야 한다는 것이다. 무한히 많은 가능성을 통해 우리가 직면한 한계를 넘어섰다는 것이 생물학적 사실이라고 한다면, 종으로서나 개인 으로서나 우리의 실존이 우리의 본질에 앞선다고 말할 수 있다.

자연선택은 왜 신의 섭리가 아닌가

우리가 생물학을 초월한다는 것이 정말 생물학적 사실이더라도, 이것이 우리가 개탄스러운 격세유전(atavism, 자연의 제약)에서 벗어난다는 것을 의미하지는 않는다. 많은 감정 성향이 종종 놀랍게도 미묘한 방식으로 삶의 도전에 효과적으로 반응할 수 있도록 우리를 준비시켜주는 반면에, 동시에 그것들은 우리의 선택을 규제하고 제한한다. 진화가 종종 신의 섭리의 역할을 맡아왔다는 낙관적 관점이 일반 사람들의 마음에 들어서기 쉽다. 간혹 슬프게도 방임한 경우가 있긴 하지만, 신의 섭리는 그래도 대부분 과제를 최선으로 행하였다고 믿어진다. 그리고 과학과 철학도 이런 팡글로스 전망(Panglossian perspective)[4]으로 시시덕 거리기도 하였다. 오랫동안 감정은 이성에 해가 된다고 여겨져왔지만, 감정에 대한 현재의 많은 학제적 연구에선 감정의 기능성을 강조한다. 예를 들어, 수치심의 재평가가 잘 진행 중이고(Deonna, Rodogno, and

---

4) [역주] 팡글로스는 볼테르의 『캉디드』에 나오는 무턱대고 낙관적인 인물.

Teroni 2011), 명백히 나쁜 감정으로 보이는 앙심, 즉 자신도 큰 손해를 입더라도 남을 해치려는 욕망도 최근에는 공정성의 진화에 중요한 역할을 했다는 평가가 나오고 있다(Forber and Smead 2014). 앙심은 또한 이타적 처벌과 긴밀한 관련이 있다고 한다. 이타적 처벌이란, 자신에게 공격이 직접 행해진 것이 아니라 하더라도, 자신이 속한 집단에 대한 공격을 처벌하기 위해 기꺼이 어느 정도의 대가를 감수하는 것을 말한다(Boyd and Richerson 2005). 이들은 이타심에 대하여 시행된 수많은 연구의 조금 다른 측면이라서, 이에 대한 정확한 설명은 아직 논란의 소지가 많다(Nowak, Tarnita, and Wilson 2010; Wilson 2015). 논란이 어떻게 해결되든지 간에 이들은 자연선택이 우리의 성향, 특히 우리의 감정에 작동하여, 우리가 개탄해 마지않을 우리의 여러 성향, 그래서 아리스토텔레스의 낙관주의를 손상시키는, 여러 성향을 일으킨 몇 가지 방식을 보여준다. 여기에 세 가지 사례가 더 있다.

맥도날드(McDonald) 감정. 맥도날드의 음식을 처음 접한 아이들은, 낯선 음식임에도 불구하고, 어떤 문화권이건 맥도날드를 매우 좋아하는 경향이 있다. 분명히 이것은 신이나 자연이 인간을 위해 의도한 음식이다. 맥도날드를 원하는 이런 갈망은 네 가지 영양소인 지방, 당분, 염분, 단백질이 부족할 경우 이를 빨리 섭취하기 위한 것에서 그 기원을 찾을 수 있다. 우리의 선천적 감정 체계도 똑같은 문제를 가진다. 강간이나 폭행 성향을 비롯한 일부 성향들은 아마도 자신의 보존을 위하여 유전자를 널리 퍼트린다. (남성 200명 중 한 명은 칭기즈칸의 후손이라는 주장도 있다.[5]) 이전에 적응적이던 성향이 현재의 변화된 조건에서는 가치가 없을 수도 있다.

개체는 소모품이다. 더 일반적으로 말해서, 진화가 인간을 비롯한 개별 유기체에 어떤 "관심"을 가진다고 믿을 아무런 이유가 없다. 개체는

---

5) http://blogs.discovermagazine.com/gnxp/2010/08/1-in-200-men-direct-descendants-of-genghis-khan/

복제자가 복제를 위해 이용하는 한 가지 방법일 뿐이고, 유성생식을 하는 유기체 유형은 생물권에서 매우 적은 부분일 뿐이다(de Sousa 2005; Clarke 2012). 우리가 유전학, 후생유전학, 유전자 외 유전(extragenetic inheritance)의 상대적 중요성에 대해 어떤 생각을 하든, 개체는 결코 자연선택의 수혜자가 아니다. 개체는 소모품이다. 진화가 최적자의 생존에 기반하는 것이라면, 그 최적자는 절대 개체일 리가 없다. 왜냐하면 어떤 개체도 계속 생존하지 못하기 때문이다. 생존해서 남는 것은 복제자가 운반하는 정보이다. 우리가 개인에게 무한한 가치를 부여하는 것이 자유 서방 사회에서 최근에야 수립된 가치 중 하나임을 감안하자면, 우리가 이용하며 살아갈 가치 체계에 있어서, 진화의 수혜자 선택을 너무 진지하게 받아들여 이를 우리가 따라야 할 지침으로 생각해야 할 이유는 없다.

빈도-의존 적합성. 자연선택의 선물을 신뢰하지 않을 세 번째 이유를 생물학적 악에 관한 폴 톰슨(Paul Thompson)의 제안에서 나타나는 문제점에서도 살펴볼 수 있다. 위에서 본 대로, 폴 톰슨은 진화가 사회에 좋은 것을 육성한다는 견해를 보였다. 그 암묵적 전제에 따르면, 어느 특성이 어떤 적용 가능한 관점에서 "좋은 것"이면 자연선택이 이를 고정시킬 것이고, "나쁜 것"이면 그 집단에서 결국 퇴출시킬 것이다. 그렇지만 대부분은 아니라도 많은 특성에서, 그 특성이나 유전자의 적합성은 그 발생 빈도에 어느 정도 좌우된다. 적합성이 빈도-의존적일 때, 서로 경쟁하는 특성들은 균형 상태에 놓인다. 메이나드 스미스가 매와 비둘기 우화에서 제시한 것처럼, 매가 많을 때는 비둘기가, 비둘기가 많을 때는 매가 유리하다(Smith 1984). 이런 식의 균형은 유성생식 집단에서 암컷보다 수컷의 비율이 높은, 다소 낭비적인 성비의 근원으로 생각되기도 한다. 또한 사이코패스가 우리 안에 여전히 존재하는 것도 이런 균형 때문으로 볼 수 있다. 사이코패스인 것은 이타주의와 공감이 가능한 사람들 속에서 살아가는 개인에게는 아마 좋은 전략일 것이다. 반대로 사이코패스의 사회에서는 공감이 가능한 돌연변이가, 메이나드 스미스의 사고 실험에서 대부분 매로 구성된 환경에서 희귀한 비둘기가 이득을 얻는 현상과 비슷하게, 이득을 얻을 것이다.

광범위한 반성적 평형

위에서 살펴본 것들의 교훈은 자연선택으로 만들어지는 것이 꼭 바람직하다고 전제할 수는 없다는 점이다. 도덕성의 개념 혹은 더 넓게, 삶의 가장 좋은 방식이란 개념은, 인간에게 본성적으로 보이는 것을 모델로 하든, 단지 가능한 것에 의해 고무되든 간에, 본질적으로 명확히 증명되지 못한 채로 남을 것이다. 그렇지만 도덕성의 생물학적 기원에 대한 최근 연구에서 한 가지 요점이 부각된다. 그것은 어떤 윤리적 입장에 대해 찬성하거나 반대하는 반응이 감정적 반응이라는 연구다(Haidt and Bjorklund 2008). 우리의 여러 감정은 일관된 통합과는 거리가 있기 때문에, 삶의 방식에 대한 질문에 최상의 대답을 찾으려는 사람은 모든 감정과 성향이 뒤섞인 카오스 안에서 이것들이 상호 대립하는 것을 허용할 수밖에 없을 운명에 놓인다. 우리의 모든 감정 반응을 합친 간단한 벡터 합 같은 것을 우리가 발견할 가능성은 매우 낮아 보인다. 이는 윤리 원칙에 대한 합리적 정당성(정당성에 대한 나의 느슨한 개념에서라도)을 자연적 사실의 집합에서 찾으려는 사람에게는 나쁜 소식이다. 아직 일반 원칙, 특정 사례, 가치 있는 활동, 정당한 반응, 유익한 행동 등에 대한 우리의 갈등하는 직관들을 상호 만남으로 이끄는 진지한 대안은 없다. 이런 과정이 "자연주의 오류"에 대해 주저하도록 만들지는 않을 것이다. 질문은, 사실들의 집합으로부터 논리적으로 타당한 추론 과정을 통해 한두 가지의 평가적 판단을 도출해낼 수 있느냐 없느냐가 아니다. 오히려 질문은, 여러 사실을 숙고하고 이에 대한 반응으로 어떤 것은 칭찬하고 다른 것은 경멸하게 하는 우리의 감정적 경향에 대한 것이다. 이것은 결코 합리적 숙고와 논리적 추론을 배제하지 않는다. 오히려 추론은 이 과정에 필수적이며, 추론 그 자체는 자신의 여러 인식적 감정의 집합, 예를 들어, 플라톤의 『메논(Meno)』에 묘사된 절망과 인정 느낌 같은 것 혹은 데카르트가 지식 기반의 기준으로 삼은 "명료성과 판명성" 같은 것의 영향 아래 놓인다(de Sousa 2008).

이런 관점에서 볼 때, "어떤 것을 바람직한(desirable) 것으로 만들 수 있는 유일한 근거는 사람들이 실제로 그것을 열망하는(desire) 것"이라는 밀의 주장은 완전히 합리적으로 보인다(Mill 1991). 우리가 쾌락을 열망한다는 생물학적 사실을 생물학자에게 확인받을 필요는 없다. 밀의 주장은 "~ 할 수 있는(-able, -ible)" 같은 접미사의 애매성을 잘못 남용 했다는 비판을 받았는데, 이 접미사가 "바람직한(desirable)"이란 단어에서는 가치가 있음을 뜻하지만, "보이는(visible)" 같은 단어에서는 단순한 가능성만을 지시하기 때문이다. 의미론적으로 이 비판은 타당하다. 그러나 이 비판도 역시 요점을 벗어난다. 중요한 것은 우리가 어떤 것을 바람직하다고 판단하는 여러 이유 중 우리가 그것을 원하기 때문인 것이 크게 작용한다는 점이다. 이보다 **더 나은** 다른 추론이 없다면, 비록 논리적으로나 의미론적으로나 인정받지 못했어도, 밀의 추론이 합리적으로 보인다.

이것이 만족스럽지 못하다면, 우리는 귀납추론이 어떤 비순환 논법으로도 정당화될 수 없다는 흄의 주장을 다시 기억해야 한다. 귀납추론은 단지 우리 마음이 구축된 방식에 따라 그저 우리가 하는 것이다. 실제로, 연역추론도 마찬가지다. 예를 들어, "명백히 순환론적"으로 보이는 추론에서, 넬슨 굿맨(Nelson Goodman)이 지적한 것처럼, "어느 규칙이 우리가 받아들이고 싶지 않은 추론을 낳는다면 그 규칙은 개정되고, 어느 추론이 우리가 고치고 싶지 않은 규칙을 깨뜨린다면 그 추론은 거부 된다."(Goodman 1983, p.64) 이는 또한 존 롤스(John Rawls, 1977)가 윤리적 실행(practice)과 원칙(principle)에 대한 시험으로 제안한 "반성적 평형(reflective equilibrium)"을 위한 탐구와 본질적으로 비슷하다. 토대(foundations)에 관해 합의가 없는 상황에서는, 윤리적 추론에 관하여 반성적 평형의 실용적 지지 이외에 더 요구될 것도 더 가능한 것도 없는 듯하다. 이 생각의 계보는 굿맨과 롤스 이전으로 거슬러 올라가 니체와 흄에게까지 이어진다. 롤스의 반성적 평형에 대한 주장은 기존의 프로젝트 수행에서 우리가 보통 "고정된" 것으로 사용하는 술어에 대하여 굿맨이 특성화한 것과 비슷한 종류다. 결국 이것은 윤리학을 정당화하려는 헛된 시도보다는 도덕의 계보를 따라가야 한다는 니체의 주장을 반영한다(Nietzsche 1967). 또한, 원인과 결과에 대한 우리의 귀납적 지식을 "관습과 습관"으로 환원한 흄과도 명백하게 일관성이 있다(Hume 1975, sect. V, pt. 1).

생물학을 고려하는 철학의 반성적 평형에 대한 우리의 탐색은, 여러 생물학적 사실에 대한 우리의 감정 반응뿐 아니라, 이런 사실이 제공하는 모델에 대한 우리의 감정 반응에도 기반을 두어야 한다. 이러한 설명은 단순히 은유일 때도 가치가 있다. 그리고 그런 설명은 우리 인간 종이 아닌 다른 종에 대한 사실로부터도 (혹은 그런 사실을 생각하는 방식으로부터도) 유도된다. 예를 들어, 최근 어떤 근본주의(fundamentalist) 그룹은 펭귄에 대한 영화를 인간 행동의 모델로 삼아서, 일부일처제나 희생이나 자녀 양육 같은 전통적 규준을 열정적으로 지지하였다(Miller 2005). 이 두 종이 서로 전혀 다른 형태의 사회를 구성하고 있는 것은 무시하고, 우리와 백만 년 이상 조상을 공유하지 않은 한 종에 대한 사실로부터 인간의 규범을 끌어낸 것이다. 마침, 펭귄의 예는 (아퀴나스가 자연에서 발견할 수 있다고 생각한 많은 "사실"처럼) 현실과는 관련이 적은 지어낸 이야기였다.

좀 더 공감할 수 있을 만한 예로, **개별성**(individuality)에 대해 생각해 보자. 포유류로서 인간은, 다른 생명 형태들과 달리 하나하나가 매우 독특하고, 식물이나 무성생식하는 후생동물과는 삶의 방식 자체가 매우 다른 하나하나의 개체들이다. 유전자 수준에서의 독특함(일란성 쌍생아는 제외이지만)에 더하여, 발달과정과 학습을 거치면서 서로 간에도 매우 다르게 될 수 있는 아주 큰 잠재력을 가진 개체인 것이다. 이것은 생물학적 사실이다. 그러나 이것에 대한 우리의 태도와 우리가 이것으로 만들어가는 것은 이 사실에 의해 결정되는 것이 분명 아니다. 예를 들어, 어떤 사람은 이 불행한 다양성을 상쇄시키기 위해 우리를 같은 모양으로 만들어줄 강력한 독재 권력이 필요하다고 주장할 수도 있다. 그렇지만 우리는 자신을 만들어나갈 기회를 잘 활용할 수 있다는 생각에 고무되어 행복해할 수 있는 것이다. 프랑스 소설가 앙드레 지드(André Gide)가 "아, 그 무엇과도 바꿀 수 없는 존재여"라고 읊조린 것처럼 (Gide 1942, p.186).

개별성에 대해 성찰할 때, 다양성이 드러난다. 생명 형태의 다양성은 생태학적 관점에서도 개체적 관점에서도 모두 매력적이다. 한편으로, 식물 종이 사라지면, 우리는 아직 알려지지 않은 질병의 잠재적 치료법을 잃는 것일 수 있다. 그렇지만, 다른 한편으로, 우리는 또한 다양성 그 자체에 가치를 둔다. 엄청나게 다양한 생명 형태로 이루어진 생명의 세계는 그야말로 경외심을 불러일으키는 것이다. 마찬가지로, 가능한 경험의 다양성은 자연이 우리에게 준 선물이고, 이를 거부하는 것은 정말로 멍청한 짓이다.

일부일처제

인간의 다양성이 내재적 가치를 가진 것이라면, 왜 인간관계의 다양성은 똑같이 바람직한 것으로 평가받지 못할까? 실제로 우리는 모든 사람과 모든 관계를 한두 가지 범주로 대충 분류한다. 예를 들어, 일반인, 동성애자, 양성애자 그리고 독신, 기혼, 연인 관계, "그냥 친구 사이" 등으로 말이다. 왜 이래야만 할까? 나는 이런 논쟁적인 질문에 몇몇 매우 짧은 언급으로 결론을 내릴 것인데, 이는 우리가 가능성에 대한 생물학적인 발견을 실제로 어떻게 진지하게 채택할 수 있는지를 보여주기 위해서이다. 반성적 평형이란 전략을 합리적으로 적용하면, 우리 삶에서 성애(erotic)의 역할에 관한 고정 관념들에 대하여 새로운 개념을 이끌어낼 수 있다고 나는 제안하고 싶다.

사랑, 성, 결혼 등에 관한 우리의 규범적 개념을 지배하는 주요 이념은 일부일처제의 이상(ideal)에 기반하고 질투의 감정적 제재를 사회가 승인함으로써 지켜지고 있다. 서구 사회에서 성적으로 배타적인 일부일처제의 이상은, 비록 지키는 것보다 깨는 것이 더 찬양받기도 하지만, 공식적으로는 결혼제도를 통해 인정되고, 비공식적으로는 유명인 스캔들에 충격 받는 사람들의 위선 속에서 인정된다. 인간을 자연적으로 일부일처제인 혹은 "약하게 일부다처인 종"으로 규정하는 것은 종종 성적인 이중 잣대를 설명하거나 눈감아주는 결과를 낳고, 진화심리학자들의 표준적 이야기로 손쉽게 지지받는다. 이 이야기는 남성과 여성의 생식 세포의 크기 차이에서 시작해서, 남자와 여자가 많은 부분에서 달라야 한다고 주장하는 의심스러운 연쇄적 추론을 통해, 각각 r-생식 종과 k-생식 종을 닮았다는 식의 남녀 생식 전략에 차이가 있다는 결론으로 유도된다. 성적인 질투는 아이의 아버지임이 불확실하기 때문에 남자에서 더 강렬해야만 한다. 그렇지만 여자는 아이를 기르는 데 지속적인 도움이 필요한 이유 때문에 감정적 질투를 경험하는 경우가 많다. 이런 표준적 이야기에겐 안됐지만, 그러한 차이들은 아마도 미국에서 탄생하여 지지되고 있으나(Buss 1994), 성 평등이 더 잘 이루어진 나라에서는 모두 사라지는 경향이 있다(Harris 2004). 성 차이에 대한 다른 주장에 대해서도 마찬가지다. 면밀히 조사해보면, 대부분의 성 차이가 그들이 암암리에 정당화하려는 바로 그 고정 관념의 영향인 것으로 드러난다(Tavris 1992; Fine 2011). 오히려, 여성의 성에 관한 생물학적 사실은, 임신을 위해 그저 누워서 천국을 상상하는 순진한 여성으로 그려지는

19세기의 관점보다는, 여성이 성적 욕구가 많다고 본 전통적인 관점에 더 가깝다(Baker and Bellis 1995; Ryan and Jethá 2010). 그런데 아직도 어떤 집단(circles)에서는 19세기의 관념이 여전히 우세하다.

헬렌 피셔(Helen Fisher 1998, 2004)는 우리가 사랑이라고 부르는 것이 세 가지 다른 증후군이 합쳐진 것이며, 각각이 나름의 현상학적 특징, 신경화학적 상관자, 지속 기간 등을 가진다고 말했다. 이 세 가지는 각각 성애, 강박적 낭만적 사랑 혹은 "사랑의 집착"(Tennov 1979), 그리고 장기적인 애착이다. 이들을 합침으로써, 일부일처제의 이념은 최소주의 생물학적 관점은 절대 불가능하다고 판단했을 것을 요구하기에 이르렀다. 조지 버나드 쇼(George Bernard Shaw)는 이렇게 말했다.

두 사람이 가장 폭력적이고, 가장 제정신이 아니며, 가장 망상적이고, 가장 일시적인 격정의 영향 아래 있을 때, 그들은 죽음이 그들을 갈라놓을 때까지 그 흥분되고, 비정상적이고, 탈진하는 상태에 지속적으로 남을 것이라는 맹세를 하도록 요구받는 것이다(Shaw 1986, pp.34-35).

커플 상담, 매춘, 포르노 영상 등과 같은 수백만 달러의 산업은, 일부일처제의 결과적 규준이 시행하기 매우 어렵고 이를 따르려는 개인에게 많은 부담을 가하고 있다는 사실을 증명한다. 그러므로 인간의 언어 능력이 만드는 다채로운 여러 가능성 중에서 어떤 사람은 이렇게 추론(선택)할 수도 있다, 어느 대안적 이념이 아마도 자연이 관계의 번영을 촉진하기 위해서 어떻게 최적으로 채택되었을지를 마땅히 넓은 관점에서 더 잘 설명해줄 수 있다고. 이것이 여전히 "인간 본성과 양립 불가능"하다고 보는 사람들을 위해, 여러 가능성의 증거들이 인류학 내에서, 그리고 평범한 자유사회의 소수 탐구자에 의해 수행된 실험에서도 발견된다. 인류학은 결혼을 아예 모르는 모수오(Mosuo) 족 같은 사회의 예를 제시한다. 모수오 족 여성들은 연인을 마음대로 선택하고, 남성의 일부

다처 성향은 아이 엄마의 질투로 다스리는 것이 아니라, 남성들이 자기 여자 형제의 아이들을 양육하는 것으로 해결한다(Yang and Mathieu 2007). 더욱 확실한 다자간 연애 허용 사회는 다음 사실을 목격하게 해준다. 애착과 성적 매력에 사실적 구분 가능성을 인식함으로써, 많은 사람은 성 배제(sexual exclusion)를 통한 충성도(loyalty)나 "정절(fidelity)" 같은 이상한 개념을 거절할 수 있게 된다(Easton and Hardy 2009).

개인의 기질과 선호가 다양하다는 거부할 수 없는 사실이 밝혀지더라도, 사회적 규범을 재조정하는 것은 쉽지 않을 것이다. 그렇지만 서로 다른 성과 사랑의 이념이 가능하다는 것을 암시하는 것만으로도 의미가 있다. 인종주의, 노예제도, 성차별 그리고 동성 결혼에 대한 광적인 반대는 교훈적인 선례를 제시한다. 이것 모두가 "인간의 본성"에 대한 수많은 소위 과학적 증거에 의해 지지되었지만, 지금은 명백히 무가치한 것으로 평가된다(Gould 1981). 불과 몇 백 년 만에, 동성 결혼에 대해서는 놀랍게도 50년 만에, 더 강한 논증이 전체적으로 사회의 다수에게 받아들여졌다. 아마도 비슷하게 향후 50년 동안에는 새로운 생각들이 형성되어 현재의 이상적인 규범인 성 배제 일부일처제(sexually exclusive monogamy)가 인간 본성에 대해 객관적으로 오류인 도그마에 기반한다고 평가받을 수도 있다. 그때는 일부일처제의 이념이 인종차별, 노예제도, 성차별, 이성애주의처럼 거의 이해할 수 없는 것이 될 수도 있다.

그것은 가장 심오한 생물학의 철학적 가르침을 실행하는 한 가지 방법일 것이다. 그 가르침은, 자신들이 소위 "생물학적 결정론"을 공격하여 인본주의를 지키고 있다고 생각하는 생물학공포증(biophobes) 무리에게 역설적 비난으로 작용하는데, 그 가르침은 바로 우리는 모두 실존주의자가 되어야 한다는 것이다.

8. 생물학과 합리성 이론 [1)]

Biology and the Theory of Rationality

사미르 오카샤 Samir Okasha

서론

철학자들은 고대로부터 합리성(rationality)의 본성에 관해 관심을 가져왔다. 인식론의 중심은 믿음의 합리성을 평가하는 데 있고 실천철학의 중심은 행위의 합리성을 평가하는 데 있다. 이런 주제들은 흥미로운데 그 이유는 부분적으로 믿음과 행위의 합리성을 평가하는 데 있어서 적합한 기준이 무엇인지가 분명치 않기 때문이다. 예를 들어, 종종 합리적 믿음은 "증거에 배분된다"라고 하는데 정확히 그 의미는 무엇인가? 그것은 단순히 동일한 증거를 가진 두 사람은 그중 한 사람이 비합리적인데도 불구하고 나머지 사람이 그와 동일한 신념 상태에 있어야 한다는 것을 의미하는가? 마찬가지로, 종종 합리적 행위는 행위자가 가장

1) 이 연구는 다음 연구 지원을 받은 성과물이다. European Research Council Seventh Framework Program(FP7/2007-2013), ERC Grant Agreement No. 295449.

원하는 결과를 가장 잘 낳는 신념을 반영해야 한다고 하는데, 정확히 이 말은 무엇을 의미하는가? 만약 행위자가 자신에게 가능한 행위의 다른 경과들의 가능한 결과를 모른다면 어떻게 되는가? 만약 행위자가 자신에게 해로운 것을 원하면 어떻게 되는가? 우리는 모두 합리적 신념과 행위가 무엇으로 구성되어 있는지를 직관적으로 이해하지만, 그 개념들을 실제로 분석하기는 쉽지 않다는 것이 드러난다.

이런 주제들에 대한 몇 가지 발전이 현대 경제학의 중심인 합리적 선택 이론(theory of rational choice)에서 나타났다. 합리적 선택 이론은, 비록 그 내용이 "빈약하긴" 하지만, 합리성 개념을 엄밀히 정의한다. 표준적 설명에 따르면, 합리적 행위자의 신념은 대안들("세계 상태들")의 집합에 대한 주관적 확률 함수에 의해 모형화될 수 있으며, 행위자가 새로운 증거를 얻으면 베이즈주의적 조건화(Bayesian conditionalization)에 의해 자신의 확률을 갱신한다. 행동의 경우, 합리적 행위자는 기대효용 극대화(expected utility maximization)를 통하여, 즉 행위의 가능한 결과에 대해 효용을 부여하고 자신의 확률적 믿음에 연관하여 기대효용을 극대화하는 행위를 선택함으로써, 대안적 행위 중 한 가지를 선택한다. 합리성에 대한 이런 설명은 이상화라는 건전한 장점을 갖고 있는데, 그 이유는 현실 속의 행위자는 분명한 확률적 신념을 거의 갖고 있지 않을 뿐만 아니라 결코 기대효용을 의식적으로 계산하지도 않기 때문이다. 그러나 램지(Ramsey 1931)와 새비지(Savage 1954)는 행위자의 이항 선택이 매우 직관적인 조건을 충족하는 경우 그는 **마치** 분명한 확률적 믿음과 효용함수를 갖고 있으며 자신의 기대치를 극대화하려고 노력하는 것처럼 행동한다는 점을 증명했다.

철학자들은 행위자가 자신의 신념과 행위에 대해 좋은 **이유**를 갖고 있으며 그 이유는 신념과 행위를 야기하는 데 있어 도구적이라는 점을 주장하기 위해 램지와 새비지보다 더 풍부한 의미에서 "합리성"을 정의한다(어떤 철학자는 이보다 더 나아가 합리적 행위자는 그 이유를 알고

254

있어야 한다고 주문한다). 합리성을 이렇게 이해하면, 그것은 매우 지적인 인지 능력이 필요하고, 그 결과 소수의 종만이, 아마도 오직 인간(*homo sapiens*)만이 그것을 갖게 될 것이다. 이와 대조적으로 합리적 선택 이론의 일관성 조건(consistency requirement)을 따르는 것은 원칙적으로 "이성"은 갖고 있지 않지만, 행동적 선택을 할 수 있는 유기체는 할 수 있다. 케이스링크(Kacelink 2006)는 한 쓸모 있는 글에서 이성에 근거하여 행위를 하거나 행동한다는 의미에서의 합리성을 "PP-합리성"("철학자와 심리학자"를 의미함)이라고 부르고 그것을 기대효용 극대화와 같은 합리적 선택의 표준적 원리들을 충족한다는 의미에서 본 "경제학자들"의 "E-합리성"과 대비시킨다.

생물학적 관점은 합리성의 본성을 해명할 수 있는가? 다양한 분야의 학자들이 그럴 수 있다고 대답한다. 철학에서는 자연주의에 우호적인 사람들은 적어도 콰인(Quine 1969) 이후로 인간의 합리성은 다윈적 선택의 결과라고 주장해왔다. 따라서 예를 들어, 데닛(Dennett 1987)은 "자연선택은 유기체의 신념은 대부분 참이고 그 전략의 대부분도 합리적임을 보증한다"(p.7)라고 주장했다. 최근에 스티렐니(Sterelny 2003)는 합리적 사고와 행위에 대한 인간의 능력을 지지하는 신념-욕구 심리학은 "적대적 환경"에 대한 적응으로 볼 수 있다고 제안하면서 어떻게 그런 심리학이 진화할 수 있는지를 개략적으로 설명한다. 갓프리 스미스(Godfrey-Smith 1996)도 이와 비슷한 내용을 주장한다. 약간 다른 맥락에서, 스컴스(Skyrms 1996)와 빈모어(Binmore 2005)는 진화론적 고찰은, 공정성 개념과 이타주의 능력과 같은, 전통적인 합리적 선택 이론이 설명하는 데 있어서 고전하는 다양한 현상들을 해명할 수 있다고 주장한다. 다니엘슨(Danielson 2004)은 진화와 합리성의 연관에 관한 철학적 연구에 관한 유용한 탐구를 수행했다.

심리학에서는 많은 학자가 적응 함수(adaptive function)의 문제에 초점을 두면서 인간 인지와 의사결정에 대한 다윈적 접근을 지지해왔다.

기거렌쩌와 그의 동료들은 전통적인 합리적 기준에 따르면 결함으로 보이는 인간 인지의 많은 측면이 특정한 환경에서는 적응적 행동을 낳을 수 있으며, 그렇기 때문에 그것들은 "생태학적으로 합리적"이라고 주장한다. 이런 노선에서 함머스타인과 스티븐스(Hammerstein and Stevens 2014a)는 최근 논문, 「의사결정에서 진화를 언급하는 여섯 가지 이유」에서 합리적 의사결정에 대한 전통적인 공리적 접근 대신에 진화론적 접근을 통해 의사결정을 연구해야 한다고 주장한다. 그들은 또한 이상화된 이론에 따라 무엇이 "합리적"인지를 고려하는 것이 아니라, 무엇이 적응적인지를 고려하는 것이 어떻게 인간이 실제로 의사결정을 하는지를 더 잘 해명할 수 있다고 제안한다. 진화심리학자인 코스미데스와 투비(Cosmides and Tooby 1994)도 이와 관련된 주장을 했는데, 그들에 따르면 마음은 "합리적인 것보다 더 나은" 행동을 가능케 만드는, 특정 과제들에 맞춰진 진화한 "모듈(modules)"로 구성되어 있다. 이 분야에 관한 유용한 탐구로는 기거렌쩌와 셀텐(Gigerenzer and Selten 2001)과 함머스타인과 스티븐스(2014a)가 있다.

다윈적 기반에서 동물 행동을 연구하는 행동생태학에서는 합리성 개념이 흥미로운 역할을 한다. 비록 이 분야는 주로 인간이 아닌 동물에 초점을 두고 있지만, 종종 합리적 선택 이론에서 모형과 개념을 빌려와서 그것을 생물학적으로 결합한다. 전형적으로 이런 결합에는 효용함수를 생물학적 적합도 함수(fitness function)로 해석하고 극대화의 주제는 합리적 행위자가 아니라 자연선택으로 보는 것이 포함된다. 예를 들어, 최선의 먹이 찾기 모형은 종종 먹이를 찾는 동물은 합리적 베이즈주의적 행위자처럼 행동하고 새로운 정보를 얻으면 자기 "신념"을 갱신하고 적합도 극대화 전략을 선택한다(Houston and McNamara 1999). 이와 유사하게 메이나드 스미스(Maynard Smith 1982)는 유명하게도 동물들간 사회적 소통을 설명하기 위해 고전 게임 이론의 개념을 사용하여 생물학적 게임 이론(biological game theory)이라는 영역을 창시했다(아래 참조). 종종 "초인간적" 이성 능력을 가정한다고 비판받아온 합리적 선택 모형들이 오직 제한된 인지 능력만을 지닌 동물의 행동을 이해하는 데 매우 쓸모가 있다는 점이 드러났다는 것은 놀라운 일이다.

인지심리학과 비교심리학에서는 비인간 동물이 합리적이라고 분류되어야 하는지, 어떤 의미로 그래야 하는지에 대해 상당한 논의가 있었다. 이 분야의 연구자들은 종종 포유류와 조류를 포함한 동물의 행동에 대해 지향적 또는 신념-욕구 설명(intentional or belief/desire explanation)을 제시한다. 예를 들어, 클레이튼, 에머리, 디킨슨(Clayton, Emery, and Dickinson 2006)은 그동안 대안적인 비지향적 설명이 설명하지 못했던, 서양 스크럽 어치(Western scrub jay)의 먹이 잡기 및 되찾기 행동은 그 새들에게 신념과 욕구를 부여함으로써 가장 자연스럽게 설명되며, 그렇기 때문에 어치의 행동은 합리적이라는 점을 설득력 있게 주장한다. 이런 주장에 반하여 누군가는 그 새들은 완전한 의미에서 (아마도 언어가 없으므로) 신념을 갖고 있지 않다거나, 또는 설사 그 새들이 신념을 갖고 있더라도 그것이 필요한 방식에 기반을 둔 이성이 아니므로, 그 새들의 행동은 합리적이 아니라고 주장할 수 있다. 이 주제는 부분적으로는 경험적 증거에 대한 올바른 해석에 관련되어 있고 부분적으로 논의되고 있는 합리성에 대한 정확한 개념에 관련되어 있다. 이 분야에 대한 유용한 논문집으로는 누드즈와 헐리(Nudds and Hurley 2006)와 앤드류즈(Andrews 2014, ch. 2, 3) 등이 있다.

경제학에서는 선호도(preference)의 생물학적 기초에 대한 문헌이 점차로 증가하고 있다. 대부분 경제학자는 행위자의 선호도(예를 들어, 소비 물품들에 대한 선호도)를 주어진 것으로 이해하지만, 그것들은 다원적 선택으로 진화하기 위해서는 우리가 어떤 선호를 기대해야 하는지를 묻는다. 여기서 기본 가정은 인간의 선호는 진화된 심리학으로부터 유래했으며, 그러므로 다원적 설명을 수용해야 한다는 것이다. 예를 들어, 롭슨(Robson 1996)은 위기(risk)에 대한 태도의 진화를 연구하면서 어떤 환경에서는 자신의 선호가 기대효용 이론의 공리들을 위반하는 행위자는 선택적 이득을 얻어야 한다는 놀라운 사실을 발견했다(아래 참조). 원리상 이런 유형의 주장은 왜 인간의 실제 행동이 합리적 선택 이론의 예측과 체계적으로 차이가 나는지를 설명하는 데 도움이 된다. 이 분야의 연구에 대한 유용한 개관은 롭슨과 사무엘슨(Robson and Samuelson 2011)의 연구이다.

지금까지 언급한 다양한 연구 노선들에 관한 적절한 탐구는 한 장의 범위를 넘어선다(또한 분명히 저자의 능력을 넘어선다). 여기서 나는 철학적이고 개념적인 주제들을 개관하는 데 초점을 둔다. 나는 다음 절에서 생물학이, 합리성에 관한 전통적 논의에서 활용된 척도와 달리, 신념과 행동을 평가하는 대안적인 평가 척도를 제공한다는 견해를 검토한다. 이후의 절에서 나는 간단히 생태학적 합리성 개념과 인간 마음을 연구하는 데 있어서 그 개념이 함축하는 바를 검토한다. 그리고 진화와 합리적 선택 간의 연결을 검토하고 다원적 적합도는 합리적 선택 이론의 추상적 효용함수에 "살(meat)"을 붙일 수 있다는 견해에 초점을 맞춘다. 마지막 절에서, 나는 진화와 합리성은 "다른 길을 간다(part ways)"라는 견해, 즉 진화론적으로 성공적인 행동은 합리적 행동과 일치하지 않을 수 있다는 견해를 검토한다.

생물학과 합리성의 척도

합리성은 규범적 개념이다. 합리적 신념과 행위는, 정확히 그것이 무엇이든 간에, 신념 형성, 신념 변화, 행위 선택의 규범들을 따른다(이 점은 우리가 케이스링크의 용어로 "PP-합리성"이나 "E-합리성" 중 어느 것에 대해 말하든 성립한다). 그러므로 신념이나 행위를 합리적이라고 부르는 것은 단순히 기술하는 것을 넘어 평가하는 것이다. 이런 규범성으로부터, 증거가 주어졌을 때 한 사람이 어떤 신념을 **지녀야 하는지**,

목표(또는 그가 가져야 할 것이라고 다른 사람들이 생각하는 목표)가 주어졌을 때 그 사람이 어떤 행위를 **선택해야 하는지**를 묻는 것은 일리가 있다는 점이 드러난다. 이런 규범성의 원천은 어떤 저자들에 따르면 심오한 철학적 주제이지만 다행히도 우리는 여기서 그 문제를 다루지 않아도 된다. 당분간 중요한 점은 행위자는 어떤 방식으로 믿거나 행동해야 하며, 그러므로 행위자의 실제 신념과 행위가 그것을 충족하지 못해 비합리적이 될 가능성이 합리성이라는 견해에 내재되어 있다는 것이다.

합리성 이론에 대한 생물학의 연관성을 알아보는 한 가지 방식은 진화생물학이 행위(그리고 간접적으로 신념)를 평가하는 그 자체의 규범적 기준을 제공한다는 점에 주목하는 것이다. 짝의 주의를 끌려고 노력하는 수컷을 생각해보자. 다양한 짝짓기 전략이 있는데, 예를 들어, 현란한 몸짓을 보이거나 수컷 간 싸움을 하거나 다른 수컷의 암컷을 지배하려고 하는 것이 그것이다. 이런 전략들은 각각 해당 유기체의 번식적 성공(또는 "적합도")에 대해 다른 결과를 낳을 것이다. 이는 유기체의 전략 선택을 규범적으로 평가하는 한 가지 자연스러운 방식을 제시한다. 우리는 해당 유기체가 실제로 어떤 짝짓기 전략을 **선택했는지**에 대해 질문할 뿐만 아니라 어떤 전략을 **선택해야 하는지**, 즉 어떤 전략이 적절한 환경이나 진화론적으로 최적 환경에서 적응도 극대화인지에 대해서도 질문할 수 있다. 만약 해당 유기체가 최적이 아닌 전략을 선택한다면, 그 유기체는 마땅히 해야 했던 것을 하지 않았거나 번식적 성공을 극대화하는 "목표"를 달성하는 데 실패했다고 말할 수 있다.

진화생물학이, 다원적 적합도 계산에 근거를 두고, 그 자체로 규범적 평가 기준을 제시한다는 사실은 "생물학적 합리성" 개념을 낳는데(Kacelink 2006 참조), 그 개념은 다른 분야에서 사용되고 있는 합리성 개념과 논리적으로 구별되지만, 그런데도 그것들과 흥미로운 관계를 맺을 수 있다. 이처럼 생물학적 합리성 개념은 행동 가소성을 가진 어떤 유기체에도 적용될 수 있다. 어떤 화학적 구배(chemical gradient)를 향해 나아가고 있는 박테리아는 어떤 방향으로 나아가야 하는지를 "선택" 했으며, 그 선택이 "올바른지", 즉 적응도 극대화인지를 묻는 것은 사리에 맞다. 생물학적 합리성 개념은 또한 해당 유기체가 신념과 행동을 갖는 한, 그런 심성적 상태는 행위를 유발하기에, 그것들에 적용될 수 있다. 그러므로 원리상 인간 인지와 의사결정의 다양한 측면은 생물학적 합리성의 기준에 의해 평가될 수 있다(아래 참조).

생물학적 합리성은 자신의 신념과 행동에 대한 이유를 갖는다는 의미에서 두 가지 방향에서 합리성에 논리적으로 독립적이다. 행위자의 신념과 행위는 적절히 이유에 근거를 둘 수 있지만, 생물학적 적합도가 향상되지 않을 수 있다. 그 반대로 행위자의 신념과 행위로 인해 적합도가 향상되지만, 행위자가 전혀 이유를 제시할 능력이 없으므로 좋은 이유에 근거를 두지 않을 수 있다. 합리적 선택 이론의 규범을 따른다는 의미에서 합리성은 어떤가? 이런 합리성이 생물학적 합리성을 함축할 필요가 없다는 점은 분명하다. 행위자는, 많은 현대인이 그러하듯이, 자신의 생물학적 적합도에 해로운 일관적인 선호도를 가질 수 있다. 그러나 생물학적 합리성으로부터 합리적 선택 규범들 준수로 나아가는 역추론이 종종 옹호되어왔다(예를 들어, Gintis 2009, p.7; Kacelink 2006; Chater 2012). 이런 추론은 그럴듯해 보인다. 만약 유기체가 적응적 행동을 보이고 그것의 적합도를 극대화하는 행위를 선택하면, 아마도 그 유기체는 자신의 효용함수가 그저 적합도 함수가 되는 효용 극대화 행위자처럼 행동하는 것은 아닐까? 실제로, 이번 장의 마지막 두 절에서 논의되는 이유로, 이 문제는 그처럼 간단하지는 않다.

일부 철학자들은 생물학적 합리성이 실제로는 적응성이나 적합도 극대화의 또 다른 이름에 불과하다는 이유로 생물학적 합리성이 진정한 합리성의 종류인지에 대해 반론할 수 있다. 이런 반론에 따르면, 특정 동물이 생물학적으로 합리적 행위를 수행해야 한다는 "당위(should)"의 의미가 실제로 전혀 규범력을 동반하지 못하고, 사람들이 자신의 신념을 증거에 기초를 두거나 합리적 선택 이론의 규칙들을 따라야 한다는 "규범"의 의미와 흥미롭게 비슷하지도 않다. 결국, 목적의미론(teleosemantics)의 지지자들이 오랫동안 강조해왔듯이, 적응 함수 개념이 적용되는 곳에서는 어디서나 오작동이나 "올바른" 것을 하지 않음에 대해 말하는 것은 타당하지만, 오작동은 실질적으로 비합리성과 동일하지 않다. 그러므로 그들은 생물학적 합리성은 이름값을 하지 못한다고 주장한다.

이런 반론에 대해 대답을 하면서 우리는 적응 함수 개념이 합리성이나 비합리성에 대한 담론이 부적절한 맥락에 적용되고 있다는 점을 인정해야만 한다. 예를 들어, 만약 유기체의 소화계가 오작동한다면, 그 체계는 해야 할 일을 하지 못했지만, 이것은 **합리적** 결함은 아니다. 소화계의 작동은 너무나 자동적이어서 그런 규정은 도움이 안 된다. 그러나 우리가 행동이나 행위를 다룰 때, 특히 많은 조류나 포유류가 그러하듯이, 해당 유기체가 상당한 행동적 가소성을 보이거나 자신의 환경을 배우고 그 환경에 적합한 행동을 조정하는 능력이 있다면, 문제는 달라진다. 이런 종류의 동물적 행동은 객관적으로 인간과 비인간 간 차이를 강조하려는 일부 철학자들의 열망에도 불구하고 (적절히 기술하면) 인간 행동과 비슷하고 어떤 경우에서는 상동이다. 그런 행동에 관한 한, 적응 함수 개념으로부터 도출되는 규범성은 일종의 합리성이나 원형적 합리성(proto-rationality)으로 간주할 수 있다.

이 점은 철학자들이 논의해온 전통적인 합리성 개념의 두 가지 측면을 떠올리면 지지될 것이다. 첫째, 합리적 행위는 **목표지향적** 행위(goal-directed action)로서, 거기에서는 행위자는 목표를 달성하려고 노력한다. 특정 행위는 그것이 행위자의 목표에 이바지하는 (또는 행위자가 그렇다고 믿는) 정도에 따라 합리적이라고 인정된다. 많은 동물 행동은 분명히 목표지향적으로 보인다. 둥우리를 짓기 위해 가지를 모으는 새, 딱딱한 열매를 부수려고 도구를 날카롭게 만드는 영장류, 꿀의 위치에 대한 정보를 교환하기 위해서 8자 춤(waggle dance)을 추는 꿀벌을 생각해보라. 그런 행동을 (은유적 의미에서는 확실하게, 더욱 강한 의미에서는 정당화될 수 있게) 목표지향적이라고 가정하지 않고서는 이해하기 어렵다. 행위생태학자들은 이 점을 인정하면서 동물 행동을 기술하고 설명하기 위해 자주 "원하다", "노력하다", "알다", "의사소통하다"와 같은 지향적 용어를 사용한다. 이런 용어들은 전형적으로 은유적이라거나 사용하지 않아도 되는 것으로 간주되지는 않는다. 동물 행동 연구에서 지향적 용어를 추방하라는 요구(예를 들어, Kennedy 1992)는 확연히 성공적이지 못했다. 이런 관점에서 보면, 생물학적 합리성에 의한 행동 평가는 합리적 평가의 진정한 유형인 것 같다.

둘째, 데이빗슨(Davidson 1984)의 뒤를 이어 맥도웰(McDowell 1994)이 주장했듯이, 우리가 행위자의 행위나 믿음에 통속적 설명(folk psychological explanation)을 제시할 때는 설명을 통해 행위나 믿음이 합리화되면서 이해된다. 이는 물리학적 설명과 매우 다르다. 거기서는 특정 현상이 자연법칙을 따르는 문제로 발생했다는 것을 보임으로써 이해된다. 나는 이 점이 바로 생물학적 합리성이 합리성의 진정한 유형이라는 견해를 지지한다고 제안하는데,[2] 왜냐하면, 침팬지가 흰개미를 잡기 위해 나뭇가지를 이용하여 도구를 만드는 행동과 같은 유기체의 행동을 그것의 생물학적 합리성으로 설명할 때, 그 행동은 정확히 맥도웰이 합리화 설명의 전형으로 간주한 일종의 이해 가능성을 제공하기 때문이다. 유기체의 행동으로부터 얻는 이해의 유형은 물리적 설명으로부터 얻는 것보다는 지향적 설명(intentional explanation)으로 얻는 이해에 더 가깝다.

생물학적 합리성 개념의 한 가지 특징은 그것이 외재적이라는 점이다. 행동은 그것이 적합도 극대화이거나 또는 적응적일 때 생물학적으

---

2) 이 점은, 맥도웰과 데이빗슨이 합리성을 인간의 고유 영역으로 취급했다는 점을 고려할 때, 다소 역설적이다.

로 합리적이라고 간주되는데, 그 여부는 환경에 달려 있다. 고열량 음식을 추구하는 것은 인류의 조상들이 살았던 홍적세에서는 적응적이었지만 오늘날의 환경에서는 그렇지 않다. 이와 대조적으로, 신념과 행동에 대한 이유를 갖는다는 의미에서의 합리성이나 합리적 선택 이론의 일관성 조건에 따른다는 의미에서의 합리성은 내재적이다. 행위자가 이런 두 가지 의미 중 어느 하나에서 합리적인지는 대상들이 외적 환경이 아니라 "행위자의 머릿속에 있는지"에 달려 있으므로, 적절히 합리적인 행위자는 간단히 자기성찰과 향상 과정을 통해 합리성을 성취할 수 있어야 한다. 이와 대조적으로 생물학적 합리성의 경우 세계의 협력이 필요하다.

생물학적 합리성이 논리적으로 앞에서 논의된 다른 의미에서는 합리성과 독립적일 수 있지만, 경험적으로 다소간 연결되어야 한다고 생각할 수도 있다. 그 생각에 따르면, 좋은 이유로 행동하고 믿거나, 또는 합리적 선택에 부합하도록 선택하는 생명체는 일반적으로 그렇지 않은 생명체에 비해 선택적 이득을 누릴 것이다. 이런 의미에서의 합리성과 그것에 필요한 인지적 장치는 그 자체로 다윈적 적응이다. 그러므로 대체로 철학적 또는 경제적 의미에서 합리적 신념과 행동은 생물학적으로 합리적일 가능성이 크다. 만약 그렇지 않으면 자연은 결코 그것들을 선택하지 않았을 것이다. 데닛(Dennett 1987)은 앞의 인용문에서, 자연선택은 우리의 신념이 대부분 참이고 우리의 전략이 대부분 합리적이라고 주장했을 때, 이런 감정을 표현한 것이다(Stephens 2001 참조).

이런 추측이 타당할 수도 있겠지만 그것은 경험적 문제이기도 하고 그것에 대한 잠재적 반례들이 많다. 한 가지 흥미로운 반례는 윌슨(D. S. Wilson)의 종교 진화에 관한 연구에서 나온다. 윌슨(Wilson 2002)은 종교적 신념은 단순히 합리적 병리학이라거나 일반적으로 정확한 신념 형성 과정이 빗나간 결과라는 현대의 자유주의적 견해를 반대한다. 그는 종교적 신념은 실제적 참이나 인식적 합리성의 기준에 맞지 않으며,

그 때문에 어쩔 수 없이 어긋나게 된다고 주장하지 않고, 우리는 그 대신 적응적 기준을 이용해야 한다고 주장한다. 종교적 신념을 지닌 자들은 그룹 성원을 따르는 사회 친화적 행동에 참여하는 데 동기화되어 있고, 그 결과 그룹 차원의 혜택을 얻게 된다. 따라서 그룹 간 선택의 과정은 비종교적 그룹들을 능가하여 종교적 그룹을 선호한다. 만약 윌슨의 (논쟁의 여지가 있는) 이론이 참이라면, 그 이론은 종교적 신념과 수행이 합리적 신념 형성의 일반적 규범을 위반하는 것이 아니라 적합도 극대화의 기준으로 판단될 때 이해가 된다고 보임으로써 그런 신념과 수행이 이해될 수 있게 한다.

지금까지 논의를 요약하면, 진화생물학은 행동과 신념이 유기체가 자신의 환경에서 적합도를 얼마나 높이는가에 의해 그것들을 규범적으로 평가하는 방안을 제안하는데, 이는 전통적으로 철학과 합리적 선택 이론에서 활용된 규범적 평가의 유형과 차이가 난다. **독특하지만** 생물학적 합리성은 신념과 행동이 인간과 비인간이 자신의 환경적 목표를 충족하는 데 도움이 되는지를 보임으로써 그것들이 이해될 수 있도록 하므로, 여전히 합리성의 진정한 유형에 해당한다.

인간과 생태적 합리성

"생태적 합리성"의 지지자들, 특히 기거렌쩌(Gerd Gigerenzer), 토드(Peter Todd)와 그의 동료들은 인간 심리학과 인지에 일차적으로 초점을 둔다(Gigerenzer 2010; Todd et al. 2012). 그들의 이론은 특별한 환경에서 성공적 수행을 강조하지만 독특한 초점을 갖는다는 점에서 생물학적 합리성의 측면을 통합한다. 기거렌쩌의 출발점은, 인간은 무제한적 계산 능력을 갖고 있지 않으며, 그렇기 때문에 정교한 최적화 알고리즘을 수행할 수 없다는 점을 강조하는 허버트 사이먼(Herbert Simon)의 "제한된 합리성(bounded rationality)" 개념이다. 따라서 우리는 의사결정을 하거나 문제를 해결하기 위해 발견법(heuristics) 또는 어림짐작에 의존한다. 이런 발견법은 특별한 용도가 있고 특수한 환경에 맞추어져 있으며 환경적 규칙성을 이용할 수 있다. (예를 들어, "재인 발견법"에 따르면, 만약 친숙한 대상과 그렇지 않은 대상 중 하나를 선택할 때는 친숙한 대상을 선택해야 한다. 위험한 대상들로 가득한 환경에 이런 발견법은 합당하다.) 이런 "빠르고 간편한" 발견법은 계산적으로 저렴하지만 일을 잘 마무리한다.

생태학적 합리성의 이론가들은 인간의 의사결정을 안내하는 발견법의 영역-특수적 본성을 강조한다. 발견법은 우리가 특별한 과제, 예를 들어, 상대방이 정직한지 아닌지를 결정하는 것을 도와준다. 기거렌쩌와 셀텐(Gigerenzer and Selten 2001)은 과제가 다르면 다른 발견법이 필요하므로 인간 마음은 "적응적 도구상자"라고 주장한다. 이와 대조적으로 전통적인 합리적 선택 이론은 영역-일반적 접근을 취한다. 즉 "기대효용 극대화" 규칙은 어떤 선택 문제에도 적용될 수 있고 확률 규칙들은 모든 주제의 문제에 대한 불확실한 추리도 안내할 수 있다. 영역 특수성에 대한 강조는 진화심리학자인 코스미데스와 투비의 연구 주제이기도 하다. 그들은 일반적인 다윈적 근거에서 마음은 특수화된 모듈로 구성되어 있다고 보아야 한다고 주장한다. 이렇게 생각하면 범용 "일반지능"을 적용하는 것보다 좀 더 효율적으로 문제가 해결되기 때문이다 (Cosmides and Tooby 1994). 이런 다윈적 전제로부터 마음 구조에 대한 결론으로 나가는 추론은 그럴듯해 보이지만, 궁극적으로는 그 문제는 심리학적이고 신경생물학적인 근거에 의해 결정되어야 한다.

생태학적 합리성의 이론가들은 인간 심리학에 대한 낙관적 견해를 제시한다. 이 점은 합리적 선택과 확률론의 규범들을 체계적으로 배격하는 카네만과 트버스키와 같은 이론가들이 강조하는 "인지적 편향(cognitive biases)"과 대조된다(Kahneman 2011; Kahneman and Tversky 2000; Kahneman, Slovic, and Tversky 1982). 그들에 따르면, 인간은 기본적인 확률 오류를 범하고, 기본율 오류를 범하고, "손실 회피"와 "불확실성 회피"를 보이고, 놀라울 정도로 다양한 "프레이밍 효과 (framing effect)"에 취약하다. 실험적으로 잘 입증된 이런 결과들은 종종 인간이 "그저 비합리적인 것은 아니다"라는 점을 보여주는 것으로 해석되곤 한다. 생물학적 관점에서 보면, 이 점은 왜 진화가 그런 편향에 취약한 생명을 선호했는지를 이해하기 어려워서 다소 당황스럽다. 그러나 생태학적 합리성의 이론가들은 다른 견해를 제시한다. 극대화를 수행하려고 시도하는 대신, 간단한 발견법에 의존하는 것은 문제를 해결하는 효율적 방안이다. 인류의 진화적 과거에서, 빠른 결정과 선택을 하는 것에 보상이 있었고 그 결과 (예를 들어, "최상"을 찾기 위해 모든 선택지를 탐색하는 대신에) 간단한 발견법을 사용하는 것은 우리의 제한된 계산력을 고려하면 적응적 전략이었다. 발견법들은 이런 능력들의 자연적 설정에서는 잘 작동하지만, 맥락을 벗어나 적용되면 비합리적으로 보인다.

이런 논증이 성공적인 정도에서, 넓은 생물학적 용어로 표현하면 왜 인간 추리와 의사결정이 그런 특징 중 일부를 보이는지를 더욱더 이해하기 쉽다. 그러나 이것은 카네만과 트버스키 등이 발견한 합리적 선택 규칙들의 **특수한** 위반들이 예상된다는 점을 보이는 것과는 다르다. 기거렌쩌와 그의 동료들이 주장했듯이, 왜 인간이 기대효용을 계산하려고 노력하지 않고 그 대신 단순한 지름길에 의존하는지를 밝히는 것과, 예를 들어, 불확실성 하의 선택에서 엘스버그 선호(Ellsberg preference)를 보이는 것이나 일시적 선택에서 쌍공형 할인(hyperbolic discounting)을 사용하는 것과 같은 이미 발견된 기대효용 극대화의 특수한 위배들을 설명하는 것은 별개의 일이다. 이런 관련된 현상들이 생태학적 합리성으로 설명될 수 있다고 생각할 수도 있는데, 지금까지는 그렇지 못하다.

생태학적 합리성의 제안자들은 종종 확률론과 합리적 선택 이론을 낮게 평가한다. 그들은 합리적 선택 이론을 실제 삶의 의사결정과 인지를 이해하려는 탐구에 도움이 안 되는, **선험적인** 철학적이고 수학적인 연습이라고 본다. 기거렌쩌와 그의 동료들은 선택을 위해 생태학적으로 합리적 발견법에 의존하는 행위자는, 적어도 발견법이 거기에 맞추어 만들어진 특별한 환경에서는, 종종 결정 이론적 이상을 따르려고 노력하는 행위자보다 더 능력이 뛰어나다고 주장한다. 그러므로 합리적 선택 이론은 인간 심리학을 이해하려고 노력하는 과학자들에게 도움이 안 될 뿐만 아니라 행위자 본인에게도 도움이 안 된다. 코스미데스와 투비 (Cosmides and Tooby 1994)도 비슷한 주장을 했다.

때때로 생태학적 합리성의 이론가들은 이보다 더 나아가 확률론과 합리적 선택 이론은 단순히 실제로 인지가 어떻게 작동하는지에 대한 빈약한 기술일 뿐만 아니라, 규범적 이상으로서도 부정확하다고 주장한다. 그러므로 기거렌쩌와 셀텐은 자신들의 이론은 "현재의 규범들을 수용하고 언제 인간이 그것들을 위배하는지를 연구하는 설명이 아니라, 그 규범들에 대한 대안을 제시한다. 제한된 합리성은 마음과 사회 기관의 실제 행위를 연구할 뿐만 아니라 규범들을 다시 생각하는 것을 의미한다" (Gigerenzer and Selten 2001, p.6)라고 주장한다. 이런 제안은 단적으로 전통적인 합리적 선택 이론의 규범들이 그것에 의해서 생태학적으로 합리적으로 진화해온 생명체들을 판단하는 부적절한 기준을 구성한다고 주장하는 것이다.

합리적 선택 이론에 대한 이런 부정적 태도는 결코 적응적 고려가 합리성 연구를 조명할 수 있다고 설득된 사람들에게는 필연적인 것은 아니다. 실제로, 철학적 주류와 함께, 연역 논리와 확률론은 합리적 믿음의 올바른 규범을 제공하며 의사결정론도 합리적 행위의 올바른 규범을 제공한다는 것을 주장하면서 동시에 생물학적 또는 생태학적 합리성은 신념과 행위가 규범적으로 평가될 수 있는 또 다른 기준을 제공한다고 주장할 수 있다. 나는 이런 입장이 타당한 합리성 개념의 복수성을 허용하므로 더 합리적이라고 제안한다. 우리는 자신의 신념과 행위에 대해 좋은 이유를 갖는다는 의미에서의 합리성과 합리적 선택 규칙들을 따른 다는 의미에서의 합리성이 규범적 평가의 타당한 형식이라는 점을 인정하면서도, 또한 신념과 행위는 생태학적-생물학적 합리성에 의해 평가될 수 있다는 점을 인정해야만 한다.

나는 합리적 선택 이론에 대한 일부 생태학적 합리성 이론가들의 적대성은 특히 경제학자들이 인간 행동에 대해 기술적으로 정확한 모형으로 여겨지는 것을 구성하기 위해 이상적 합리성의 가정을 사용하려는 경향에서 유래한 합리적 선택 이론을 겨냥한 것으로 생각한다. 이것은 실험적 연구가 인간이 적어도 어떤 맥락에서는 합리적 선택 규범들을 체계적으로 위배한다는 점을 분명히 보여준다는 점을 고려하면 확실히 의문스러운 방식이다(Ariely 2008). 이런 사실을 고려하면, 인간 의사결정 과학을 의사결정 이론의 추상적 공리들이 아니라, 다원적 원리에 기반을 두려는 생각은 의심할 바 없이 매력적이다. 그러나 이로부터 우리가 규범적 이상으로서의 의사결정론과 확률론을 버려야 한다는 주장은 따라 나오지 않으며, 단지 우리는 증거 없이 그것들이 기술적으로 타당하다고 가정해서는 안 된다는 점은 따라 나온다.

효용과 적합도

합리적 의사결정 이론은 때때로 순전히 추상적 효용 개념에 의존하고 있다고 비판받아왔다. 그런 비판은 계속해서 합리적 행위자가 자신의 효용을 극대화한다는 것은 별로 내용이 없다고 주장한다. 왜냐하면 "효용"이란 결과로 보면, 그것이 무엇이든 상관없이, 행위자가 원하는 것으로 정의되기 때문이다. 이런 비판의 한 가지 버전은 이보다 더 나아가 행위자가 하는 것은 무엇이든 실질적으로 그것과 조정될 수 있으므로 효용 극대화는 경험적으로 공허하고 규범적으로 효력이 없다고 지적한다. 이 비판은 특히 불확실성 하의 선택의 경우에 과장되었다. 왜냐하면,

행위자가 기대효용 극대자로서 기술되기 위해 행위자의 선택 행동이 따라야 할 공리적 조건들은 사소한 것이 아니며, 효용 극대의 원리는 왜 행위자가 그렇게 행동했는지, 선택의 이유는 무엇인지에 대해 아무런 통찰도 제공하지 못하기 때문이다. 이 점이 바로 왜 "실천 이성(practical reason)"에 대한 전통적인 철학적 연구가 효용 이론을 거의 사용하지 않는지를 부분적으로 보여준다.

만약 우리가 합리성에 대한 다원적 접근을 지지하는 견해가 타당하다고 생각한다면, 자연스러운 희망은 다원적 적합도는 합리적 선택 이론가들의 추상적 효용함수에 "살"을 붙일 수 있다. 왜 그런지를 알기 위해 목표지향적 동물 행동의 전형적 사례를 살펴보자. 자신의 먹이 섭취율이 떨어지자 한 먹이 지역에서 다른 지역으로 이동하여 먹이를 찾는 새를 생각해보자. 지역을 옮기는 것은 비용과 위험이 따르지만, 먹이가 현재 지역에서 매우 희귀해지면 그 새가 할 수 있는 최선의 일이 될 것이다. 그러므로 그 새는 언제 이사를 해야 하는지에 대한 전략에 몰두해야 한다. 새의 먹이 찾기 행동은 자연선택으로 연마되었고, 그래서 생물학적으로 합리적이다. 그 행동은, 그 새가 갖는 정보가 주어지면, 기대되는 번식 성공을 극대화하게 될 전략을 실행한다. 과학자 겸 관찰자는 이런 지식으로 무장하고, 만약 그렇지 않았더라면 이해될 수 없거나 무작위로 보였을 새의 행동을 이해할 수 있다.

요점은 바로 이것이다. 새의 행동은 일단 우리가 **특별한** 목표, 즉 번식 성공 극대화(또는 그 대체물)를 상정할 때 설명될 수 있다. 우리는 진화론으로부터 그런 목표를 지향하는 행동은 다원적 선택의 (반드시는 아니지만) 가능한 결과라는 점을 알고 있다. 그러므로 위의 새는 합리적 선택 이론이 기술하는 종류의 효용 극대자처럼 행동하지만, **그 효용함수는 매우 특수한 종류의 것이다.** 그 새는 "마치" 자신의 기대된 번식 성공을 극대화하려는 것처럼 보인다. 단순히 그 새의 행동이 기대효용을 극대화한다고 가정하는 것은 어떤 효용함수나 다른 효용함수를 **법칙**

으로 하여 그 자체로는 거의 아무것도 설명하지 못하는 합리적 선택의 규범들을 충족한다. 이것은 부차적 가설로서 새의 효용함수는 우리가 그것을 이용해 새의 행동을 설명하고 예측할 수 있는 적합도 함수라고 가정한다. 이것은 생물학적 관점이 효용함수라는 뼈대에 살을 붙일 수 있다는 것을 의미한다.

	좌	우
상	(2, 2)	(0, 0)
하	(0, 0)	(1, 1)

[표 1] 두 가지 순수 전략 내시 균형 게임

이런 견해는 게임 이론적 모형, 특히 생물학적 맥락에서 활용되는 방식과 들어맞는다. [표 1]에 나타난 것처럼 두 명이 참가하는 동시 게임을 생각해보자. 거기에서 참가자들은 마음대로 선택할 수 있는 두 개의 (순수한) 전략을 갖고 있다. 표의 칸에는 참가자 1과 참가자 2에 대한 보상이 나타나 있다. 전통적 게임 이론에서는 보상은 효용이라고 가정된다. 각 참가자는 자신의 (기대)효용의 극대화를 바란다고 가정된다. 이 게임은 두 개의 순수 전략 내시 균형 "좌, 상"과 "우, 하"가 있는데, 그것들은 각각 (2, 2) (1, 1)이라는 보상을 낳는다. 고전 게임 이론은 그 게임의 "해"로서 이런 보상을 제시하고 그중 하나가 관찰될 것으로 예측한다. 이런 균형에서 참가자들은 상대방의 전략에 조건적으로 자신의 보상을 극대화하는 전략을 선택하며, 그렇기 때문에 예상을 벗어나는 일방적 보상 장려책을 갖고 있지 않다.

메이나드 스미스(Maynard Smith, 1974, 1982)로부터 시작하여 생물학자들은 이런 종류의 모형을 취하여 거기에다 보상은 효용이 아니라 적합도라고 해석함으로써 생물학적 변형을 가했다. 그렇게 해석된 모형은 두 유기체 간 사회적 상호작용, 즉 적절한 양만큼 각 유기체의 적합도를 증가시킨 결과를 기술하는데, 그렇게 함으로써 한 유기체의 전체적 적합도는 자신의 전략뿐만 아니라 상대방의 전략에도 의존하게 된다. 가장 단순한 가정에서는 각 유기체의 전략은 일반적으로 고정되어 있고 자손에게 정확히 전달된다. (그렇지 않으면, 그 유기체는 행동적 가소성을 보이고 환경적 신호에 의존하는 전략을 선택할 수 있다.) 생물학자들은 전형적으로 자연선택으로 진화하는 유기체들의 대규모 개체군을 상상하고 어느 전략이 그 군에서 우세할 것인지를 묻는다. 합당한 가정에서는 그 개체군은 보통 원래 게임의 내시 균형에 대응하는 진화적 균형에 도달할 것이다.3) 균형이 지적 행위자들에 의한 합리적 숙고 과정의 결과인 고전 게임 이론과는 달리, 생물학적 게임 이론에서는 균형은 역동적 과정의 결과, 즉 최고로 적합한 전략들의 차별화된 확산으로 도달한다.

이것은 효용과 적합도가 각각 합리적 게임 이론과 생물학적 게임 이론에서 동형적 역할을 하고 있다는 사실을 보여준다. 전자는 합리적 행위자가 취하게 될 전략을 결정하는 양이고, 후자는 다윈적 진화가 유기체들이 선택하도록 프로그램할 전략을 결정하는 양이다. 합리적 행위자들이 효용 극대화 전략을 선택할 때, 이는 합리적 숙고 안에서 균형으로 이어진다. 유기체들이 적응도 극대화 전략을 선택할 때, 이는 곧 진화 과정의 균형으로 이어진다. 이런 고려와 그리고 좀 더 일반적으로, 진화 생물학의 적합도 극대화 패러다임과 경제학의 효용 극대화 패러다임 간 밀접한 유비로 인해 많은 논자들은 진화와 합리성 이론 간 깊은 연관을 보게 된다(Marynard Smith 1974; Stearns 2000, Grafen 2006a; Orr 2007; Okasha 2011).

---

3) 예를 들어, 이런 가정들에 관한 자세한 설명은 Weibull(1995) 참조하라.

효용과 적합도가 이런 방식으로 동형적이라는 제안은 매력적이긴 하지만, 세 가지 이유로 다듬어질 필요가 있다. 첫째, 합리적 행위자의 유사체가 생물학적 맥락에서는 실제로 무엇인지가 항상 분명한 것은 아니다. 일반적으로 그것은 목표지향적 행동에 참여하고, 따라서 그것의 선택이 생물학적 합리성에 의해 평가될 수 있는 개별 유기체이다. 그러나 다른 경우에 그것은, 사회적 곤충 군체의 조정된 행동과 같은 목표지향적 행동의 중심인 유기체 그룹(또는 "초개체(superorganism)")이다(Seeley 1996, 2010 참조). 하나의 유기체 안에서 유전자들 간 이해의 충돌을 포함하는 경우에서는 여전히 "전략"을 소유하고 그러므로 합리적 행위자에 근접한 실재는 유전자 그 자체이다(Haig 2012 참조).[4] 생물학적 단위가 행위자 같은 것으로 간주되어야 하는지(그리고 왜 그래야 하는지)라는 문제는 진화생물학에서 "선택 수준"에 대한 논의와 긴밀하게 관련되어 있다(Okasha 2006; Gardner and Grafen 2009).

둘째, 효용과 적합도는 서로 다른 척도 유형으로 측정할 수 있다. 합리적 선택 이론에서 효용은 일반적으로 다루어지고 있는 문제에 따라 기수나 서수로 간주된다. 생물학에서는 적합도는 일반적으로 비율 측도량으로 취급된다. 왜냐하면 적합도의 영점은 의미가 있어서, 하나의 전략(또는 유전자형)이 다른 것의 두 배로 적합하다고 말하는 것은 일리가 있다(Graifen 2007 참조). 혹자는 효용은 일반적으로 간주관적으로 비교 불가능하지만 적합도 개념의 전체 요점은 다른 개체들의 적합도를 비교하는 데 있다는 의미에서 또 다른 비유사성이 있다고 **생각할 수도 있다.** 그럴 수 있지만, 효용과 적합도를 연관 짓는 자연스러운 한 가지 방안에서는 개체군 안에 있는 모든 개체에 대해 단 하나의 적합도 함수만이 있어서 전략들(또는 게임 이론적 경우에 전략들의 개요)이 적합도에 대응된다. 다른 유기체들은 다른 전략을 구사하고 그러므로 다른 적합도

---

4) 이것은 "게놈 내 갈등"으로 알려져 있는데 하나의 성 번식 유기체 내에서 유전자들이 그 자손에게 집단으로 전달되지 않기 때문에 발생한다.

보상을 받지만, 이는 다른 결과로부터 다른 효용 보상을 받는 합리적 행위자와 다름이 아니며 여기서는 단지 **개체 내** 비교만이 포함된다.

셋째 그리고 자장 중요한 이유는, "적합도"에 대한 적절한 정의는 생물학에서 예민한 주제이고 모형화 가정들에 의존한다. 가장 단순한 진화론적 상황에서는 기대된 생애 번식 성공은 올바른 적합도 척도이다. 자연선택은 행동이 그 척도를 극대화하는 유기체를 선호한다. 많은 표현형 형질은 기대된 번식 성공을 극대화하는 데 있어서 기여로 이해될 수 있다. 그러나 좀 더 복잡한 상황에서는 문제가 달라진다. 예를 들어, 만약 유기체가 사회적 상호작용에 참여한다면 자신의 유전적 친족에 대한 해당 유기체의 행위 결과를 고려할 필요가 있으며, 그러므로 해밀턴의 "포괄 적응도(inclusive fitness)"는 적절한 척도가 된다(Hamilton 1964; Grafen 2006a 참조). 예를 들어, 다른 연령 코호트(age cohort)에 속하는 개체들처럼 만약 하나의 개체군에 계급 구조가 있다면, 적절한 적합도 척도는 달라질 것이다. 왜냐하면, 그들의 "번식값"으로 자손에 가중치를 부여하는 것이 필요하기 때문이다(Charlesworth 1994; Grafen 2006b). 따라서 우리는 진화하는 유기체의 양(그런 것이 있다면)은 마치 그것들이 극대화를 추구하고 있는 것처럼 행동할 것이라는 점을 알고 있다고 **선험적으로** 가정할 수는 없다(Mylius and Diekmann 1995).

이런 고려를 하면 적합도와 효용의 유비가 복잡해지지만 부당한 것으로 되지는 않는데, 그 이유는 자연선택이 적응적 행동을 낳는다는 다윈적인 기본 견해는 진화생물학의 중추이고 두루 경험적 지지를 받고 있기 때문이다. 행동을 포함하여 많은 유기체적 형질들은 환경에 대한 유기체의 "적합"을 향상시키므로 분명히 거기에 있다. "적합"의 적절한 양적 척도가 우리의 진화 모형의 내용에 의존한다는 사실은 자연선택이 이전에 생각했던 것보다 더 복잡한 과정이라는 점을 보여주지만, 선택의 결과인 환경에 대한 적응이 생명 세계의 흔한 특징이라는 생각을 약화시키지는 못한다. 그런 적응이 발생하는 정도로, "적합도"는 이런 생각이 작동하도록 적절히 정의되어야 한다는 것과 다른 경우에는 다른 정의가 필요하다는 경고를 염두에 두고, 적응된 유기체를 적합도를 극대화하려는 효용 극대화 합리적 행위자에 가까운 존재로 간주하는 것은 합당하다.

진화와 합리성은 "다른 길을 가는가?"

나는 앞에서 콰인이나 데닛과 같은 철학자들은 합리적 신념과 행동이 자연선택의 그럴듯한 결과라고 주장했다는 점을 언급했다. 그러나 이와 달리 많은 학자는 합리성에 대한 고려는, 스컴스(Skyrms 1996)의 표현을 빌리자면 때로 적응도 극대화에 대한 고려와는 "다른 길을 갈 수도 있다"고 주장해왔다. 이는 놀라운 제안으로서 왜 인간이 때로 전통적인 합리성 규범들에서 벗어나는지에 대한 진화적 설명의 관점을 제기한다.

	C	D
참가자 1	(6, 6)	(0, 10)
참가자 2	(10, 0)	(2, 2)

[표 2] 죄수의 딜레마5)

스컴스는 이런 "서로 다른 길"을 [표 2]에서 나타난 것처럼 간단한 "죄수의 딜레마(prisoner's dilemma)" 게임을 활용하여 보여준다. 보상은 효용을 의미하는 합리적 선택 설정에서, 합리적 행위자는 일회성 게임에서 D(속임)를 선택해야 하는데 그 이유는 그것이 C(협력)보다 우세하기 때문이다. 그러므로 D 선택의 기대효용은 C 선택의 기대효용을

---

5) [역주] 원문에 편집의 오류가 있어 바로잡았다.

능가해야 한다. 이 점은 "인과적 의사결정론의 참을 가정한다면"(Lewis 1981), 두 참가자는 인과적으로 고립되어 있으므로, 설사 행위자가 상대방이 동일한 전략을 구사할 것이라고 믿는다고 하더라도 성립한다.

이제 진화론적 설정을 하고 일회성 쌍방 상호작용에 참여하는 대규모 유기체들의 군을 고려해보자. 이제 보상은 (개체적) 적합도의 증가를 나타낸다. 어느 유형이 높은 적합도를 갖는가? 스컴스가 주장하듯이, 이것은 우리가 구성한 짝짓기 가정에 의존한다. 짝 C를 가질 확률이 두 유형에 대해 동일한 무작위 짝짓기에서는 유형 D가 더 높아야 한다는 것은 분명하다. 두 유형의 적합도는 다음과 같이 표현된다.

$$W_C = 6 \times P(C) + 0 \times P(D)$$
$$W_D = 10 \times P(C) + 2 \times P(D)$$

위의 식에서 P(C)와 P(D)는 각각 협력하는 자와 속이는 자와 짝을 이룰 확률을 나타낸다. 이 확률은 개체군에서 각 유형의 전체적 빈도로 주어진다. 스컴스가 말했듯이, 기대적합도의 이론 표현은 (새비지 유형의) 표준적 의사결정론을 사용하여 계산된, 합리적 선택 맥락에서의 기대효용에 대응하는 표현과 동일하다. 무작위 짝짓기 조건에서는 가장 높은 기대적합도를 갖는 유형은 가장 높은 기대효용을 낳는 행위를 선택하고, 그러므로 진화적으로 최상의 행동은 합리적 행동과 동일하다.

스컴스는 만약 상관된 짝짓기가 있으면 문제가 달라진다고 주장한다. 그러면 우리는 주어진 유형의 상대를 가질 조건부 확률을 사용하여 각각 유형의 기대적합도를 계산해야 하는데, 이것은 협력하는 자와 속이는 자에 대해 차이가 날 수 있다. 그 결과는 다음과 같다.

$$W_C = 6 \times P(C/C) + 0 \times P(D/C)$$
$$W_D = 10 \times P(C/D) + 2 \times P(D/D)$$

위의 등식에서 P(X/Y)는 자신이 유형 Y라는 점이 주어지면 X 유형의 상대방을 가질 확률을 나타낸다. 상관이 매우 강한 경우에, 즉 C라는 상대방을 가질 조건부 확률이 D 유형보다는 C 유형에서 매우 크다면, C 유형은 전체적으로 더 적합할 것이고 자연선택으로 그렇게 번식할 것이다.6) 스컴스는 상관된 짝짓기에서 "합리적 선택 이론은 완전히 진화론과 다른 길을 간다. 모든 합리적 선택 이론에서 배제된 전략들이 우호적인 상관 조건에서 성공할 수 있다"(Skyrms 1996, p.106)라고 결론을 내린다.

소버(Sober 1998)는 진화생물학에서 자신이 "의인화 발견법(heuristic of personification)"이라고 명명한 것을 논의하는 맥락에서 위와는 약간 다르게 동일한 논점을 개진한다. 이 발견법의 요지는 "만약 자연선택이 주어진 개체군에서 형질들 T, A_1, ⋯, A_n 중 어느 것의 진화를 통제한다면, T가 진화한다는 말은 적합도를 극대화하기를 원하는 합리적 행위자가 A_1, ⋯, A_n보다는 T를 더 선택한다는 것을 의미한다"(p.409)는 것이다. 소버는 그 발견법은 일반적으로는 문제가 없지만 어떤 경우에는 실패한다고 주장하는데, 그중 하나는 일항 죄수 딜레마이다. 합리적 행위자는 그것이 엄격히 우세하기 때문에 결코 협력을 선택하지 않을 것이다. 그러나 소버에 따르면, 자연선택은 만약 필요한 상관이 존재하는 경우 속임보다는 협력을 선호할 것이다. 그러므로 의인화 발견법은 실패한다. 합리적 전략과 진화론적 최적화 전략은 일치하지 않는다.

이 주장은 흥미롭기는 하지만 마르텐(Marten)이 자세히 개발한 분명한 대답이 있다. 스컴스-소버 모형에서, 합리적 행위자의 효용함수를 그것의 개인 적합도 함수와 동일시할 특별한 이유가 없다. 실로, 진화생물학은 우리에게, 사회적 환경에서 적절한 적합도 측도는 개인적 적합도가 아니라 **포괄적** 적합도라는 점을 알려준다. 유기체의 포괄적 적합도

---

6) 이 점은 "심슨 역설"이라고 알려진 통계적 현상의 한 사례이다.

를 계산하기 위해 우리는 개체군의 구성원들 간의 (r로 표시된) "관계계수"에 의해 가중치가 부여된, 다른 구성원들에 대한 유기체의 행동 효과를 계산해야 한다. 이런 계수는 구성원 간 유전적 (그리고 전략적) 상관에 대한 측도인데, 현재 맥락에서 r의 자연스러운 척도는 [P(C/C - P(D/C)]이다.[7] 합리적 행위자의 효용함수가 적절히 포괄적 적합도에 의존하면 스컴스-소버 "다른 길을 감"은 사라진다는 점을 보이는 것은 어렵지 않다.

그러므로 이런 특별한 "다른 길을 감" 논증은 성공적이지 못하다. 스컴스와 소버의 모형은 비합리성이 진화할 것이라는 점이 아니라 "다른 관점" 선호가 진화할 것이라는 점을 보여준다. 유기체는 자신뿐만 아니라 다른 유기체들의 생물학적 적합도에 관심을 두는 것으로 보인다. 그러나 비합리적 행동이 어떻게 진화할 수 있는지에 대한 다른 제안들이 있다. 예들 들어, 롭슨(Robson 1996)은 아주 흥미로운 분석을 통해, 선택 행동이 기대효용 이론의 공리들을 위반하는 유기체들이 종종 선택적 이득을 누리며, 그러므로 개체군에서 진화할 것이라는 점을 보였다. 이런 뛰어난 결과는 나쁜 날씨처럼 생물학적 개체군의 구성원들에 걸쳐서 상관된 위험을 지칭하는 "통합 위험(aggregate risk)"의 존재로부터 나타난다. 합리적 선택 관점에서 보면, 한 행위자에게 주어진 위험이 통합적인지 아닌지는 어떤 차이도 낳지 못하지만, 진화적 관점에서 보면, 진화에서 중요한 것은 개체군의 나머지 구성원에게 상대적으로 번식 성공이라는 점이 주어지면 그것은 차이를 낳는다. 이 점이 왜 롭슨의 모형이 비합리성의 진화를 낳는 것처럼 보이는지를 설명한다.

그러나 스컴스-소버의 주장처럼 롭슨의 모형에서 (이런 경우에 비록 필요한 "수정"이 분명한 것은 아니지만) 효용함수의 신중한 선택 때문에 진화와 합리성 간 관계를 복구할 수 있다는 점이 증명되었다. 그라펜

---

7) 이것은 진화론적 이론에서 r 의 표준적 정의의 특별한 경우로서, 행위자 유전형에 대한 수혜자 유전형의 선형회귀계수이다.

(Grafen 1999)과 커리(Curry 2001)는 만약 각각의 자연상태에서 한 유기체의 효용이 그 상태에서의 평균 군 적합도, 즉 그것의 상대 적합도에 의해 정의된다면, 기대된 상대 적합도는 통합 위험이 있는 곳에서 진화적 성공에 대한 적절한 기준이기 때문에, 진화는 실제로 기대효용함수의 극대화를 선호할 것이라는 점을 보였다. 요점은 바로 통합 위험과 더불어 유기체의 기대된 절대 적합도를 극대화하는 데 실패한 행동은 그런데도 그것의 기대된 상대 적합도를 극대화할 수 있다는 점이다. 그러므로 상대 적합도가 다른 개체들의 행동에 의존하고 그러므로 한 유기체의 통제 안에 있지 않다는 점이 주어지면, 경험적으로, 진화는 유기체가 자신의 상대적 적합도에 관심을 두도록 프로그램할 수 있다는 생각은 의문시되지만, 이론상 롭슨의 "다른 길을 간다" 역시 제거될 수 있다(Okasha 2011).

앞선 두 가지 사례들이 갖는 교훈을 일반화하여 진화론과 합리성 간 어떠한 추정적인 "다른 길을 감"도 효용함수의 적절한 선택 때문에 방지할 수 있다고 제안할 수 있다. 그러나 그것이 참이어야 한다고 생각할 어떤 이론적 이유도 없다. 더구나, 많은 논자가 자동적 선택과 같은 분명히 비합리적 행동들이 자연선택으로 선호되고 효용함수의 적절한 선택 때문에 합리성을 "복구"할 어떤 분명한 방안도 없는 모형을 성공적으로 개발해왔다(Houston, McNamara, and Steer 2007). 따라서 우리가 마음대로 행위자의 효용함수를 정의할 자유가 있는 한, "다른 길을 감" 논증이 성공할 수 없다고 결론 내리는 것은 시기상조이다.

바로 전에 논의된 "다른 길을 감" 견해는 인간이 자신의 (개인적 또는 포괄적) 생물학적 적합도를 향상하지 못하는 것들로부터 양의 효용을 끌어낸다는 매우 다른 생각과 분명하게 구별되어야 한다. 경험적으로 이것은 분명히 그런 것처럼 보인다. 현대인은 종종 스카이다이빙, 피임, 철학책 읽기처럼 자신의 적합도에 중립적이거나 해로운 일들을 선호해왔다. 이것은 흥미로운 현상이지만, 합리적 선택 규범들의 위반이라는 의미에서 어떤 비합리성도 포함할 필요가 없으며, 그러므로 앞선 의미에서 어떠한 "다른 길을 감"도 포함하지 않는다. 나는 그 현상을 간단히 논의하면서 결론을 내리고자 한다.

생물학적 관점에서 보면 왜 인간이 자신의 적합도에 해로운 일들로부터 효용을 도출하는지를 설명하는 일이 가능한가? 이 문제에 대한 의견은 엇갈린다. 한 가지 대답은 이렇다. 인간 선호는 학습과 문화에 강하게 의존하며, 광범위한 간 문화적 변이(cross-cultural variation)를 보여준다. 그러므로 선호는 엄격한 유전적 통제 아래에 있지 않으며 그러므로 생물학적으로 설명하기 어렵다. 이런 견해는 부분적으로 옳을 수 있지만, 사태를 악화시킨다. 왜 진화는 학습이나 문화적 전이를 통해 자신의 생물학적 적합도를 해치는 방안으로 행동하도록 선호를 획득할 수 있게 유도했을까? 그것은, 예들 들어 학습능력에 대한 선택의 의도되지 않은 부수효과인가?

이 주제에 대한 한 가지 견해는 스티렐니(Sterelny 2012)가 제시하는데, 그는 인간 진화의 어떤 지점에서 우리의 유전자들에 좋은 것을 욕구하는 "적합도 극대자"로부터 비적응적이거나 심지어는 부적응적인 것을 욕구하는 "효용 극대자"로 변했다고 주장한다. 스티렐니는 이런 변화는 소규모 사회에서 대규모 사회로 가는 전이 때문이라고 본다. 전통적인 소규모 사회에서는 문화적 전이는 일차적으로 부모로부터 자손으로 내려가는 수직적인 데 비하여 사회가 규모가 커지면서 수평적 전이가 우세하게 되었다. 그러므로 개인들은 수평적 수단에 의해 부적응적 신념과 선호를 획득하기 쉽게 된다. 더구나, 대규모 사회에서는 문화적 그룹 선택의 힘이 떨어지고 그러므로 사회적으로 불리한 형질들을 골라내는 여과 기제가 약화된다. 그 결과 인간은 도구적 이성의 힘을 보유하게 되었지만, 유전적 적합도를 향상하지 못하는 것들을 선호하게 되었다.

또 다른 견해는 사무엘슨과 스윙켈스(Samuelson and Swinkels 2006),

레이요와 롭슨(Rayo and Robson 2013)의 연구에서 나타난다. 그들의 주장에 따르면, 우리가 도전해야 할 일은 "인간이 생물학적 번식 그 자체가 아니라 **다른 것**으로부터 효용을 왜 끌어내는지"를 설명하는 것이다. 예를 들어, 음식, 섹스, 주거지는 분명히 적합도를 인과적으로 증가시키지만 이런 좋은 것들에 대한 우리의 욕구는 순수하게 도구적은 아니다. 우리는 음식을 그 자체로 목적으로 요구하며 단순히 음식을 소비하는 것이 우리의 생존을 향상하고 그런고로 적합도를 향상할 것이라고 알기 때문에 욕구하지 않는다. 진화론적 관점에서 보면 이 점은 이상하게 보인다. 생물학적 적합도가 실제로 중요하다는 점이 주어지면, 대자연이 비도구적으로만 오로지 자신의 적합도에 관심을 두고 음식과 섹스와 같은 "중간적 좋음"에 대한 욕구는 순전히 도구적인 유기체들을 낳아야 했을까? 그러므로 이런 견해에 따르면, 그 도전은 왜 인간이 적합도에 방해가 되는 것들로부터 효용을 끌어내는지를 설명하는 것이 아니라, 오히려 왜 인간이 적합도 그 자체가 아닌 아무것으로부터 효용을 끌어내는지를 설명하는 것이다.

앞의 저자들에 따르면, 그 대답은 결정적으로 정보의 부족에 달려 있다. 유기체들은 세계의 인과구조를 알고 태어나지 않으며 자신의 생애 동안 시행착오를 통해 일부 인과적 규칙성을 학습할 수 있다. 다른 식품을 소비하기, 섹스하기 등이 적합도에 대해 갖는 인과적 결과들은 우리 조상들이 학습할 수 있었던 것이 아니었다. 만약 이런 인과적 결과가 학습될 수 있는 것이었다면 대자연은 유기체가 오로지 적합도 그 자체에만 관심을 두도록 만들었을 것이다. 적합한 인과적 사실들을 학습한 이후에 유기체들은 생물학적으로 최적의 행동을 산출했을 것이다. 그러나 이것이 불가능하다는 점이 주어지면 대자연은 그 대신 유기체들이 중간적 좋음에 대한 내재적(비도구적) 욕구를 갖도록 만들었다. 그러므로 인간은 자신의 제한된 합리성, 즉 학습될 수 없는 것에 대한 제한을 보상하기 위해 정확히 그들이 가진 효용함수를 갖고 있다. 이 흥미로운 이론은 진화, 학습, 합리성의 연관을 하나의 새로운 관점 안으로 집어넣는다.

결론

전통적으로 합리성이라는 주제는 생물학적 관점의 장점을 고려하지 않고 철학자, 심리학자, 경제학자들에 의해 논의되어왔다. 이런 전통적 접근은 의심의 여지 없이 많은 흥미로운 연구를 낳았다. 그러나 이 짧은 연구가 보여주듯이, 생물학적, 그리고 특히 다윈적 관점은 인간과 비인간의 합리성의 본질에 대한 새로운 통찰을 제공하며, 새로운 흥미로운 질문거리를 제안한다. 다음 세 가지 이유로 그렇다. 첫째, 다윈적 적합도는 신념과 행동을 평가할 수 있는 하나의 새로운 규범적 기준, 즉 생물학적 합리성을 제안한다. 둘째, 합리적 사고와 행동을 뒷받침하는 인지적 능력은 짐작건대 진화되어 인간 합리성의 측면들과 인간의 합리적 단점들에 대한 다윈적 설명을 낳았다. 셋째, 진화생물학이라는 과학은 그 자체로 광범위하게 합리적 선택 이론으로부터 유래한 생각들에 의존하고 있으며, 진화생물학의 적합도 극대화 패러다임과 합리적 선택 이론의 효용 극대화 패러다임 간 깊은 동형성을 제안한다. 이런 세 가지 주제들 각각은 계속 탐구 중인 영역이다.

9. 진화와 윤리적 삶

Evolution and Ethical life

필립 키처 Philip Kitche

1975년 윌슨(E. O. Wilson)은 "윤리학은 잠정적으로 철학자의 손을 떠나 생물학적으로 탐구할 때가 되었다"고 유명한 선언을 했다(Wilson 1975, p.27). 윤리학을 "생물학화하자(biologicizing)"는 윌슨의 프로그램은 자연선택의 요구에 따라 행동의 근본 준칙을 편성하도록 제안한다. 비록 그런 특별한 모험이 많은 지지자를 끌어들이지는 못했으나, 윌슨은 "윤리학이 진화와 정확히 얼마나 관련되는가?"라는 중요한 질문을 다시 도입했다. 최근 10년 동안, 이 질문은 진화생물학자, 영장류 동물학자, 인류학자뿐만 아니라, 적어도 잠시 손 뗐다고 생각된 공동체 구성원들에 의해서도 다루어졌다.

나의 목적은 진화와 윤리의 관계에 접근하는 두 가지 전통을 고찰하는 것이다. 먼저, 최근 분석철학에서 다양한 표준 메타윤리학적 입장들이 자연선택의 작용과 조화될 수 있을지를 논의한다. 아이러니하게도 이 논의에 관여하는 철학자들은, 이전의 윌슨처럼, 자신들의 논의가 다윈의 자연선택 개념과 중대한 진화적 연관성이 있다고 본다. 하지만 월

슨의 논의와는 달리, 그들의 생물학 관련 논의가 일단 자연선택이라는 개념을 도입하면, 이내 멈출 수밖에 없다. 주장컨대, 이 영향력 있는 철학 운동은 진화론적 메커니즘 개념을 지나치게 협소화한다고 불평하는 인간 사회생물학보다도 더 취약하다.

다양한 분과의 저자들이 내놓은 대안 접근은 윤리의 진화에 대한 다윈의 조처를 더 밀접히 고수한다. 다윈은 『인간의 유래(*Descent of Man*)』(1871)에서 원칙적으로 인간이 아닌 동물에 현존하는 능력으로부터 "도덕감(moral sense)"이 어떻게 출현할 수 있었는지를 보여주려 했다. 그는 계보학적 연결을 목표로 삼았으며, 자연선택의 추정되는 작용을 설명해야 했다. 따라서 이런 윤리학 연구 전통은 『종의 기원(*On the Origin of Species*)』의 두 가지 커다란 공헌이라는 측면에서 특징지어진다. 한편으로, "선택론자(selectionist)"는 진화 메커니즘을 강조한다. 다른 한편으로, "계보학"은 살아 있는 여러 유기체의 상호연관성에 비추어 윤리학에 접근한다.

나는 계보학적 접근을 명확히 하려 시도하는 여러 사람 중 하나이기 때문에, 계보학적 접근의 우월성을 주장하리라는 것은 놀랄 일이 아니다. 하지만 나의 관심은, 나의 특수한 소견에 있다기보다, 관련되고 때로 상호 지지되는 일군의 연구 노선에 있다. 즉, 다음 여러 논의는 전반적으로 나의 동료 계보학자들을 향해서 (대부분) 의도된 것들이다. 더욱이, 역사적 연관성을 연구할 필요성이 당연히 있으며, 결국, 선택됐다고 가정되는 형질(traits)에 대한 명확한 개념을 가질 때까지 여러분은 그것을 진지하게 자연선택에 호소하기 힘들 것이다. 철학이 진화를 수용하면서도 구체적인 생물학적, 인류학적 사항을 멀리한다면, 철학자들은 너무도 쉽게 자신들이 설명해내지 못하는 현상과 접촉하지 못한다. 그들은 자신들이 주장한 일부 쟁점들에 대해 감복할 만한 정확성을 기했음에도 불구하고, 그 쟁점들을 삶의 역사와 전혀 연결 짓지 못해서, 결과적으로 우리 도덕적 실천의 "기원에 어떤 빛도 밝혀주지 못한다."[1]

인간 행동의 어떤 측면을 계보학적으로 설명한다는 것은, 그런 측면의 현재 형태를 출현시킨 일련의 변이들(transitions)을 구체화하는 일이다. 그런 계보학이 다원주의가 되려면, 다원주의 메커니즘이 그런 변이들을 발생시킬 수 있어야만 한다. 따라서 다원주의 계보학을 제안하려면, 전형적으로 제안자가 그런 제약이 어떻게 충족될 수 있는지를 지적할 수 있어야 한다. 거의 불가피하게 다원주의 계보학은 "어떻게 가능한지"를 설명함으로써 연구되는데, 그 설명은 **실제** 이야기를 들려준다고 가정하는 데 몰두하기보다, 구상된 변이들이 어떻게 출현해왔는지를 밝히는 가설적 설명이다. 계보학자들은 이용 가능한 증거를 통해 식별할 수 없는 여러 대안 가설들이 존재한다고 주장할 것이다. 하지만 그런 "어떻게 가능한지" 설명은 계보학의 부분이 아니라, 오히려 합당한 우려로부터 계보학을 방어하기 위해 사용하는 보조 자료임을 깨닫는 것이 중요하다.

반면, 선택론자 전통은 진화 메커니즘을 대단히 중시한다. 선택론을 이끄는 관점에 따르면, 다원주의 메커니즘은 특정 유형의 형질 출현을 배제한다. 그리고 메타윤리의 어떤 핵심 관점은 특정 유형의 형질이 존재한다는 데 전념한다. 선택론자 전통에 생산적으로 이바지한 것은 샤론 스트리트(Sharon Street)가 광범위하게 논의한 논문, 「가치실재론(Realist Theory of Value)을 위한 다원주의 딜레마」(2005)이다. 스트리트는 "진화의 힘은 인간의 평가적 태도의 내용을 형성하는 데 많은 역할을 했다"는 논제에서 출발한다(p.109). 그리하여 그녀는 가치실재론자가 두 가지 선택지를 갖는다고 주장함으로써 딜레마를 전개한다. 즉, 가치실재론자는, 우리의 평가적 태도가 자연선택의 압박과는 관련이 없다고 가정할 수 있든지, 아니면 자연선택이 가치 이론적 진리를 파악할 능력을 선호한다고 보아야만 한다. 전자는 지지할 수 없는 회의주의 형태

---

1) 인용구는 『종의 기원(On the Origin of Species)』(1859, p.488)에서 인간에 관한 다윈의 유일한 문장 중 일부다.

에 이르지만, 반면에 후자는 하수의 과학적 (진화론적) 가설을 단언한다.

스트리트의 최초 논제는 두 가지 중요한 점에서 모호하다. 그녀는 어떠한 "진화적 힘"을 중시하는가? 단지 생물학적 진화에 대한 것인가, 아니면 문화적 진화도 관련되는가? 둘째, 그 출현이 의문시되는 형질이란 정확히 무엇인가? 비록 스트리트는 진화의 선택지를 탐구하는 데 진지한 노력을 기울였지만, (그녀의 논문에 반응했던 대부분 철학자와 달리, 그녀는 인간 진화 및 영장류 행동생물학에 대한 최근 논의에 관여했는데) 진화의 작용에 대한 그녀의 그림은 진화의 분석을 너무도 단순화하여 많은 비판을 받는다. 그 그림에 따르면, 자칭 이론가들은 그들의 환상에 들어오는 어떤 형질을 선별하고 그 형질이 존재 투쟁에서 물려받게 될 유리함을 가정함으로써, 그것의 현존을 설명할 수 있다.[2] 그런 논지를 선택론자 기획에 적용해보면, 선택론자들은 특정 형질은 번식 경쟁에서 여하튼 불리했을 것이라고 논증하는데, 개별 자연선택보다는 다윈주의 진화에 그 이상이 있음을 고려하지 않고서, 그리고 형질은 흔히 발달적으로 적절히 서로 결합되어 있다고 생각하지 않고서는, 특정 형질이 출현할 수 없다고 결론지을 수 있다. 스트리트가 표적으로 삼는 가치실재론자에 대한 명쾌한 응수는, 우리의 평가적 태도와 독자적인 가치 사이의 관계를 진화론적으로 설명하는 일이다. 그 설명은 다음을 가정한다. 선택은 공동으로 채택될 때, 상당한 문화적 전승을 지닌 사회적 환경에서, 그렇게 독자적으로 존재하는 가치들을 밝혀줄 탐구 과정에 이르게 해줄, 심리적 경향성의 집합을 형성한다. 스트리트와 그녀에게 응답해온 실재론자 중 누구도 그러한 설명을 분명히 하지 않았다. 후보 계보학의 부재로 계보학의 가능성에 대한 의문은 해결되지 않는다.

이후 철학적 논의는 스트리트가 제기한 몇 가지 쟁점에 더욱 예리하

---

2) 이 "적응주의자 프로그램(adaptationist program)"을 비판하는 고전적 출처는 Stephen Jay Gould and Richard Lewontin(1979)이다.

게 초점을 맞추었다.3) 하지만 논쟁의 일정 부분이 명확해졌음에도 불구하고, 진화한 것으로 여겨진 형질들은 여전히 모호하다. 형질들이 어떻게 출현했는지를 설명하기 위해 인간 진화에 관해 알려진 바를 사용하려는 시도가 전혀 없다. 저명한 가치실재론자들은 분명 절박한 입장에 내몰렸다. 데렉 파핏(Derek Parfit 2011)은 가치 영역의 형이상학이나 인식론을 분명히 말하기에 자신의 무능함을 토로한다. 스트리트의 딜레마에 영향을 받은 토머스 네이글(Thomas Nagel 2012)은 삶에 대한 다윈의 그림은 근본적인 것을 놓치고 있다고 결론짓는다.

다윈은 『인간의 유래』에서 인간이 아닌 동물의 형질과 인간 도덕감 사이의 연관성을 추적하는 것은 "고도의 인간 신체적 기능 중 하나를 설명"하리라고 기대감을 표했다(Darwin 1871, p.95). 사실상 다윈은 계보학을 구성하는 것은 윤리적 삶의 밑바탕에 있는 능력을 더 정확히 상술할 것으로 추측했다. 계보학적 전통은 이 기대를 공유한다. 또한, 그 기대는 다음과 같이 대단히 명백한 점에 의해 동기부여된다. 즉, 설명되어야 하는 바에 대해 비교적 명확한 개념을 가질 때까지, 진화론적 설명 가능성을 논하는 것은 어리석은 일이다. 우선 **피설명항**(explanandum)에서부터 파악해보라.

더욱이, 계보학적 프로그램은 현대 진화론의 풍부한 구조를 단순히 희화했다는 혐의에 훨씬 덜 취약하다는 데서 분명 장점이 있다. 오늘날 진화 분석가들은 다음을 인지한다. 자연선택은 흔히 발달적으로 연결된 형질들에 작용한다. 그리고 문화선택은 상당수의 동물 혈통(lineages)에 영향을 미치는 중요한 힘이고, 자연선택에 의해 제거되었을 형질들을 문화선택은 선호할 수 있다. 이러한 점들을 인식하지 못하여 인간 사회 생물학은 난점에 빠졌고, 선택론자 기획은 훨씬 더 문제가 심각하다.

선택론 기획이 목표로 하는 바는, 부정확하게 특징지어진 ("도덕적

---

3) 형이상학적 쟁점을 탐구하는 두 가지 탁월한 논문은 Clarke-Doane(2012)와 Shafer-Landau(2012)이다.

진리를 추구하는 능력"과 같은) 어떤 형질들은 다윈주의 메커니즘에서 발생할 수 없음을 보여주는 것이다. 상정된 입증 도구는 형질들의 불리함을 보여주는 분석들이다. 그러나 반복하건대, 그 담지자에게 번식적으로 불리한 어떤 형질은, 발달에 관련된 (전체적으로 유리한) 한 쌍의 형질에 속할 수 있든지, 아니면 문화선택에 의해 선호될 수 있다. 반면에, 계보학자들은 단지 형질의 변이 연속을 방어하는 부수적인 작업에서만 자연선택에 호소한다. 그래서 선택에 대하여 "그냥 그렇게 되었어"라고 스토리를 지어낸다는 불민을 떨쳐버릴 수 있다. 왜냐하면, **실제** 진화의 원인을 알 수 없다는 점을 감안해볼 때, **요청되는** 바는 이용 가능한 증거와 양립할 수 있는 스토리, 즉 어떤 변이가 어떻게 일어날 수 있는지를 입증하는 것이기 때문이다.

흥미롭게도, 선택론자들은 계보학의 모험이 스토리텔링에 전념한다고 생각하는 것 같다. 샤퍼-랜다우는 윤리적 삶의 출현을 재구성하는 데 있어서 "태만하지 않은 숙고의 총량(non-negligence amount of speculation)"을 언급함으로써 계보학으로의 모험을 꺼린다(Shafer-Landau 2012, p.26).[4] 그가 인간의 과거에 관한 어떤 중요한 사실들은 어쩌면 결코 알려지지 않을 것이라고 의심한 것은 맞다. 그렇지만 우리 개인의 심리적 능력의 출현, 그리고 우리가 합당하게 확신할 수 있는 사회적 삶의 형태라는 다른 국면들이 존재한다. 상부 구석기 시대에서 현재까지의 노정에 대하여 우리가 알고 싶어 하는 전모를 알 수 없다는 사실 때문에 우리가 소유한 정보와 단서를 철학자들이 버리는 경향이 있어서는 안 된다.

---

4) 이 발언은 나 자신의 계보학적 견해와 관련하여 이루어졌다("아마도 최선"이라 특징된다). 하지만 여기서도 그는 윤리적 삶을 계보학적으로 재구성하는 것과 윤리적 삶이 어떻게 진화했는지를 (혹은, 더 엄밀히 말해서, 어떤 변이들이 어떻게 진화했는지 그리고 다른 변이들은 어떻게 진화할 수 있었는지를) 보여주는 시도 사이의 차이를 희석시킨다.

다윈의 계보학적 설명은 그가 매우 가능하다고 본 기본 명제를 정밀히 구성해낸다. 즉, "뚜렷한 사회적 본능을 부여받아 부모와 자식 간에 애정이 있는 동물이라면 그 지적 능력이 인간과 거의 동일한 정도로 발달하게 되면 도덕감이나 양심을 필연적으로 획득하게 된다."(Darwin 1871, p.95) 다윈이 재구성하는 스토리는, 우리와 최근의 공통 조상을 공유하는 동물들을 포함하여, 많은 동물은 소집단으로 결합하여, 때로는 협력적인 방식으로 서로의 행동에 반응한다고 가정한다. 다윈은 무리 안에서 긍정적인 반응들이 어디에서나 분포하지 않고 지역 그룹의 경계에서 멈춘다는 것을 인정한다. 그는 우리 조상들은 이미 그들에게 중대한 긍정적, 부정적 결과를 일으킨 과거 행위들을 상기해낼 능력이 있다고 가정한다. 언어를 습득한 후, 그러한 결과들은 동료 집단 구성원들로부터 개방적으로 표명된 판단을 포함했을 것이다. 개인은 주변 사람들을 "공감"할 수 있어서 이러한 종류의 판단들에 특히 민감했을 것이다 (다윈은 우리 조상들이 [그들] 동료의 시인과 부인에 대해 관심을 가졌다고 주장한다). 그래서 개인은 "공동체의 바람과 판단"에 일치하는 행위를 증진시키는 방식으로 자신의 욕구와 충동을 강화하거나 유린하는 "습관"을 획득하였다(Darwin 1871, p.96).

다윈의 계보학은 형질이 인간 조상들과 그들이 속한 공동체에서 기인하는 것으로 본다. 윤리-이전의 조상들은 다음의 특징들을 부여받았다.

1. 다른 사람들과 함께 공동체 삶을 영위하는 것
2. 항상은 아니지만, 때로 동료의 욕구에 협력적으로 반응하는 것. 이것은 (욕구를 감지하는) 인지적 능력과 (행동을 변경시키는) 공감을 포함한다.
3. 어떤 행동 성향을 삼가고 다른 행동을 강화하는 능력

윤리-이전의 상황에서 벗어나는 길은 2와 3을 확장하는 것으로 보인

다. 다윈의 스토리는 원초적 공감이 확대된다고 가정한다. 우리는 이것이 다음을 포함하는 것으로 볼 수 있다.

4. 긍정적 혹은 부정적 반응을 이끌어내는 행동 유형을 확인하는 능력
5. 따라서 3항을 어떤 확인된 유형들로 확장하여 긍정적 반응의 빈도를 증가시키고 부정적 반응의 빈도를 감소시키는 것
6. 그러한 유형들을 서술하고 그 가운데 어떤 것을 승인된 것으로, 다른 것들을 거부된 것으로 구분하는 언어의 사용

일단 4-6항이 작용하면, 사람과(科)의 동물(hominid)/인간 계통은 원시적인 형태의 윤리적 삶에 도달한다. 관련된 개인들은 "도덕감"을 소유하기 위한 다윈의 기준을 충족시킨다. 즉, "도덕적 존재는 자신의 과거 행위와 그 동기를 반성할 수 있는, 어떤 것을 시인하고 다른 것들을 부인할 수 있는, 존재이다."(Darwin 1871, p.605)5) 그럼에도, 그러한 반성에 속하는 행위의 범위는 분명 제한되며, 반성에 관여하는 **근거**는 소박하다. 인간 조상들은 그들의 일부 행동에 대한 거부 반응으로 인하여 어려움을 겪는다. 더 간단히 말하자면, 처벌받기를 싫어한다.

다윈은 지금까지 제시된 확장 목록을 불완전한 것으로 이해하고, 다음을 추가한다.

7. 지역 그룹을 넘어선 공감 능력의 확장
8. 충동과 욕구를 강화 또는 거부하는 다른 형태의 동기부여 보강 ("저급한 동기들"을 넘어서는 것)6)

---

5) 사실, 4-6항이 작동할 때, 개인들은 과거를 반성할 뿐만 아니라 현재 행위에 대한 지침으로서 반성을 사용한다.
6) 다윈은 『인간의 유래』에서 걱정(fear) 및 자기이익의 동기들을 논의하는데

9. 다른 사람들에게 직접적으로 영향을 미치지 않는 행동에 대한 시
   인과 부인의 확장(자기 관련 미덕(self-regarding virtue))

이렇듯 더 진전된 확장으로, 진정한 윤리적 삶과 같은 것이 출현했다. 확장된 심리적 능력을 가진 개별자들은 우리가 아는 사람에 가깝다. 그들은 자신 앞에 놓인 선택의 특수한 특징들을 인식하여 활동하는데, 타인에 대한 공감, 집단과의 연대감, 집단이 권장하는 행동 유형을 존중하는 그런 특징들에 반응한다. 이따금 문제가 복잡해질 때면, 그들은 상황의 국면들에 비중을 달거나, 동료들과 의논한다. 비록 그들이 지속적으로 처벌을 싫어하고 두려워할지라도, 그러한 정서는 잠재적 행위의 원천으로서 더 광범위한 클러스터에 깊이 각인된다. 만약 철학자들이 이 클러스터에서 "도덕적 관점"을 구성하는 어떤 핵심을 찾으려 한다면, 그것은 유혹**이다**. 다윈의 유명한 점진주의(gradualism)는 그의 윤리적 삶에 대한 탐색으로 확장하여, 철학이 유일한 힘으로 고양시키려 한 능력들을 분해한다. 결국, 그것이 『인간의 유래』와 관련된 부분의 핵심이다.

계보학적 전통은, 다윈의 목록에 나타난 능력들을 연구함으로써, 그리고 그 능력이 종과 동일종 내 집단 전체에 어떻게 다양하게 변화하는지를 보여줌으로써, 진화론적 서사를 심화시키고 더 명확히 하였다. 패트리샤 처칠랜드(Patricia Churchland)의 작업은 우리에게 사회성에 이바지하는 일부 신경 메커니즘에 대해서, 그리고 사회적 능력의 변이에 대해서 풍부한 서술을 제공한다. 그녀는 1항(그녀의 용어로, 윤리적 삶이 구축되는 "플랫폼")에 대한 철저한 분석을 제공한다.7) 프랑스 드 발

(p.112, p.127), 본래 이기적인 이익을 위해 행해진 협력적인 행동이 공감 능력을 강화시킬 수 있다고 가정한다.

7) *Braintrust*(Churchland 2011)와 "The Neurobiological Platform for Moral Values," in Vol. 151 of *Behavior*를 참조하라(나는 이후로 이런 *Behavior*의

(Frans de Waal)은 일련의 저서와 논문에서, 다윈의 목록에 있는 많은 능력들, 즉 동일종에 대한 복잡한 형태의 공감적 반응, 고등동물에 현존하는 절제, 행동 유형과 그 결과를 인식하는 능력, 그러한 인식을 행동 조절에 사용할 수 있는 능력 등을 유인원과 원숭이에게서 확인한다.8) 침팬지와 어린아이가 보여주는 협력 및 공유된 의도에 대한 마이클 토마셀로(Michael Tomasello)의 연구는, 어떤 행동 유형을 규범으로 인지하는 데 있어서 인간과 비인간 사이의 연속성을 입증한다(다윈의 목록에서 4-6항을 참조하라). 크리스토퍼 보엠(Christopher Boehm 1999, 2012)은 광범위한 인류학적 여러 발견을 종합하여 인간의 사회적 진화에 대한 그림을 제시한다. 그의 설명 가운데 특히 그 관련 특징은, 대강의 평등 견지에서 수렵채집 집단의 모든 성인 구성원에 의해 행해진, 규범적 논의에 대한 강조이다.9) 킴 스티렐니(Kim Sterelny)는 사람(hominid) 및 인간의 사회적 삶을 위한 문화적 선택의 결과를 탐구한다.10)

이러한 최근 연구 결과는, 윤리적 삶에 대한 다윈의 계보학은 단지

문제를 B로 인용하겠다).

8) 공감에 대해선 그의 *Good Natured*(1996)은 귀중한 많은 예를 제공한다. 절제에 대해선 *The Bonobo and the Atheist*(2013)를 참조하라. 특히, pp.149-150에서 차례로 등장하는 예는 설득력이 있다. 사회적 맥락에서 인지적 능력의 실행에 대해서는, *Chimpanzee Politics*(1982)와 *Peacemaking Among Primates*(1989)가 집적된 풍부한 사례들을 제공한다. 그가 도덕성을 "구축하는 블록(building block)"을 드러낸 것으로 본, 드 발(de Waal)의 다윈주의 계보학에 대한 이러한 기고들의 종합은 *Primates and Philosophers*(2006)에서 제시된다. 간결한 요약은 그의 초기 논의를 일부 가다듬은 "Natural Normativity," pp.185-204에서 제시된다.

9) 보엠(Boehm)은 "The Moral Consequences of Social Selection"의 pp.167-183에서 다윈의 계보학에 대한 자신의 간결한 시각을 제시한다.

10) *The Evolved Apprentice*(2012a). 그는 "Morality's Dark Past"에서 나의 접근을 논의한다. ─ 그의 계보학과 나의 계보학은 다윈주의 버전을 가다듬는 두 가지 방식을 제시한다(비록 스티렐니는 둘 사이에 너무도 많은 차이를 두지만).

추측(speculation)이 아닌, 인간의 윤리적 과거에 관한 그럴듯한 가설임을 보여준다. 하지만 샤퍼-랜다우는 상상된 결과로 일부 후기의 발전에 비추어 더욱 확고한 기초에서 시작한다. 후기 구석기와 신석기 동안에 인간 공동체의 규모가 커졌다는 것은 논란의 여지가 없다. 지역에 정착은 2만 년 전(20KYBP)으로 밝혀졌는데, 표준 규모의 인간 무리(30에서 70명 정도)가 단기간에 모여들었다. 15-10KYBP 무렵에 더 큰 공동체(200명까지)를 형성한 증거가 있고, (천 명 이상의 거주민을 포함하는) 첫 번째 도시는 8KYBP로 거슬러 올라간다. 비록 고고학자들은 20 KYBP 이전에도 몇 백 킬로미터에 걸쳐 교역 네트워크가 펼쳐져 있었다는 강력한 증거를 구축했을지라도, 더 먼 과거의 경우 단서는 훨씬 빈약하다.[11] 그럼에도 불구하고, 우리는 집단이 외부인을 (적어도 교역 상황에서) 포용하기 위해 그들의 도덕적 구조를 어떻게 확장하게 됐는지, 또 공감이 지역 무리를 넘어서 얼마나 정확히 확대됐는지에 대한 세부 사항을, 신뢰할 수 있게 채울 수는 없다.[12]

다윈 목록의 8과 9항과 관련하여, 구석기와 초기 신석기에서 직접적인 증거를 얻기란 훨씬 더 힘들다. (5KYBP 메소포타미아 도시에서 발굴된) 최초의 성문 문서가 입증하는 바는, 시민들은 자기 관련 미덕을

---

11) 구석기 시대의 교역 네트워크 가설은, 가장 가까운 원산지로부터 아주 멀리 떨어진 지역에서 사용된 흑요석 도구의 발견에 기반하여, 원래 콜린 렌프류(Colin Renfrew)에 의해 진행됐다(Renfrew and Shennan 1982). 현대의 발굴은 후기 구석기시대(15KYBP)의 교역로에 대한 광범위한 문서를 제공한다. 일부 고고학자들은 아프리카에서 초기 교역의 발달을 의미 있게 논증한다(McBrearty and Brooks 2000).

12) 이에 대한 다윈의 설명은 평소와는 달리 평평한 발걸음이다. 다윈은 더 큰 사회적 단위를 형성하기 위해 두 개의 소그룹을 하나로 묶은 결과로 확대된 공감이 생겨났다고 주장한다(Darwin 1871, p.119). 이것은 마차를 말 앞에 둔다. 적어도 그러한 어떤 병합이 일어날 수 있기 전에, 공감은 지역의 도덕적 보호를 더 광범위하게 마련하는 정도로까지 확대될 필요가 있었을 것이다.

보여주고 사회적 연대와 법에 대한 존중에 의해 동기부여될 것으로 기대됐다는 점이다.13) 따라서 윤리적 삶의 시작과 글쓰기의 창안 사이의 어느 시기에, 우리 조상들은 자기 관련 미덕, 사회적 연대, 법에 대한 존중의 개념을 개발했다. 그런데도, 일어난 변화를 정확히 지적하거나 변화가 언제 발생했는지에 책임 있는 평가를 내리기란 거의 불가능하다.

2천 년 전에 쓰인 문서에 주의를 기울인다면 다윈의 목록에 두 가지 사항을 더 추가시켜야 한다. 신화와 스토리뿐만 아니라 법전을 구성하는 전문도 인간관계의 개념을 제공하며, 인간이 잘 살 수 있을 여건을 탐구한다. 따라서 우리는 목록을 다음과 같이 확장할 수 있다.

10. 어떤 관계를 가치 있는 것으로 확인하는 관계 개념의 발전
11. 육체적 필요 만족 이상의 것을 포함하여 가치 있는 인간 삶 개념의 출현

여기서도, 중간 단계의 정확한 성격은 확정될 수 없다. 다윈이 그랬듯, 우리는 이렇게 "추측"할 수 있다. 다른 인간과 체계적인 협력에 참여하기가 공감 능력을 강화할 수 있으며, 그래서 인간은 협력적 상호작용을 (두 당사자에게 또는 한 당사자에게) 이익을 실현하기 위한 수단으로 승인하는 최초의 단계에서, 다른 사람의 행동에 대한 행위 조절을, 1차 이익(the-first-order benefits)이 없는 경우일지라도, 그 자체로 바람직하며 궁극적으로 가치 있는 것이라고 이해하게 된다.14) 따라서 그들

---

13) 이러한 특징들은 우리가 고대의 법전이라고 생각한 것에 널리 퍼져 있지만 (리피트-이쉬타르 법전, 함무라비 법전 등), 수백 세대 동안 구전으로 전해진 훨씬 더 광범위하게 합의된 규칙 체계에 분명히 추가된다. 전문은 흔히 기대되는 형태의 도덕적 동기부여에 대한 통찰을 제공한다.
14) 습관에 의해 공감을 강화하는 것에 대해서는 *Descent*(1971, p.106)를 참조하

은 열망했던 목표의 범위를 확장하여, 가치 있는 삶을 육체적 만족보다 더 벅찬 것으로 그렸을 수도 있다.

다윈의 계보학은 다음의 조건을 충족시켜야만 한다. 그 계보학이 가정하는 단계는 인식된 진화의 힘이 생성할 수 있는 것들이어야 한다. 이미 설명했듯이, 계보학적 전통이 제공하는 서사 요소들은 두 가지로 나뉜다. 즉, 비교적 상세한 구체성을 제공하는 서사 요소들, 그리고 단서가 너무 빈약한 서사 요소들. 전자의 부류는 구상된 변이가 어떻게 발생할 수 있었는지를 보여줄 필요가 있다. 즉 우리는 "어떻게 가능한지"의 설명을 필요로 한다. (그 변화가 실제로 어떻게 일어났는지를 설명하면 더 좋겠지만, 진화적 메커니즘과 양립할 수 있음을 보여주는 것이면 충분하다.) 후자의 부류에 대해서는, 어떠한 심리적 특성(흔히 확장된 능력)이 출현할 수 있었는지를 통해 일련의 단계를 구성하고, 이 단계가 진화의 힘과 일치함을 보여줄 필요가 있다. 우리가 문화의 전승과 선택이 역할을 했을 수 있다고 믿을 만한 이유가 있는 단계에 대해서(언어를 충분히 습득한 이후에 발생한 변이들을 포함하되 그것에 국한되지 않는), 적절한 힘의 복합체는 자연과 문화의 선택 둘 모두를 포함한다. 그 결합은 일반적으로 오직 자연선택만 작용하는 것보다 더한 가능성을 허용하기 때문에, 단지 자연선택에 호소하여 "어떻게 가능한지"의 설명을 제공하는 것으로 충분하다.

그러한 설명을 제공하기란 어렵지 않다. 많은 집단을 아우르는 사회성의 생리학적 기반에 대한 처칠랜드의 견해는 "도덕적 플랫폼"의 출현에 대한 비교적 정확한 분석을 가능하게 한다. 목록의 다른 능력은, 즉 동일종의 행동을 인지하여 예측하는 인지 능력의 증대, 공감의 확장, 향상된 기억, 행위로의 충동을 중단시키거나 강화하는 능력의 향상 등은,

---

라. 나는 *The Ethical Project*(2011, pp.135-137)에서 공감의 증진을 논의하며, "Varieties of Altruism"(2010, pp.121-148, 특히 pp.133-136)에서 자세히 논의한다.

개인의 수행 또는 사회적 안정성과 협력 증진을 위해 분명 유리함이 있다.15) 다윈 이래로, 계보학자들은 그들이 구상한 변이의 연속이 진화 메커니즘과 양립하지 않는다는 도전을 저지하기 쉬워졌다.

이 과제가 **너무** 쉬운가? 그 기본 규칙들이 **너무** 느슨한가? 그 대답은 솔직하다. 윤리적 삶의 발달에서 반드시 일어났어야 할 변화, 즉 개인의 심리와 인간 사회 조직을 허락하는 변화를 확인할 수 있는 정도에서, 우리는 다윈이 희망했던 도덕적 실천을 밝혀볼 수 있다. 변이의 시기와 원인에 대한 상세한 지식 없이도, 단지 그러한 변이들을 중요한 것으로 선별한 것만으로도 많은 철학자들이 고심하는 불명확한 "형질"이 분해된다. 1-11항은 윤리적 삶의 철학적 해명을 위한 데이터를 구성한다. 다음 절에서, 나는 (여러 논점에서 입장을 달리하는 동료 계보학자들에게 양해를 구하며) 나 자신이 선호하는 버전을 제시하겠다. 따라서 우리는 불가피한 쓸모없는 선택론(selectionism) 논쟁을 끝낼 수 있다.

진화에서 진보(progress) 문제는 많이 논의됐다. 영향력 있는 많은 진화론자들은 생명의 역사가 진보한다는 주장에 대해서 회의적이었다. 하지만 다세포 생물의 출현에 나타난 "발전(advance)"에 관한 회의론은 더 제한된 진보 유형을 가정하는 것과 아주 양립 가능하다. 즉, 날 수 있거나 특정 유형의 식물을 소화할 수 있는 능력에 있어서 진보라는 개념을 이해하는 데 어떤 일반적인 어려움도 없다. 어떤 변이들이 진정한 발전을 구성한다면, 윤리학의 계보 역시 아마도 제한된 진보 개념을 허용할 수 있을 것 같다. 변화에 대한 몇몇 역사 기록은, 예를 들어, 노예제의 폐지, 그리고 인간과 여느 동물들이 목숨을 걸고 싸워야 했던 대중 공연의 청산 등은, 저항하기 힘든 변화의 방향에서 비대칭적으로 생각하게 만든다. 관행(practice)을 포기하는 것과 관행으로의 복귀가 동등하지 않다.

---

15) 다윈 스스로 이해했듯이, 다양한 변이의 가능성에 대한 배아 실험들은 *Descent*의 4장에 분산되어 있다.

도덕실재론자들(moral realists)은 도덕적 진보에 대해 간단한 설명을 명확히 제시할 수 있다. 사회는 거짓된 도덕적 믿음을 참된 믿음으로 대체할 때 도덕적 진보를 이룬다.16) 진보에 관한 물음들은 합리성이나 정당화에 관한 쟁점과 분리되어야만 한다. 즉, 어떤 변이를 합리적인 것으로 간주하는 것은, 특권적 지위를 갖는 과정으로 (즉, 아마도 신뢰할 만한 경향을 가진 과정이 거짓 믿음을 참된 믿음으로 대체시키는 과정에 의해) 그 변이가 생성된다고 주장하는 것과 같다. 이 점이 잘 이해되면, 합리적이지 않으나 진보적인 도덕적 변이들뿐만 아니라(거짓을 참으로 대체하는 경향은 이 경우의 예시가 되지 못한다), 진보적이지 않으나 합리적인 도덕적 변이들이 분명 있을 수 있다. 원칙적으로, 도덕실재론자들은 우리의 모든 윤리적 조상들은, 자신들이 어디로 가고 있는지를 전혀 모른 채, 도덕적 진리를 향해 비틀대며 걷는, 몽유병자였다고 가정할 수 있다. 그런데도, 도덕실재론은 "도덕적 진리를 추적하는 것"을 **어떤** 능력에서 기인하는 것으로 볼 수밖에 없다. 적어도 계보학의 말미에, 계몽된 철학적 분석가들은 자신들의 진보성(progressiveness)을 판단하기 위해 어떤 그러한 근거를 갖는다.

나는 실재론자의 형이상학 없이 도덕적 진보 개념을 보유하자고 제안한다.17) 나는 앞 절의 다원주의적 설명으로 드러난 현상에 가까이 다가서기를 바람으로써 동기부여된다. 진보란 어떤 가상의 독자적인 도덕적

---

16) 설령 다른 진보 양식이 존재하더라도, 현 목적상 이러한 거친 정식화를 하겠다(예컨대, 어떤 의문이 해결되지 않은 상태를 참된 대답의 믿음으로 대체하는 것). 더 중요한 것은, 믿어진 것이 (공식적 규정 부분) 행위를 인도하는 바가 아닐 수도 있다. 몇 가지 복잡성에 대해서는 나의 논문 "On Progress" (2015)를 참조하라.

17) 도덕적 진보를 이해하는 것은 *The Ethical Project*의 ch. 5, 6의 주된 작업이다(Kitcher 2014, pp.245-260). 그것으로부터 이후 몇 단락의 제재가 주로 도출된다. 그 책의 견해는 "Is a Naturalized Ethics Possible?"에서 정교화된다 (그리고 일부 나의 동료 계보학자들의 관점과 일치한다).

진리를 향하는 것이 아니라, 우리 조상들의 연이은 집단들이 만났던 곤경에서 **벗어나는** 것으로 이해된다.[18] 사람들은 여러 문제를 해결함으로써 진보한다.

우리는 자주 목적론적 용어로 진보에 대해 생각한다. 예를 들어, 여행할 때는 목적지와 좁혀지는 거리를 통해 진보를 측정한다. 그렇지만 [무엇으로**부터**] 진보의 친숙한 예들이 있다. 의사는 환자를 괴롭히는 질병을 치료, 조처, 완화시키는 방법을 찾음으로써 진보한다. 의사의 성취를 이해하는 데는 어떤 목적론도 요구되지 않는다. 즉, 우리는 연구의 발전으로 계속 근사해가는 완벽한 건강의 이상을 꾀하는 "의료 실재론자"를 필요로 하지 않는다.

프래그머티즘적 진보, 곧 문제해결로서 진보는 다원주의적 계보학에 진보의 개념을 도입하는 분명한 방식이다. 왜냐하면, 그것은 제한된 진보 개념이 진화에 관한 사유에 적용되는 방식을 반복하기 때문이다. 에오히푸스(*Eohippus*)[19]의 후손들은 이상적인 말을 향한 (더 빠른) 단계를 밟고 있는 것이 아니라, 그들의 환경에 의해 제기된 문제들을 극복하고 있다. 윤리 이전 상태에서 우리의 종도 유사하다. 우리 문제의 근원에는 다윈이 확인한 심리학적 특성들이 놓여 있다. (처칠랜드가 조명한 방식으로) 종합해보자면, 인간은 사회적 동물이지만 사회적 환경에 불완전하게 준비된다. 우리 조상들은 주변 사람들에게 반응하는 능력, 즉 때로는 다른 집단 구성원의 계획과 의도를 알아차려 그러한 계획들을 촉진하는 방식으로 (토마셀로가 보여줬듯이, 때로는 새로운 공동의 의도를 형성함으로써) 반응하는 능력이 제한되어 있었다. 하지만 그들은 그러한 능력이 **제한**됐기 때문에 보통 반응이 더뎠고, 언젠가는 협력할 수 있는 계획들을 좌절시키는 방식으로 자신들의 이전 활동을 지속하였

---

18) 이러한 종류의 진보 개념은 프래그머티즘 전통에 깊이 뿌리박혀 있는데, 일찍이 도덕성을 계보학적으로 접근하고자 했던 듀이에게서 특히 뚜렷하다.

19) [역주] 미국 서부의 에오세 초기 지층에서 발견된 화석 말.

다. 그것에 부분적인 해결책을 도입하는 변이의 연속을 촉발시킨 원시-문제(ur-problem)는 "제한된 반응성(limited responsiveness)"의 문제였다.

다윈의 설명은 "반감(disapprobation)"을 피하려는 인간 욕구를 지적하는 데 있어서 한계를 암묵적으로 인정한다. 다윈의 현대 계승자들은, 우리의 진화적 사촌들에게서 반응성의 존재와 한계에 관한 풍부한 증거를 제시한다. 프란스 드 발, 토마셀로, 그리고 보엠 덕분에, 우리는 이제 침팬지와 보노보 사회가 어떻게 응집하면서 붕괴하는지에 대하여 훨씬 더 많이 이해하게 됐으며, 그러한 사회들과 공동체 생활을 하는 사람 및 초기 인간 사이의 유사성이 무엇인지를 인식한다. 반응 능력은 상당히 오랜 기간 집단을 보존하기에 충분할 정도로 발전되지만, 그것의 한계는 꾸준한 상호 안심과 평화유지 활동을 필요로 한다. 즉, 반응 능력의 한계는 협력 활동의 양을 제약하고 작동하는 집단의 규모에 한계를 낳는다. 때로 평화유지 활동을 늘리는 것만으로 충분하지 않으며, 사회가 분열한다. 비록 우리의 실제 조상들의 삶은 초라하고 비교적 짧았지만, 항상 험악하거나 잔인하지는 않았고 확실히 홀로는 아니었다. 그러나 그들은 자주 사회적 긴장으로 시달렸다.

윤리적 기획(ethical project)은, 승인된 행동 패턴을 도입하고 반응 능력을 효과적으로 확장하여, 협력을 촉진하고 사회적 혼란의 빈도와 강도를 약화시킴으로써, 원시-문제에 대응했다. 심지어 언어 습득 이전에도 어떤 그러한 패턴이 도입되었으며, 행위의 충동을 억제하거나 강화하기 위해 이전의 능력과 결합될 수 있었다.[20] 언어의 출현 이후를 나는 이렇게 가정한다. 골치 아픈 패턴들이 더 쉽게 확인될 수 있었고,

---

20) *The Ethical Project*에서, 나는 규범의 언어적 정식화에 대한 중요성을 높이 평가한다. 토마셀로(*Why We Cooperate*)는 언어가 없을 경우에 규범이 어떻게 인식될 수 있는지를 보여주었다. 이 점에서 스티렐니("Morality's Dark Past")가 나를 꾸짖은 것은 옳다.

(20KYBP까지 침팬지-보노보 규모에 머물렀던) 소규모 인간 집단의 도덕적 관습은 살아남은 수렵 채집민에게서 성문화됐다. 즉, "시원한 시간"에, 평등하게, 모든 성인들 간의 토론을 통해서. 이 가설은, 오늘날의 수렵 채집민들이 (유사한 방식으로 모두 자신들의 환경과 상호작용했던) 한때 우리 조상들 사이에 보편적이었던 사회적 편성(social arrangement)을 계속 유지했다고, 추정하지 않는다. 원시-문제는 다른 사람들에게 반응하는 우리의 제한된 능력에서 비롯되는데, 그 문제를 해결하는 가장 손쉬운 방식은, 일단 무리의 구성원들이 서로 이야기할 수 있게 되면, 다양한 목소리를 듣는 토론을 촉진하는 것이다.

일반적으로 의학과 기술에서는 흔한 일이지만, 어떤 문제에 대한 부분적인 해결책은 해결되어야 할 더 큰 문제들을 낳는다. 앞의 계보학은 개인의 심리와 인간 사회의 구조에 있어서 중요한 변화를 인지한다. 후자는 집단 크기의 증가뿐만 아니라, 반응이 실패할 수 있는 특정한 맥락을 다루는 역할의 분화 및 제도의 출현에서도 명백하다(결혼과 사유재산은 분명한 예이다). 사회적 변화는 새로운 욕구와 정서의 소재를 제공한다. 즉, 인간은 새로운 형태의 인식을 원하며, 특정 패턴의 관계를 갈망하게 됐다. 우리의 좋은 삶이라는 개념은 윤리적 기획에서 최초 참여자들의 지평 너머로 확장됐는데, 인간의 열망이 충돌할 수 있는 훨씬 더 풍부한 장을 제공한다.21)

다른 문제들을 위해 마련된 부분적인 해결책을 대가로 하여 일부 문제들이 해결될 때, 진보했음(progressiveness)을 확정하는 판단을 내리는 것이 항상 가능하지 않다. 윤리적 진보에 대한 나의 개념은 실용적이며 (무엇으로부터 진보), 국소적이고(한 사회적 상태에서 그것의 계승으로

---

21) *The Ethical Project*에서 주장했듯이, 원시-문제에 대한 부분적인 해결책으로부터 새로운 문제가 출현하는데, 많은 실천적인 윤리적 난점의 근원일뿐더러 윤리적 진보 개념에 복잡성을 낳는 원인이다. 나는 원시-문제가 여전히 근본적이라고 주장한다.

의 변이에 초점을 맞추므로), 그리고 국소적으로 불완전하다(모든 변이가 어떤 확정적인 지위를 부여받은 것은 아니므로). 다원주의적 계보학과 기록된 역사 모두와 관련하여, 나의 개념은 어떤 에피소드를 진보로 다른 것들을 퇴보로 분류하며, 나머지 것들에 대한 판단을 삼간다.

도덕실재론자들은 진보를 도덕적 진리의 획득으로 본다. 나는 그 관계를 뒤집는다. 퍼스(C. S. Peirce)의 잘 알려진 진리 접근법에 따라, 도덕적 진리는 우리가 윤리적 진보를 이룰 때 출현한 것으로 보인다.[22] 더 정확히 말해서, 어떤 도덕적 진술은 단지 어떤 처방이나 대응 처방이 진보적 변이에서 윤리적 실천으로 도입되는 경우에만 참으로 간주되며, 어떤 무한히 진행하는 진보적 변이들의 이후 연속을 통해 유지될 것이다. 윤리적 진보라는 개념은 국소적으로 불완전하다는 나의 논제는 어떤 도덕 진술들은 참도 거짓도 아니라는 것으로 귀결한다.[23]

나는 주요 반론에 간략히 응답하여 계보학의 철학적 해석을 제시하고자 한 시도를 마무리하겠다.[24] 나의 윤리적 진보에 대한 접근은 불가역적으로 주관적으로 보일 수 있다. 왜냐하면, 어떤 문제에 대한, 혹은 문제시되는 상황에 대한 관념은, 그것을 완화시킬 필요가 있다고 보는 누군가의 인식에 의존하기 때문이다. 즉, 그 문제는 그 사람이 피하고 싶어 하기 때문에 생겨난다. 문제들에 대한 "버클리 철학의" 견해, 즉 어떤 문제가 존재한다는 것은 그 문제로 지각되는 것이라는 견해는 전혀 옳을 수 없다. 왜냐하면, 우리는 인식 주관이 완전히 의식하지 못한 문

---

22) Peirce(1934)를 참조하라. 윌리엄 제임스(William James)는 "진리는 어떤 아이디어에서 우연히 생긴다"(James 1978, p.97)는 그의 주장에서 비슷한 생각을 표명한다.

23) 이는 *The Ethical Project*의 38절에서 자세히 설명되는데, 거기서 나는 윤리적 진리에 대한 나의 조처를 이사야 벌린(Isaiah Berlin)의 다원주의와 관련 짓는다.

24) 원래 샤론 스트리트가 나에게 제기했는데, 그녀의 사려 깊은 비평에 감사한다.

제들을 인지하기 때문이다(그리고 외삽(extrapolation)에 의해, 어느 누구도 의식하지 못하는 문제들도 잠재적으로 존재한다). 주관주의의 비난을 거부하기 위한 더 깊숙한 이유는 다음의 사실에 있다. 즉, 문제들은 흔히, 우리로 하여금 주체의 바람들을 넘어서 그 바람들을 발생시킨 환경의 특징들로 인도하는, 객관적인 면이 있다. 호흡하기 위해 고군분투하는 위기의 낭포성섬유증(Cystic fibrois) 환자들은 낭포성섬유증을 그와 같이 인지하기 때문에 단지 문제가 된다고 주장함으로써 우리가 반응할 수 없는, 또는 **해서도** 안 되는, 문제를 가진다. 숨 쉬고 싶은 욕구는 특이하지 않다. 어떤 발달적으로 정상적인 사람을 곤경에 빠뜨리면, 그 사람은 완화를 바랄 것이다. 이 반론은, 완화를 바라는 주체들의 부류로 누구를 포함하느냐에 따라 문제들은 객관성을 달리한다고 올바르게 진단한다. 타인에 대한 우리의 제한된 반응성으로 인해 생겨난 어려움이 우리 조상들이 살았던 사회적 환경에 널리 퍼졌기 때문에, 어떤 발달적으로 정상적인 인간 주체는 그런 상황을 피하려 했을 것이다. 나의 원시-문제는 최대한의 객관성을 달성한다. 그것은 도덕적 진보에 대한 나의 분석이 방어하고자 하는 전부이다.

끝으로, 선택론자의 메타윤리학적 접근과 스트리트의 "다윈주의 딜레마"가 촉발시켜 생겨난 논쟁으로 돌아가보자. 나는 두 단계로 진행하겠다. 첫째, 다윈주의적 계보학은 "도덕적 진리를 추적하는" 어떤 능력을 미리 드러내지 않는다고 가정해보면, 나는 다윈주의 계보학의 어떤 가능한 확장이 선호된 능력을 낳을 수 있는지를 묻겠다. 둘째, 나는 다윈주의 계보학이 도덕실재론에 대한 도전을 마련한다고 주장하기 때문에, 스트리트와 관련된 논증을 요약하겠다.

앞서 나는 도덕실재론자를 위한 전략을 이렇게 제시했다. 주장 선택(claim selection)은 심리적 경향성을 형성하며, 그것의 공동 채택은 문화를 전승하는 사회적 환경에서 독자적으로 존재하는 가치들을 밝힐 수 있는 탐구 과정을 낳을 수 있다. 이 전략을 실행하기란 쉽다. 즉, 우리는 내가 지금껏 의도적으로 침묵해온 도덕성의 진화 측면에 주의를 기울일 필요가 있다. 도덕과 종교의 관련성은 현대 세계의 잘 알려진 특징이다. 즉, 그것은 도덕성에 대한 가장 인기 있는 "통속이론"을 제공한다. 한 세기 이상 동안, 인류학자들은 이 연결이 거의 모든 알려진 사회에 퍼져 있음을 인식해왔다(Westermarck 1926). 그것의 선택적 가치는 쉽게 인지된다. 부족민에게 그들이 동료에게 더 이상 보이지 않을 때도 도덕규칙을 따르는 이유를 물어보라. 그러면 그들은 (조상, 영혼, 마을 신 등이) **항상** 지켜보고 있다고 설명한다. 만약 그들이 규칙들을 어긴다면, 그들과 가족, 심지어 부족 전체에게 재앙이 닥쳐올 것이다. 만약, 계보학자들이 전형적으로 가정하듯이, 합의된 규칙을 준수하는 것이 협력적 이익과 (결국) 번식의 성공을 증가시킨다면, 일치를 촉진하는 장치는 자연선택에 의해 선호된다. 따라서 통속이론의 한 버전, 일종의 도덕실재론을 도입하는 것이 다원주의 메커니즘과 대립되지 않는다.

일단 통속이론이 수용되면, 도덕적 숙고의 과정이 변경될 수 있다. 우리가 "시원한 시간"에 둘러앉아, 동등하게 우리의 전망을 공유할 때, 그 누구도 그 규칙들에 대해서 자신이 선호하는 생각을 강요할 수 없다. 그러나 우리 가운데 어떤 이가 나머지 사람들에게 그가 특별한 힘을, 곧 뛰어난 경찰관의 의지를 떠볼 수 있는 능력을 지녔다고 납득시키는 수단을 고안해냈다면 어떠할까? 문화적 선택 하에서 특별한 역할이, 곧 도덕적 명령을 헤아릴 수 있는 능력을 **주장했던** 사람들이 보유한 것이, 어떻게 출현할 수 있는지를 이해하기란 쉽다. 사실, 그러하듯이.

도덕실재론자들은 이 스토리를 약간 수정할 필요가 있다. 대단히 세련된 종족의 구성원들은 그들이 숙고하여 구축해온 규칙들이 독자적인 도덕적 명령에 일치한다고 가정하게 된다. 부족민은 "도덕적 명령이 벌을 가한다"는 덜 세련된 믿음을 부가한다. 즉, 도덕적 명령을 위반하면 고통이 따를 것이다. 언젠가 나중에 운이 좋은 개인들은 이러한 명령의 특징을 간파하는 능력을 실제로 얻는다. 그들은 다른 사람들을 납득시키며(혹은 어쩌면 대부분의 집단은 그 능력을 갖게 된다?), 이 시점부터 규준(code)은, 낡은 양식의 숙고에 의해 변경되지 않고, 객관적으로 도덕적으로 요구된 바를 신중하게 간파함으로써 변경된다. 어떤 이전의 규칙들은 무시될 수도 있다. 그리고 어쩌면 자신의 관점이 결과적으로 고통을 겪는 사람들로부터 저항이 생긴다. 이것은 협력의 퇴보로 이어져 결국 선택적 불리함을 낳게 되는가? 반드시 그렇지는 않다. 왜냐하면, 아마도 새로운 규준의 위반에 처벌을 도입함으로써 그 환경은 이제 잘 조절되고, 예전의 저항자들은 도덕적 명령을 간파하는 능력을 제대로 납득하여 방침에 따르기 때문이다. 도덕적 명령에 대한 존중의 감정이 더욱 우세해짐에 따라, 그런 명령에 복수하려는 원초적 믿음을 버리게 된다. 이 종족의 후손들은 계몽된 현대 도덕적 주체에 대한 실재론자의 이미지에 상응한다.

이 스토리는 말하기 쉽다. 부분적으로 이 스토리의 변항(variant)은 실제 계보학에 속하기 때문이며(분기하는 특성들은 조정하기 간단하다), 또 부분적으로 현대 진화론 연구의 "통속 공리(folk theorem)" 때문이다. 문화적 선택은 결코 호모 사피엔스에만 국한되지 않으며, 우리가 언어를 습득하기 오래전에도 확실히 인간 진화에서 중대한 힘이었다. 그 후로 문화적 선택은 우리의 심리적 특징과 사회 조직에 지배적인 영향을 미쳤다. 일단 이렇다고 이해되면, 스트리트의 딜레마는 별 위력이 없다는 점에 놀랄 것도 없다. 달리 말하면, 그 딜레마에 응수하는 데에 (전형적으로 논쟁적인) 복잡한 추상적 원리들이 필요하지 않다.

하지만 도덕실재론이 궁지에서 완전히 벗어나는 것은 아니다. 스트리트의 딜레마에 심각한 도전을 제기하는 논증이 있다. 그 논증은 독자적인(independent) 도덕적 명령에 대한 설명과 그것에 대한 우리의 접근이 얼마나 모호한지를 관찰하는 것에서 출발한다. 도덕실재론이 윤리적 삶의 계보학과 정확히 얼마나 관련되는가? 명백히 평행한 것을 살펴보자. 우리는, 자연의 다른 측면들이 어떠한지, 그리고 사람들이 어떻게 그런 측면들에 대해 상이한 인지적 관계를 맺는지를 보지 않고서는, 자연의 다른 측면에 대한 우리 이해의 성장을 알 수 없다. 즉, 유전에 대한 우리의 증대된 이해를 설명하는 것은, 유전자가 무엇인지, 유전자가 어떻게 염색체와 관련되는지, 유전자의 요소가 무엇인지, 멘델, 모건, 왓슨, 크릭 등 많은 이들이 어떻게 이런 실재의 구성요소와 상호작용했는지 인지하는 것을 포함한다. 다윈주의 계보학과 그것의 철학적 해석은 윤리적 진보를 설명하는 데 유사한 그 어떤 것도 요구되지 않음을 드러낸다. 도덕실재론은 어디에 들어맞는가?25)

이 지점에서 도덕실재론자들은 세 가지 선택이 있다. 그들은 계보학을 수용하여, 우리 조상들을 도덕적 명령에 관해 계속 더 발견해가는 것으로 파악함으로써, 계보학이 더 잘 해석된다고 논증할 수 있다. 다른 대안으로, 그들은 계보학이 불완전하다고 가정할 수 있다. 어느 시점에선가, 사람들은 실제로 독자적인 도덕적 진리를 추적하는 능력을 얻었다. 이 후자의 접근은 다음과 같이 가정함으로써 두 방식 중 하나로 전개될 수 있다. 즉, 그 능력은 모두에게 가능하게 되었거나, 아니면 단지 어떤 특권을 가진 사람들에게서만 충분히 개발되었다.

첫 번째 선택을 추구하는 것은, 과거 사회가 원시-문제에 대한 해결책을 모색해온 논의들을 도덕적 진리를 탐색하기 위한 집단적 방법의 구현으로 보는 것이다. 이것은 불필요한 목적론을 효과적으로 재도입하는 것, 즉 어떠한 윤리적 진보가 측정되어야 하는지에 대해서 총체적 인간 번영의 이상을 구상하는 것이다. 비유하자면, 완벽한 인간 건강을 꿈꾸는 "의료 실재론자"의 그림과 유사하다. 이 선택을 추구하는 도덕실재론자들은 다음의 두 가지 도전에 대응해야 한다. 즉, 그들은 이 목적론적 개념을 피할 수 있는지, 아니면 목적론적 개념을 정당화할 수 있는

---

25) 기록된 역사에서 도덕적 변화에 대하여 유사한 문제들이 제기된다. 나는 이 문제들을 *The Ethical Project*의 ch. 4와 ch. 5에서 유사한 논지를 펴는 데 사용한다.

가? 윤리적 진보를 문제해결로 보는 (구성주의자) 설명을 부가하면 어떨까?26)

아마도 대다수 도덕실재론자들이 선호하는 두 번째 선택은 내가 제시한 계보학에서 간과해온 도덕적 진리를 발견하기 위한 개인의 능력을 가정한다. 이 아이디어를 선호하는 실재론자들은 다음의 도전에 직면한다. 즉, 능력과 그것이 접근 가능하게 하는 도덕적 실재를 구체화하는 것, 능력이 언제 생겨나는지를 확인하는 것, 능력의 출현 이전에 만들어진 진보적 변이들이 어떻게 도덕적 명령의 국면을 드러낼 수 있는지를 설명하는 것, 그리고 능력이 한 번 획득된 후 어떻게 작동했는지를 설명하는 것 등이다. 그것은 큰 주문이다.

그러나 실재론자는 선호된 스토리 가운데 민주적 버전과 엘리트 버전 사이에 결정할 필요성에 의해 더 곤경에 빠진다. 만약 그 능력이 우리 모두에게 현존한다고 가정되면, 실재론자들은 특히 도덕적 발전의 시기에 불일치가 완고하게 지속되는 것을 설명해내야만 한다. 흥미롭게도, 개인의 도덕적 능력에 대하여 민주주의를 강조해온 위대한 윤리이론가들은 내가 제시한 계보학적 해석과 쉽게 연결되는 구성주의의 한 형태로 기우는 경향을 보인다.27)

개체주의 도덕실재론의 엘리트주의 버전은 더 나쁘다. 그것은 우리의 삶을 괴롭히는 갈등을 해결하려는 최선의 집단적 시도를 무시할 수 있는 도덕판단의 이상을 도입하기 때문이다. 도덕실재론자들은 분명히 그들을 대신하여 스트리트의 딜레마를 해결하는 나의 방식(본고의 시작에

---

26) 최근의 논문 "Tracking the Moral Truth"에서 폴 블룸필드(Paul Bloomfield)는 이 첫 번째 선택을 추구하는 도덕실재론의 한 버전을 제시한다. 그의 제안은 내가 여기서 제시할 수 있는 것보다 더 상세한 조처로서 가치가 있다. 나는 이 두 가지 도전을 제기하는 데 만족하겠다.

27) 나는 아담 스미스와 칸트에 의해 (특히 정언명법의 세 번째 정식에서) 행해진 접근을 중시한다. 두 경우에, 선호된 방법은 개별 주체의 마음속에서 집단적 논의를 시뮬레이션하는 시도로 이해될 수 있다.

서 얘기된 스토리)에 불편해할 것이다. 그렇지만 그들이 어떤 이상적인 집단적 숙고를 능가할 수 있는 개인의 "추적" 능력을 주장한다면, 권위가 집단에서 종교 교사(religious teacher)로 넘어가는 윤리적 삶의 역사적 변경을 효과적으로 묵인한다. (더 추상적인 형태로지만) 그들은 윤리적 기획의 왜곡을 수용한다.28)

내가 제시해온 계보학적 설명은 인간 공동체를 원시-문제에서 유래하는 문제들을 해결하기 위해서 집단적인 기획에 참여하는 것으로 그린다. 듀이(J. Dewey)의 프래그머티즘은, 계몽(illumination)이 우리가 물려받은 관습을 변경하도록 인도할 수 있다고 가정함으로써, 윤리적 삶을 밝히고자 한 다윈의 기대를 확장한다. 즉, 우리는 무엇에서 진보해왔는지를 이해하는데, 그것은 우리가 어떻게 진행되는지를 이해하는 데 도움이 된다.29) 인간 상호 연결은 이제 너무도 방대하고 복잡다단하기 때문에, 우리는 더 이상 윤리적 기획을 대부분 역사를 통해 전개됐던 방식으로 추구할 수 없다. 모두가 수용할 수 있는 해결책을 작동시키려면, 조상들이 그랬듯, 그저 앉아 있을 수는 없다. 비록 집단적 이상을 구상하는 것, 모든 관점이 제시되는 대화, 사실적 오류의 수정, 관련된 모든 당사자가 다른 사람들의 주장에 반응하는 것이 가능하더라도, 그러한 이상은 실현될 수 없다. 잘해야 과거의 위대한 윤리이론가들은 그 이상에 대해 허용되는 근사치를 만들고자 시도할 수 있는 도구를 제공할 뿐이다.30) 다윈의 계보학은 우리가 그들의 노력을 재구성하도록 도와준다.

---

28) 아이러니하게도, 저명한 도덕실재론자들은 때로 그 점을 식별한다. 로널드 드워킨(Ronald Dworkin)의 *Religious without God*(2013)은 독자적인 가치들의 명령이 전통적인 유신론을 대체하는 것으로 이해한다. 유사한 고려가 토마스 네이글(Thomas Nagel)의 *Mind and Cosmos*(2012)에 깔려 있다.

29) 이 점을 인식하는 것이 (다윈의) 자연주의가 확실히 오류를 범한다고 자주 표명되는 불만을 다루는 핵심이다. 간결한 대답으로 "자연화된 윤리학은 가능한가?"를 참조하라.

30) 요컨대, 칸트의 목적의 왕국에서 입법 개념뿐만 아니라, 아담 스미스의 공감

그러한 구조 안에서, 나는 도덕실재론이 부적절하거나, 혹은 더 나쁘게, 윤리적 기획을 꾸준히 왜곡하는 것으로 보인다고 주장한다.

의 조처 및 공평한 관찰자(impartial observer)의 구성은 이상적인 윤리적 논의의 조건들로 확립된다. 따라서 다윈과 듀이와 같은 계보학자들이 이러한 전통에서 나온 아이디어를 그들의 설명에 포함시킨 것은 뜻밖의 일이 아니다. 계보학자들도 역사적 발달이 인간의 삶을 제약해온 방식들을 탐구했던 사람들로부터 배울 수 있다. 루소, 마르크스, 니체, 푸코는 모두 관련된다.

10. 인간의 본성 1)

Human Nature

에두아르 마셰리(Edouard Machery)

전통적인 "인간 본성의 본질주의자 개념"에 따르면, 모든 인간은 하나하나가 인간이 되기 위한 필요조건이면서 합하면 인간이 될 충분조건인 일련의 속성들을 공통으로 가진다. 그러나 생물학자와 생물철학자들의 예리한 비판(Hull 1986; Ghiselin 1997; Kitcher 1999)에 따라, 그러한 본질주의자 개념이 유지되기 어렵다는 공감대가 철학 내에 나타났다. 이와 더불어 인간 본성이란 개념을 유전학과 진화생물학에서 이루어진 과학의 진보와 궤를 맞추어 발전시키는 것이 중요하다고 생각하는 사람들이 많아졌다.2) 이러한 배경에서 앞으로 등장할 "후속 개념"은 다음과 같은 두 가지 적합성 조건을 갖추어야 한다. 첫째, 그것은 본질주

---

1) 리암 브라이트(Liam Bright), 그랜트 램지(Grant Ramsey), 데이비드 리빙스턴 스미스(David Livingstone Smith)의 조언에 감사한다.

2) 최근의 토론을 Downes and Machery(2014), Kronsfeldner, Roughley, and Toepfer(2014)에서 참고하라. Lewens(2012)에서 볼 수 있듯이 어떤 논자들은 인간 본성이란 용어에 관하여 여전히 회의적이다.

의자 개념(Machery 2008; Griffiths 2009, 2011; Stotz 2010; Samuels 2012; Ramsey 2013)에 대해 제기된 여러 반론에 견딜 수 있어야 한다. 둘째, 그것은 실질적 내용을 포함하는 것이어야 한다. 다시 말해서, 그 개념은 인간 본성에 관한 전통의 본질주의자 개념이 충족시킬 것으로 보이는 여러 기능을 충족할 수 있어야 한다(Samuels 2012). 이전의 여러 연구(Machery 2008; Machery and Barrett 2006)에서 나는 "인간 본성의 법칙적 개념(nomological notion)"이 헐(David Hull)이 제기한 반론과 다른 학자들의 반론에 견딘다고 주장했다. 이 장의 목표는 인간 본성의 법칙적 개념이 본질주의자 개념에 대한 만족할 만한 후속 개념임을 보여주려는 것이다. 그것은 유전학과 진화생물학에서 이루어진 진보에 부합할 뿐만 아니라, 정확히 인간 본성이라는 개념이 충족해야 할 기능들을 충족하는 반면, 충족하는 것이 적절하지 않다고 내가 주장할 기능은 충족하지 않을 것이다. (이와 아주 유사한 변증법적 구도는 Samuels 2012 참조.)

이 장의 진행 방식은 이렇다. 나는 2절에서 인간 본성의 법칙적 개념을 소개할 것이다. 3절에서는 인간 본성의 본질주의자 개념이 충족해야 한다고 생각되었던 다섯 가지 기능을 서술한다. 그리고 나머지 부분에서는 인간 본성의 개념이 충족해야 할 가치가 있는 기능들을 나의 법칙적 개념이 충족하는지를 검토한다. 4절부터는 인간 본성의 법칙적 개념이 인간임의 특성을 규명하기에, 그리고 인간을 다른 동물들과 구별시켜주기에 유용한지를 논한다. 그리고 그런 법칙적 개념이 인간의 본성을 끌어들여 인간 고유의 특성들을 설명하는 일에 합리적인 의미를 부여할 수 있을지, 또 어떤 방식으로 그렇게 할 수 있을지를 검토한다. 끝으로 9절에서는 인간 본성을 통해 인간이 지닌 유연성의 테두리를 규정할 수 있는지, 또 어떤 의미에서 그렇게 할 수 있는지 등을 검토한다.

왜 후속 개념을 개발하는가?

인간 본성의 본질주의자 개념에 대해 잘 알려진 여러 반론을 여기서 되풀이해서 말하지 않겠다. 그러나 무엇 때문에 후속 개념을 개발하려는지 따져볼 가치는 있다. 왜 헐(Hull 1986) 같은 논자들이 제안하듯이 인간의 본성이라는 개념을 과학에서 단순히 제거해버리지 않는 것인가? 인간 본성에 관한 후속 개념을 개발하려는 이유는 적어도 세 가지이다.

첫째, 인간 본성의 개념은 행동과학의 몇몇 영향력 있고 성공적인 연구 프로그램에 활용된다. 그런 연구 프로그램에는, 여러 언어의 다양성에 기초하는 (그 무엇이든) 보편성을 끌어내려는 생성언어학(generative linguistics)(Chomsky and Foucault 2006), 발달심리학의 생득주의 연구 프로그램(Carey 2009), 진화론적 경향을 띤 여러 비교심리학자의 작업 (Frans de Waal 2009), 그리고 진화적 행동과학의 많은 연구(Tooby and Cosmides 1990; Richerson and Boyd 2005) 등이 포함된다.3) 몇 사람의 말을 인용해보자. 심리학자 블룸(Paul Bloom)은 공정성(fairness)이 인간 본성의 일부라고 아래와 같이 주장한다.

> 우리가 모든 연령[의 인간 행동]에서 볼 수 있는 것은 … 평등을 향한 일반적 편향성이다. 아이들은 평등을 기대하는데, 그들은 가진 것을 동등하게 나누는 사람을 좋아하고, 스스로 가진 것을 공평하게 나누려는 뚜렷한 성향을 보여준다. 이것은 인간 본성에 관한 일부 견해, 즉 우리가 모종의 공정성을 본능으로 가지고 태어났다는 견해, 즉 우리가 타고난 평등주의자라는 견해와 잘 맞아떨어진다(Bloom 2013, pp.65-66).

마찬가지로, 진화생물학자이면서 인지과학자인 피치(Tecumseh Fitch)

---

3) 이러한 연구 프로그램들이 정말 성공적인지에 관해서는 견해차가 존재한다. (예를 들어 생성언어학에 관한 Evans and Levinson 2009의 평가를 보라.)

에 따르면, 언어학적 보편항을 찾아내려는 생성언어학의 시도는 인간 본성에 관한 이론을 개발하려는 일과 관련된다고 지적한다. "18세기 여러 철학자는 이처럼 언어에 널리 공유된 기반을 이해하는 것은 그 무엇이라도 인간 본성을 이해하는 일의 핵심이라고 생각했다."(Fitch 2011, p.378)

진화생물학자이면서 인류학자인 두 사람, 리처슨(Peter Richerson)과 보이드(Robert Boyd)는 자신들의 전체 연구를 다음과 같이 서술한다.

일반적인 학습의 경우에서, 개인들은 자신이 모방 과정을 통해 얻은 [획득 형질인] L의 값이 지닌 중요성의 무게를 자신의 경험에 비추어 최선이라고 평가되는 값과 비교하여 결정할 수 있어야 한다. 그들은 경험에 의지하는 것일까, 아니면 모방에 의지하는 것일까? 편향된 전달(biased transmission)의 경우에, 개인들은 성공에 관한 어떤 기준을 가지고 있어야 하는데, 그들이 부자를 모방하는 것인가? … **궁극적으로 이런 것들이 인간의 본성에 관한 물음이다.** 그 답은 우리 종의 문화적 진화와 유전적 진화의 상호작용을 관장하는 긴 호흡의 과정에서 생각해보아야만 한다(Richerson and Boyd 2005, pp.392-393. 강조는 내가 했다).

『사이언스(*Science*)』에 발표된 논문에서, 경제학자 긴티스(Herbert Gintis)는 인간들의 협동에 대한 최근의 모형화 작업을 다음과 같이 기술했다.

표준적 견해에서 보자면, 인간 본성에는 친숙한 작은 범위의 사람들과 도덕적으로 상호작용하는 사적 측면이 있으며, 각자 이기적 극대화를 위해 행동하는 공적 측면도 있다. 헤르만 등(Herrmann et al. 2008)의 제안에 따르면, 대부분 개인은, 자기와 무관한 개인과의 가장 비정한 상호작용에서 드러날 수 있을, 행동과 관습의 깊은 저수지를 갖는다. 도덕적 성향을 담은 그 저수지에는, 사회적 행동의 규범을 내면화할 수 있을 인간 특유의 역량과 함께, 인간 종의 진화 과정에서 생겨난 생득적 친사회성이 담겨 있다. 이런 두 가지 역량은 개인에게 자신의 물질적 이익과 상충하는 상황에서도 도덕적으로 행동할 성향을 이미 부여하였다(Gintis 2008, p.1345).

인간 본성이라는 개념은 그것을 포함하는 여러 이론의 성공적 자질로부터 그 자양분을 얻는다. 그렇지만 그 개념을 어떻게 이해해야 할지 명확하지 않아서, 그리고 과학자들은 이 개념을 무슨 뜻으로 사용하는지 설명하려 거의 시도하지 않기 때문에, 과학철학자들이 그것을 해명하는 작업을 맡아야 한다.

물론, 일부 과학자가 자기 연구의 성격을 인간 본성에 관한 탐구로 규정한다고 해서 인간 본성의 개념이 실제로 그들의 이론에서 중요한 역할을 한다거나, 그것이 그 연구를 구성하는 개념적 장치(conceptual apparatus)의 불가결한 일부라고 생각해야 할 이유는 없다. 자세히 보면 결국 제거 가능한 것으로 판명되는 개념들에 과학자들이 의지하는 경우가 과학의 역사에서 어렵지 않게 발견될 수 있다. 예를 들어, 키처 (Kitcher 1993, pp.148-149)는 에테르(ether)란 개념이 19세기 열역학에서 자주 사용되었지만 사실상 아무 역할도 하지 않았음을 입증하였다. 이런 관계는 열역학이 그런 공허한 개념을 채택하면서도 어떻게 진정한 설명과 예측을 제공할 수 있었는지를 설명해준다. 키처는 아래와 같이 말한다.

에테르는 미리 가정된 상정물의 주요한 사례이다. 그것은 설명이나 예측에 거의 활용되지 않았으며, 경험적 측정에 결부된 일도 없었다. … 그러면서도 전자기파나 광파에 대한 어느 이론의 주장이 참이려면 존재해야 할 것처럼 보였다(Kitcher 1993, p.149).

인간 본성의 개념은 앞서 언급된 여러 연구 프로그램에서 가장 핵심인 설명적 개념이 아니지만, 그렇다고 설명에서 아무 역할도 하지 않는 것은 아니다. 뒤에 살펴보겠지만, 인간 본성의 개념은 과학에서 발견되는 특수한 유형의 설명적 개념의 한 사례이다.

둘째, 그리피스(Paul Griffiths)가 지적하였듯이,[4] 일반인은 흔히 어떤 인간 본성 개념을 수용하고, 이런 개념은 부적절한 통속-생물학의 발달 개념(folk-biological conception of development)에 의해 영향 받기 쉽다(Griffiths, Machery, and Linquist 2009; Linquist et al. 2011). 이런 결함을 지닌 인간 본성 개념을 일반인에게서 말끔히 걷어내기란 어려울 것이다. 그보다 더 쉬운 길은 진화생물학과 분자생물학을 고려하는 인간 본성의 후속 개념을 개발하여 널리 퍼뜨리는 것이다.

끝으로, 가장 중요한 것인데, 인간 본성의 본질주의자 개념은 아래에서 살펴볼 몇 가지 기능을 충족한다고 가정되었다. 우리에게 필요한 것은 그 가운데 반드시 충족되어야 하고 또 충족될 수 있을 기능들을 충족시켜줄 개념이다. 바로 그런 개념이 인간 본성의 본질주의자 개념을 대신할 후속 개념이다.

인간 본성의 법칙적 개념

"인간 본성의 법칙적 개념(nomological notion of human nature)" (Machery 2008)은 인간 본성의 본질주의자 개념에 대해 제기된 여러 반론을 어렵지 않게 물리친다. 법칙적 개념에 따르면, 인간 본성은 그들이 속한 종 진화의 결과로 인간이 가지게 된 속성들의 집합이다.[5] 두

---

4) 몬트리올에서 열린 2010년 PSA(Philosophy of Science Association) 모임에서였다.
5) 어떤 사람은 진화의 힘이 인과적으로 모든 형질에 영향을 미친다는 반론을 제기할 것이다. 이에 관한 토론은 Machery(2008, 3.2절)을 보라.

발로 걷는 것은 인간 본성의 일부인데, 그 이유는 대부분 인간이 두 발로 걷고 그런 속성이 인간 진화의 결과물이기 때문이다. 예기치 않은 소리에 대한 공포 반응이나 언어 능력도 마찬가지다.

인간 본성에 대한 법칙적 개념에 따르면, 인간 본성을 구성하는 여러 속성은 인간 종, 즉 호모 사피엔스에 속하기 위한 필요조건이 아니며, 그것들이 전부 합쳐지더라도 호모 사피엔스의 충분조건이 되지는 않는다. 어떤 사람은 예기치 않은 소음에도 공포 반응을 보이지 않지만, 그들도 우리와 똑같이 인간이다. 이런 방식으로 이해된 인간 본성은 호모 사피엔스의 일원이 되기 위한 조건과 사실상 무관하다. 그것은 단지 진화의 결과로 인간들이 어떤 특성을 지니게 되었는지를 서술할 뿐이다. 더 나아가, 인간 본성을 구성하는 여러 속성이 인간에게만 속하는 것일 필요도 없다. 다시 말해, 그런 속성들은 다른 종들도 공유할 수 있다. 예를 들어, 공포 반응은 여러 종에서 나타나는 속성이다. 어떤 후보 속성, 예컨대 웃는 얼굴을 하는 능력이나 도덕감 같은 속성이 인간 본성에 속하는지 여부는 경험적인 문제이지 선험적으로 결정될 사안이 아니다. 블룸(Bloom 2013, pp.3-4)이 말했듯이, "우리는 언어나 지각이나 기억 같은 우리 정신적 삶의 국면들을 연구할 때와 똑같은 방법을 사용해서 우리의 도덕적 본성을 탐사할 수 있다." 끝으로, 인간 본성은 우리 종의 진화 과정과 더불어 변화해왔다. 현재의 인간 본성은 아마도 10만 년 전 우리 선조의 인간 본성과 어느 정도 다를 것이다. 예를 들어, 최근에 일어난 진화의 결과로 피부색이 밝아지기 전까지는 어두운 피부색이 인간 본성의 일부였을 것이다(Wilde et al. 2014).

인간 본성의 법칙적 개념은 인간 본성을 만들어온 진화 과정의 본성에 일반적으로 적용된다. 인간 본성의 일부 형질은 적응, 또는 적응적 부산물일 수 있으며, 발생적 제약(developmental constraints)에 따른 결과이거나, 진화의 표류 중 정착된 혹은 창시자 효과(founder effect)로 인한 중립 형질(neutral trait)일 수도 있다.

인간 본성의 법칙적 개념에 따르면, 다형적 형질(polymorphic traits)은 그것이 모든 사람에게 일반적으로 공유되지 않을 경우 인간 본성에 포함되지 않는다. 만일 남자와 여자가 서로 다른 짝짓기 심리를 가지도록 진화했다면, 남자와 여자의 그 짝짓기 심리학적 속성은 인간 본성에 포함되지 않는다. 어떤 사람은 이처럼 짝짓기 심리의 남녀 차이가 우리 종의 중요한 특성이고 그러므로 인간 본성의 개념이 그것을 반영해야 한다고 주장하면서, 이렇게 두 성의 짝짓기 심리 차이를 인간의 본성에서 배제하자는 것에 반대할 수도 있을 것이다. 그러나 이런 두 양식의 대비적 형질을 인간 본성에 포함시킬 경우 인간 본성은 어떤 형질도 배제할 수 없게 된다는 사실이 드러난다(Machery 2012).

인간의 본성이 "두툼한지", 즉 호모 사피엔스의 진화로 인해 인간이 많은 속성을 공통으로 가지게 되었는지 여부는 경험을 통해 판가름 날 문제이며, 그것은 설명되어야 할 **우연적**(contingent) 사실이다. 어느 종의 하위 집단이 충분히 오랜 시간에 걸쳐 각자 다른 환경에 놓이고, 그들 사이의 유전적 교류가 제한되는 경우, 그들의 적응은 서로 다른 길로 나아간다. 개(dogs)의 여러 품종이 그 현상을 예로 보여준다. 행태적 다형성(예를 들어, 난쟁이송사리(pygmy swordtail)의 번식 전략)과 생리학적 다형성(예를 들어, 코끼리바다물범(elephant seals)에게서 발견되는 몸 크기의 다형성)은 (빈도 의존 선택이나 성 선택으로 인해) 한 생물종에서 흔하게 나타날 수 있다. 어느 한 생물종에서 나타나는 반응 규준 역시 서로 다른 생태학적 적소에 사는 서로 다른 개체군에서 아주 다른 표현형을 낳을 수 있는데, 이는 예컨대 화살잎(arrowleaf)의 형태에서 그런 것처럼 개체군 간에 가로놓인 유전적 변이가 미미할 경우에도 가능하다. 이 같은 세 가지 이유로, 어느 종에 속하는 개체들끼리 공유하는 속성이 다른 종의 개체들 사이에 공유된 속성보다 적어진다면, 그로 인해서 한 종의 본성이 다른 종의 본성에 비해 얇아지는 경우가 생길 수 있다. 인간 본성이 얼마나 두툼한지에 대해서 진화론적 행동과학을 연구하는 전문가들 사이에도 의견이 분분하다. 어떤 학자들은 인간 표현형의 가소성(plasticity of human phenotypes)에 주목해야 한다고 말한다(Sterelny 2003, 2012). 예를 들어, 행동생태학자 에릭 앨든 스미스(Eric Alden Smith 2011, p.326)는 다음과 같이 말한다. "아무 본성도 없다는 것이 인간 본성이라고 한다면, 그것은 지나친 말일 것이다. 그러나 그런 진술에 담긴 진실의 핵심은 인간이란 종이, 기초 유전적 변이와 무관하게, 행태적 다양성을 생산하는 데 특별한 역량을 지녔다는 사실이다."

인간 본성의 법칙적 개념은 아리스토텔레스의 인간 본성 개념과 확연한 대조를 이룬다. 아리스토텔레스 관점에서, 인간 본성은 인간들이 공유하는 속성과 **인과적** 관계를 맺는다. 즉, 인간 본성은 인간이 일반적으로 소유하는 여러 속성을 그처럼 일반적으로 지니도록 인과적으로 작용하며, 그리고 그 이유를 인과적으로 설명해준다(특히, Lennox 2001을 보라). 월시(Walsh 2006, p.430)는 아리스토텔레스의 본질주의에 관한 최근 학술적 논의를 다음과 같이 요약한다.

아리스토텔레스의 본질주의는 분류학적 교설(taxonomic doctrine)이라기보다 설명적 교설(explanatory doctrine)이라 보아야 한다. 유기체 본성은 유기체가 어째서 자신이 가진 그 형질을 가지는지, 왜 그들이 서로 그처럼 서로 닮았는지를 설명해주는 목적론적 기본 역할을 맡는다. 반면, 본성은 구조적으로 여러 동일 특징을 소유함으로써 통합되는 여러 자연종을 구획하는 역할을 하지 않는다.

이와 대조적으로, 법칙적 개념에 따르면, 인간 본성은 인과적이지 않다. 즉, 그것은 다양한 진화 과정으로 인해 생긴 속성들로 구성될 뿐이다.

인간 본성에 대한 이런 법칙적 개념은 몇 가지 장점이 있다. 가장 중요한 것으로, 첫째는, 그것이 인간 본성에 관한 본질주의자 개념에 제기되는 여러 반론을 물리칠 수 있다는 점, 그러면서 진화생물학, 발달생물학, 분자생물학의 성과와 조화를 이룬다는 점이다(여기서 이에 관한 논증을 되풀이하지는 않겠다. Machery 2008을 참고하라). 그럼으로써 이 개념은 이 장의 서두에서 제시된, 인간 본성의 후속 개념이 갖춰야 할 첫 번째 적합성 조건을 충족한다.

둘째, 이 개념은 진화행동학자들이 "인간 본성"이라는 표현을 사용할 때 전형적으로 의미하는 내용을 인간 본성의 본질주의자 개념보다 더 잘 설명해준다. 예를 들어, 앞서 살펴본 리처슨과 보이드의 말을 생각해 보라. 그들이 관심을 기울인 문제는 "궁극적으로 … 인간 본성에 관한 물음들이었고", "그것에 대한 대답은 우리 종의 문화적, 유전적 진화에서 일어나는 상호작용을 다스리는 긴 시간에 걸친 과정에서 고찰되어야 하는 것"이다. 그들의 이런 말과 여타 작업에 나타난 "인간 본성"이라는 표현이 호모 사피엔스라는 종의 일원이 되기 위한 조건을 규정하는 속성들의 집합을 뜻하지 않는다는 것은 분명하다. "인간 본성"이라는 말을 쓸 때 그들이 뜻하는 바는 인간이 공유하는 속성이라고 새기는 편이 더 그럴듯하다. 그리고 그들은 이런 속성을 명시적으로 진화 과정과 결부시킨다. 더 일반적으로, 대부분 진화행동학자는 인간 본성을 본질주의 방식으로 개념화하기에는 생각이 너무 복잡한 사람들이다.

이런 여러 가지 장점에도 불구하고 인간 본성에 관한 법칙적 개념이 이 글의 도입부에 제시된 두 번째 적합성 조건을 충족하지 못할 것이라고 우려하는 사람도 있을 수 있다. 즉, 이 개념이 견실하지 못해서 인간 본성에 관한 전통적 개념이 수행한다고 여겨져 온 여러 기능을 충족하지 못한다는 우려이다. 이 장의 나머지 부분은 이러한 우려를 다룬다.

인간 본성 개념의 전통적 기능

우리가 인간 본성의 개념을 가져야 할 이유가 무엇인가? 그 개념이 우리에게 어떤 도움이 되는가? 이 절에서 인간 본성의 개념이 충족한다고 전통적으로 가정되었던 여러 기능을 살펴볼 것이다.

인간 본성 개념은 인간이 어떠한 존재인지를 우리에게 말해줄 것이다. 즉, 그것은 인간이 어떠한 속성을 지니는지를 말해줄 것이다. 나는 이러한 기능을 새뮤얼스(Samuels 2012)를 따라 "서술적 기능(descriptive function)"이라 부르겠다. 이 장의 첫머리에 인용된 블룸의 말에서 사용된 인간 본성의 개념은 그러한 기능을 예시한다. 인간 본성의 본질주의 개념은 서술적 기능을 충족하는데, 왜냐하면 인간 본성은, 개별적으로는 인간이 되기 위한 필요조건이면서 합쳐져서는 충분조건이 되는, 그런 속성들의 집합으로 이해되기 때문이다. 그런 속성들은 인간이 어떤 존재인지를 말해준다. 만일, 본질주의 관점에서, 데카르트가 모든 인간이 반드시 가지는 능력이라고 보았던 말하기 능력이 인간의 본성에 속한다면, 인간임이라는 속성은 말할 줄 안다는 속성을 포함할 것이다.

인간 본성의 두 번째 전통적 기능은 인간과 다른 동물들을 구분하는 기준을 제시하는 것이다. 나는 이것을 "분류학적 기능(taxonomic function)"이라고 부르겠다. 인간, **그리고 오직 인간만이**, 인간 본성을 가진다. 앤토니(Antony 1998, p.75)는 이 요점을 다음과 같이 표현했다. "아리스토텔레스에게서 연유하는 첫 번째[아이디어]는 본성이란, 어떤 의미에서, '정의적(definitional)'이어야 한다는 것이다."[6] 어느 집합에 대한 정의는 이 집합에 무엇이 속하는지, 그리고 무엇이 속하지 않는지를 결정해준다. 만일 "총각"을 "결혼하지 않은 남자"로 정의한다면, 이러한 정의는 총각의 집합에 속하는 사람(칸트나 베토벤)과 그렇지 않은 사람(버락 오바마)을 구별시켜준다. 인간 본성에 관한 본질주의자 개념은 이러한 분류학적 기능을 충족한다. 인간 본성이 하나의 정의로 이해되기

---

6) 분류학적 기능의 역사적 기원을 아리스토텔레스에서 찾는 앤토니의 평가가 정확한지는 의심스럽다. 이에 관한 토론은 Lennox(2001)과 Winsor(2003, 2006)을 보라.

때문이다.

인간 본성의 세 번째 전통적 기능은 인간이 왜 오늘과 같은 모습을 지니게 되었는지를 인과적으로 설명해주는 것이다. 나는 이것을 다시 새뮤얼스(Samuels 2012)를 인용해서, "인과적-설명 기능(causal-explanatory function)"이라고 부르겠다. 앤토니(Antony 1998, p.75)는 그 요점을 다음과 같은 식으로 표현해준다. "우리는 로크에게서 본질이란 근본적 설명 구조라는 두 번째 아이디어를 얻는다."[7] 사람들은 특수한 행동을 설명하려 할 때 인간 본성에 호소한다. 질투나 탐욕처럼 그들이 승인하지 않는 행동이나 특성은 더욱 특별나게 보이기 때문에, 그런 것들이 우선 인간 본성의 관점에서 설명해야 할 대상이 된다. 그러나 사람들이 긍정적으로 여기는 행동에 대해서도 그런 설명은 가능하다. 인간 본성에 관한 아리스토텔레스식 접근은 당연히 그런 기능을 충족하는데, 그 이유는 앞에서 살펴본 것처럼 그것이 인간 본성을 인간이 지니는 전형적 특성의 원인과 동일시하기 때문이다. 마찬가지로, 인간 본성에 관한 본질주의자 개념은 종종 인간의 본질을 들어 인간에게 나타나는 전형적 특성들을 설명했다.

이런 인과적-설명 기능을 충족하는 경우, 인간 본성은 이데올로기적 (ideological)일 수 있다. 그것은 들쑥날쑥 나타나는 우연한 사태들에 대하여, 그것이 마치 인간의 [의식적] 행위의 결과가 아닌 것처럼 표현하여 잘못된 혹은 오도된 설명을 제공하는 경우가 많다. 이는 푸코가 촘스키와의 대화에서 아래와 같이 말한 것과 통한다(Chomsky and Foucault 2006, p.43). "이런 인간 본성을 … 우리 사회로부터, 우리 문명으로부터 그리고 우리 문화로부터 차용한 용어들로 정의하려 시도해보지는 않나요?" 여성주의 철학자들이 명료하게 논증하듯이(예를 들어, Jaggar 1983; Antony 2000), 인간 본성은 오랫동안 억압이라는 이데올로기적

---

7) 나는 앤토니가 인과적-설명적 기능의 역사적 연원을 로크에게서 찾는 데 동의하지 않는다.

목적에 활용되어왔다는 것은 놀랄 일이 아니다.

전통적으로 인간 본성이라는 개념은 인간의 행동 유연성을 제한하는 요소로 이해되기도 했었다. 나는 이런 기능을 "제한 기능(limitation function)"이라 부르겠다. 이런 생각은 적어도 세 가지 형태로 나타난다. 첫째, 인간 본성은 무엇이 가능하고 무엇이 불가능한지를 결정해줄 수 있다. 대부분의 새와 달리 인간은 기술의 도움이 없이는 날지 못한다. 즉, 전통적 인식에 따르면, 하늘을 나는 것은 인간 본성에 포함되지 않는다. 본질주의자 개념은 그런 의미의 제한 기능을 충족시켜준다고 이해되는데, 인간은 인간 본성을 정의하는 그런 속성을 가지고 있어야만 하기 때문이다. 제한 기능의 두 번째 기능은 인간에게 가능한 일과 불가능한 일을 구별시켜주기보다, 인간이 잘하는 일과 잘하지 못하는 일을 구별시켜주는 일과 관련된다. 즉, 사람들은 인간 본성에 속하는 어떤 것을 하는 데 성공적일 수 있지만, 인간 본성을 넘어서는 것을 하는 데는 서툴기 마련이다. 칸트는 『아름다운 것과 숭고한 것에 대한 감정의 고찰(*Observations on the Feeling of the Beautiful and Sublime*)』[8](2011, p.49)에서 "누구든 본성에 반하는 일을 잘하기란 언제나 매우 어려운 법이다."라고 말한다. 인간 본성의 본질주의자 개념 역시 이런 식의 제한 기능을 충족한다. 인간의 많은 전형적 속성들은 인간이 되기 위해서 가져야만 하는 속성들에서 연유한다고 생각되기 때문이다. 셋째로, 만일 누군가 인간 본성에 의한 제약을 극복하는 데 성공하더라도, 그러기 위해서는 상당한 비용을 들여야 하며, 이런 생각은 인간 본성에 호소하는 최근 논의에서 찾아볼 수 있다. 그래서 윌슨은 그의 저서 『인간 본성에 관하여(*On Human Nature*)』(1978, p.47)에서 "인간의 본성은 고집스럽고, 비용을 치르지 않고는 강제될 수 없다."라고 말했다.

인간 본성의 제한 기능과 조화를 이루는 정치적, 사회적 내용은 어렵

---

8) [역주] 원제는 *Beobachtungen über das Gefühl des Schönen und Erhabenen* (1771).

지 않게 발견된다. 이런 제한 기능을 충족하면서, 인간 본성은, 어떤 일이 인간에게 단적으로 불가능하다는 이유에서, 또는 그것이 인간이 잘할 수 없는 일이라는 이유에서, 또는 그것을 하려면 비용이 많이 든다는 이유에서, 사람들이 그 일을 시도하지 말아야 할 무언가 있다고 말해준다. 이런 방식으로, 어떤 것을 인간 본성에 포함시킴으로써 모든 사람 혹은 특정 무리의 사람들에게 그것을 수정하거나 제거하려 시도하지 못하게 만들 수도 있다. 특히, 이러한 포함의 전략을 통해 우리는 사회에서 억압받는 집단(노동자 계층, 소수 인종, 여성 등)으로 하여금 사회가 그들 앞에 그어 놓은 경계선을 뛰어넘는 시도를 하지 못하게 만들 수 있다. 칸트는 『아름다운 것과 숭고한 것에 대한 감정의 고찰』(2011, p.36)에서 "힘이 드는 배움과 고통스런 하루벌이를 통해 한 여성은 매우 먼 곳까지 나아갈 수도 있지만, 그런 과정은 그녀의 성(sex)에 적합한 장점들을 파괴하고 만다"라고 말한다. 인간 본성의 개념 중 다섯 번째 전통적 기능은 활동, 특성 형질, 행위, 혹은 생활 방식 등의 허용 가능성 및 가치에 근거한 규범을 마땅히 제시한다. 예를 들어, 동성애 같은 일부 성향은 그것이 인간 본성에 어긋난다는 이유로 옳지 않다고 판정받아왔다. 앤토니(Antony 1998, p.95)는 이를 " '자연'이라는 개념이 포함하고 있는 규범적 요소"라고 표현한다. 이런 개념은 루소가 『에밀 (Emile)』(1979, p.327)에서 인간 본성 개념의 이러한 규범적 기능에 관하여 다음과 같이 말할 때 예시된다. "당신은 언제나 좋은 길잡이를 따르려 원하는가? 그렇다면 늘 본성의 가르침을 따르라. 적절한 성을 규정하는 모든 것은 본성에 의해 설정된 것으로서 존중되어 마땅하다." 루소의 말에서도 우리는 인간 본성의 규범적 기능과 궤를 같이하는 정치적, 사회적 구호를 발견할 수 있다. 결과적으로, 인간 본성이 사회적 억압에 활용될 수 있다.

현대 철학에서 인간 본성의 개념은 광범위하게 규범적 목적으로 사용되었다. 특히, 신아리스토텔레스주의자인 풋(Foot 2001)과 톰슨

(Thompson 2008)이 그 예에 해당된다.9) 풋은 다음과 같이 말한다(Foot 2001, p.24).

　도덕적 평가는 사실에 대한 진술과 대립한다기보다, 오히려 동물의 시력이나 청력 같은 것들에 대한 평가가 그러하듯, 특정 주제에 관한 사실들과 연관될 뿐이다. 내 생각에 그 누구라도, 어둠 속에서 보지 못하는 올빼미의 시각이나 제 새끼의 우는 소리를 구별할 수 없는 갈매기의 청각에 무언가 문제가 있다는 것은 명백한 사실로 여길 것이다. 이와 마찬가지로, 인간의 시각과 청각, 기억, 집중 등과 같은 것들에 대해서, 인간 종의 삶의 형식에 근거한, 객관적이고 사실적인 평가가 성립한다는 것 또한 분명하다. 그렇다면 인간 의지에 대한 평가가 인간 본성과 이 생물종의 삶에 관한 사실들에 의해 결정되어야 한다는 제안이 어째서 그렇게 해괴한 소리로 들린단 말인가?

　어느 생물종의 본성은 그 종의 건강한 구성원들이 어떤 모습을 지녔는지를 결정하고, 우리는 이로부터 그 종의 특정 구성원이 어떤 의미에서 결함을 지녔는지 아닌지를 평가할 근거를 얻는다. 인간에 관해서도 인간 본성은 정상적인 기능을 가진 인간이 이론적 차원과 실천적 차원에서 어떤 모습을 띨 것인지를 결정하며, 합리적으로 행동하는 것은 인간의 그런 정상적인 기능에 속한다.
　제한된 지면으로 인해 인간 본성의 규범적 기능과 인간 본성에 관한 후속 개념이 어떤 관계에 있는지 충분히 논할 수는 없을 것 같다. 다만 여기서는, 인간 본성 개념에 아주 초보적이고 단순한 방식으로 호소함으로써 "x가 인간 본성에 속하지 않는다면, x는 그르다"와 같은 식의 논변을 펴는 일은 정당화될 수 없다는 사실과, 인간 본성에 관한 후속 개념의 후보는 그런 논변을 시도해서는 안 된다는 것, 그럼에도 인간 본성

---

9) Setiya(2012, ch. 4)도 보라.

의 개념을 규범적 취지로 사용할 수 있을 여지가 있다는 사실만 말해두
도록 하자.

이 장의 남은 부분에서 나는 방금 언급한 인간 본성의 기능들이 충족
되어야 하는지, 또 어떤 의미에서 그러한지를 살피고, 인간 본성에 관한
법칙적 개념이 그렇게 충족되어야 할 기능을 충족할 수 있는지를 살펴
볼 것이다. 서술적 기능부터 살펴보자.

인간 본성의 법칙적 개념이 서술적 기능을 충족하는가?

인간 본성의 법칙적 개념은 서술적 기능을 충족한다. 정말로 그것은
이 기능을 충족하도록 개발되었다. 이런 개념을 확립하는 핵심 통찰에
따르면, 인간임과 같은 무언가가 있으며, 인간 본성이라는 개념은 인간
임과 같은 무언가를 가리키기 위해 쓰인다. 이족보행(bipedalism)은 인
간의 특성이고, 인간 본성의 일부이다.

인간 본성의 법칙적 개념은 서술적 기능을 독특한 방식으로 충족한
다. 첫째, 이 개념은 인간이 실제로 지닌 여러 특성 가운데 일부만을 인
간 본성에 포함시킨다. 왜냐하면, 어떤 형질이 법칙적 인간 본성의 개념
에 따라서 인간 본성에 속하려면, 그것이 인간에게 특징적이거나 전형
적이라는 것으로는 충분하지 않기 때문이다. 그것은 진화적 원인론
(evolutionary etiology)의 맥락에 놓여야만 한다. 설령 세상 모든 사람이
K팝의 팬이라고 해도 그와 같은 음악 취향을 인간 본성의 일부로 볼 수
는 없다. 왜냐하면, 음악 취향의 그런 분포가 진화론적으로 설명되지 않
을 것이기 때문이다.10) 둘째, 인간 본성의 본질주의자 개념과 대조적으

---

10) 의미를 분명히 해두자면, 내가 "진화론적 설명"이라는 표현으로 의미하는 것
은 유기체의 진화에 관한 설명일 뿐이고, 다윈의 원리에 근거하는 설명을 의
미하지는 않는다. 특별히, K팝에 대한 보편적 선호는 문화적 진화의 용어로
설명될 수 있다.

로 이 개념은 인간에게서만 나타나는 인간 특유의 형질에 초점을 맞추지 않는다. 인간에게서 나타나는 많은 전형적 형질은 인간이 다른 유인원, 나아가 다른 포유류 동물과 공유하는 진화의 과정 덕분에 생겨난 것이다. 이와 같은 두 가지 측면은 중요하다. 첫 번째 측면은 인간 본성에 관한 서술에 모종의 안정성을 선물한다. 빠르게 진행되는 사회적, 문화적 과정은 인간 본성을 변화시키지 않는다. 두 번째 특징은 여러 점에서 인간이 다른 유인원 및 다른 포유류와 비슷한 존재라는 사실, 그리고 전통적 개념들이 그러했듯이 이러한 사실을 간과하면서 인간이 어떤 존재인지를 말하는 서술은 결함이 있다는 사실을 부각시킨다.

인간 본성의 법칙적 개념이 서술적 기능을 충족함으로 인해, 인간 본성은 예측하는 힘을 갖는다. 즉, 그 개념을 활용하여, 과학자와 일반인은 사람들이 특정한 상황에 놓일 때 어떻게 행동할지를 확률적으로 예측할 수 있다. 이것이 인간 본성의 개념을 과학에 활용하는 하나의 경로이다. 예를 들어, 긴티스는 행동경제학적 게임(behavioral-economics game)에 관해 다음과 같이 예측한다. "네 사람은 서로 낯선 사람이기 때문에, 인간 본성에 관한 표준적 견해에 따르면 그들은 아무도 투자하지 않을 것이다."(Gintis 2008, p.1346)

인간 본성의 다른 후보 후속 개념

인간 본성의 후속 개념으로 현재 고려되는 후보들 모두 법칙적 개념만큼 서술적 기능을 잘 충족하지는 않는다. 램지의 생활사 형질 클러스터(life-history trait cluster) 개념에 따르면, 인간 본성은 모든 가능한 인간들의 모든 가능한 생활사의 궤적들을 포함한다(Ramsey 2013, p.987). 즉, "개인적 천성의 기초를 이루는 모든 가능한 생활사들을 다 끌어다가 연결하면 인간 본성의 기초를 이루는 생활사의 집합을 얻을 수 있을 것이다." 그의 견해의 요점에 따르면, 인간 본성은, 예를 들어, 이타성,

도덕감, 또는 색 지각에 나타나는 관계와 같은 형질들로 구성된다기보다, 형질들 사이의 관계로 구성된다. 그것은, 예를 들어, "만일 어린이가 결핍된 환경에서 산다면, 일찍 사춘기에 도달할 것이다."라거나 "만일 어린이가 폭력적 환경에서 성장한다면, 사람들을 신뢰하지 않게 될 것이다."와 같은 진술로 표현되는 관계이다(램지와의 개인적 서신에서 인용). 모든 가능한 개인 생활사 클러스터와 이러한 조건부 형질들 사이의 관계는 좀 더 명료하게 해명될 여지가 있다. 이 견해에서, 조건부 형질이 인간 본성을 이루는지, 아니면 가능한 개인 생활사가 그러한지는 분명치 않다. 만일 후자의 해석이 옳다면, 조건부 형질은 인간 본성에 근거한 인과적 일반화일 것이다. 더구나, 인간 본성이 (색 지각처럼) 조건과 무관한 형질에 근거하지 못하는 이유가 무엇인지 충분히 명확하지 않다.

어쨌든 현재 상태에서 인간 본성에 관한 램지(Ramsey 2013)의 설명은 인간 본성의 서술적 기능을 만족스럽게 충족하지 못한다. 물론, 어떤 의미에서는 램지의 제안이 인간 본성에 관한 후속 개념의 후보로서 그런 기능을 충족한다고 볼 수도 있다. 즉, 인간이 어떤 존재인지 그 특징을 서술해준다. 실로 그것은 인간이 어떤 존재일 수 있는지 모든 방식을 서술해준다. 그러나 다른 관점에서 그런 서술적 기능은 충족되지 못한다. 어느 종류의 구성원이 될 모든 가능한 방식을 서술한다는 것은, "그 종류의 구성원들이 무엇 같은지요?"라는 물음에 대한 좋은 대답이 아니다. 그런 물음에 대한 적절한 대답은 그 종류 구성원의 전형적 혹은 진단적 속성에 관한 정보를 제공해야 한다.11) 이에 덧붙여, 인간 본성에

---

11) 이와 같은 반론은, 인간 본성이 조건과 무관한 형질들로 구성되었다고 보든 조건적 형질들을 정초하는 것으로 보든, 똑같이 적용될 수 있다. 설령 후자가 옳다고 해도, 만일 인간 본성이 모든 가능한 인간에게 참일 수 있는 모든 조건적 형질들의 근거가 되는 것이라면 인간에 대한 서술의 측면에서 그것은 빈약할 것이다. 뒤에 서술할 다른 고려사항에 대해서도 이런 관계는 똑같이 성립한다.

관한 램지의 개념은 예측의 힘을 거의 갖지 못한다. 인간이 가질 수 있는 모든 표현형은 각각 인간 본성에 포함된 여러 생활사 가운데 하나에 귀속될 수 있으므로, 이런 개념에 근거해서, 어느 형질이 인간 본성에 포함된 생활사에 속한다는 것으로부터 한 인간임이 그러한 형질을 가질 수 있다는 결론을 정당하게 도출하기는 어렵다. 우리는 앞서 인용한 긴티스의 말에서 인간 본성의 개념에 대한 이런 주장을 읽은 바 있는데, 만일 인간 본성에 관한 생활사 형질 클러스터 해명이 본질주의자 개념에 대한 최선의 후계자라면 그런 주장은 포기해야 할 것이다.

램지는 아마도 그런 생활사 형질 클러스터 설명이 앞에서 언급한 두 가지 우려를 해소할 만한 자원을 가진다고 대응할 것 같다. 그것이 인간 본성에 바탕을 둔 형질들 사이에 존재하는 상이한 종류의 연합을 구별시켜준다는 점에서 말이다. 어떤 생활사의 패턴, 즉 형질들 또는 조건적 형질들 사이의 연합은 다른 것들에 비해 훨씬 더 흔할 것이고, 인간 본성의 개념은 어떤 것들이 그러한지를 확인시켜줄 것이다. 램지가 말했듯이 "[인간 본성 공간의] 특정 영역을 점하는 행동이 인간 본성의 **핵심적** 특성이고, 그 공간의 다른 부분을 점하는 것들은 그보다 덜 핵심적이다."(Ramsey 2013, p.989. 강조는 내가 첨가함) 결과적으로, 긴티스처럼 인간 존재가 어떻게 행동할지를 인간 본성에 의지해서 예측하는 일이 가능해질 것이다. 예를 들어, 가능한 생활사의 집합은 사람들이 이방인과 상호작용하는 상황에서 이타성을 발휘할 개연성이 낮아진다는 조건언을 뒷받침할 수 있을 것이고, 이에 힘입어 우리는 긴티스가 서술한 실험에서 사람들이 어떻게 행동할지를 예측할 수 있을 것이다.

이러한 대응은 완전히 성공적이지는 않은데, 왜냐하면 긴티스처럼 인간 본성에만 기대어 어떤 사람이 특정 형질을 가졌음을 정당하게 추론하는 일은 불가능함을 인정해야 하기 때문이다. 긴티스가 수용하는 것처럼 보이는 추론 도식(inference schema)은 다음으로 대체되어야 할 것 같다.

[조건적 형질] P는 인간 본성에 근거한 "핵심" 속성이다.
인간 존재는 속성 P를 가질 개연성이 높다.

이런 제안에 일관성이 없는 것은 아니지만, 인간 본성에 관한 생활사 형질 클러스터 설명은 일부 문맥에서 인간 본성의 개념 대신 핵심적 인간 본성(core human nature)이라는 개념을 채택해야만 한다는 점에서 법칙적 설명보다 더 큰 개정을 끌어들인다.

분류학적 기능

인간 본성의 법칙적 개념은 분류학적 기능을 충족하려 하지 않으며, 실제로도 그런 기능을 충족하지 않는다. 인간 본성의 일부 속성은 인간이 되기 위한 필요조건이 아니다. 실제로 그런 속성 중 여럿은(예를 들어, 공포 반응) 영장류와 포유류도 공유한다. 왜냐하면, 그런 속성이 침팬지와 인간의 미소처럼 상동(homologous) 관계에 있거나 인간과 일부 종의 조류에서 나타나는 색 지각처럼 상사(analogous) 관계에 있기 때문이다. 또 유사성이 발생하는 경로는 이런 두 가지 방식에 국한되지 않는다. 결국, 인간이 아닌 유기체라도 인간이 가지는 여러 속성 중 어느 것이든 가질 수 있다.

인간 본성 개념이 분류학적 기능을 충족하지 않는다는 사실은 인간 본성의 법칙적 개념의 성과를 깎아내리지 않는다. 왜냐하면 그러한 기능은 충족될 필요가 없기 때문이다. 한 인간을 인간으로 만들어주는 것은 그의 부모가 인간이라는 사실뿐이다(Hull 1986). 인간과 다른 동물을 나누는 것은 계통의 문제(genealogical matter)이고, 인간이나 다른 동물이 지닌 속성에 달려 있지 않다. 인간 본성의 법칙적 개념은 이와 같은 진화생물학의 가르침을 수용하며, 인간 본성을 서술하려는 노력과 인간을 다른 동물과 구별하려는 노력을 별개의 문제로 본다. 인간과 꼭 닮은

외계인은 어떤 인간과도 공통의 조상을 가지지 않기 때문에 전혀 인간이 아니면서도 인간 본성을 가질 수는 있다.

인간 본성의 법칙적 개념은 인과적-설명 기능을 충족하는가?

인과적-설명 기능(causal-explanatory function)은 인간 본성의 법칙적 개념에 만만치 않은 도전일 것 같다. 인간 본성에 관한 아리스토텔레스 접근과 달리, 인간 본성은 원인으로 파악되지 않는다. 즉, 그보다 인간 본성은 다양한 진화 과정의 결과로 구성된다. 인간 본성은 예를 들어, 이족보행이나 색 지각을 낳은 원인이 아니라, 이족보행과 색 지각을 포함하는 결과 또는 효과의 집합이다. 그러므로 인간 본성의 개념이 인간의 특성을 어떻게 인과적으로 설명할 수 있을지 확실치 않다(예를 들어, 누군가가 "질투심은 인간의 본성에 속한다"라고 말할 때). 실제로 새뮤얼스는 이렇게 말한다. "이 개념[즉, 인간 본성의 법칙적 개념]은 인간 본성이 수행해온 전통적인 여러 이론적 역할 중 많은 역할을 포착하는 데 유용하지만, 그것이 쉽게 하지 못하는 일부 핵심 역할도 있다. 콕 집어 말하자면, 그것은 전통적 의미의 분류학적 기능과 인과적-설명 등의 역할을 하지 못할 것이다."(Samuels 2012, p.3)

인과적-설명 기능도, 앞서 분류학적 기능을 다뤘던 것과 같은 방식으로, 다시 말해서 그런 기능을 포기하는 방식으로 다루면 되지 않을까 하는 생각이 들 것이다. 어쩌면 인간 본성이란 설명적 기능이 아니며, 그렇다면 인간 본성이란 것에 호소하여 무엇인가를 설명하려는 시도를 그만두면 될 일이다. 인간 본성의 개념이 진화론적 행동과학에서 설명적 취지로 사용되는지는 정말 불분명하다. 그렇지만 우리가 [인간 본성의 개념에 귀속되는] 전통적 기능들을 더 많이 포기할수록 인간 본성의 법칙적 개념이 실제로 **인간 본성의** 개념이라는 생각 역시 약화된다. 나아가, 만일 인간 본성이 아무런 설명적 역할도 하지 않는다면, 그것이 과연 진화론적 행동과학의 중요한 부분인지 의심스러워지고, 반면에 제거해버려도 손실이 없는 개념처럼 보이게 된다. 그러므로 우리는, 가능하기만 하다면, 인간 본성의 설명적 역할을 찾아야 한다.

실제로 우리는 종종 **피설명항**(explananda)을 그 원인을 규명함으로써 설명한다. 대략적으로, 설명은 종종 일종의 개입 수단일 뿐이기 때문이다. 우리는 어떤 현상을 변화시키려 원하고(예컨대 병을 치료하려 바라고), 그 현상의 원인을 이해하는 것(예컨대, 이 질병을 일으키는 바이러스의 정체를 확인하는 일)이 이러한 목표를 달성하도록 해준다. 그렇다고 해서 설명항(explanans)[12]이 꼭 원인일 필요는 없다. 현상에 대한 구조적 설명은 원인에 호소하지 않으며(예를 들어, Garfinkel 1981), 수학적 설명도 마찬가지다. 그러므로 인간 본성 그 자체가 원인이 아니더라도, 인과적-설명 기능을 수행하는 개념일 수 있다고 제안한다.

인간 본성이 어떤 종류의 설명적 개념인지 알아보려면, "원인론적 종류(etiological kinds)"라고 불릴 만한 어떤 것을 고려할 필요가 있다. 어떤 종류 K는, 그것에 속하기 위한 모종의 필수적 원인론이 있는 경우, 그리고 오직 그 경우에만, 원인론적 성질이다. K의 모든 구성원, 그리고 때로는 그 구성원만이 (만약 그 원인론이 K에 속하기 위해 충분하다면) 이러한 원인론을 공유한다. 진화생물학에서 적응의 집합은 원인론적 종류이다. 형질은 그 분포가 자연선택으로 설명되는 경우, 그리고 오직 그 경우에만, 적응이기 때문이다. 정신신체질환(psychosomatic diseases) 역시 원인론적 종류이다. 복통 같은 일군의 증상은 그것이 환자의 정신 상태(예컨대, 걱정)에 의해 야기되는 경우, 그리고 오직 그 경우만, 정신신체질환이다.

원인론적 종류는 일상적 설명에서 흔히 등장한다. 예를 들어, 비전문가들은 종종 증후군(syndromes)을 정신신체질환으로 분류한다. 그러나

---

12) [역주] 저자는 여기에 "피설명항(explananda)"이라고 쓰고 있는데, 맥락상 "설명항"이 더 적합하다.

여기서 중요한 것은, 적응의 집합에서도 확인할 수 있는 것처럼 원인론적 종류도 상당한 과학적 지위를 지닌다는 사실이다. 원인론적 종류는 인과적 설명과 밀접하게 연관되어 있어서, 과학은 원인론적 종류를 기꺼이 수용한다. 이 절의 남은 부분에서 이러한 관계를 논증하겠다.

무엇이 어떤 원인론적 종류에 속한다는 것 자체가 설명적 기능을 한다. 어떤 원인론적 종류의 구성원이 왜 특정 속성을 가지는지를, 우리는 해당 원인론적 종류로 그 구성원을 분류함으로써 설명할 수 있다. 예를 들어, 존에게 왜 그런 복통이 일어났는지를, 그의 통증을 정신신체질환으로 분류함으로써, 우리는 어느 정도 설명할 수 있다. 또 질투를 적응의 결과로 분류함으로써, 우리는 질투의 분포와 기능적 조직을 적어도 부분적으로 설명할 수 있다(Buss et al. 1992). 원인론적 종류의 분류가 어떻게 설명해주는가? 그런 분류는 어떤 특정한 설명적 밑그림을 그려주기 때문이다. 즉, 어떤 구체적인 대상을 특정한 원인론적 종류의 사례로 분류한다는 것은, 그럼으로써 그 대상이 그것의 유관한 속성들을 인과적으로 설명해줄 특정 종류의 원인론을 포함한다고 주장하는 것이다. 존의 복통을 정신신체질환으로 분류하는 것은 그의 복통이 특정 원인론을 머금고 있다는 주장, 즉 그의 복통이 그의 특정한 정신 상태에서 인과적으로 연유한다는 주장에 해당한다. 전형적으로, 한 사례를 어느 원인론적 종류에 분류함으로써 승인하는 원인론은 충분히 규정해주지 않으며, 이것은 전형적으로 승인하기가 단지 설명의 성격을 띠는 개략적 밑그림에 불과한 이유이다. 다시 말해서, 그것은 더 완전한 설명을 위해서 필요한 정보를 단지 부분적으로만 특정하는 불완전한 설명적 기술이다(Hempel 1965). 원인론적 종류와 결합된 설명적 밑그림은 **피설명항**에 대한 더 완전한 설명을 제공하는 방향으로 구체화할 수 있다. 예를 들어, 존의 복통에 대한 설명은 그런 통증을 유발하는 마음 상태의 본성이 명시되었을 때, 혹은 존의 불안감이 확인되었을 때, 더 완전해진다. 어떤 설명적 종류로 분류해 넣는 일은 다른 가능한 설명적 밑그림의 배제를 함축한다. 존의 복통을 정신신체적 증상으로 분류하는 것은 그것을 바이러스 감염에 의한 증상으로 보는 설명 가능성을 배제하는 것이다. 질투를 적응의 산물로 분류하는 것은 그것을 다른 적응의 단순한 부산물로 해명하기를 거부하는 것이기도 하다.

원인론적 종류는 설명적일 뿐 아니라, 인과적 설명의 속성을 갖는다. 그리고 무엇을 어떤 원인론적 종류로 분류하는 것은, 비록 그것이 명시적으로 특정한 원인을 가리키지 않더라도 인과적 설명의 속성을 갖는다. 그런 분류는 인과적 설명의 성격을 띠는데, 그 이유는 사람들이 이런 분류를 통해 피설명항에 대한 인과적 설명의 특정 형식을 지지하는 한편 경쟁하는 다른 형식들을 거짓이라고 주장하는 셈이기 때문이다. 원인론적 종류로 분류하기는 원인 없이 인과적 설명하기인 셈이다.

이제 우리는 인간 본성이 왜 인과적 설명의 측면을 지니는지 알 수 있다. 법칙적 개념의 관점에서 본 인간 본성은 원인론적 종류에 해당한다. 즉, 인간이 지닌 모든 속성 가운데 인간 본성에 속한 것들은 하나같이 진화 과정의 산물이라는 점에서 같은 원인론을 공유한다. 다른 원인론적 종류들에서도 그러하듯이, 어떤 형질을 인간 본성에 속하는 것으로 분류하는 일은 특정한 설명적 밑그림을 승인하는 일에 해당한다. 즉, 그것은 이 형질이 궁극적 설명13)의 적절한 대상이라고 판정하는 것이다. 물론 이런 궁극적 설명의 세부사항은 아직 규명되지 않았고, 인간 본성에서 분류는 올바른 설명의 종류를 나타낼 뿐이다. 형질은 적응일 수도 있고, 유전자 표류의 결과일 수도 있고, 다른 어떤 것의 산물일 수도 있다. 형질을 낳은 인과적 과정을 확인하는 일은 설명적 밑그림을 한층 더 완전한 설명으로 변환시킨다. 더 나아가, 어떤 형질을 인간 본성으로 분류하는 것은 다른 설명적 밑그림이 틀렸다고 말하는 것이기도 하다. 특히 그것은 한 형질을 단순히 문화적 힘의 소산으로 설명할 수는

---

13) [역자] 궁극적 설명(ultimate explanation)이란 궁극원인(ultimate cause) 관점의 설명을 뜻하고, 궁극원인은 진화론적 원인을 뜻하는 개념이다.

없다고 말하는 것이다. 단순한 사회학적 혹은 사회문화적 설명은 부적절한 것으로 간주된다. 예를 들어, 이족보행이 인간 본성의 일부라고 말하는 것은 이족보행에 관해 궁극적 설명을 추구하는 것이 옳은 일이라고 주장하는 것이다. 즉, 그것은 상동 형질(homologous traits)의 역사적 변화를 진화의 다양한 힘에 의한 결과로 보는 설명이다. 질투를 인간 본성의 일부라고 말하는 것은, 동시에 그 형질을 [심리학에서 말하는] 강화의 관점에서 설명하거나 단순히 어린 시절 학습된 문화적 도식의 산물이라고 보는 것이 옳지 않다고 말하는 것이다.

인간 본성의 법칙적 개념은 결국 인간 본성이 지니는 설명적 기능을 충족한다. 인간 본성은 원인이 아니다. 그러나 어떤 형질을 인간 본성의 일부로 분류하는 것은 이 형질에 관한 특수한 인과적-설명 도식을 승인하는 것, 즉 이 형질에 대한 진화론적 원인론이 있다는 생각을 승인하는 것이고, 동시에 이 형질에 대하여 진화와 무관한 종류의 인과적 설명만 제공하는 것은 부적절하다고 주장하는 것이다. 인간 본성의 법칙적 개념이 특유의 확연한 방식으로 설명적 기능을 충족한다는 사실은 이미 인정할 만하다. 그것은 아리스토텔레스적 인간 본성 개념이 충족하던 것과는 다른 방식으로, 그러나 분명히 그 기능을 충족하고 있다.

인간 본성의 다른 후보 후속 개념

인간 본성에 대한 램지의 생활사 형질 클러스터(Ramsey's life-history trait) 설명은 인과적-설명 기능을 거의 충족하지 못한다. 모든 가능한 형질은 인간 본성에 포함된 어떤 생활사에 귀속되며, 그래서 어느 형질이 인간 본성에 기인한다는 주장은 아무런 정보도 제공하지 않는다. 적어도 이 점에서, 인간 본성은 설명적이지 않다.

또한, 인간 본성의 법칙적 개념과 새뮤얼스(Samuels 2012)의 인과적-본질주의자 개념이 인과적-설명 기능을 어떻게 충족하는지 비교해보는 것은 유용하다. 새뮤얼스의 제안에 따르면, "인간 본성은 인간 종에 전형적인 인지와 행동의 규칙성이 나타나도록 만드는 한 벌의 메커니즘이다."(Samuels 2012, pp.2-3) 인간 본성을 구성하는 이런 메커니즘은 인간에게 전형적으로 나타나는 속성을 인과적으로 설명한다. 그 결과, 인간 본성의 인과적-본질주의자 개념은 인간 본성에 대한 인과적-설명 기능을 곧바로 충족한다. 여기서 원인론적 종류의 설명적 의미를 거쳐 진행하는 우회로를 취할 필요는 없다. 새뮤얼스는 바로 이런 이유로 자신의 설명이 우월하다고 본다.

그러나 인간 본성의 인과적-본질주의자 개념은, 인과적-설명 기능을 충족하는 대신, 서술적 기능을 충족하지 못하거나 그것을 새롭게 정의하는 대가를 지불해야 한다. 내가 이해한 방식으로 말하자면, 인간 본성의 후속 개념이 인간 본성의 서술적 기능을 충족하기 위한 필요충분조건은, 인간 본성의 구성요소를 확인하는 일과 인간들이 어떤 존재인지를 서술하는 일이 동등한 의미를 가지는 것이다. 이런 방식으로 이해되었다면, 인간 본성의 서술적 기능을 충족한다는 것은 색 지각, 질투심, 이족보행, 교육, 미소, 근친상간 회피 등과 같은 형질 규명을 포함한다. 그러나 만일 인간 본성이 새뮤얼스가 부분적으로 인과적-설명 기능을 그처럼 성공적으로 충족하려는 취지에서 제안하듯이 여러 메커니즘으로 구성된다면, 인간 본성의 구성요소를 확인하는 일은 인간 본성의 서술적 기능을 충족하지 못하게 만든다. 색 지각, 질투, 이족보행, 교육 등은 메커니즘이 아니다. 그것들은 새뮤얼스가 생각하는 여러 메커니즘이 설명하려는 "현상"이다. 그러므로 서술적 기능을 충족하는 일이 인간이 어떤 존재인지에 관한 서술로 구성되지 않거나, 또는 인간 본성의 인과적-본질주의자 개념이 서술적 기능을 충족하지 못하거나, 둘 중 하나이다.

제한 기능

제한 기능(limitation function)을 강하게 해석하는 것은 적절치 않으며, 인간 본성의 본질주의자 개념의 어떤 후속 개념도 그것을 충족하려 시도할 필요가 없다. 법칙적 개념에 따르면, 인간 본성은 인간에게 어떤 것이 가능하고 어떤 것은 불가능한지를 판별해주지 않는다. 인간 본성의 일부 형질은 인간에게 단지 전형적일 뿐이고 이는 인간들 가운데 그런 형질을 갖지 않은 자도 있음을 뜻한다. 이에 덧붙여, 인간 본성의 일부 형질을 수정하거나 심지어 제거하는 일도 어려울 필요가 없다. 즉, 그것이 성공적으로 이루어질 수 있을 뿐만 아니라, 심지어 아무 비용 없이도 가능하다. 소금기 있는 음식을 좋아하는 것이 인간 본성의 일부일 것 같지만, 소금 맛은 가변적이다(Henney, Taylor, and Boon 2010). 그러므로 만일 제한 기능이 충족되어야 한다고 생각한다면, 그런 기능은 약한 의미로 해석되어야 한다.

이 마지막 절에서 나는 제한 기능을 확률의 방식으로 읽어야 한다고 주장하겠다. 그것은 인간 본성을 구성하는 형질은 수정하기 어려울 개연성이 높다는 뜻이다(Antony 1998, p.80과 대비하여 보라). 이러한 확률론적 버전은 인간 본성이 수정될 수 없다는 견해, 그런 수정에는 큰 비용이 들고, 비용을 들여도 완전히 성공적으로 수정할 수 없다는 견해와 대조를 이룬다. 변형 가능한 형질의 존재는 제한 기능에 대한 확률론적 해석과 양립 가능하다. 이런 해석은 어려움의 개념에 호소하는데, 나는 이것을 세 가지 방식으로 이해할 것을 제안한다. 첫째는, 인식론적 관점에서, 인간 본성을 이루는 여러 형질을 어떻게 수정할 수 있는지 우리가 알게 될 개연성이 희박하다는 것이다. 둘째와 셋째는 도구적 관점으로, 이러한 여러 형질을 수정하는 일이 대규모의 사회, 교육 공학을 요구한다는 것, 그리고 그런 수정이 반갑지 않은 결과를 초래할 수 있다는 것이다.

이제 인간 본성의 법칙적 개념이 이렇게 해석된 제한 기능을 어떻게 충족하는지를 설명하기에 앞서 사례 하나를 살펴보자. 이스라엘 건국 초기에 좌익 성향의 여러 집단농장은 아동 양육을 사회주의화했다 (Golan 1958; Rapaport 1958; Beit-Hallahmi and Rabin 1977; Aviezer, Sagi, and Van Ijzendoorn 2002). 아이들은 유전적 부모에게 교육받는 대신 공동체에 의해 양육되었다. 그들은 부모와 떨어져 함께 지냈고, 아이들에게 필요한 것(물품과 옷가지, 의료품 등)을 공동체가 공급했다. 부모들은 키부츠의 모든 아이를 공동으로 책임졌다. 어린이 양육은 문화와 시대에 따라 변하는 것이지만, 키부츠 공동체에서 나타난 어린이의 집단 기숙 형태는 특이한 것이었다. 돌보는 사람은 어린이와 따로 잤고, 돌아가며 불침번을 섰다. 이런 사회 조직은 돌보는 사람과 어린이들 사이에 싹트는 광범위한 애착 같은 인간 본성의 그럴듯한 성분이 나타나지 못하게 하였다. 이와 같은 사회 조직이 오래가지 못한 것은 확률론적 관점에서 읽은 제한 기능과 부합하는 일이었다. 부모들은 차츰 자기 자식을 더 챙겼고, 집단적 기숙은 점차 가정에서 머무는 형태로 대체되었다.[14]

본성을 이루는 여러 형질을 수정하는 일이 어려운 이유는 적어도 세 가지다. 첫째, 법칙적 개념의 관점에서 이해되는 인간 본성은 인간에게만 특유한 것이 아닌 여러 형질을 포함한다. 여기에는 근친교배 회피, 색 지각, 몸싸움 놀이 등이 포함된다. 이런 여러 형질 중 일부는 다른 영장류와 포유류, 혹은 척추동물에서도 나타난다. (예를 들어, 인간의 미소와 침팬지의 미소는 상동 형질이다.) 이러한 여러 형질 중 일부는 단지 비슷할 뿐인 상사 형질이다. (예를 들어, 인간의 색 지각과 조류의 색 지각은 상사 형질에 해당한다.) 전자에 해당하는 형질의 발달은 교육

---

14) 집단적 형태의 기숙, 그리고 좀 더 일반적으로 공동체적 양육이 쇠퇴한 것은 아직 완전히 명료하게 인과적으로 설명되지 않았다. 이스라엘 사회의 더 광범위한 변화 역시 영향을 미쳤을 것이다.

의 실행이나 문화에 따라 가변적인 여러 환경 요인에 의해 좌우될 개연성이 낮다. 이런 형질들은 진화의 오랜 역사를 지녔다. 애초에 그것들은 학습과 교육에 크게 의존하는 인간의 개체발생과는 완전히 다른 개체발생을 가진 생물종에서 생겨났다. 그런 것들의 개체발생은, 비록 반드시 그런 것은 아닐지라도, 교육에서 작동하는 종류의 사회적 요인에 영향받지 않을 개연성이 크다. 결과적으로 그런 개체발생은, 우리가 조작을 생각하거나 사람들의 특성에 영향을 미치고자 할 때, 그 개입의 방법을 알고 있는 종류의 요소들에 민감하게 의존할 개연성이 낮다. 따라서 우리가 그것들을 수정할 방도를 알 개연성은 희박하다.

정서적 표현은 그것을 보여주는 좋은 예이다. "기본 정서(basic emotions)"(Ekman and Friesen 1971)라고 알려진 일부 정서는 보편적인 것으로 보이며, 특유의 얼굴 표현을 통해 표현되고, 모든 문화권에서 발견된다(그러나 이에 관해 Nelson and Russell 2013; Hassin, Aviezer, and Bentin 2013; Gendron et al. 2014 등도 참고하라). 예를 들어, 문화권을 막론하고, 혐오하는 표정은 주름진 코와 내려온 눈썹, 약간 열린 입, 올라간 입가를 포함한다. 이런 기본 정서와 그런 것들 다수의 표현은 인간이라는 종에만 특유하게 있는 것이 아니라 이미 다윈(Darwin 2002)이 지적했듯이 긴 계통발생(phylogeny)의 역사를 가진다. 이런 이유로 우리는 정서 표현이 교육이나 문화의 변수에 민감하게 반응하지 않으리라고 기대할 수 있다. 또 이런 기대는 연구를 통해서도 입증된다(Ekman and Friesen 1969. 더 최근의 토론에 관해서는 Safdar et al. 2009를 참고하라). 특히 에크만과 프리젠(Ekman and Friesen 1969)은 정서의 적절한 표현을 규율하는 규칙, 즉 "표현 규칙(display rules)"이 문화에 따라 달라지는 반면, 이런 규칙들은 사람들이 자신의 기본 정서를 전형적 얼굴의 표정으로 표현하는 것을 금하지 않는다는 사실을 관찰했다. 반면에 그런 규칙들은 사람들이 공공의 상황에서 이런 얼굴 표현을 억제하도록 유도한다. 일본 문화는 화내는 것 같은 일부 정서 표현을 금하는 규범을 가진다. 일본인도 혼자 있을 때 화가 나면 콧구멍, 입술, 턱, 눈썹과 이마가 아래로 내려오며 광대뼈와 입꼬리가 올라가는 등의 전형적 방식으로 화를 표현하지만, 공적인 상황에서 이런 얼굴 표현은 재빨리 감추어진다.

　인간 본성을 구성하는 형질을 수정하는 일이 어려울 것으로 보이는 두 번째 이유는 그런 형질 중 일부가 그것들에 영향을 미칠 방도에 관해 알려진 요소들의 변화에 지배되지 않도록 운하화되었기(canalized) 때문이다. 환경의 특정한 면모가 변하는 것에 어떤 형질의 발달이 영향을 받지 않을 경우, 그리고 오직 그 경우에만, 그 형질이 환경의 해당 면모에 대하여 운하화되어 있다고 한다. 이러한 운하화는 절대적 속성이 아니라는 점, 즉 형질은 그냥 단적으로 운하화되는 것이 아니라는 점에 유의하라. 운하화는 언제나 환경의 특정한 면모와 결부되어야 하는 속성이다(Griffiths and Machery 2008). 인간 본성을 이루는 형질들이 적응이라면, 그것들의 개체발생이 그런 변화의 영향으로 쉽게 손상될 수 있는 경우, 그것들은 문화적, 사회적 환경의 변화에 대하여 운하화되어 있을 개연성이 크다. 문법 능력을 체득하는 일은 어렸을 때 어떤 언어를 듣는 일에 의존하는 반면(예를 들어, 지니(Genie)[15]에 관한 연구, Curtiss 1977), 그런 습득은 아주 넓은 조건 변화의 범위에서 일어나며, 이는 문법 습득이 언어적 입력의 변화에 대해 대체로 운하화되어 있음을 암시한다. 운하화된 형질들은 앞서 구분한 첫 번째 의미와 두 번째 의미에서 모두 바꾸기 어려울 것으로 생각된다. 우리는 그 발달에 개입할 수 있는 방도를 알지 못하며, 적어도 몇몇 경우에서 볼 때 그러한 개입은 한층 광범위하게 확장된 개입을 요구하는 것 같다. 예를 들어, 아이에게 모국어인 영어로 말하도록 가르치되 인간 언어와 같은 나뭇가지 형태의 계층적 구조가 없는 버전의 영어를 가르치려 할 경우 어떤 비용

---

15) [역주] 열세 살까지 방에 감금된 채 자라났던 소녀의 이름이다.

이 들지 생각해보라.

인간 본성을 이루는 형질을 수정하는 일이 어렵다고 생각하는 세 번째 이유는 그런 형질 중 다수가 발생적으로 정착되어(generatively entrenched) 있기 때문이다. 만약 다른 형질들이 어느 형질의 발달에 의존하는 경우, 그 형질은 "발생적으로 정착된다."(Wimsatt 1986) 인간 본성을 구성하는 여러 형질 중 일부는 긴 계통발생의 역사를 가지며(예컨대 분노와 같은 감정), 그래서 그것들은 발생적으로 잘 정착되어 있을 것이다. 만일 실제로 그러하다면, 그것들의 발달을 훼방하는 일은 그것에 의존하는 다른 형질들의 발달까지 저해하게 되고, 이는 불행한 결과로 이어지기 쉽다.

요약하자면, 제한 기능은 분명한 정치적, 사회적 함의를 가지며, 이것은 과거 인간 본성의 개념이 흔히 오용되었던 이유를 설명해준다. 또한, 인간 본성의 개념에 호소함으로써 인간이 지닌 어떤 제한성을 확인하려는 경우, 특별히 조심해야 한다. 이제 이렇게 말하고 보니, 이 절은 앞에 인용된 윌슨의 말이 지닌 타당성을 옹호한 셈이 되었다. 인간 본성을 이루는 여러 형질 중 다수는 긴 계통발생을 가지고 있으므로, 인간 본성은 우리가 조작할 수 있는 교육 및 문화적 요소의 변화에 민감하지 않을 것 같다. 다른 형질들 [역시] 우리가 영향을 미칠 수 있는 요소들의 변화에 저항하도록 운하화되어 있을 개연성이 크다. 인간 본성에 속하는 형질들을 수정하는 일은 인간 생활의 다른 측면들에 광범위한 뜻밖의 결과를 초래할 수 있다. 이런 모든 경우를 고려할 때, 인간 본성을 이루는 부분에 해당하는 형질들을 변경하는 일은 어려울 것으로 생각된다.

결론

인간 본성의 개념을 진보된 진화생물학과 유전학의 관점에서 재구성하려는 강도 높은 이론적 작업이 진행되고 있다. 인간 본성의 법칙적 개넘은 이제 권위를 잃은 인간 본성의 본질주의자 개념의 뒤를 이을 만한 여러 후보 중 하나이다. 그것의 성적표는 훌륭하다. 그것은 본질주의 개념에 제기되는 여러 반론에 위협받지 않을 뿐 아니라, [인간 본성의 전통적 개념이 수행해온 긍정적 기능을 충족할 수 있다는 의미에서] 견실하다. 그것은 인간 본성 개념이 충족해야 한다고 여겨져 온 몇 가지 전통적 기능을 나름의 방식으로 충족하고 있다.

11. 성과 젠더에 대한 후기유전체학적 관점 [1]

A Postgenomic Perspective on Sex and Gender

존 두프레 John Dupré

서론

젠더(gender)는 다채로운 철학 분야에서 핵심 개념으로 자리하고 있다. 다양한 특징을 지닌 사회는 남성과 여성에게 서로 다른 역할, 권리, 책임 등을 부여하고, 이렇게 부여된 역할, 권리, 책임 등은 윤리학과 정치철학에서 근본적인 문제를 제기한다. 남성과 여성의 이러한 차이에

1) 이 장은 케임브리지 대학교, 젠더연구소의 방문 교수인 다이애나 미들브룩(Diane Middlebrook)과 칼 제라시(Carl Djerassi)의 대중 강연에 기반하고 있다. 이와 같은 기회를 준 것에 대하여 젠더연구소(Center for Gender Studies)에 감사하며, 머무는 것을 너무 즐겁게 해준 연구소 소장 주드 브라운(Jude Browne)에게 감사를 표한다. 그리고 또한 이 방문을 가능하게 해준 칼 제라시의 매우 배려 깊은 선물에 감사를 표한다. 또한 줄리엣 미첼(Juliet Mitchell)이 이전 초안에 대하여 조언해준 것과 리제니아 가니에(Regenia Gagnier)가 여러 초안에 대하여 조언해준 것이 매우 큰 도움이 되었다. 마지막으로, 본 연구에 기여한 European Research Council, Grant SL-06034의 지원에도 크게 감사하다.

대한 가정은 형이상학, 인식론, 과학뿐만 아니라 그 외의 분야에도 중요한 영향을 미친다고 주장되어왔다. 이러한 주제를 페미니스트 철학(feminist philosophy)이 엄밀하게 포괄하고 있지는 않지만 그렇다고 페미니스트 철학이 고립된 학문 분야는 아니며 오히려 앞서 언급한 모든 분야와 깊은 관련성이 있다고 주장한다. 성(sex)은 이러한 모든 분야에서 분명한 역할을 한다. 특히, 생식에서 성에 따른 차별화된 역할은 일반적으로 남성과 여성의 사회적 역할의 차이를 정당화하는 데 중요하다. 하지만 이에 대해서 일반적인 페미니스트와 특히 페미니스트 철학자들은 문제를 제기한다. 그렇지만 앞선 가정은 "표면적 성 차이"라고 불리는 문제에 불과하다. 1960년대와 그 이후 "제2의 물결" 페미니스트의 핵심 논제는 남성과 여성의 차별화된 사회적 역할과 지위가 우연적이고 가변적이라는 것이었다. 서로 다른 사회 혹은 서로 다른 시대의 사회마다 젠더를 매우 다양한 방식으로 규정지어왔다. 표면적 성, 즉 일반적으로 쉽게 확인 가능한 일련의 생물학적 차이는 젠더 역할을 부여하는 기반이었으나, 이러한 젠더 역할은 결코 성에 의해 결정되지 않았다. 이러한 관점은 많은 젠더의 차이가 본성적이며 겉으로는 잘 드러나지 않지만 근본적인 성 차이에서 필연적으로 발생할 수밖에 없다는 오래도록 이어져온 전통적인 주장에 반대했다. 이러한 후자의 관점에서 젠더란 불분명한 ("난해한") 성 차이를 표현하는 말처럼 보인다.

반세기 전 (예를 들어, Rubin 1975; Unger 1979; Fausto-Sterling 1985; 성과 젠더의 차이를 소개한 Stoller 1968 같은) 페미니스트 학자들은 성과 젠더의 차이를 확립하기 위해서, 정확히는 남자와 여자의 성의 생물학적 차이와 흔히들 본성의 한 부분으로 간주하였던 문화적 차이를 구분하기 위해 많은 노력을 기울였다. 그러나 처음부터 (예를 들어, Judith Butler 1990 같은 근래의 저명한 비평가들을 포함한) 페미니스트들 사이에서도 이러한 차이에 대한 논란이 있어왔다. 그 논란의 주된 관심사는 그러한 차이가 젠더를 마치 성과 구분되는 실제적인 어떤

342

것으로 구체화하려는 경향을 갖는다는 것이었다. 젠더라는 개념은 젠더와 인종 사이의, 그리고 민족, 계층, 그 외의 다른 중요한 사회집단 사이의 상호작용의 중요성을 은폐시킬 위험이 있을 뿐만 아니라, 더 나아가 일반적으로 여성 개인의 독특함과 다양성을 모호하게 만든다.2) 이 장 마지막에서야 명확해지겠지만 나도 젠더에 대한 이러한 우려에 공감한다. 그럼에도 불구하고 이러한 개념은 인간이 상이하게 발달하는 데 대한 생물학적 설명을 분석하기 위해서, 특히 내가 이 장에서 의도한 바처럼 인간이 상이하게 발달하는 경우에 내적 영향과 외적 영향 사이의 상호작용을 평가하기 위해서라도 최소한의 가치가 있다. 만약 결국 생물학과 문화 사이의 상호작용이 너무 복잡해서 성과 젠더를 구별하는 것이 어떤 궁극적인 존재론적 의미도 갖지 못한다고 밝혀진다면, 이는 우리가 지금까지 딛고 올라왔지만 바로 멀리 차버릴 수 있는 사다리처럼 보일 수도 있다. 만약 그렇더라도 우리는 그렇게 하는 이유를 명확히 해야 한다.

어쨌든 얼핏 보면 성과 젠더의 차이는 직관적으로 명확해 보인다. 성은 생식생리학에 기반은 둔 생물학적 차이이다. 대부분 사람이 ("대부분"이라는 단어가 매우 중요하지만) 생식생리학적 특성을 가지며, 나중에 남성과 여성을 명확하게 구분시켜줄 여성의 가슴이나 남성의 수염 등과 같은 이차 성징이 나타난다. 반면에 젠더는 특정 사회에서 한 성이나 또 다른 성을 가진 성원의 성적 특징이 되는 행동방식을 가리킨다.

---

2) 이러한 비판의 고전적인 일례는 베티 프리단(Betty Friedan)의 고전인 『페미니스트의 신비로움(*The Feminist Mystique*)』(1963)이다. 이것은 자주 페미니즘의 제2의 물결을 불러일으킨 공로가 있다고 여겨진다. 비판가들은 프리단이 여성이 가사의 영역에 속박되어 있다는 사실에 반대했지만 이것은 결국 중산층의 백인 여성의 경험만을 반영하고 있으며, 가난한 여성(불균형한 소수자)은, 직장이 자주 중산층 백인 여성의 집이었지만, 이미 직장을 다녔고, 그래서 집안을 벗어나 성공을 추구할 수 있었다고 이의를 제기했다(Hooks 1984).

대부분의 사회에서 남성과 여성이 서로 다른 옷을 입지만, 모든 사회에서 그런 것은 아니며 그렇다고 성별이 구분되는 곳에서 남성과 여성이 똑같은 옷을 입는 것도 아니다. 남성과 여성이 서로 다른 옷을 입는 것은 젠더의 한 측면일 뿐이다. 젠더의 가장 중요한 측면은 젠더가 분업과 상호작용하는 곳에서 살펴볼 수 있다. 모든 사회는 각자에게 각기 다른 임무를 할당하며, 아담 스미스(Adam Smith) 같은 사상가들은 인간 사회에서 분업은 경제적 성공의 기초라고 강력하게 주장했다. 모든 혹은 거의 모든 사회에서 이러한 분업은 어느 정도 젠더에 따라 나뉜다. 어떤 일은 남성에게 적합하다고 여겨지며, 어떤 일은 여성에게 적합하다고 여겨진다. 그리고 이러한 일의 할당에 따라 지위, 임금, 책임 등과 같은 일련의 차이들이 발생한다.

하지만 내가 이 장에서 추구하는 바는 젠더의 차이가 미치는 사회적, 정치적 파문에 대해 탐구하는 포괄적이고 중요한 작업에 기여하는 것이 아니다. 오히려 이 장에서는 성과 젠더 차이의 생물학적 기초와 궁극적인 존재론적 기초를 살펴보고자 한다. 여기가 이 책의 핵심인 생물철학(biophilosphy)이 중요한 역할을 하게 될 부분이며, 동시에 이 장에서 젠더가 궁극적으로 난해한 성의 표현인지 아니면 오히려 페미니스트들이 가정하는 바와 같이 사회 조직에 따라 정치적으로 변형 가능한 특성인지에 대한 공적 논쟁이 계속될 것이다. 이러한 논쟁은 이제 지난 반세기 동안 발전해온 생물학에 힘입어 더 이상 문제가 되어서는 안 될 것이다. 전자의 관점에서 생물학적 결정론(biological determinism)은 더 이상 과학적으로 옹호할 수 없다. 생물학적 결정론에 대한 근거 그리고 인간과 사회의 철학적 이해에 대한 생물학적 결정론의 영향에 대한 탐구는 내가 주장하는 생명철학(biophilosophy)의 역할을 위한 패러다임을 제시해줄 것이다. 그리고 이러한 생물학적 결정론의 영향은 성과 젠더에 대한 이해를 위해 결코 더 많은 것을 말해주지 않는다.

본질주의

성과 젠더는 자주 본질이란 용어로 이해되어왔다. "본질주의(essentialism)"는 언어에 관한 교설이자 세계에 관한 교설이다. 우리는 세계를 여러 종류로 구분하지 않고서는 언급할 수 없다. 다른 사람에게 고양이가 깔개 위에 있다고 말할 때, 깔개 위에 있는 것을 그 깔개 위에 있을 수도 있었던 수많은 종류의 동물들이나 그 외의 무생물들과 구분하여 정보를 전달하며, 고양이가 위에 있는 것을 고양이가 위에 있었을 수도 있지만 지금은 그렇지 않은 깔개나 큰 양탄자, 작은 양탄자, 바위, 통나무 등의 모든 다른 것들과 구별하여 정보를 전달한다. 그러나 고대 이후로 철학자들은 무엇이 어떤 것을 개의 종류, 오소리의 종류, 혹은 다른 종류가 아니라, 고양이의 종류에 속하게 하는지에 대해 질문해왔다. 세계는 어떻게든 우리를 위해 사물을 분류하는가? 그리고 우리의 말에서 이러한 자연발생적 분류들이 나타나는가? 본질주의는 위의 두 가지 질문에 대해 모두 긍정으로 대답한다.[3] 만약 이것이 옳다면 철학자 혹은 과학자는 무엇이 자연에 의해 결정된 실제적 분류인지 발견할 수 있을 것이다.[4]

고대로부터 유래한 고전적 본질주의에 대한 존 로크(John Locke)의 비판은 유명하다. 그는 과학혁명에 기여한 동시대의 다른 사람들과 마찬가지로 자연세계는 궁극적으로 빈 공간에서 움직이는 원자들만으로 이루어졌다고 생각하였다. 만약 사물이 본질을 갖는다면, 그것은 분명

---

3) 영향력 있는 현대판 본질주의(essentialism)는 물리학과 화학만이 실제 종(real kinds)으로 구성되어 있는 것 같으며, 이것을 제외한 실제 종들은 본질에 의해서 정해진다. 어떤 점에서 이러한 관점은 내가 옹호하려는 반본질주의(antiessentialism)에 어울린다. 하지만 본질주의가 내가 관심을 가지는 종의 종(kinds of kinds)과 직접적인 관련성을 가진다는 사실을 명백하게 거부할 때만 그러하다.

4) 이러한 문제와 관련해서 더 자세한 것은 Bird and Tobin(2012)을 참조.

그러한 원자적 부분들의 구조와 관계에 의하여 결정됨에 틀림이 없다. 하지만 로크의 유명한 주장처럼 우리에게는 원자를 관찰할 수 있는 현미경 같은 눈이 없기 때문에, 본질은 우리가 도달할 수 있는 영역을 넘어서며, 우리가 눈으로 볼 수 있는 거시적 수준에서 세계를 분류하는 방식이 미시적 수준의 세계의 실제에 상응한다고 믿을 만한 근거도 없다. 그러나 많은 이들이 로크의 이러한 비관론은 시기상조라는 결론에 도달했다. 우리에게는 여전히 현미경과 같은 눈은 없지만, 전자 현미경, 차세대 유전자 염기서열 분석기, 심지어 원자 핀셋도 있다. 그렇기 때문에 관찰 가능한 세계와 그 이면의 실제를 연관시킬 수 있는 우리의 능력은 상당하며 계속 성장하고 있다. 그래서 마치 본질이 다시 우리의 이해의 영역 안에 있는 것처럼 보인다. 점점 더 많은 생물체들의 완전한 유전자 염기서열이 매일 발표되고 있다. 그렇다면 이러한 완전한 유전자 염기서열은 점점 더 늘어나는 본질에 관한 지식에 기여하는가?

그다지 세밀하지 못한 수준의 생물학은 본질주의의 온상이었다. 야외 활동을 즐긴다면 누구라도 야생에서 우연히 마주치는 다양한 종류의 생물체들에게 매료될 것이다. 거기에는 여우와 토끼, 민들레와 참나무도 있을 것이다. 토끼는 다른 토끼들과는 아주 유사하겠지만, 여우와는 매우 다를 것이다. 여기서 구별하기 힘든 애매한 경우는 있을 수 없다. 하지만 공간적으로 시야를 넓혀보거나, 특히 진화의 역사에 대해 숙고해 보면 우리가 시공간적으로 조금만 더 나아가 살펴보기만 해도 언제나 구별하기 애매한 것들이나 구별하기 힘든 경우가 존재한다는 것을 알 수 있다. 몇 백만 년 전만 하더라도 여우와 토끼의 공통 조상이 존재하였다. 만약 우리가 토끼에서 거슬러 올라가 토끼와 여우의 공통 조상까지의 변화과정을 살펴보고, 다시 그 공통 조상으로부터 여우까지의 변화과정을 살펴볼 수 있다면, 우리는 이 매우 다른 두 동물 사이에서 이둘을 어느 정도 매끄럽게 연결해주는 일련의 중간체들을 발견할 수 있을 것이다. 만약 우리가 더 많은 시간을 할애할 수 있다면, 우리와 버섯 사이에서도 이와 같은 것을 발견할 수 있을 것이다.

공간적으로도 유사점을 발견할 수 있다. 고리종(ring species)은 그중 눈에 띄는 사례이다. 내가 집필하고 있는 이곳 영국에는 재갈매기(*Larus argentatus argenteus*)와 줄무늬노랑발갈매기(*Larus fuscus*)라는 서로 교배할 수 없다고 알려진, 매우 유사하지만 별개인, 두 종류의 갈매기가 있다. 그러나 우리가 대략적으로 지구의 동일한 위도를 추적하다 보면, 점차 분화하고 있으면서도 이종 간의 상호 교배가 가능하고, 두 종류의 갈매기의 양 끝단에 재갈매기와 줄무늬노랑발갈매기가 놓여 있는 일련의 종이 존재하는 것처럼 보인다. 여기서 우리는 바로 앞서 시간적 맥락에서 살펴본 현상이 공간적 맥락에서도 되풀이되고 있음을 알 수 있다.5) 이와 같이, 생물학에서 다양한 종은 자연발생적으로 구분되지 않으며, 오히려 자연에 대한 우리의 지엽적이고 제한된 관점에 의해서 구분되는 것처럼 보인다. 이제 다시 본래의 주제로 돌아가보자. 남성과 여성이 뚜렷이 다른 내적 본성에 의해 본질적으로 구별된다는, 우리의 본성적 직관은 조심해서 다뤄져야 한다. 그래서 우리는 최소한 어떤 실제적인 차이점과 유사점이 있는지 정확하고 매우 주의 깊게 살펴보아야 할 것이다.

본질에서 과정으로

현재 주제와 관련하여 가장 넓은 범주인 암컷과 수컷에 대해 살펴보도록 하자. 흔히 암수가 생물의 번식에 있어서 근본적인 생물학적 보편

---

5) 이러한 고전적 예는 최근에서야 문제가 제기되었고, 의심스러운 관계들이 상당히 더 복잡해지고 있고 추측한다(Liebers et al. 2004). 이것은 생물체가 공간을 넘어서 점진적으로 일어나는 변화를 드러내고, 그러한 변화 안에서 등급이 나뉜 마지막 구성원 또는 연속 변이체는 다른 것들과 아주 다른 것일는지 모른다는 일반적인 요지에 영향을 미치지 않는다.

성이라고 상상하기 쉽다. 그러나 이것은 진실과 거리가 먼 이야기일 수 있다. 왜냐하면 압도적으로 많은 대다수의 생물체가 성의 구분조차 없기 때문이다. 여기에는 지구 역사의 80%의 기간 동안 살아왔으며 지금까지도 가장 흔한 생물체로 남아 있는 단세포 유기체를 포함하여, 소위 고등생물로 불리는 많은 동물과 식물도 포함된다. 많은 식물이 경우에 따라서 유성생식을 하지만, 일반적으로 무성생식을 통해 번식한다. 그리고 많은 생물체들이 둘 이상의 성이나 번식 유형을 가진다.6)

심지어 오직 유성생식을 통해서만 번식을 하며, 오직 암수의 성 구분만을 가진 생물체들 사이에서도 성은 유동적일 수 있다. 많은 파충류들은 알이 부화하기에 적합한 온도와 같은 다양한 환경조건에 반응하여 암컷이 되거나 수컷이 되기도 한다. 어떤 물고기들은 성체가 되어서도 성을 바꿀 수 있다. 예를 들어, 블루헤드놀래기(*Thalassoma bifasciatum*)와 같은 물고기는 가장 우성인 수컷의 자리가 공석이 되면, 가장 큰 암컷 물고기의 성이 수컷으로 바뀐다. 나는 위와 같은 예들을 통해 이러한 논의의 근간이 되는 주요한 생물학적 발상을 얻는다. 일반적인 유기체와 특별한 성은 발달과정을 통해 이해되어야만 한다.7) 그리고 최소한 복잡한 다세포 생물체에 관한 발달과정은 "유전자 안에" 미리 결정되어 있는 무언가가 아닌, 발달과정의 생물체와 환경이 상호작용을 하는 과정으로 이해되어야 할 것이다.8)

---

6) Nanney(1980)는 일곱 가지 짝짓기 형태로 구분할 수 있는 원생동물을 기술한다.

7) 오히려 놀랍게도 위에서 방금 언급한 블루헤드놀래기는 완전히 다른 방식으로도 이러한 발상을 분명히 보여준다. 즉, 나이가 더 들지 않은 어린 블루헤드놀래기는 자주 청소 물고기로 봉사한다.

8) 이러한 주장에 대한 상세한 옹호는 이 장의 범위를 넘어선다. 생물체와 환경 사이의 발달상의 상호작용에 대한 광범위한 생물학적 세부사항은 Gilbert and Epel(2009) 참조. 유전자와 유전체에 대한 현대적 이해에 대한 철학적 토론은 Griffiths and Stotz(2013) 참조.

이러한 사유의 필연적인 철학적 귀결은 다음과 같다. 즉, 생물체는 변하지 않는 어떤 것이 아니라 과정이라는 것이다. 이것은 자주 고대 그리스의 철학자인 헤라클레이토스(Heraclitus)의 "어떤 누구도 같은 강물에 두 번 발을 담글 수는 없다. 왜냐하면 그 강물은 이미 예전의 같은 강물이 아니며, 그 사람도 이미 같은 사람이 아니기 때문이다"9)라는 유명한 말을 연상시키는 고대의 탁월함이다. 헤라클레이토스에게 유일하게 변하지 않는 것은 변한다는 사실뿐이었다. 현대적 견해는 궁극적으로 변하지 않는 물질은 빈 공간의 원자뿐이라는 데모크리토스(Democritus)의 대안적 견해를 받아들이는 경향이 있다. 사실 이와 같은 형태의 원자론은 16세기와 17세기의 서구 과학혁명의 주요 강령이었으며, 대부분의 과학적 사고의 기본적인 가정으로 여전히 남아 있다. (어쩌면 예외적으로 최근 한 세기 동안의 물리학자들에게는 해당되지 않을지도 모른다.) 그러나 세상을 궁극적으로 불변하는 물질로 이루어져 있다고 이해하는 이와 같은 견해는 생물학에 그다지 도움이 되지 못했다. 과정은 사물과 달리 변화에 의해서 유지된다. 예를 들어, 다락에 몇 십 년 동안 어떠한 변화도 없이 방치되어 있는 의자도 여전히 동일한 그 의자이다. 이에 반해서 생물체는 물질대사, 세포분열 등 자신을 유지하기 위한 모든 활동을 한다. 아무런 활동도 하지 않는 동물은 오직 죽은 동물뿐이다. 과정의 완전한 상태는 임시적인 부분들의 불변성에 의해 유지되는 것이 아니라, 그러한 부분들 간의 인과관계에 의해 유지되는 것이다. 인간에 대한 패러다임은 평균 연령대의 어른을 기준으로 규정되는 경향이 있지만, 그렇다고 거기에 해당하는 어린이나 태아 혹은 할머니를 기준으로 생각해봐도 다를 바는 없다. 생물학적으로 근본적인 것은 생애주기이다. 동일한 생애주기에서 생애주기의 단계들을 구성하는 것은 다른 주기마

---

9) 나는 이 유명한 인용이 사실 약간 문제가 있다는 것을 인정하지 않을 수 없다. 왜냐하면, 물론 만약 어떤 사람과 어떤 강물이 과정이라면, 그 사람과 그 강은 서로 다른 시간에 같은 과정일 것이기 때문이다.

다 동일한 특성을 유지하는 것이 아니라, 각 단계들 사이의 연속성과 인과관계이다. 변하지 않지만 여전히 덜 본질적인 특성들로 전체를 구성할 필요는 없다.

성 구분

이제 인간이 발달하는 과정에서 성이 분화되는 과정을 살펴볼 것이다.[10] 우리는 어떤 대상을 부분으로 나누어서 분석하는 경향이 있는 반면에 과정은 자연스럽게 각 단계별로 분석한다. 어쩌면 언급할 필요도 없이 우리는 어떤 경우에도 분류들이 모호하지 않다거나 명확하다고 가정할 수 없다. 그러나 다음과 같은 과정들은 현재의 목적을 위해 충분히 명확한 일련의 단계들을 제공한다.

1. **염색체로 구분되는 성**(Chromosomal sex). 대부분의 여성은 X염색체 한 쌍을 가지며, 대부분 남성은 X염색체와 Y염색체를 각각 하나씩 가진다. 남성과 여성은 이러한 염색체를 포함하고 있는 수정란으로부터 생겨난다. 하지만 여기서 "대부분"이라는 단어는 다음과 같은 두 가지 이유에서 매우 중요한 의미를 갖는다. 우선, 모든 인간이 XX 혹은 XY 유전자형을 가지는 것은 아니다. 어떤 사람들은 XYY, XXY, 혹은 XO 염색체를 (혹은 핵형을) 가지고 있다. XYY유전자형은 대부분 남성으로 나머지 두 개의 유전자형은 대체로 여성으로 분류된다. 둘째, 이제

---

10) 이 장 특히 지금 바로 이 부분에 대해서는 생물학자이자 젠더 이론가인 앤 파우스토-스털링(Anne Fausto-Sterling)의 작업에 깊은 감사를 표한다. 그녀의 『젠더의 신화(*Myths of Gender*)』(1985)는 『몸에 대한 성 규정(*Sexing the Body*)』(2000)이라는 새로운 방향으로 발전한 기획인 젠더 구분에 대한 알려진 과학적 설명에 대한 생물학적 비판의 선구적 역할을 했다. 여기서 성 구분의 단계의 개요는 분명히 그녀의 『성/젠더(*Sex/Gender*)』(2012)의 입장을 따른다.

선택적 재지정을 포함한 다양한 이유들로 젠더 발달의 후기 단계들은 염색체성과 항상 일치하지는 않는다.

2. **태아의 생식샘으로 구분되는 성**(Fetal Gonadal sex). 12주가 된 대부분의 태아들은 배아 생식샘이 발달하고, 이 과정 이후에 고환이나 난소를 형성하는데 이러한 과정은 돌이킬 수 없다. 고환의 발달은 Y염색체상의 유전자에 의해서 유발되는 것으로 보이는데, 이 과정에서 생겨난 생성물은 17번 염색체의 유전자와 결합하여 고환 생성과 관련된 일련의 과정을 진행하게 한다. 다른 일련의 유전자 변형 과정은 아직 분화되지 않은 생식샘을 난소가 되는 방향으로 진행시킨다. 위에서 언급한 Y염색체상의 유전자는 Sry유전자라고 알려져 있는데, 이 말은 "Y염색체상의 성 전환(*Sex Reversal on the Y* chromosome)"의 줄임말이며, 아리스토텔레스로부터 비롯한 여성이 인간의 기본 상태라는 기이한 발상에서 유래한 말이다. 이러한 발상에 대한 찬반에 관련된 두 명의 유전학 전문가의 의견에 주목해보자. "Y염색체(더 구체적으로 Sry 유전자)가 없는 상황에서 생식샘이 난소로 발달한다는 발견은 고환의 발달 경로가 생식샘이 발달하는 활성 경로라는 지배적인 견해를 뒷받침했다. 그러나 에이처(Eicher)나 다른 학자들이 강조했던 바대로 난소의 발달 경로 역시 유전학적 활성 경로임에는 틀림이 없다."(Brennan and Capel 2004, Eicher and Washburn 1986을 인용) 물론 만약 Sry유전자가 중요한 "스위치" 역할을 한다면, 마찬가지로 난소로 발달하는 것을 막는 역할을 한다고 설명될 수도 있을 것이다. 그러나 앞선 두 가지 사례로는 뒤이어 발생하는 유전자 배열을 완전히 이해할 수 없다.

3. **태아 호르몬으로 구분되는 성**(Fetal Hormonal sex). 생식샘이 발달하기 시작하면 호르몬 특유의 혼합물을 생산하기 시작한다. 이러한 호르몬의 영향으로 생식체계는 성적 특징에 따라 생리학적으로 남성 또는 여성으로 분화되기 시작한다. 다시 말하면 이러한 분화는 호르몬의 생산뿐만이 아니라 이러한 호르몬을 수용하는 수용기의 적절한 작용에

따라서도 좌우된다. 그래서 예를 들어 XY염색체를 가진 태아들은 때때로 남성호르몬의 수용을 방해받아서, 고도로 여성화된 외부 생식기를 가지고 태어나는 아이들의 돌연변이를 초래한다. 그러나 만약 모든 과정이 표준화된 경로를 따른다면 호르몬으로 분화되는 성은 마침내 생식기의 성 구분으로 이어진다.

4. 생식기로 구분되는 성(Genital sex). 아기가 태어날 때 성을 구별하는 데 사용하는 표준 기준이다.

위에서 살펴본 바와 같이 태아의 분화과정은 복잡하며 다양한 요인의 영향을 받는다. 대부분의 아기들은 XY염색체를 가지고 태어나면 생리학적으로 남성으로 분류되고, XX염색체를 가지고 태어나면 생리학적으로 여성으로 분류되는 반면, 이러한 전형적인 결과를 따르지 않는 다양한 경우들이 존재하기도 한다. 때때로 "간성(interxex)"으로 표현하기도 하지만, 더 자주 "성 발달 장애(disoders of sex development)"로 일컬어지는 상당수의 비전형적인 결과들이 존재한다는 사실은 그리 놀라운 일이 아니다. 다만 비전형적인 발달을 "장애(disoder)"라고 표현하는 것이 진보적인가에 대해서는 의문이 들 수도 있다.

인간이 발달하는 데 있어, 다음으로 중요한 지점은 당연히 출생이다. 출생은 아기가 남자아이인지 여자아이인지를 더 넓은 공동체가 결정하는 시점이기 때문이다. 이러한 결정이 어려운 경우에는 표준 의료 관행에 따라, 아기를 표준에 부합하는 두 종류 중 하나로 조정하려고 했다. 이를 위해 종종 외부 생식기의 재형성을 위한 외과적 수술과 호르몬 치료를 동반하기도 했다. 인간을 양성 중 하나로 나누려는 **철저한** 분류는 사물이 세상에 존재하는 방식을 반영한 것이 아니라, 모든 사람이 양성 중 하나의 성에 할당되어야 한다는 사회정책을 반영한 것이다. 최근 독일, 호주, 뉴질랜드를 포함한 몇몇 국가에서는 아기의 성을 확정하지 않은 채 출생신고를 하는 것을 허용했다. 그럼에도 불구하고, 이러한 움직

임은 큰 논란거리를 낳았고, 일부 간성 옹호론자들은 이러한 움직임이
고정되고 확정된 성 범주를 견고하게 한다고 비판하기도 했다.

젠더 구분

대략적으로, 초음파와 같은 태아 성감별 기술이 젠더 구분을 급속도
로 변화시키고 있을는지는 몰라도, 젠더는 출생할 때부터 구분되기 시
작한다.[11] 그리고 젠더를 강제하는 수도 없이 많은 기관은 모든 개인이
이분법으로 구분된 한, 부류에 속하도록 강요한다. 우리는 일반적으로
끝도 없이 많은 서류를 작성할 때마다 성 기입란에 남성인지 여성인지
양자택일을 해야 한다. 더 정확하게는 젠더에 대해 물어보아야 할 질문
임에도 불구하고 말이다. 앞서 주목한 바와 같이 어떤 나라에서는 이미
이러한 이분법이 도전받기 시작했지만, 그러한 도전이 사회생활 속에서
이미 젠더화한 조직에 어떠한 영향을 미칠지는 아직 예측할 수 없다.

어쨌든 발달은 멈추지 않는다. 이러한 발달에는 세부적으로 폭넓은
다양성이 존재하고, 일부는 성을 구분하는 두 가지 해당 규범과는 상당
히 다른 성적 발달을 거친다고 할지라도, 우리 대부분을 위해서 성을 구
분하기 위한 꽤 잘 정의된 두 가지 경로 중 하나를 생리학적으로 계속
따라간다. 전형적인 차이들은 생리학의 다른 많은 부분으로 발현되지만,
이러한 차이들이 핵심적인 생식체계로부터 멀어지면 멀어질수록, 이분
법적 차이는 불분명해질 것이고, 더 통계적이고 중복되는 차이들이 존

---

11) 발달의 관점으로부터 우리는 발달의 중요성으로 인해, 그리고 어머니에 대한
충격적인 본성으로 인해, 출생을 격변하는 전환점으로 이해해서는 안 된다.
예를 들어, 아기는 비록 엄마 몸의 다른 부분에서 영양을 얻어냄에도 불구하
고, 출생 전보다 어머니로부터 더 독립적이지 않다. (비록 출생이 아기의 관
점에서는 충격적이고 심각한 투쟁이고, 태어난 세상이 엄마의 자궁과는 다른
장소임에도 불구하고 말이다. 이러한 일을 상기시켜준 줄리엣 미첼에게 감사
한다!)

재하게 될 것이다. 예를 들어, 남성의 평균적인 상체의 힘은 여성보다 강하지만, 남성보다 강한 힘을 가진 여성이 상당수 존재하는 것과 같다.

인류에게 가장 중요한 사회적, 심리적 발달은 발달과정에 영향을 끼치는 방대한 범위의 외적 요인들과 함께 시작되는데, 이러한 외적 요인들 가운데 많은 것들이 인간이 사회에서 용인하는 남성과 여성이라는 종으로 계속해서 분기되는 것과 관련이 있다. 사람들은 소년과 소녀를 다른 방식으로 안아주고, 소년은 선물로 총이나 파란색 장난감을 받으며, 소녀는 인형이나 핑크색 장난감을 받는다. 또한, 소년과 소녀는 사람들이 이미 젠더화한 복잡한 내용을 배운다. 세 살이 된 아이들은 자신이 소년인지 소녀인지 어느 정도 잘 알고 있으며, 다른 사람들이 자신들에게 기대하는 행동, 좋아하는 것, 싫어하는 것 등과 같은 것들에 대해서 잘 알게 된다. 행동에서 드러나는 이러한 체계적인 차이는 생애주기를 거치면서 뚜렷이 다른 방식으로 정교해진다. 대부분 남성과 여성은 다른 옷을 입으며, 다른 여가 활동을 선택하고, 더욱 중요하게는 노동시장과 가정 양쪽 모두에서 서로 다른 종류의 일을 수행한다. 이러한 차별화된 경로의 속성이 페미니즘 운동가들이 바라는 방식대로 항상 바뀌는 것은 아니지만, 시간이 지남에 따라 확실히 변하고 있다. 노동시장에서 여성이 차지하는 비중이 증가하고 있기는 하지만 주로 저임금의 일자리에 집중되는 경향이 있으며, 남성과 동등한 일자리를 가지는 경우에도 여전히 남성에 비해 여성의 임금이 적다는 사실을 자주 관찰할 수 있다. 반면에 남성이 집안일에 참여하는 비중은 이러한 여성의 노동 참여에 비례하여 증가하지 않았다.

젠더 차이에 대한 설명

젠더 차이에 대한 설명들 가운데 특히 과학적인 관심을 끌었던 특정한 설명들이 있다. 이러한 설명들 가운데 하나는 남성과 여성의 뇌의 차이에 대한 설명인데, 이러한 설명의 전통은 적어도 19세기까지는 거슬러 올라간다(Cahill 2006; 철저한 비판을 위해서는 Fine 2000을 참조). 뇌가 행동의 원인이기 때문에 뇌에 관한 연구가 행동의 차이를 야기하는 근본적인 원인에 대한 연구처럼 보인다고 자주 언급한다. 하지만 많은 사람이 가정하는 것처럼 유전자로 뇌의 속성을 설명할 수 있다면, 더 근본적인 원인은 유전자에서 찾을 수 있을는지도 모른다.

남성과 여성의 유전학적, 신경학적인 차이에 대한 연구와 함께, 젠더 차이에 대한 진화론적 연구가 진행되어왔다. 여기에서 관심은 진화적 성공을 위해 가장 중요한 것처럼 보이는 행동 영역에 초점이 맞춰져 있는데, 특히 배우자 선택과 부모의 투자에 초점이 있다(Buss 1999). 익숙한 핵심 논거로 다음과 같은 예를 살펴볼 수 있다. 즉, 여성의 난자가 정자보다 훨씬 크고, 임신 기간이 짝짓기 시간보다 훨씬 더 걸리는 것처럼 여성은 임신으로 남성보다 훨씬 더 많은 투자를 하고 있기 때문에, 여성은 어떤 경우에서도 임신의 성공 확률을 최적화하는 데 더 많은 관심을 기울일 것이다. 이와 같은 논거는 여성이 제공되는 최고의 유전자를 찾기 위해서, 그리고 가능하다면 자식의 양육에 약간의 도움이라도 줄 수 있는 짝을 찾기 위해서, 아주 조심스러운 존재로 진화할 것이라는 사실을 시사하기 위해서 사용된다. 반면에 남성은 짝짓기에 최소한의 투자만 하면 된다. 진화론적으로 가장 합리적인 전략은 최대한 많은 여성을 임신시키는 것이고, 태어나는 자식 중 일부가 성공적으로 성장할 것이라고 믿는 것이다. 사회생물학자들이 상기시켜주고자 하는 바대로 남성이 생식에 성공할 확률은 잠재적으로 거의 무한하다. 대표적으로, 한때 몽골제국이었던 곳의 남성 거주자 중 10%, 대략 1,600만 명, 혹은 전체 인구의 200명 당 남성 한 명은 칭기즈칸의 직접적인 후손이라고 한다(Zerjal et al. 2003).

생식 전략에서 이러한 차이점은 진화론적 추론을 시작하기 위한 출발점이지만, 이러한 차이의 함의는 훨씬 더 널리 분기되는 것처럼 보인다.

여성이 자신의 자녀에 대한 투자에 관심을 가지도록 진화한 것을 고려해보면, 가사노동과 양육은 당연히 여성만의 몫이다. 따라서 필연적으로 여성은 가사노동 이외의 일에 투자할 시간이 적을 수밖에 없다. 아마도 노동시장에서 남성과 경쟁하기 위해서는, 남성과의 경쟁을 통해서 궁극적으로 다른 여성과도 경쟁하기 위해서는 노동시장과 다르게 까다로운 가정환경에서는 불필요한 다른 인지 능력이 필요할 것이다. 적어도 진화한 인지 능력은 달라 보인다.

이와 같은 이야기들은 여기서는 그냥 성 차이라고 하는 것이 나을지도 모르는 젠더 차이를 인상적으로 통합된 방식으로 이해하기 위한 더 큰 그림에 어울린다. 자연선택은 남성과 여성의 조상에게 다른 스트레스를 주었고, 이것은 다른 유전자의 선택을 초래하였으며, 이 유전자는 다른 뇌구조로 표현되고, 서로 다른 뇌는 다시 다른 행동을 초래한다. 이제 이러한 과정을 "생물학적 큰 그림"이라고 부르자.

나는 이러한 생물학적 큰 그림은 거의 모든 것이 틀렸다고 생각한다. (더 자세한 것은 Dupré 2001, 2012, 특히 ch. 14 참조.) 하지만 여기서는 이 이야기에서 중요한 역할을 하는 것들 가운데 유전자에만 집중할 것이다. 큰 그림에서, 그러한 유전자는 생물에게 특별한 속성을 부여한다. 예를 들어, 그들의 뇌의 특정 성질이 유전자를 가능한 한 넓게 열심히 퍼트리도록 작동한다면 그러한 성질은 개인이 진화를 성공하게 만들며, 그러한 성공을 이루게 한 유전자들을 선택되도록 하기 위함이라는 것이다. 그러나 유전자가 이러한 작업을 실제로 수행할 수 있을까?

유전자와 유전체

유전학은 토머스 헌트 모건(Thomas Hunt Morgan)과 공동 연구자들의 초파리(*Drosophila*)에 대한 연구와 함께 20세기 초반에 시작되었다 (Kohler 1994). 이 연구는 차이의 유전에 대한 것이었다. 어떤 초파리는

356

붉은 눈이고, 어떤 초파리는 흰 눈이다. 붉은 눈인 초파리가 흰 눈인 초파리와 짝짓기를 한 경우와 붉은 눈인 초파리와 짝짓기를 한 경우에 어떤 비율로 붉은 눈인 초파리 자손과 흰 눈인 자손이 태어날까? 모건과 동료들은 수천 마리의 초파리를 사육하고 그 숫자를 세어가며 초파리의 분화된 형질을 연구했다. 그리고 이 작업의 결과들은 초파리 한 개체가 유전자 한 쌍을 가지는데, 하나는 부계로부터 하나는 모계로부터 각각 하나씩의 유전자를 물려받는다는 중대한 통찰로 해석되었다. 따라서 붉은 눈 유전자나 흰 눈 유전자와 같은 구성요소는 부모로부터 물려받은 것이며, 이러한 구성요소는 특정한 방식으로 상호작용한다. 예를 들어, 붉은 눈 유전자는 "우성"이라고 한다. 왜냐하면, 붉은 눈 초파리와 흰 눈 초파리가 자손을 생산하면, 그 자손은 붉은 눈을 가지기 때문이다. 특정한 형질을 물려주는 유전자를 설명하기 위한 연구를 자주 "멘델의 유전학"으로 언급하는데, 이것은 초파리에 대한 연구보다 50년이나 앞선, 그레고어 멘델(Gregor Mendel)의 완두콩에 대한 선구적 연구를 기리기 위함이다.

모건의 연구는 유전학의 진보에 근본적으로 기여하였으며, 멘델의 유전학은 여전히 의학과 농업 분야에서 중요한 역할을 하고 있다. 그러나 현재 멘델의 유전학은, 유전학 또는 일부가 유전체학이라고 부르기를 선호하는 분야에서, 아주 작은 부분이 되었다. 왜냐하면, 멘델의 유전학이 유전체학에서 극히 미미한 부분으로 판명되었기 때문이다(Barnes and Dupré 2008). 대부분 유전자는[12] 생물체의 특정한 성질과 관련성이 없다. 관련이 있는 유전자는 일반적으로 유전자가 기능하지 않게 만드는 결함이다. 인간 유전학에서 친숙한 예인 파란 눈의 사례를 살펴보자. 파란 눈은 홍채에서 멜라닌을 생성하지 못하는 결함을 반영한다. 멜

---

12) 나는 논증을 위해서 유전체는 유전자로 나뉘어 있는 것으로 간주하는 것이 심지어 유용하다고 가정할 것이다. 하지만 이러한 가정은 갈수록 논란의 여지가 커지고 있다. (Barnes and Dupré 2008; Griffiths and Stotz 2013 참조.)

라닌을 생성하는 데는 기능하는 유전자 하나면 충분할 것이다. 그러므로 갈색 눈을 가지게 하는 유전자가 우성인 것이다. 파란 눈의 유전자는 파란 눈을 만드는 유전자가 아니라 눈을 갈색으로 만드는 유전자의 결함을 반영한 것일 뿐이다.[13] 물론 멘델의 모델이 아직도 적용되고 있는 낭포성섬유증이나 헌팅턴병 같은 단일 유전자 질환은 당연히 기능장애 유전자에 의한 것이다.

멘델의 유전학이 가장 결정적으로 간과하고 있는 것이 **과정**(process)이다. 접합체나 배아에서 성인으로 이어지는 과성이 있다는 사실을 의심할 사람은 없지만, 이러저러한 성질에 대한 유전자에 관한 언급은 과정을 무시할 수 있게 하며, 그렇게 함으로써 그러한 과정을 야기하는 모든 추가적인 요인들과 그러한 요인들과의 상호작용을 통해서 가능해질 모든 다양한 결과들을 무시할 수 있게 한다. 이와 같은 생략은 진화와 관련된 관점[14]과 딱 들어맞는다. 때때로 자연선택은 오직 결과에만 관심이 있다고 한다. 그래서 만약 X라는 결과를 위한 유전자가 선택된다면, 어떻게 해서든 X라는 결과가 나타날 것이다. 발달, 즉 과정은 검은 상자 속과 같이 알 수 없게 된다. 우리는 무엇이 들어가고 나오는지 알고 있다. 상자 안에서 무슨 일이 일어나는지에 대해서는 걱정할 필요가 없다.

이러한 이론적 빈틈이 그때까지 유전물질로만 여겨졌던 DNA 구조에 대한 크릭(Crick)과 왓슨(Watson)[15]의 상징적 발견을 따랐던 분자유전학의 발전으로 채워졌다고 생각했을는지도 모른다. 하지만 실제로 이러

---

13) 유전자형과 표현형 사이의 대부분 관계처럼 안구의 색깔에 관한 논의는 실제로 훨씬 더 복잡하다. 하지만 현재의 목적을 위해서는 단순화된 논의가 더 도움이 될 것이다.

14) 리처드 도킨스(Richard Dawkins)의 저작(1976)으로 가장 잘 알려진 관점.

15) 모리스 윌킨스(Maurice Wilkins)와 로잘린드 프랭클린(Rosalind Franklin)도 함께.

한 발전으로 인해 몇몇 근본적인 과정을 발견할 수 있었고, 특히 DNA 분자를 구성하는 뉴클레오타이드(nucleotides)의 서열이 특정 단백질 생성을 결정할 방법을 발견할 수 있었다고 할지라도, 생명체계에서 주요 기능을 하는 분자나 발달의 과정은 아직도 유전학으로 완전히 통합되지 않고 있다.

이에 대한 한 가지 이유는 많은 유전학자가 이러저러한 표현형의 특징을 나타내는 유전자에 대해서 계속 생각했다는 (여하튼 언급했다는) 사실이다. 물론 유전학자들도 고도의 지능이나 동성애와 관련된 유전자에 대해 언급할 때는 이 이론이 전체적인 인과관계를 설명하지 못한다는 사실을 알고 있었다. 다른 많은 유전자 그리고 그 외의 많은 요소가 형질을 야기하는(인과적으로 결정하는) 유전자로부터 그러한 형질로 가는 경로에 포함되어 있을 것이다. 그러나 전체로서의 유전체는 여전히 생물체에 대한 완전한 코드, 비책, 혹은 청사진을 제공할 것처럼 보였다. 하지만 이러한 비책은 실제 개체에서 관찰 가능한 변이성에 의해 입증된 바대로, 의심할 여지 없이 사소한 변화에도 쉽게 영향을 받았다. 그러한 변이는 특정한 결과의 확률을 바꾸는 분자의 차이를 야기하는 멘델의 유전자와 관련해서 이해될 수 있었다. 그래서 표준형이나 표준형에서 변이된 것 모두 유전자에 의해 결정된 것처럼 여겨질 수 있었고, 굳이 검은 상자에서 발달과정을 꺼내 볼 필요도 없었다.

이런 틀 내에서, 성 결정은 Y염색체가 어쩌면 당연하게도 지배적인 멘델 유전학 체계의 전형을 따른다. 여성은 열성인 두 개의 X형 유전자로부터 유래한다.16) 다른 멘델 유전자 체계의 경우에서와 마찬가지로 개체 간의 차이인 XX염색체와 XY염색체의 표현형은 유전적 차이로 생겨났으며 설명된다고 간주되었다.

---

16) 이 체계에서 가장 이례적인 것은 XX와 XY 쌍만이 짝짓기가 가능하다는 점이다. 이러한 흥미로운 특징이 Fisher(1930)의 유명한 논증인 대부분 환경에서 XX와 XY 표현형이 똑같이 공통적인 이유의 기저를 이룬다.

앞서 기술한 성 결정 과정의 복잡성과 이 모델을 대조해보면 검은 상자 전략의 문제점이 드러나기 시작한다. XX와 XY 염색체를 가진 배아가 발달하는 전형적인 궤도가 존재하기는 하지만, 개체가 발달해가는 이력이 이러한 전형적인 궤도를 벗어나게 하는 많은 방식이 존재한다. 예를 들어, Sry유전자의 전사를 위한 결합 부위와 같은 다른 유전자들이 Y염색체가 지닌 고유한 효력의 발휘 여부를 결정한다. 그리고 이후에 다시 설명하겠지만, 유전자의 활동은 환경요인에 의해 빈번하게 영향을 받는다. 결국, 철저한 이분법적 결과는 선천적으로 주어지기보다는 태어날 때 강제된다.

출생 후 젠더 차이의 발달은 성 차이의 발달과 거의 유사하게 보일는지도 모른다. 왜냐하면, 두 가지 발달과정 안에 두 가지 표준적이고 전형적인 발달 궤도가 존재하기 때문이다. 남성 같은 여성, 복장 도착자, 동성애자 등과 같은 이례적인 것들이 존재하기도 하지만, 예를 들어, 다양한 일터와 시장에서 다른 남성과 경쟁하며 성적으로 문란한 경향이 있는 이성애 남성과, 가정과 아이를 돌보면서 다른 여성과 즐겁게 수다를 떨고 일부일처제에 순응하는 이성애 여성으로 발달해가는 전형적인 발달 경로가 존재한다. 이러한 것들은 생식에서의 성 역할이 진화론적으로 정교화된 통속적 모델에 의해 암시된 고정관념이다. 현대 많은 사회가 이와 같은 고정관념으로부터 어느 정도 거리를 두면서 여성에게는 일자리가 개방되고, 남성에게는 가사노동이 개방되었으며, 정상적인 젠더의 주요 경로와는 다른 길을 걷는 사람들에게 더 큰 관용을 베풀게 되었다. 그러나 자주 덧붙여지듯이, 이러한 개방은 항상 본성에 의해 확정된 경향성에 반하여 투쟁해야만 하는 어려움을 수반한다. 우리는 더 많은 여성이 물리학자나 철학자가 되도록 노력하거나, 더 많은 남성이 가사노동에 참여하도록 노력할 수 있지만, 우리는 남성과 여성 안에 내재된 본성과도 싸워야 한다. 여기서 본성은 수백만 년 동안 진화에 의해서 선택된 유전자의 선천적 경향이라는 것이다.17)

그러나 본성이나 유전자는 이처럼 작동하지 않는다. 본성의 궤도를 벗어나 이성애를 유발하거나, 큰 기계를 좋아하게 하거나, 집안일을 잘하게 하는 유전자는 존재하지 않는다. 그러나 특정한 일련의 주변 환경과 예측할 수 없는 어느 정도의 소음이 주어졌을 때, 특정한 기질과 성향을 지닌 성인을 만들어내는 유전체는 존재한다. 환경을 바꾼다면, 결과 또한 바꿀 수 있을 것이다.

그렇다면 유전체는 무엇인가? 우리는 자주 유전체를 유전암호를 형성하는 시토신-C, 구아닌-G, 아데닌-A, 그리고 티닌-T이라는 문자(C, G, A, T)의 배열로 생각한다. 이러한 배열은 유전체를 파악할 수 있는 유용한 정보일 것이다. 진화론적 관련성을 유전학적으로 탐구하는 분자계통학부터 범인이 범죄 현장에 남기는 물증으로 범인을 식별하는 법의학적 유전체학에 이르기까지 해당 기술들은 유전체 서열의 비교에 의존한다. 그러나 유전체에는 유전체의 배열 이상의 것이 있다. 인간이 지닌 한 세포 내의 염색체들의 길이가 2미터이고, 세포의 직경이 100마이크로미터인 것을 감안해보면, 유전체가 어떻게 세포에 들어맞는지 의문을 제기할 수 있다. 실제로 유전체는 마구잡이로 쑤셔 넣어진 것이 아니라 정교하게 꼬여서 접혀 있다. 게다가 이러한 꼬임 혹은 응축의 세부사항은 유전체가 하는 역할에 매우 중요하다. 간단히 말하면, 유전자가 발현되기 위해서는 유전자 혹은 유전체의 일부가 전사 장치에 접근할 수 있어야 하는데, 응축은 유전자의 대부분이 접근 불가능하다는 것을 함축

---

17) 진화심리학자들은 더 일반적인 이론적 진술에서 대개 조심스럽게 유전자 결정론과 거리를 두고, 실제 결과들이 환경적 입력물에 달려 있다는 사실에 주목한다. 하지만 그러고 나서, 이것은, 진화론적 추측에 의해 예견된 표현형들이 실제로 인간들 사이에서 발견된다는 것을 입증하는 것을 목표로 하는, 그들의 경험적 작업을 이해하기 위한 방식에서 문제를 야기한다. 비록, 때때로 환경적 사고들이 결과들을 기본적인 경향으로부터 탈선시키더라도, 이러한 표현형들은 적어도 전형적이거나 기본적인 발달의 결과들로 이해되어야만 한다.

하고 있다. 유전체의 모양은 끊임없이 변하며, 그래서 부분적으로는 유전체의 활동도 끊임없이 변한다. 그리고 이러한 변화는 환경적 영향조차 훌쩍 넘어서고, 전반적인 체계의 다양한 특징들에 대응하는 세포 안의 다른 분자들에 의해서 일어난다. 이와 같은 변화에 대한 연구는 유전자나 유전체의 화학적, 물리적 변화에 대한 탐구, 그리고 이러한 변화가 다양한 외부 요인들과 반응해서 어떻게 발생하는지 그리고 어떤 영향을 미치는지에 관하여 탐구하는 "후성 유전학(epigentics)"의 일부이다. 여기서 예증하는 상세한 작업은 설치류의 행동 성향의 발달에 관한 것 (Champagne and Meaney 2006; Champagne et al. 2006)이지만, 인간 생리학이나 심리학이 유전체의 변화를 통해서 매개되는 발달의 영향에 반응하는 방식에 대한 연구들도 증가하는 추세에 있다.[18]

여기서 중요한 점은, 우리가 유전체를 정지된 상태이자 고정적인 것으로, 즉 생물체의 발달을 인도하거나 혹은 지시하는 프로그램이나 비책으로 여기도록 조장되었다는 것이다. 이것은 상당히 잘못되었다. 유전자 배열이 안정적인 상태를 유지하는 것은 매우 중요하다. 왜냐하면, 실제로 유전체는 가능한 단백질 구조에 대한 정보를 저장하는 곳이기 때문이다. 그렇지만 유전체 자체는 그러한 정보로 인해 무엇이 발현될지에 관여하지 않는다. 유전체의 정보는 유전체가 역동적으로 참여하는 과정이나, 다양한 외부 영향들에 고도로 민감하게 반응하는 과정의 일부로서만 활용 가능하다.

젠더로 돌아와서

그렇다면 앞에서 언급한 것들이 젠더에 대해 무엇을 말하고자 하는 것일까? 젠더는 두 갈래로 나뉘는 발달과정으로, 이러한 발달과정은 남

---

18) 후성 유전학의 최근 발전의 의의에 대한 개관은 Meloni and Testa(2014)를 참조.

성과 여성이라는 전형적인 생리학적 상태와 연관된 두 개의 뚜렷한 특성의 조합으로 연결되는 경향이 있다. 그러나 이러한 발달과정은 유전자에 새겨져 있지 않다. 다시 말하자면, 아무것도 유전자에 새겨져 있지 않다. 이러한 발달과정은 신뢰할 만하게 조직화된 일련의 분자적, 생리학적, 그리고 환경적인 요인으로부터 기인한 것이다. 그러나 이것들이 DNA에 쓰여 있지 않다는 사실이 그것들을 마음대로 바꿀 수 있다는 것을 의미하지는 않는다. 발달과정은 명백하고 타당한 이유로 매우 안정적인 경향이 있다. 실제로 부모의 특성을 자손에게 아주 신뢰할 만하게 재현하는 발달과정이 없다면, 삶은 불가능할 것이다. 부모는 유전체뿐만 아니라, 자손이 전형적인 방향으로 발달할 수 있도록 일련의 환경 또한 제공한다. 이것은 알을 보관하기에 적합한 장소를 제공하는 것에 지나지 않을 수도 있고, 새의 둥지, 비버 댐, 또는 흰개미 언덕[19]과 같은 복잡한 환경을 조성하는 것을 포함할 수도 있다. 이것은 자주 모방이나 다른 종류의 훈련을 통해 전달하는 행동을 수반하며, 전달된 훈련은 일반적으로 부모 가운데 한쪽이 발달하는 과정에서 노출되었던 것이다.

인간은 자연계의 어떠한 다른 것보다 복잡한 발달과정을 거친다. 아이들이 처한 환경은 당황스러울 정도로 복잡하고, 육아는 자주 깜짝 놀랄 만큼 어려운 기술이며, 분만실에서 대학교까지 사회적으로 제공되는 제도들은 자손의 성장에 기여하도록 고안되었다. 인간이 성장하는 발달 기반의 대부분이 우리에 의해 구성된 것이기 때문에, 우리는 아이들의 발달 궤도를 바꿀 수 있는 독보적인 능력을 가지게 된다. 나는 이러한 제도를 바꾸는 것이 간단하다고 말하려는 것이 아니며, 변화의 결과가 어떠할 것인지 알려주는 것이 쉽다고 말하려는 것은 더더욱 아니다. 그

---

19) 주위 환경을 변형시키는 일들은 소위 생태계 지위 개척(niche construction) 이라 불리는 개념의 예들이다. 생태계 지위 개척의 진화에 대한 중요성은 Odling-Smee, Laland and Feldman(2003) 참조. 인간이 진화하고 발달하는 데서 이러한 과정이 핵심적 역할을 한다는 것은 자명하다.

러나 변화는 가능하다고 말할 수 있다. 페미니스트 학자들은 수십 년 동안 다른 시간과 장소에서 발견되는 다양한 젠더 체계들을 지적하면서 특정한 체계의 존재는 항상 우연히 발생한 것이라고 추론하였다. 페미니스트들은 생물학에 기반을 둔 젠더 발달에 관한 견해에 대해 그러한 다양성은 완전한 허구라고 비판한다. 그러나 내가 방금 제시한 발전의 관점에서 보면 그 상황이 분명하게 보이는 것만큼 다양하지 않을 것이라고 생각할 이유는 없다. 왜냐하면, 젠더 발달을 둘러싼 제도와 규범은 다른 시간과 공간에 따라 다양하게 분화하였고, 젠더 체계 또한 변했기 때문이다.

마지막으로, 방금 언급한 규범에 대한 생각을 이어가보자. 물론, 젠더는 철저히 규범이 지배한다. 우리는 아이들에게 소년과 소녀, 남자와 여자가 어떻게 행동해야 하는지 가르치고, 자주 다른 성과는 서로가 각기 다르게 행동해야 한다는 것을 가르친다. 규범의 중요성과 앞서 논의한 많은 핵심은 동성애 문제에 관한 간단한 숙고를 통해서 잘 드러날 것이다. 물론, 동성애는 두드러진 생물학적 결정론이나, 적어도 진화에 대한 성찰에서 추론된 생물학적 인과관계에는 큰 문제가 된다. 어쨌든 동성애는 얼핏 보기에도 생식의 성공률을 극대화하기에는 매우 취약한 전략처럼 보인다. 사회생물학자들과 진화심리학자들은 이 문제와 (나라면 "심사숙고하면서"라고 표현하겠지만) 용감하게 싸워왔다. 어쩌면 원조 동성애자들은 조카들을 열심히 돌보면서 동성애를 위한 유전자를 호의를 보이는 어린 친척들과 나눌 기회가 있었을 것이다. 물론, 이것은, 특히 동성애 유전자라는 것이 없기 때문에, 또는 어쩌면 더 나은 표현으로, 특정한 환경에서 동성애자가 될 가능성에 어느 정도 교묘한 방식으로 영향을 줄 수 있는 동성애 유전자들이 너무 많아서 그러한 유전자가 없다고 말하는 것이 더 적절하기 때문에, 말도 안 된다. 이것은 "그냥 그렇다"는 이야기 중 최악의 경우로 동성애를 지배적인 이념체계에서의 오류라고 설명할 수 있을는지 모르지만, 이것 또한 전혀 근거가 없다.

게이(gay), 레즈비언(lesbian) 또는 이성애자(straight)가 되는 것은 발달과정의 결과물이다.[20] 이것은 인간 발달의 모든 결과물과 마찬가지로 유전자 요인들을 포함한 내부 요인들과 외부 요인들 사이의 복잡한 상호작용의 결과물일 뿐이다. 그리고 결정적으로 후자인 외부 요인들은 부분적으로 규범적이다. 현대 자유주의 사회는 의심의 여지 없이, 이성애를 선호함에도 불구하고, 이성애를 강요하지는 않지만, 이분법적 분류를 강요하는 것 같다. 인간은 두 종류의 성 중 하나인 것이다. 수십 년 동안 이성애 혼인을 이어온 남성이나 여성이 그 관계를 청산하고 동성애 관계를 맺는 경우, 일반적으로는 그들이 게이 혹은 레즈비언이었다는 사실을 발견했다고 말한다. 이것은 그들의 결혼생활에 대한 자기인식의 총체적인 실패로 드러나는 것이다. 또한, 동성에 매력을 느끼는 십대들은 그들이 게이인지 아닌지 혹은 이것이 지나가는 이례적 욕망인지 고민한다. 성 구분과 같은 이러한 이분법은 자신이 어디에 속하는지 의심의 여지가 없는 많은 사람에게는 당면한 문제가 아니다. 그리고 유사-생물학적 이분법이 규범에 의한 이분법보다 그들의 생활방식을 방어하기 위하여 더 적절한 근거라고 여기는 명백한 동성애자들은 이와 같은 구분이 규범적이라는 견해에 자주 동의하지 않기도 한다. 그러나 60년 전 알프레드 킨제이(Alfred Kinsey)의 선구적인 연구 이래(Kinsey et al. 1948, 1953), 일반적으로 이러한 범주를 규정한다고 여겨지는 행동에 의하여 사람들은 일종의 스펙트럼에 놓이고, 삶의 다양한 단계에서 이성이나 동성과 성적 활동을 갖는다는 사실은 아주 명백하다. 오늘날에는 이성애자, 게이 및 레즈비언뿐만 아니라, 이러한 범주에 속하지 않는 이들을 가장 잘 정의할 수 있는 범주로 양성애자(bisexual), 트랜스젠더(transgendered) 및 퀴어(queer)로 구분하는 것이 일반화되었다. 의심할

---

20) 여기서 Michel Foucault(1979[1976])의 입장을 따르며, 그에게 큰 신세를 지고 있고, 또한 Anne Fausto-Sterling(2012)의 입장을 계속해서 지지할 것이다.

여지 없이, 이성애가 규범적으로 남아 있는 다양한 사회계층이 있지만, 점점 더 많은 수의 사람들이 그러한 규범을 받아들이기를 거부함으로써, 이성애자와 동성애자라는 이분법의 규범성을 유지하기가 어려울 것이라는 사실은 점점 명백해지고 있다. 실제적인 발달의 역사는 다양하고 복잡한 성적 욕망의 대상을 만들어낸다. 분명 섹슈얼리티(sexuality)는 성마저도 결국에는 따라야 할 길을 선도할 것이다.

마지막으로, 욕망의 개체발생에 대한 주목할 만한 관점, 즉 성적 욕망에 있어 특정 대상을 다른 대상보다 선호하게 만드는 발달과정은 다양한 논란의 여지가 있는 음란물에 의해 제공된다. 저명한 페미니스트들은 음란물 전반 또는 특정한 형태의 음란물이 여성에 대한 폭력을 조장하거나 여성을 비하하는 다양한 행위를 정상적인 것으로 여겨지게 한다고 주장하였다. 실제로도 그러할 것이다. 정신과 의사 노만 도이지(Norman Doidge 2007)는 음란물이 성적 욕망을 극단적으로 바꿀 수 있다는, 불편하지만 설득력 있는 의견을 제시하였다. 그는 점점 더 음란물에 중독되어가는 환자들이 동시에 실제 배우자의 성행위에서는 성적으로 흥분하지 못하게 된다고 기술한다. 그는 또한 비교적 단순한 성행위의 묘사로부터 현재 인터넷에서 이용 가능한 폭력적이고 가학적인 혹은 단순히 기괴한 장르 등의 메뉴로까지 증가하는 음란물의 진화를 기술한다. 그는 심지어 인터넷 음란물 소비자들이 음란물에서 행해지는 행위뿐만 아니라 컴퓨터 자체를 떠올리는 것만으로도 성적 흥분 상태에 이를 수 있다고 보고한다. 비록 통계적 평균치에 입각해 몸매가 이상적인 여성에 대한 보편적 선호에 대한 지나치게 단순한 진화심리학적 이야기들(Singh 1993)이 사실로 입증된다고 하더라도, 욕망의 다양성과 가소성을 이해하는 것과는 무관할 것이다. 욕망은 거의 무한하게 변할 수 있는 것처럼 보이며, 전혀 예상하지 못한 방식으로 형성될 수 있는 것처럼 보인다.

결론

이제 결론을 내보자. 내가 그리고자 한 그림에서 남성과 여성의 성, 그리고 남성과 여성의 젠더가 발달과정에서는 가장 전형적인 결과이지만, 다양한 개별적인 궤도에서는 분기되는 결과라고 시사하고 있다. 태아감별이 점점 더 일반화되고 있는 출생 시, 아니면 아마도 그 이전에, 남성과 여성이라는 이분법적 구분이 규범적으로 강제될 것이고, 동시에 전형적이지 않은 개체에 대한 의료적 개입은 점점 더 일상화될 것이다. 다시 말해, 이와 같은 이분법은 이분법적 젠더 발달의 더 체계적이고 규범적인 강제의 토대이다. 이러한 과정에서 두 단계 모두 일반적으로 여전히 유전자에 의해 결정된다고 여겨지는 반면, 인간 발달의 복잡성과 발달을 수반한 내외부적 영향의 난해하고 복잡한 관계에 대한 이해가 커질수록 이러한 유전학적 결정론은 그 타당성을 완전히 상실하게 된다. 성과 젠더에 대한 본질주의자들의 관점은 끔찍하게 잘못된 것이다.

그렇다면 이 글의 시작이었던 성과 젠더의 차이는 어떻게 이해되어야 하는가? 성은 중요한 생물학적 개념이자 말할 것도 없이 인간 생식의 핵심이다. 이에 비해 젠더는 생물학적 기초 위에서 사회적으로 확립된 다양하고 유연한 상위 개념이다. 그럼에도 불구하고, 이 두 개념을 결국에는 너무 뚜렷하게 구분하지 않는 이유들이 있다. 남성과 여성의 성 구분은 중요하지만, 완전히 확실하게 구분되는 것은 아니다. 양성 사이에 위치하는 많은 개체가 존재한다. 따라서 성 이분법의 규범적 요구를 완화시킬 만한 충분한 근거가 있다. 게다가 성 구분이 외부적인, 특히 후성적인 영향으로부터 자유롭지 못한 것과 마찬가지로, 생리학 발달의 다른 측면들로부터도 자유로울 수 없다. 이러한 영향들은 젠더의 측면을 잘 포함하고 있기 때문에, 젠더 구분 체계가 성의 생리학적 발현에 인과적으로 작용할 수도 있다. 비록, 나는 성과 젠더의 구분이 계속해서 실용적으로 유용할 것이라고 생각하지만, 더 근본적으로는 성과 젠더를 다양한 발달의 이음매가 없는 하나의 축이라고 간주하는 편이 나을는지도 모른다. 물론, 이 축은 유전자 결정론자가 상상하는 한 쌍의 발달 궤도가 아니라, 오히려 난해한 가능성의 더 광범위한 범위 안에서 폭이 넓고 잘 다져진 경로로 이해해야 한다. 어쩌면 차이에 대한 관용의 폭이 넓어질수록, 그 경로 또한 함께 넓어질 것이다. 이러한 경로에서 어느 정도 벗어나 있는 성과 젠더의 발달이라도 환영받아야 하고, 특히 인간 발달과정의 유연함과 열린 구조를 상기시켜주는 것으로서 환영받아야 한다. 만약 성과 젠더 사이에 경계가 있다면, 그러한 경계는 유동적이며 파악하기 힘들 것이다. 그러나 그것은 아무 문제가 없다. 생물학적 경계들은 물론 사회적 경계들도 그러하다.

12. 생물철학으로 본 인종
Biophilosophy of Race

뤽 포셰르 Luc Faucher

이 장은 생물철학에 대한 내용이다. "생물철학(Biophilosophy, 대문자 B)"이란 용어는 이미 잘 알려진 "신경철학(Neurophilosophy, 대문자 N)"과 맥을 같이하며 이와 사촌 격이 되는 용어이다. 신경철학(N)은 철학자들이 신경과학에 몰두했던 1980년대에 나타난 신생 학문이다. 신경철학(N)은 철학자들이 철학과 뇌과학 사이의 관계를 좀 더 잘 묘사하고 좀 더 치밀하게 연결해보려는 바람에서 시작되었으나, 이후 신경과학의 철학(philosophy of neuroscience)과 신경철학(neurophilosophy, 소문자 n)이란 두 학문 영역으로 나뉘었다. "신경과학의 철학"은 과학철학의 한 분과로 신경과학 관련 혁신사업이 주장하는 개념, 분석방법, 핵심 이론 등에서 제기되는 문제에 전념한다. 신경과학의 철학이 다루는 예로, 뇌를 들여다보는 뇌영상장비(fMRI)의 성능이 뇌를 표현하기에 적절한지 질문하고(Klein 2010), 신경심리학적 장애(disorders)로부터 특정 모듈(modules)을 추론하는 것이 유효한지를 평가한다(Machery 2014). "신경철학(n)"은 철학의 한 분과로, 전통 철학적 개념 및 문제를 밝히거나,

혹은 최근 신경과학의 발전으로 제기되는 새로운 철학적 문제를 검토하기 위해 신경과학 연구 성과를 이용하며, 이런 배경에서 다양한 연구 프로젝트를 수행한다. 이런 연구 과제 중 하나는 현재의 과학 지식에 맞게 여러 통속적 개념(folk concepts)을 다듬는 일인데, 그런 과정은 어느 통속적 개념을 제거하거나 철저하게 재정의하도록 유도할 수 있다 (Churchland 1986). 신경철학(n)의 또 다른 연구 과제는 신경과학 지식을 이용하여, 행동의 책임을 결정하는 문제 혹은 도덕적 판단의 뿌리와 같은 오랜 철학적 문제들에 대답을 구하거나 문제의 틀을 다시 짜는 일이다(Roskies 2010; Greene 2014).

신경철학(N)의 이웃사촌인 생물철학(B) 역시, 생물학의 철학과 생물철학(소문자 b)이란 독특한 두 가지 연구 프로젝트로 구성된다. "생물학의 철학"은 선택, 적응, 기능, 종 등과 같은 전통적으로 생물학에서 다루는 개념에 관심을 가진다(Neander 1991; Rosenberg and Bouchard 2003). 반면 "생물철학(b)"은 인간 본성과 같은 전통적 철학 개념이나 문제를 풀기 위해 생물학의 연구 성과를 이용한다(Machery 2008).

여기에서 나는 (소문자 b의) 생물철학자가 맡을 수 있는 (신경철학(n)이 추구하는 연구 프로젝트와 비슷한) 두 종류의 연구 프로젝트를 밝히려 한다. 즉, 통속적 개념을 제거하는 (그리고 아마도 새로운 개념으로 대체하는) 프로젝트와 통속적 개념의 역량(capacity)과 성향(disposition)의 진화론적 기원을 기술하는 프로젝트이다. 따라서 이번 장은 두 부분으로 나누어진다. 첫째 부분에서, 철학과 생물학이 만나 몇몇 통속적 개념 또는 초기-과학적 개념(proto-scientific concepts)을 어떻게 다듬는지 또는 제거할 수 있는지를 설명한다. 좀 더 구체적으로, 나는 "인종 (race)"의 존재 여부에 관한 논쟁에서 인용되었던 여러 주장을 제시하려 한다. 이런 주장은, 어떤 이들이 예상하는 것(즉, 1960년대부터 생물학과 사회과학에서 힘을 누렸던 "생물학적 인종은 없다는 합의"로 주어진 것1))과 달리, 오늘날 생물학에서 유전체학(genomics)이란 이름으로 재

370

등장한 "인종"을 주장한다. 어떤 학자들은 이런 주장을 "인종의 사회적 구성주의에 대한 유전체의 도전"이라 이름 붙였다(Shiao et al. 2012). 나는 이런 맥락으로 사용된 "인종"이란 관념을 주장할 것이다. 이런 식의 인종이란 관념(notion)은 관련 연구 성과에 의해 지지받기도 하지만, 그동안 인종의 통속적 관념으로 다루어져왔던 것과는 여러 가지 중요한 측면에서 차이가 있다. 그래서 생물철학은 도전에 직면한다. 즉 통속적 관념에서 볼 때 인종의 실체(entities)에 해당하는 속성이 없음에도 불구하고 "인종"이란 용어를 유지해야 할지, 아니면 간단히 배제해야 할 것인지를 눈여겨보아야 한다. 어떤 관념을 제거하거나 가지치기하려 할 때, 그동안 신경철학에서 거의 다루지 않았던 고려사항들을 나는 밝혀보려 하는데, 그 일부는 규범적 기준(normative stakes)과 연관된다. 그래서 경험적 적절성 말고도 다른 요소들을 비춰보는 생물철학적 반성이 필요하며, 이는 어떤 개념의 운명을 결정할 때 반드시 설명되어야만 하는 요소이다.

둘째 부분에서, 나는 다른 인종집단에 속하는 사람들을 고려하도록 만드는 영역마다 특수한 메커니즘에 진화가 연루되는지, 아니면 사실상 [진화와 무관하게] 이미 우리에게 주어진 것인지를 논의할 것이다. 여기에서 나는, 우리가 인종적 인지(racial cognition)에 특화된 메커니즘을 선조로부터 물려받은 것 같지 않음에도 불구하고, 민족적 인지(ethnic cognition)에 특화된 메커니즘과 같이, 다른 방식의 메커니즘이 오히려 우리가 인종을 고려하는 독특한 사유방식을 가지도록 활용되어왔다는 주장을 논증하려 한다. 나는 이런 메커니즘에 대한 지식이 인종차별주의(racism)를 이해하고 뿌리 뽑기 위해 중요하다는 것을 주장하려 한다. 이 부분은, 생물학과의 접촉이 인종주의(racialism) 및 인종차별과 같은

---

1) 이런 합의는 오미와 위넌트가 다음처럼 표현했다. "오늘날 상당히 일반화된 합의는 인종이 생물학적으로 주어진 것이 아니라 인간을 차별하기 위해 사회적으로 만들어진 것이다."(Omi and Winant 1994, p.65)

현상에 대해 우리가 고려해야 하는 사유방법으로 어떻게 안내해줄 수 있을지를 보여줄 것이다.

유전체의 도전 그리고 인종

인종이 존재하는지 의문에 대한 대답은 그렇게 간단치 않은데, "인종"의 의미가 계속 변해왔고 지금도 변하는 중이기 때문이라는 것이 그 대체적인 이유다(역사적 전망을 Hudson 1996에서 참조). 인종에 대한 논쟁의 실질적인 부분은 우리의 통속적 인종(이후로 인종_f로 표기) 개념에 달려 있다. 그런 맥락에서 나오는 한 가지 의문은 통속적 인종_f 탓이라고 할 만한 분명한 특징을 가진 존재가 가능한지에 대한 질문이다. 이 질문에 대답하려면 두 가지 사안이 해결되어야만 한다. 첫째, 우리는 통속적 인종_f의 특징을 먼저 명시해야 한다. 둘째, 우리는 실제로 그런 식으로 묘사된 인종에 대응되는 형질적 특징이 있는지 확인해야만 한다.

생물철학과 생물학의 철학 사이의 경계에 있는 또 다른 의문은 과학에서 사용하는 "인종"(이후로 인종_s로 표기)이란 개념의 사용과 관련한 질문이다. 몇몇 연구자들(Andreasen 1998, 2004; Kitcher 2003)이 보기에, (생물학에서 사용하는 인종 개념은 통속적 개념으로 본 인종의 특징 대부분 혹은 그 일부분을 담아내지 못하더라도) 그런 인종 개념이 생물학 안에서는 정식으로 잘 사용되고 있다. 그래서 최근 몇 년간 생물학에서 인종 자체가 있는지에 관한 열띤 논의가 있었다. 생물학에서 인종이란 개념이 필요한가? 생물학은 인종이란 개념을 제거하고 다른 것으로 대체해야 하는가? 일부 연구자들은 우리가 통속적 인종_f의 개념을 최소한으로 수정한 채 유지해야 한다고 주장한다(Sesardic 2010). 그리고 다른 이들은 통속적 인종_f의 개념을 제거하거나 혹은 그 개념의 존재론적 의미를 빼버리자고 주장한다(Zack 2002; Spencer 2014; Hardimon 2012).

372

통속적 인종f의 개념

일상인이 인종을 정확히 어떻게 생각하는지에 관한 논쟁이 있으며, 그리고 사람들은 동일한 개념에 서로 다른 믿음을 덧댈 수 있으므로, 그 개념의 속 내용이 무엇인지를 더 정확히 드러내야만 하는 작업이 최근 들어 더 시급해졌다(Condit et al. 2004). 최근까지, 연구자들은 아래와 같은 인종 개념을 민족에 귀속시켰으며, 그러한 개념에 근거하여 그들의 논란이 이루어졌다.2) 사회적 집단으로서 인종(human races)의 의미는 아래와 같다.

1. 그 집단 내의 개인은 신체적 특징과 심리적 특징을 공유하며, 그 특징은 다른 집단에 공유되지 않고, 자기 집단에만 특이하다.
2. 개인들이 이런 특징을 보여준다는 사실은, 내재하여 보이지 않는 원인, 즉 "본질(essence)"이 있음으로써 설명된다.
3. 이런 본질은 집단의 일원이 되기 위한 필요충분조건이다.
4. 인종적 본질을 후대로 계승하는 어떤 생물학적 메커니즘이 있으며, 그런 메커니즘 내의 특징을 개인들이 공유한다.

이런 관점에서 원자의 화학적 단위가 자연종(natural kinds)이듯이, 인종을 자연종으로 간주하는 철학자들이 있다. 이런 철학자의 관점은 어떤 금 조각이 특정한 미시구조를 가질 경우에만 바로 금이라고 말할 수 있다는 뜻과 같다. 만일 어떤 물질이 그런 미시구조를 가지지 않는다면, 그 물질은 금이 아니다. 그런 미시구조 때문에 금의 관찰 가능한 특징들이 설명된다. 이와 비슷하게 말해서, 만일 어떤 사람이 관찰 불가인 어떤 본질을 가지고 있고 그런 본질이 있을 경우, 그리고 바로 그 경우에

---

2) Zack(1998), Feldman and Lewontin(2008), Appiah(2006) 참조.

만[필요충분조건으로], 그 사람은 통속적 인종(Race_f) X의 일원이다. 만일 어떤 사람이 이런 본질을 갖지 않는다면, (그 사람이 노력해서 X의 일원으로 받아들여졌다고 하더라도) 그 사람은 통속적 인종(Race_f) X의 일원이 아니다. 이 점이 바로 맬런이 "인종적 본질주의"라고 말한 것의 핵심이며, 이러한 그의 주장은 인간 마음의 기본 성향(default disposition)으로부터 추론한 결과이다(Mallon 2013, Machery and Faucher 2005a).

처음부터 인종 개념이 비판받았던 것은 바로 이런 종류의 본질주의였다. 다른 인종집단들 사이에서보다, 같은 인종집단 내에서 유전적 다양성이 더 클 수 있다는 생각은 곧 유전적 차원에서 어떤 개인이 자기와 같은 인종집단보다 오히려 다른 집단에 속한 개인에 더 비슷할 수 있음을 함축한다. 이런 생각은 인종적 본질주의에 심각한 타격을 주었다 (Lewontin 1972; Brown and Amelagos 2001). 또 다른 타격은, 표현 형질(phenotypic traits)에 의한 분류가 완전히 일치하지 않는다는 관찰 결과에서 나왔다(Brown and Amelago 2001; Diamond 1994). 예를 들어, 피부색이나 젖당 소화 능력 같은 표현 형질은 통속적 인종 본질주의가 요구하는 조건과 관련이 없음을 보여주었다. 만일 인종 개념이 인종 본질주의를 필요로 한다면, 앞의 이런 관찰 결과들로부터 통속적 인종_f 개념이 없어져야 한다는 결론으로 유도된다. 사람들이 보는 인종 탓이라고 정해진 것은 아무것도 없다. 결국, 인종은 허구이며, 게다가 사람들에게 해까지 입힌다.

최근 일부 연구자들(Glasgow et al. 2009; Spencer 2013)은 인종의 통속적 개념이 앞에서 기술한 의미로 본질주의이고, 인종에 대한 우리의 "일상적" 개념은 본질주의적인 것이 아니라, 그 대신 지리적 조상과 가시적인 신체 특징을 보여주는 것이라는 주장을 의심했다(Hardimon 2003, 2012). 그런 연구자들은 인종의 가시적 특징들을 "본질적"인 유일한 특징으로 보았다(Glasgow 2009, 2011). 통속적으로 이해되고 있는

"인종"의 의미에 관한 논쟁은 철학자들로 하여금 "인종"에 대해 말할 때 도대체 무엇을 염두에 두는지, 그리고 "통속적 인종,"이란 개념을 탐구하는 올바른 방법이 무엇인지를 질문하도록 유도했다.

인종 존재에 대한 철학적 논쟁의 중심이었던 "인종"의 의미는 역사적으로 중요했고, 대체로 과거에서 현재까지 인종차별의 근거로 삼아왔던 것으로 철학자들이 취했던 개념이다. 예를 들어, 인종차별을 없애기 위한 과정으로 인종 개념을 제거하는 잭의 연구 과제(Zack 2003)에서 볼 때, 인종 개념과 인종차별주의 기획 사이의 연결고리는 뚜렷하다(Kelly et al. 2010). 그러나 이런 개념이 역사적으로 중요했다고 하더라도, 사람들이 요즘 보통 생각하는 개념과 반드시 같은 것은 아니다.

그래서 사람들이 생각하는 인종이 무엇인지 알려면 어떻게 하는 것이 최선인가를 묻게 된다. 한 가지 가능성은, 철학자들이 인종의 개념을 다른 사람들과 어느 정도 같이 공유하며, 철학자들이 통속적 개념을 연구하는 방식은 철학자들만의 직관을 시험하는 것이란 가정에서, 개념 분석을 시도하는 것이다. 이런 분석적 접근 방법은 인종 연구와 같은 특수 사례에서 뿐만이 아니라, 철학 일반에서도 비판을 많이 받고 있다 (Knobe 2007). 많은 철학자가 개념 분석 방법에 등을 돌리고 오히려 경험적 방법의 사용을 지지하고 있다. 통속적 개념을 다루고 평가하기 위해 이런 철학자들은 심리학(Condit et al. 2004; Gelman 2010)과 인류학 문헌(Astuti et al. 2003; Hale 2015)을 이용하거나, 혹은 자체적으로 실험을 한다(Glasgow et al. 2009; Shulman and Glasgow 2010; Machery and Faucher, 미출간).

이런 문헌 검토를 통해서는 통속적 개념이 무엇인지 정확히 알 수 없다는 것이다. 일부 연구자들(Glasgow et al. 2009; Hale 2015)은 사람들 모두 하나의 본질주의적 인종 개념을 가지는 것이 아니라고 주장한다. 반면 다른 연구자들(Gelman 2010)은 (모든 시대에서 그런 것은 아니지만) 사람들이 하나의 인종 개념을 가지고 있다고 생각한다. 또 다른 연구자들(Condit et al. 2004)은 사람들이 일관되지 않은 인종 이론을 가지고 있고, 그들이 가진 본질주의는 대체로 신체적 형질에 적용되지만, 비신체적 형질에 항상 적용되는 것은 아니라고 주장한다.

사람들이 인종에 대해 생각하는 그림이 무엇인지 분명치 않다는 사실 때문에, 통속적 인종ᵢ의 개념을 생물학으로 입증할 수 있을지 물으려는 질문을 우리는 잠시 멈추어야 한다. 어떤 통속적 개념은 분명히 과학적 입증의 대상이 아니지만, 어떤 다른 개념(순수한 지리적 개념과 조상 개념)은 과학적 입증 대상의 후보가 될 수 있다. 주의가 필요한 이런 점을 마음에 새긴다면, 이제 새로운 형태의 생물학적 인종 실재론으로 넘어갈 수 있다.

생물학적 인종 실재론의 한 형태

"생물학적 인종 실재론(biological racial realism)"이란, 인간의 관심과 무관하게, 통속적 인종ᵢ이 자연에 객관적으로 존재하며, 진정한 생물종(biological kinds)이라는 입장이다.3) 이런 관점에서, 대체로 통속적 인종ᵢ에 대응하는 인간 개체군 내에 생물학적 변이 패턴이 있다(Risch et al. 2002). 그래서 이런 패턴들은 임의로 만들어진 고안물이 아니며, 신뢰할 만한 것들이다. 다시 말해, 이런 패턴이 존재할 뿐만 아니라, 이 패턴은 인간 개체군을 범주로 구분하는 데 과학적으로 유효한 방법이기도 하다. 리슈와 그 연구원들이 표현했듯이, "객관적이고 과학적인(유전적 및 역학적(epidemiological)) 견지에서, 인종차별적/민족적 자기-범주

---

3) 생물학적 인종 실재론은 생물학적 범주가 가진 유용성 이상으로 이용된다. 인종 범주로 구분된 어떤 사람들에게 생물학적 영향을 미치며, 그런 이유로 인종은 생물학적 객관적 실재가 있고, 예측 혹은 설명에 유용할 수 있다는 생각을 정말로 어떤 이들은 옹호했다(Kaplan 2010; Fausto-Sterling 2008). 이런 주제에 대한 논의는 Spencer(2012)를 참조하라.

화(self-categorizations)는 연구와 공공정책 관점 모두에서 타당성이 높다."(Risch et al. 2002, p.1)

생물학적 인종 실재론 논쟁에는 구분해서 봐야 할 두 가지 질문이 있다. 하나는 (통속적 인종$_f$이 무엇인가에 대한 해석 아래) 통속적 인종$_f$의 존재와 관련한 것이다. 그리고 또 하나는, 과학적 인종$_s$이 통속적 인종$_f$을 입증해줄 수 있을지 질문과 무관하게, 생물학에 과학적 인종$_s$이 존재하는지에 관련한 것이다. 앞서 말했듯이, 첫째 질문에 대해 답하는 것은, 우리가 통속적 인종$_f$의 개념적 내용을 확신할 수 없다는 점을 감안해보면, 위험한 기획이다. 둘째 질문은 주로 생물학의 철학 내에서 일어나는 논쟁이다. 최근 인종 이론(theory of race)이 지나칠 정도로 많이 제시되었는데, 그런 인종 이론 대부분은 우리가 가진 통속적 인종$_f$에서 많은 것을 얻어내려 요구하지 않는다. 그런 이론의 예는 혈통으로서 인종 (Templeton 1998), 씨족으로서 인종(Andreasen 1998, 2004, 2005), 생태형(ecotypes)으로서 인종(Pigliucci and Kaplan 2003), 그리고 구조화된 개체군으로서 인종 등이다(Spencer 2014). 이들 중 어떤 연구자들은 (Andreasen 1998, 2005; Piglucci 2013) 적어도 자신들의 인종 개념이 통속적 개념과 중요한 방식에서 다르다는 태도를 유지한다. 피글루치는 심지어 "(일상적 의미에서) 인종이란 실제로 존재하지 않는다"(Piglucci 2013, p.4)라고 말한다. 스펜서(Spencer)와 같은 이들은 생물학적으로 존재하는 실체를 언급하는 인종 명칭(또는 최소한 미국 인구조사 형식에 사용된 명칭)은 유지하면서도, (스펜서 스스로, 잡다하고 논리적으로 일관성도 없다고 본) 차별주의적 통속적 개념을 철저히 빼버린다.4)

---

4) 이 주제에 관한 최근의 철학 문헌으로서 Sesardic(2010, p.344)은 (본질주의 주장만 빼버린다면) "역사적으로 중요한" 통속적 개념과 크게 다르지 않은 인종 개념을 유별나게 제안한다. 이 글에서는 지면의 제한이 있고, 어떤 점에서 별로 쓸모없다는 측면에서, 세사르딕의 제안은 논의하지 않겠다 (Hochman 2013; Puglucci 2013; Taylor 2011 등을 보라).

이에 나는 아마도 최근 철학 문헌에서 가장 많이 논의된 인종 개념을 제시하려 한다. 즉 인종을 "유전적 클러스터(genetic clusters)"로 보는 개념이다.

유전적 클러스터로서의 인종

생물학적 인종 실재론의 출처 중에서 하나는 유전적 지표를 사용하여 유전변이를 측정하는 연구로 개체군 유전학에 초점을 둔다(Wilson et al. 2001; Risch et al. 2002; Rosenberg et al. 2002, 2005; Rosenberg 2011). 이런 연구의 결과를 이해하려면 먼저 인간 개체군의 유전적 구조에 관해 당연한 두 가지 사실을 검토해야 한다. 생물학에서 일반화된 합의점이 있다. 인간의 유전변이는 두 가지 방식으로 지형적으로 형성되었다는 것이다. 첫째, 가장 커다란 유전변이가 아프리카인 내부에서 생기고, 비-아프리카인 개체군 내의 변이는 아프리카인에서 온 다양한 하위 집합이거나 아프리카인의 다양한 새로운 변이들이다. 발닉이 얘기한 것처럼 "유전적 관점에서 비-아프리카인은 본질적으로 아프리카인의 하위 집합이다."(Bolnick 2008, p.73) 롱과 키틀(Long and Kittle 2009)이 가상했듯이, 만일 어떤 악마가 어느 지역의 집단을 쓸어버렸다고 상상해보자. 그런 가상 스토리에서 파푸아뉴기니에서 출발하여 확산된 집단과 아프리카에서 출발하여 확산된 집단 사이에서 변이유전자의 손실은 서로 차이가 날 것이다. 둘째, 인간 개체군은 대략 유전적 변이의 클라인 패턴(clinal pattern of genetic variation)을 따르며, 이것은 다음을 의미한다. 개체군들이 근처의 다른 개체군과 거리가 가까울수록 유전적으로 더 비슷하며, 개체군 사이에 지리적으로 멀어질수록 그들 사이의 유전적 유사성은 비례하지 않을 것이다(Bolinick 2008, p.72). 개체군이 "대략적으로" 클라인 패턴을 따르는 이유는 다음과 같다. "번식 기회와 개체 수 증가 기회 등의 요인이 있기 때문이며, 이에 더해서 산, 사막,

물을 포함한 신체, 먼 지역으로의 이주 등과 같은 요인 때문이며, 그리고 종교와 문화적 배척 등이 지역적 거리에 따른 점진적 유전자 변이로부터 이탈하기 때문이기도 하다."(Weiss and Fullerton 2005, pp.166-167). 그래서 유전자 흐름(gene flow)을 막는 물리적이고 사회-문화적인 장벽으로 인해 지역 집단 간 차이가 큰 유전변이가 생성될 수 있다.

인종 개념에 대해 논쟁하는 이들 거의 모두가 받아들이고 또한 받아들여야만 하는 것은 "인간 개체군마다 특정 대립유전자의 빈도에 차이가 있다는 사실이다. 물론 이런 차이는 일관되지 않거나 혹은 무작위적일 수 있지만, 그 차이는 (지역마다 진화의 선택압력이 다르듯이) 어떤 패턴을 따르며, 그 패턴은 유전자 흐름의 단순한 역사적 빈도 차이와 관련된다."(Kaplan 2011, p.1). 유전학 연구가 무작위로 선택한 DNA의 다형성 염기서열의 빈도를 검사하여 찾으려는 구조들(single-nucleotide polymorphisms[SNPs], haplotypes, copy-number variants[CNVs], DNA, 즉 STRs, microsatellite loci, *Alu* sequences)이 있으며, 보통은 20개 이상의 유전자 지표가 필요하지만, 그래도 20개 정도의 적은 무작위 유전자 지표를 검사하여 어떤 패턴을 밝혀내려는 것이 앞선 유전학 연구의 기본 틀이다.5) 이런 연구를 통해 클러스터(clusters)가 존재한다는 것을 알게 되었는데, 특정 유전자 자리에서 대립유전자(alleles) 빈도를 갖는 어떤 변이를 공유하는 집단이 존재한다는 뜻이다.6) 모델 기반의 클러스

---

5) 부수체(microsatellites)를 이용할 경우 최적 지표 수는 더 적게 드는데, 임의의(unselected) 다형성 염기서열 약 200개 수준이다(Risch et al. 2002).

6) 이런 차이의 특성이 무엇인지 살펴보자. "대부분의 대립형질은 개체군 전체에 퍼져 있어서, 인간 개체군 안에서 유전적 차이는 '진단 유전형(diagnostic genotypes)'의 차이가 아니라 개체군 안의 사람마다 조금씩 다른 대립형질 빈도의 차이라는 점을 유념하는 것이 중요하다. 실제로 다수의 유전자 자리(loci)에 걸쳐 조금씩 차이가 나는 대립형질 빈도가 누적됨으로써만 겨우 개체군 구조가 변할 정도의 유전적 차이가 생길 뿐이다."(Rosenberg et al. 2002, p.2384) 유전적 차이를 다른 관점에서 보려는 방법으로, "인종 유전자(racial genes)"라는 개념을 사용하지 않고, 특정 인간 집단의 유전적 프로파

터 알고리즘(STRUCTURE라는 프로그램)을 이용한 연구 결과를 사례로 들어보면, 세계 52개국 출신의 1,056명 개인으로부터 377개의 상염색체(autosomal) 상에서 유전적 특성을 보여주는 보편적 지표의 하나인 부수체 유전자좌(microsatellite loci)[7]의 대립유전자 4,682개를 연구한 로젠버그 연구팀(Rosenberg et al. 2002, 2005)은 그 개인들을 클러스터 집합으로 묶을 수 있었다("K 클러스터"로 불리며, 그 클러스터의 수는 사전에 선택된다). 클러스터 수 K가 2이면 아프리카에서 나머지 세계로 이주했다는 사실을 보여주며, K가 5이면 아프리카인, 유라시아인, 동아시아인, 오세아니아인, 미국 원주민 등으로 갈라졌음을 보여준다.[8] 여기서 K가 5일 때 프로그램 "스트럭처(STRUCTURE)"는 시험 대상자를 모국어 사용을 기준으로 대략적으로 인종 영역을 구분했다.

생물학에서 인종을 말하는 것이 적절한가?

로젠버그 같은 연구자들이 이런 분석방법을 써서 발견한 집단을 간단

일은 다수의 유전자 자리에서 대립형질 빈도의 조금씩 다른 통계 값을 조합함으로써 특정 인간 개체군의 유전적 프로파일이 생성된다. 그리고 이런 유전적 프로파일은 어떤 개체군의 지리적 기원을 추론하기 위해 이용된다.

7) 부수체 유전자좌(microsatellite loci)는 매우 가변적이다. 예를 들어, 로젠버그 연구팀(Rosenberg et al. 2005)은 한 유전자좌마다 서로 다른 대립유전자의 평균수가 11.94라고 보고했다(Rosenberg 2011, p.663). 이러한 대립유전자 중 일부는 지리적 영역에 관계없이 발현 빈도가 동일하지만, 또 다른 대립유전자들은 지리적 영역마다 빈도의 차이가 실제로 있다. 로젠버그 연구팀에 따르면, 모든 대립유전자의 46.6%가 모든 지리적 영역에서 나타나지만, 7.53%는 단지 특정 지리적 영역에서만 나타난다. 그중 절반 이상(56.89%)이 아프리카계에서 발견된다(그러나 그것의 빈도는 전형적으로 낮다). 많은 유전자좌에 걸쳐 적은 양의 대립유전자-빈도 변이를 수집하고 이러한 유전자좌 지표를 통해 개별 유전적 조상을 추론하는 것이 가능하다.

8) Bolnick(2008), Serre and Pääbo(2004)는 이런 결과는 시험 대상자의 편중 때문이라고 본다(Pääbo 2003, p.410 참조).

히 "클러스터(clusters)"로 기술했지만, 다른 연구자들은 인종으로 집단을 구분했다. 예를 들어, 리슈 연구팀은 "이런 유전적 개체군 연구는 대륙별 조상을 기원으로 두고 인종을 정의하는 고전적 방식인데, 아프리카인, 코카시안(유럽과 중동), 아시아인, 태평양 군도 원주민 … 미국 원주민을 효율적으로 개괄한 것"이라고 기술했다(Risch et al. 2002, p.3). 스펜서(Spencer 2014)와 같은 다른 연구원들도 어느 정도 이와 비슷한 입장이며, 그들은 이런 개체군 클러스터가 미국 인구조사에서 사용된 인종 구분 항목의 기준이라고 말한다. 그러나 한 가지 확실한 것은, 이런 식의 인종 언급이 통속적 인종을 가리키지 않는다는 점이다. 펠트만(Feldman et al. 2003)이 관찰했듯이, [그 연구 목적은] 누군가의 지리적 기원을 결정하기 위해 다형성 DNA 서열(polymorphic sequences of DNA)을 이용하는 것이 하나이며, 아주 다른 하나는 지리적으로 고립된 개체군 내에서 우리가 찾아낼 수 있을 파편적 변이의 의문에 대답하려는 것이다. 앞서 보았듯이,[9] 그 데이터는 후자의 질문에 관련해서 더 분명하다. 서로 다른 인종집단 사이의 변이 차이보다 [같은] "인종"집단 내의 변이 가능성이 더 크기 때문이다. 개인 조상의 지리적 기원을 안다고 해서, 그 사람의 유전형(person's genotype)[10] 혹은 겉으로 드러나는 사람의 표현형 속성(phenotypic properties) 집합이 정확히 예측되지 않는다. 인종은 유전적으로 동일한 개인들 집단을 말해주지 않는다. 그리고 집단을 구분해주는 경계도 아니다. 다시 말해서, 에티오피아인 또는 라틴계는 하나의 유일한 그러한 "인종들"에 귀속될 수 없다. 끝으로, 인종에 대한 이러한 개념은 신체적 외형에 대해 많은 것을 말해주지 않으며, 한 인종이 가진 심리적 능력에 대해 말해주는 것도 없다(Coop et al. 2014). 그래서 특정 인종의 구성원들이 지리적 기원이 같다는 사실 외

---

9) 로젠버그 연구팀(Rosenberg et al. 2002, p.2381)은 이런 변이 가능성을 알아챘다.

10) Rosenberg(2011), p.673를 보라.

에는 모든 면에서 과학적 인종$_s$은 통속적 인종$_f$과 동일하지 않다.

이러한 클러스터를 "인종"이라 말할 수 있는가? 우리가 그렇게 말할 수 없다는 많은 이유가 나왔다. 그 이유 중 어떤 것은 의미론적이다. 예를 들어, 글래스고(Glasgow 2003)는 안드리아슨(Andreasen)의 제안을 언급하면서, 다음 사실을 인용한다. "유전적 클러스터(genetic clusters)"란 개념은 우리가 보통 말하는 인종 개념과는 의도에서 그리고 범위에서도 다르다. 그래서 유전적 클러스터를 지정하려고 "인종"이란 말을 쓰면, 결국 다른 무엇을 말하게 되어 있다.

스펜서는 유전적 클러스터의 수준에서 사용된 "인종"의 의미와 통속적 인종의 의미가 다르다는 사실을 최근 인정했다. 그러나 스펜서는 인종이란 용어를 "고유명사(proper name)"로 이해해야 한다고 제안한다. 우리가 주목해야 할 점은 우리가 사용하는 용어가 대상을 지시하는지 아닌지의 사실이며, 그 용어가 어떤 의미를 가지고 있는지를 주목하지 않아도 된다는 점을 주장하기 위하여, 스펜서는 철학자 크립키의 고유명사이론(1980)을 상기시켰다. 그러나 스펜서는 미국 인구조사에 언급된 인종이란 명칭을 사용한다. 그래서 사람들이 그런 인종이란 명칭을 어떻게 사용하는지 알고 있다고 해도, 그것이 사람들이 사용하는 인종에 대한 이름인지 전혀 분명하지 않다고 누군가는 주장할 수도 있다. 예를 들어, 컨디트 연구팀(Condit et al. 2004, p.258)은 미국 사람들이 인종을 구분하기 위해 모순된 원리를 사용한다고 논증했다. 그들은 인종이란 용어를 대륙 기원의 측면에서(코카서스인, 아프리카계 미국인 등처럼) 쓰기도 하고, 때로는 언어의 측면에서(라틴계) 쓰며, 때로는 국적의 측면에서(쿠바인, 일본인), 때로는 지역 집단으로 묶어서(남아시아인) 사용한다. 인종에 대한 통속적 개념은 미국의 공식적 구분 방식보다 훨씬 더 포괄적인 것 같다. 미국 인구조사에서 사용된 용어들은 유전적 클러스터를 지시하는 데 사용되었을 수도 있으므로, 인종이 존재한다고 말하는 것은 받아들이기 어렵다고 하더라도 서로 약정해서 사용했다는 점만은 인정할 수밖에 없다. 왜 미국 인구조사 기준에 우선권을 주어야 하는가? 그리고 인종에 대한 통속적 범주에 우선권을 주어서는 안 되는가? 미국 기준에 해당하는 클러스터가 있다고 해서, 그런 클러스터가 다른 클러스터보다 생물학적으로 특별히 의미가 있다고 볼 수 없다 (Maglo 2010).

유전적 클러스터를 과학적 인종과 동일시하지 않는 또 다른 여러 이유가 있는데, 그것은 철학자들이 제기한 것으로 방법론적 측면에서 본 이유이다. 만일 개인을 대륙 기원에 따라 범주화시킬 수 있다면, 개인의 외모로는 얼핏 구분되지 않더라도 그 개인들을 대륙 기준보다는 한 단계 낮은 작은 지역 구분으로 재범주화시킬 수 있다고 카플란은 관찰 보고한다(Caplan 2011). 예를 들어, 노벰브레 연구팀(Novembre et al. 2008)은 로젠버그가 이용한 것과 같은 식으로 유럽 **내에** 더 작은 지리적 기준으로 개인들을 더 작은 범주로 분류할 수 있음을 보여주었다. 그렇게 해서 포르투갈인을 스위스계 독일인과 구분할 수 있고, 스위스 내에서조차도 스위스계 이탈리아인에서 스위스계 독일인을 구분할 수 있다고 한다. 유전적 클러스터를 통해 다양한 수준에서 다수의 클러스터를 만들어낼 수 있고, 유전적 클러스터를 통해 인종이 아닌 민족집단의 수준에서 개인을 분류할 수 있다. 그렇다면 분류 수준의 높고 낮은 단계에 따라 구분하는 클러스터보다 대륙을 기준으로 구분한 인종을 우선해야만 하는 이유가 있는가?11) 카플란은 다음과 같이 말한다.

가까운 조상이 아프리카 출신인 사람들이 (흑인) 인종을 형성한다고 확실하게 말할 수 없다. 왜냐하면, 그렇게 구분된 사람들도 다른 지역의 사람들과 대립형질을 공유하고 있을 것이 거의 확실하기 때문이다. 왜냐하면, 우리가 보통 때는 과학적 인종으로 구분하지 않는 인구 종류(즉,

---

11) Hochman(2011)은 이것을 "분리 정도의 문제(grain of resolution problem)"라고 했다(비슷한 결론을 Gannett 2005에서 보라).

최근 조상이 스페인과 포르투갈 출신인 이들)에도 이런 같은 사실이 유지된다는 것을 인지하지 못한 채 그런 식으로 구분된 사람들이 다른 사람들과 대립형질을 공유할 가능성이 더 크기 때문이다. 누구의 조상이 어디서 왔는지 안다고 해도 그들이 가지게 될 특정 종류의 대립형질을 예측하는 것은 아주 미미한 수준에서나 가능할 것이다. 그래서 사람들이 말하듯이 같은 "인종"의 구성원이라고 할지라도 (유전적으로, 아니면 다른 기준에서) 특별한 어떤 특징을 공유한다고 보기 어려울 것 같다. 이런 점이 명백하다면 "인종"을 생물학적 실체로 간주하는 것은 말도 안 된다(Kaplan 2011, p.3).

개체군의 유전 변이에는 아주 많은 구조가 있어, 단지 대륙 기반 클러스터로 인종을 결정한다는 것은 다만 임의적이다. 또한 대륙 클러스터를 통해서 아주 많은 추론적 힘을 얻을 수 없어서, (많은 생의학 연구자들처럼) 일반 사람들이 인종의 구성원에서 기대하는 것에 불과하다. "누군가가 아프리카인 또는 남미인이다"라고 알려주는 것이, "그 사람이 반투족 혹은 쿠바인(Bantu or Cuban)이다"라고 알려주는 것만큼 당신이 기대할 만한 유전적 중요 변이(즉, 어떤 질병을 뜻하는 유전 변이)에 관해 알려주지는 않는다. 펠트만과 르윈틴이 지적했듯이, "임의적인 유전적 인종 범주보다 오히려 조상을 따라가 보면, 생물학적으로 흥미 있고 의학적으로 유용한 정보를 훨씬 정확히 얻을 수 있다."(Feldman and Lewontin 2008, p.99; Tishkoff and Kidd 2004; Bamshad et al. 2004)[12]

---

12) 리슈 연구팀(Risch et al. 2002, p.6)은 혈소증 유전면역(hemochromatosis gene mutation) C282Y를 말할 때 아르메니아인과 아슈케나지 유대인(Ashkenazi Jews, 독일, 폴란드, 러시아계 유대인)에서는 빈도가 1% 이하이지만 모든 집단이 코카서스인이라고 여겨지고 있는 노르웨이인에서는 그 빈도가 8%이다. 이런 경우 대륙 기반 클러스터로는 정말 추론적으로 강한 기준을 얻지 못한다는 것을 인정한 것 같다. 리슈의 다른 논문에서는 이런 내

유전적 클러스터가 건강관리 연구나 공공정책을 위한 중요한 도구가 될 것이라는 점이 바로 클러스터를 부각시키는 주요 이유라고 말하는 것이 리슈의 주장이다. 그러나 유전적 클러스터로서의 인종은 문제를 파고드는 강력한 추론이 될 수 없다. (유전적 클러스터로서의 인종 개념 이 역학연구조사(epidemiology)에 이용될 수 있다는 점도 의심된다. Larusso and Bacchini 2015를 보라.) 스펜서(Spencer 2012, 2014)와 같 은 연구자들은 진정한 (또는 그가 말하기 좋아하는 "순종(genuine)"으로 서의) 구분 기준이 역학연구조사에 유용하다면, 추론적으로까지 유용해 야 할 필요가 없다고 주장한다. 스펜서, 로젠버그, 그리고 다른 연구자 들에 따르면, 우리가 개체군에서 검출해온 "(충분히) 현실적인 패턴이면 가능하며, 이런 패턴은 지리적 거리만으로 설명되지 않는다. 생물학 분 야의 높은 수준의 연구 프로그램에서 이 패턴은 역학연구조사 측면에서 도 유용하다. 그 패턴이 다른 연구 영역에 추론을 위한 기반을 크게 제 공하지 않을지라도 그렇다. 그래도 여전히, 인종을 해명하는 이런 축소 된 버전이 세분화된 클러스터보다 생물학자에게 특별한 관심을 받아야 하는 이유가 있는지 확신이 가지 않는다. 앞서 언급한 대로, $K = 5$ 상 태, 즉 미국 인구조사에서 활용된 집단에 해당하는 클러스터가 곧 생물 학자가 그런 값에 특별히 관심을 둔다는 증거는 아니다.[13] 인종의 존재 여부를 따지는 논쟁에서 의미론적 반대도 분석론적 반대도 결정적 역할 을 하지 못했다. 그래서 나는 이런 주장은 치워두고 맬런(Mallon 2006) 이 "규범적 주장(normative arguments)"이라고 말한 다른 종류의 주장

용이 그리 명확하지 않다. 페랄타 연구팀(Peralta et al, 2009)은 아프리카인 조상을 관상동맥 위험 수준과 연결 짓는다. 그럼에도 주의해서 읽어보면, 아 프리카인 조상의 위험 수준을 측정한 것이 아니라, 요루바(Yoruba, 서아프리 카 기니아(Guinea) 지방에 사는 흑인 원주민) 조상의 위험 수준을 말한 것이 다. 그 결과는 미국에서도 이어진다. 상당수의 아프리카계 미국인의 조상이 서아프리카에서 왔기 때문이다.

13) 비슷한 주장은 Hochman(2014)을 참조.

을 검토할 것이다.14)

　윤리적 혹은 실용적 이유 때문에 유전체학적으로 고립된 집단에 해당하는 "인종"이란 용어가 폐기되어야 한다는 흐름이 생길 수 있다. 이런 식의 생각은 몬태규(Montagu)가 언급했다. 몬태구는 분명히 말했다. "그렇게 오래 잘못 사용해온 '인종'이란 단어를 재정의하는 것은 단순히 말해서 처음부터 가능하지 않으며, 아무리 설득력 있게 말하더라도 그 용어의 재정의는 무모하다." 심슨이 말한 대로 "단어에는 그레샴 법칙(Gresham's Law) 같은 것이 있다. 우리가 용어를 재정의하려고 하지만, 그 용어의 불량한 의미나 극단적 의미가 현재 그대로 관성적으로 남아서 없어지지 않으며, 오히려 제대로 정의하려는 의미는 발을 붙이지 못하기 쉽다."(Simpson 1962, p.923; Kaplan 2014도 보라) 다음 절에서 보겠지만, 인종을 유전적 클러스터로 볼 경우, 몇몇 좋은 경험적 증거가 있다. 이 증거 때문에 그레샴 법칙이 다시 한 번 입증되도록 증명할지도 모른다고 했던 심슨의 말을 우리는 생각해볼 필요가 있다.

진화심리학 안경을 끼고 바라본 대표적 인종주의자들

　이 부분에서, 나는 "생물철학(b)"에서 인종을 다루는 두 번째 프로젝트로 돌아간다. 첫째, 인종주의자(racialists)의 인식을 이해하는 데 진화적 접근방식이 어떻게 기여하는지 보여주려 한다.15) 둘째, 인종주의를 설명하려는 나의 심리학 연구는 인종에 대한 "유전적 클러스터" 개념을 통해서 잠재적 문제들을 어떻게 집어낼 수 있는지를 다루려 한다.

---

14) "공리적 성격의 경험주의(axiological empiricism)"에 대해 말하는 Maglo (2010)도 참조.

15) 문헌에서 보통 구분하는 인종에 따르면 "인종주의(racialism)"는 인종이 존재한다는 믿음을 보여준다. 반면 "인종주의"는 개인이 속해 있는 인종에 따라 그 사람을 부정적으로 평가하는 인식이다. 그래서 "인종주의자 인식"은 사람들이 인종집단에 대해 생각하는 밑바탕에 있는 심리적 메커니즘을 말한다.

사회적 구성주의 관점에 따르면, 인종집단(racial group)에 대한 일반적인 고정관념이나 인간 종(human species) 분류에 대한 관념은 전적으로 문화적 학습이나 모방의 소산물이라는 것이다. 이것은 맬런과 켈리(Mallon and Kelly 2012)가 표현한 대로 "표상에 관한 사회적 구성주의(social constructionism about the representations)"이다. 사회적 구성주의에 의하면, 인종주의적 사고방식은 사회-역사적으로 그리고 지역마다 다르며(개인의 인종주의적 구분이 시간, 장소, 문화 등에 따라 변할 수 있으므로), 표상화된 인종주의의 내용은 전적으로 문화에 의해 정해지며, 그리고 문화에 따라 혹은 세월이 흐르면서 급격히 바뀌기도 한다.

에두아르 마셰리(Edouard Machery 2005a, 2005b)와 연이어 공동 작업한 논문 시리즈에서 나는 이런 구도를 거부했다. 마셰리와 나는 인종집단에 대한 사람들의 통속적 표상은 선천적이고, 진화적이며, 영역-특이 인지 메커니즘에 의해 제한된다는 타당한 이유를 논증했다. 마찬가지로 우리는 전통 사회심리학 바탕에 있는 많은 기존의 관념들을 반박했다. 다시 말해, 모든 사회집단이 인지적으로 동등하다는 관념을 반박했다. 예를 들어, 일본의 영화감독 구로사와(Kurosawa)의 영화 팬에 대해서 혹은 소방관에 대해서 생각할 때 떠오르는 인지 과정은, 민족이나 인종집단에 대해 생각할 때 떠오르는 인지 과정에도 동일하게 적용된다는 관념이다. 그러나 커즈밴과 뉴버그(Kurzban and Neuberg 2005)는 "두 사람 혹은 더 많은 사람이 서로 영향을 주는 식으로 '집단'을 대개 간단히 개념화하는 것"은 적절하지 못한 것 같다고 지적한다.

예를 들어, 집단들 사이의 관계를 서술하는 사회심리학 문헌들은 집단 내 선호도와 집단 외 동질성과 같은 비전문적인 일반 용어를 통해서 집단 개념을 조명해왔다. 이런 문헌에서는 성별, 가족, 민족, 작업 팀, 대학 전공 등이 다른 집단들에서 그 구성원들 사이의 관계는 비슷하게 작동한다고 암시한다. 즉, 어떤 하나의 집단이나 다른 하나의 집단이나 모두 같은 하나의 집단이다. 반면, 정신적으로 서로 다르게 다루는 질적으로 서로 다른 방식의 여러 집단이 존재한다는 점을 인정하는 것이 중요하다고 우리는 믿는다(Kurzban and Neuberg 2005, p.654).

커즈밴과 뉴버그에 의하면, 오히려 인간이 진화적 관점에서 "차별적 사회성(discriminate sociability)"을 보여준다(Kurzban and Neuberg 2005, p.653). 이런 관점은 최근 심리학에서도 인정되고 있다. 예를 들어, 프렌티스와 밀러가 (모든 사회적 범주를 뜻하는 것으로) 언급했듯이, 모든 인간을 구분하는 범주(모든 사회적 범주)는 "마음의 눈으로 보건대, 똑같이 만들어지지 않았다." 실제로, [그 구분은] 이어져 있으며, "어떤 것은 본질화되었다. 즉, 그런 것들은 인간을 지금의 일원으로 만든 깊이 숨겨진 그리고 불변의 속성을 가지고 있는 것으로 나타난다." (Prentice and Miller 2007, p.202) 이렇게 개인의 등급을 표현하는 방식을 "심리적 본질주의(psychological essentialism)"라고 부른다. 해슬람과 로스차일드, 에른스트(Haslam, Rothschild, and Ernst 2000)가 수행했던 기존 연구를 활용하여, 프렌티스와 밀러는 사회적 범주는 모두 똑같은 방식으로 취급되지 않는다고 주장했다. 취미, 정치, 외모, 사회적 계급 같은 범주는 단지 약하게 본질화된 반면, 성별, 민족성, 인종, 신체장애 등과 같은 범주는 실로 강력하게 본질화되었다고 한다. 하나의 문화권 안에서도 사람마다 본질화하려는 경향이 각기 다르지만, 그럼에도 "사람들은 하위문화를 포함한 모든 문화에 걸쳐 성별, 인종별, 민족별 등의 범주를 본질화하려는 견고한 성향을 보여준다"고 프렌티스와 밀러는 결론 내렸다(Prentice and Miller 2007, p.202).

이어서 나는 생물학 지식에 기반한 심리학이 인종주의적 인지에 기초하는 심리 메커니즘을 밝힐 수 있다는 관점을 지지하려 한다. 그에 따라 나는 인종주의적 인지는 "진화된 민족적 인지 메커니즘(evolved ethnic cognition mechanism)"의 산물이라는 내 제안을 기술하려 한다. 나는 우리가 어떤 사회집단에 대해 생각할 때, 이렇게 진화된 메커니즘이 특별한 종류의 심리적 본질주의로 이끄는 편견으로 유도한다고 주장한다.16) 일부 어떤 집단을 더 본질화하듯이 집단마다 본질화하려는 정도가 다르다는 점에서, 우리는 다양한 종류의 사회집단을 동일한 방식으로 생각하지 않는다. 그리고 그렇게 본질화하는 방식도 집단의 형태마다 각각 다르게 나타난다. 이 점에서 나는 배럿의 다음 주장에 동의한다. "다양한 종류의 본질주의가 있다고 예상할 만한 [진화적인] 선천적인 이유가 있다고 보는데, 그 이유는 단 하나의 본질주의 가정을 통해서 물이나 금과 같은 무생명체에서 포식동물과 같은 생물종에 이르는 모든 종에 맞는 유효한 추론이 만들어질 수 없기 때문이다."(Barrett 2001, p.10) 마찬가지로, 물리적 세계와 사회적 세계라는 다른 영역에는 다른 형태의 본질주의가 적용될 것으로 기대할 수 있다. (예를 들어, 물리적 세계는 "계통 본질주의"의 형태이지만, 인종에 대한 본질주의는 전승이나 수직적 전승이나 유전적 계승과 같은 계통의 형태를 필요로 하지 않으므로, 인종의 본질주의는 성(sex)이나 나이에 대한 본질주의와 다를 수밖에 없다.) 그러므로 누군가 특정 종을 묘사할 때 사용하는 추론의 유형은 그런 종에 맞도록 특수해야 한다는 점이 중요하다. 그리고 그 특

---

16) 이 부분에서 내가 언급하는 연구주제 대부분은 "본질화(essentialization)" 개념을 포함한다. 논문을 통해 본질화 개념이 묘사되는 방식에서 꺼림칙함이 있지만, 나는 전체적인 맥락의 일관성을 위해서만 마셔리(Machery)와의 공동논문에서 논박한 본질화 개념을 사용한다(2005a, 2005b). 나는 **추론 패턴**(reasoning patterns)을 언급하기 위해서 "본질화"라는 용어를 쓸 것이다. 본질화하려는 사람들은 범주에 속한 구성원들의 속성을 전승적이고 안정적인 것으로 생각한다. 그들은 이런 속성을 일반화하려는 데 치우쳐 있고, 이런 속성을 소유했느냐의 여부로만 한 범주의 일원으로서 자격을 언급한다. 그러나 본질화를 주관적 개인 탓으로 돌리는 그런 심리학자들의 관점과는 반대로 나는 이런 식의 추론 패턴을 보여주기 위해 관찰 가능한 속성이 존재한다고 생각하지 않으며, 아마 알지도 못할 범주마다 내적 속성을 사람들이 믿어야만 한다고도 생각하지 않는다.

수한 추론 유형은 반드시 다른 방식의 시험 가능한 예측을 허용해야만
한다.

마셰리와 포셰르의 이전 제안

마셰리와 포셰르의 이전 논문(Machery and Faucher 2005a, 2005b)에
서 제기되었던 쟁점은, 어떤 인종 및 사회집단(카스트와 같은)의 개념이
지역에 따라 다름에도 불구하고, 서로 무관한 많은 문화권을 관통하는
공통의 개념적 핵이 그런 집단을 바라보는 사람들의 사고방식에서 발견
된다. 그런 인지 메커니즘이 우리의 진화적 적응 환경을 특징지어온 커
다란 협력 집단 속에 생존을 허락하도록 진화해왔을 것이다.[17] 이런 집
단은 민족적 인지 메커니즘(ethnic cognition mechanism)에 해당하는 새
로운 종류의 심리적 메커니즘으로만 해결될 수 있는 몇몇 고유한 질문
(그중에서도 협력 문제)을 안고 있었을 것이다. 인종주의적 개념은 아마
도 어떤 형태의 사회적 맥락에서 그런 메커니즘의 기능이 나타난 결과
일 것이다.

통속적이고 생물학적인 일반화(folk-biological generalizations)를 조
절하는 모듈은 굴절적응(exaptation)의 소산물이며, 그것이 곧 우리의 민
족 인지라고 질-화이트(Gil-White 1999, 2001a, 2001b, 2005)는 말했다
(Atran 1998; Sousa et al. 2002). 달리 말해서, 우리 조상들은 민족집단
을 마치 생물종처럼 표현하게 되었다. 질-화이트에 의하면, 민족집단과
생물종은 많은 점에서 중요한 여러 속성을 함께 가지므로, 통속-생물학
모듈이 민족집단에 적용되었을 것이다. 민족집단은 생물학적 후손에게
문화적으로 전달된 안정적 규범(norms)에 의해 특징지어지며(Boyd and

---

17) 인간만이 그런 큰 집단(민족학(ethnology)에서 "민족(ethnies)" 또는 "부족
(tribes)"이라고 부르는)을 형성하고 집단의 내부 결속을 확실하게 하려는 어
떤 심리적 메커니즘을 필요로 한다(Dubreuil 2010을 보라).

Richerson 1985; Henrich and Boyd 1998), 민족집단이 다르면 규범도 다르다(Richerson and Boyd 2001). 이 때문에, 동일 민족집단에 속한 개인들은 비슷하게 행동하기 쉽고, 소속 집단이 다르면 다르게 행동하기 쉽다. 다른 무엇보다도 서로 다른 집단에 속한 개인들 사이의 소통은 서로 같은 집단에 속한 개인들 사이의 소통만큼 이득이 없을 수 있다. 민족집단 내에서 협력 규범이 다르면 소통비용이 들기 때문이다(Gil-White 2005). 이런 이유로 민족을 나누는 경계는 사회적 교류의 제한, 특히 결혼에서의 제한과 보통 일치했다. 결혼과 번식은 그래서 아마도 대개 동족결혼이었다. 결국에는 규범이 다른 사람들과 교류할 때 생기는 손해비용을 피하도록 민족집단은 민족 표식(ethnic marker)을 사용해 다른 민족집단과 서로 구별했다(McElreath et al. 2003). 우리 조상은 자기가 속한 민족의 일원임을 보여주는 표식(의복, 피어싱 장신구, 방언, 말씨 등)이 있었고, 서로 그런 표식을 눈여겨보았다(Kinzler and Spelke 2011). 민족집단에는 생물종과 공통으로 가지고 있는 네 가지 속성이 있다. 즉, 민족집단 일원은 민족 표식으로 겉모습을 구별되게 하고, 같은 민족집단에 속한 개인들은 공유하는 규범으로 비슷한 방식으로 행동하고, 그런 규범은 후손에 전달되고 번식은 동족결혼으로 하는 것이 보통이다. 민족집단을 통속적 생물학 메커니즘을 사용하여 생각하는 것은 그저 모듈을 잘못 작동시킨 것이라기보다 일종의 굴절적응의 결과였다고 질-화이트는 결론 내렸다. 민족집단을 생물종으로 여기는 것이 더 적응적이었기 때문이다. 달리 보면 민족집단을 생물종처럼 표현하는 것이 나쁜 과학(bad science)이라고 해도, (자연선택 관점에서 보면) 좋은 규칙이었을 수 있다. 왜냐하면, 조상들이 제한된 접촉을 근거로 다른 민족집단을 귀납적 일반화하여, 결국 다른 집단과의 불필요한 교류비용을 없애는 메커니즘을 가질 수 있게 해주었기 때문이다. 가장 중요한 것이 있는데, 민족집단을 생물종처럼 개념화함으로써, 아마도 다른 민족집단 소속 개인들 사이의 교류, 특히 족외혼이 있게 했을 것이다(그 예로

Regnier 2015를 보라. 그는 사회집단이 어떻게 본질화되는지 아주 흥미로운 이야기를 제시한다).

마셰리와 포셰르는 질-화이트의 작업을 기반으로 인종차별화된 집단(racialized group)과 (카스트와 같은) 또 다른 형태의 집단이 민족 인지 모듈(ethnic cognition module)을 발화시키는 도화선처럼 작용한다는 가설을 옹호했다. 이 가설은 통속적 생물학 모듈에 근거한다. 인종의 일원임을 정해주는 신체 특징은 그런 특징이 어떤 식으로 구성된 것이라 해도 결국 민족 표식과 비슷하다. 그러나 민족 인지 모듈의 도화선에 불을 붙이려면 인종주의 하나만으로는 안 된다. 왜냐하면, 인종은 민족집단과 다르기 때문이다. 인종이 민족으로 대치된다고 하더라도 같은 인종의 구성원 사이에 다른 민족집단의 일원이 있을 수 있다. 인종주의 정책은 그 인종에 속한 사람들로 하여금 세대를 거쳐 오면서 전승된 규범에 순응하거나 아니면 순응된 것처럼 보이도록 만들어낼 수 있다. 인종주의 정책과 그에 따른 규범이 공유되면서 결혼은 동족혼으로만 좁혀졌고, 같은 종족끼리 거리가 비록 멀리 떨어져 있어도 집단규범의 순수성을 더 많이 만들어내려는 경향이 있으며, 타 종족과 같은 지역에 거주한다고 해도 타 종족과 상호 교류하지 않으려는 방향으로 되어간다. 그래서 인종을 민족적 집단으로 개념화하는 것은 대체로 적응적이지 않다. 결론적으로 말해서, 우리가 생각하는 소박한 생물학(naive biology)은 인종차별적 인지에 맞게 굴절적응되지 않는다.

그러나 이런 관점이라면, 민족집단과 인종화된 집단이 항상 본질주의의 소산물이 아니라는 사실을 우리가 어떻게 설명해야 할까?[18] 민족 및 인종이란 개념을 습득하는 과정은 두 가지 요인의 제어 여부에 달려 있다고 나는 제안했다. (1) 생득적 메커니즘으로, 이것은 내가 "민족습득장치(ethnic acquisition device, EAD)"라고 이름 붙인 (앞서 기술한 대

---

18) 예를 들어, 인종을 분명하게 본질로 보지 않는 페루의 야파테라(Yapatera) 부족을 연구한 Hale(2015)을 보라.

로 본질주의의 독특한 형태를 포함하는 것으로) 민족의 핵심 개념을 제공한다. 그리고 (2) 상황의 사회적 요인과 문화적 요인으로, 이것은 민족 개념에 독특하고 지역적 콘텐츠를 부여하며, 민족이나 인종이 본질화되지 않도록 본질주의의 편견을 중화하거나 상쇄시킬 수 있다.[19] 이러한 여러 요인이 어떻게 상호작용할 수 있는지 설명하는 것은 12장의 한계를 벗어나지만, 여기서 제시된 관점에 따라 본질주의를 민족습득장치(EAD)의 부분이라고 상정한다고 해서, 본질주의 민족 개념과 본질주의 인종 개념의 형성과정이 반드시 민족습득장치로부터 추론되는 것이 아님을 명심하는 일이 중요하다. 그래서 예를 들어, 오스투티(Astuti 1995)는 마다가스카르의 베조 족(Vezo of Madagascar)의 경우, 어린이들과는 달리 어른들은 본질주의가 아닌 통속적 인종 이론을 가지고 있음을 보여주었다(Kanovsky 2007). 모야와 보이드는 최근 인류학 연구에서 민족적 사고방식이 항상 본질주의를 동반하는 것이 아니라고 했다. 그리고 "고정관념 형성, 집단 내 충성, 그룹 간 적대감, 본질주의 현상과 같은 어떤 분명한 민족적 현상을 기능적으로 구별하는 서로 다른 인지 메커니즘이 깔려 있다"(Moya and Boyd 2015, p.2)고 결론 내리기 때문에 이런 정밀한 구분이 중요하다. 나는 이런 관점을 다음에 한정해서만 동의한다. 즉, 민족적 사고방식과 무관한 인지 메커니즘도 민족집단이나 인종집단에 대한 본질적 사고를 지지하는 것으로 연루될 수 있다. 그리고 어떤 집단에 그들만의 독특하고 단일한 본질이 있다고 생각하지 않는다. 이 두 경우에 한정해서만 나는 앞선 연구 결과에 동의한다. 민족습득장치(EAD)가 본질주의적 요소나 본질주의적 편견으로 구성되어 있지만, 그런 본질주의 편견은 경우에 따라 비본질주의적 견해로 역전될 수 있다고 본다. 나는 그런 반전을 보여줌으로써 본질주의를 탈피하는 경우를 설명한다.

---

19) 다른 방향으로는 편견을 강화하는 쪽으로도 연구할 수 있다. 이에 대해서는 나중에 상세히 다룬다.

본질화 과정에서 언어의 역할

앞서 우리가 보았듯이, 모든 형태의 사회집단이 본질화되지 않으며, 본질화된 사회집단 안에서도 역사의 매 순간마다 그리고 모든 문화적 경우마다 전적으로 본질화되는 것은 아니다. 그래서 주어진 사회정치적 맥락에 따라서 어떤 종류의 사회적 집단이 본질화**될 수밖에 없는지**에 관한 정보를 알려주는 어떤 수단이 있을 것이다.[20] 이 제안을 처음 내 놓았을 때만 해도 집단을 본질화하는 정보가 언어라는 컨베이어 벨트를 타고 전이된다는 점을 확신하지 못했다. 이런 점과 연관하여 나는 셸만과 헤이맨(Gelman and Heyman 1999)의 논문에 깊은 인상을 받았다. 이 논문에서 저자들은 ("당근을 먹고 있는") 같은 동사와 달리 ("당근 먹는 이들") 같은 일반 명칭(common name)을 어떻게 사용하는지에 따라 어린이들이 부모의 격려 없이도 자신이 속한 집단을 더 안정적이고 고착화되도록 이끈다는 점을 증명해 보였다. 최근의 더 많은 연구는 또 다른 어휘 구조가 사회적 본질주의를 전달하는 데 중요한 역할을 하는데, 바로 "총칭언어(generics)"가 그렇다고 한다(Rhodes et al. 2012; Leslie 2014; Leslie, 출판 예정).

총칭언어는 "호랑이는 줄무늬가 있다", "치타는 빨리 달린다", "핏불은 성질이 사납다"와 같은 형태의 명제를 말한다. 로데스 연구팀이 말한 대로, 총칭명제는 "개별적 개체 차원이 아니라 일반화된 대상으로 상호 소통되는 명제"(Rhodes et al. 2012, p.13527)로 이해된다. 일반적으로 동일 범주집단에 속한 구성원 모두에게 사실로 통용된다는 뜻이다. 그러나 그 범주에 속한 대부분 구성원은 그런 일반화된 성질을 가지

---

20) 또한, 어린이와 성인이 집단을 본질화시키도록 사용하는 암시적 행동들이 있을 수 있다. 이런 암시적 행동에는 경쟁 아니면 위협이나 분리 행동들을 통해 집단을 더 두드러지게 보여주는 것들이 있다(Bigler and Liben 2007; Martinovic and Verkuyten Ercomer 2012; Plante et al. 2015).

지만 그렇지 않은 소수의 구성원도 있을 수 있고 혹은 반대 사례들도 존재한다는 사실도 무시할 수는 없다. 레슬리(Leslie)가 보여준 (이어 나오는) 예를 통해서 이런 점을 설명하자면, "모기가 서부 나일 바이러스(West Nile virus)를 옮긴다"는 명제는 실제로는 그런 바이러스를 옮기는 모기가 정말 거의 없음에도 불구하고 진짜처럼 다뤄지고 있다.

잘 설계된 일련의 실험에서 로데스 연구팀은 총칭언어가 사회적 범주 기준에 대한 본질주의적 믿음을 전달하는 역할을 한다는 것을 보여주었다. 간단히 핵심만 설명해보자. 그 연구팀은 "자피(Zarpies)"라고 부르는 새로운 인간 범주를 그린 그림을 네 살 어린이 대상군에게 보여주었다. 그 범주는 본질화에 익숙해진 기존 집단에 비해 다양했다. (즉, 자피는 인종, 성별, 나이가 다르게 되어 있다.) 이런 성격을 묘사한 그림에 ("자피는 꽃을 먹는다"와 같이) 총칭언어를 써서 만들어진 글자를 붙였거나 아니면 ("이 자피는 꽃을 먹는다" 또는 "어떤 자피가 꽃을 먹는다"처럼) 비총칭언어(nongenerics)를 써서 만들어진 텍스트를 붙여놓았다. 그런 다음 참여자들이 어느 정도까지 대답하는지를 측정하기 위해 어린이들에게 다음과 같이 요청했다. "(1) 새로운 범주에 연관된 속성들이 어느 정도까지 선천적이며 불가피한 것으로 예상하는지 질문한다(**유전적** 항목). (2) 특정 단일 범주 구성원에 부여된 속성이 어느 정도까지 다른 범주 구성원에게 확장될 수 있는지 질문한다(**귀납적** 항목). 그리고 (3) 그 범주의 멤버십이 자신의 범주가 가진 전형적 속성으로의 발달을 어느 정도까지 설명하고 그 이유를 밝혀줄 수 있는지를 질문한다(설명적 항목)."(Rhodes et al. 2012, p.13527) 그 연구 결과를 통해서 총칭언어가 실험 참여자의 본질주의적 반응을 강력히 증가시켰음을 알게 된다(어떤 경우에는 대조군에 비해 본질주의적 반응이 두 배가 되었다).[21]

---

21) 똑같은 과정을 어른에게도 적용해도 마찬가지로 강한 효과가 나타났다. 이 연구팀에 의하면, "일생에 걸쳐 사회 세계를 학습한다는 점과 새로운 사회적 범주를 어른이 되고서야 처음으로 대면하게 될 수 있다는 점을 고려하면, 성

이어 관련한 또 다른 실험에서 부모들에게 본질주의 신념이나 비본질주의 신념을 유도한다는 측면에서 자피를 보여주었다. 글자 없는 자피 그림책을 주고 부모와 아이들이 같이 책에 대해 이야기하도록 요청했다. 로데스 연구팀은 그들 이야기에서 사용된 총칭언어를 측정했다. 그 결과 본질주의 신념을 가진 부모들이 자피를 말할 때 총칭언어를 두 배 이상 사용했다. 또 부모들이 비본질주의 조건에서보다 본질주의 조건 아래에서 부정적 평가를 더 많이 한다는 것을 발견했다. 이런 실험 결과를 종합하면, 총칭언어는 "한 세대에서 또 다른 세대로 사회적 본질주의의 전달을 용이하게 만들 수 있다"는 것을 보여준다(Rhodes et al. 2012, p.13529). 물론 범주집단에 대한 총칭언어를 들었다고 해서 필연적으로 본질주의 신념을 갖도록 만들지는 않는다. 때때로 범주에 관한 정보가 본질주의적 생각을 차단한다. 예를 들어, 지역 전화번호가 같은 사람들에 대하여 어떤 사람이 "속물들(snobs)"이라고 말한다고 해도, 그 지역 전화번호가 그 집단 사람들의 본질적 속성이라고 생각하지는 않는다. 왜냐하면, 지역 전화번호는 자연종을 나누는 기준이 아니라는 것을 다 알기 때문이다. 이런 이유로, 레슬리(Leslie 2014, p.217)는 처음 접하는 종류의 구성원(요소)을 지칭하는 총칭언어를 들었을 때 본질주의를 "초기화된 가정(default assumption)"으로 생각한다는 것이다. 레슬리는 ("상어가 수영객을 잡아먹는다", "무슬림은 테러리스트이다" 등과 같은 일반화처럼) "한몫에 속성을 일반화하기"라는 또 다른 흥미로운 생각을 제시한다. 레슬리는 그런 일반화가 긍정적인 속성과는 반대로 본질주의 집단에 속한 소수의 사람들에 의한 부정적인 사례만을 채택한 결과로 본다. 그들의 일반화 의도는 다른 사람들로 하여금 그런 일반화된 행동을 하게 하거나 그런 경향을 갖도록 하는 데 있다고 레슬리는 지적한다. 또 사회적 범주집단의 경우 집단 내 일원에서보다 집단 외 사

인들도 총칭언어에 반응하는 것이 사실이다."(Rhodes et al. 2012, p.13527)

람들을 대할 때 부정적 일반화로 인한 비대칭의 불평등 정도가 훨씬 더 크다. 레슬리는 "그런 정보를 일반화하는 데 미숙하다면 거기에 드는 잠재적 비용이 어마어마하므로, 그런 일반화의 경향이 주는 진화적 이점을 어렵지 않게 알 수 있다"고 말한다(곧이어 나오는 4-5절).[22] 그러나 그런 경향에 진화적 장점이 있다면 그런 장점은 곧 사회생활에는 해로운 영향이기도 하다(즉 어떤 집단에 대하여 고정관념을 부추긴다). 부모들은 일반화에 이르게 하는 언어 형태들을 항상 의식하지는 않기 때문에, 총칭언어가 제기한 문제들에 대한 해결책은 분명치 않다. 설상가상으로 어른들은 범주집단에서 사용되는 총칭언어의 범주를 "모두" 혹은 "대부분"으로 해석하고 있는 반면에, 어린이들은 그 총칭언어의 범주를 "어느 정도"라는 정량적 수준으로 이해한다는 데 레슬리(Leslie 2014)는 주목한다.

이 단락의 내용은 두 가지로 요약된다. 먼저 동물 범주에서 총칭언어는 본질주의의 발달로 이끄는 유일한 요인(그리고 약한 요인)으로 생각되어왔다(Rhodes et al. 2012). 반대로 로데스 연구팀은 "사회적 본질주의는 더 천천히, 더 선택적으로 또한 문화적 변동성을 갖고 발달하며, 여기서 문화적 영향력은 동물 범주의 경우보다 훨씬 더 중요한 역할을 한다고 추정한다."(Rhodes et al. 2012, p.13527) 이런 것은 내가 앞서 제안한 인종 인지의 모듈형 관점과 모순되게 보일 수 있다. 그러나 나는 이것이 사실이라고 생각하지 않는다. 성적 취향을 보자. 근친상간에 관한 리버만(Lieberman et al. 2007)의 혁명적 이론에 의하면, 누가 잠재적 섹스 메이트인지 혹은 아닌지에 관련된 한 가지 형태의 정보(그러나 유일한 정보는 아닌)는 성장 초기 동거 여부에 있다. 당신과 같이 성장

---

22) 샬러와 뉴버그도 비슷한 주장을 한다. "진화된 인간 지각의 편견처럼 위협을 감지하는 심리는 일반화를 과도하게 하는 쪽으로 되어 있어서, 설혹 위협인 그 무엇을 드러내지 않는 많은 이들이라도 … 어떤 잠재적 위협을 드러내려 한다는 가정이 내포되어 있다."(Schaller and Neuberg 2012, p.14)

한 사람은 당신과 관련되어 있다는 사실 하나만이라도 당신과 잠재적 메이트가 아니라는 충분히 신뢰할 만한 단서가 된다.

리버만에 의하면, 남자는 여성보다 이런 결론에 도달하는 시간이 더 걸린다. 이것에 대한 가설적 근거로서 부모 투자 이론(parental invest-ment theory)이 있는데, 여성보다 남성이 잠재적 메이트에 대해 잘못 결론 내림으로써 발생하는 비용은 여성보다 남성에게 더 적게 든다고 한다. 잠재적 메이트인지 알아보는 결정을 하기 위해 성장환경에 관한 정보를 추가로 필요로 한다고 한다. 이것은 잠재적 메이트를 결정하는 메커니즘이 모듈 방식이라는 논제와 모순되지 않는다. 우리는 누가 자신의 잠재적 메이트인지를 결정하려고 어느 정보를 처리해야 하는지 얼마나 오래 다루어야 하는지 배울 필요가 없다. 동물적 본질성과 사회적 본질성에 대해서도 비슷하다. 동물적 본질성은 모든 면에서 적응적이고 아주 어린 발달과정부터 나타나지만, 사회적 본질성은 모든 면에서 적응적이지 않으며 삶의 생애 초반에는 동물적 본질성이 우리가 생각하는 것만큼 역할을 하지 않는다. 이것은 환경에 진화, 적응하면서 다른 민족 집단과 사회적으로 교류하는 것이 (1) 생애 전반기에는 뜸했고, (2) 부모가 늦게까지 사회적 교류를 간섭했던 것 같다. 그래서 어떤 사회적 범주가 본질화되는지를 결정하는 메커니즘은 생애 후반에서 시작되고, 나아가 사회적 정보를 통해서 수정될 수 있는 여지를 갖고 있다고 보는 것이 타당하다.

둘째, 앞서 언급했고 겔만과 로데스 연구팀 후기 논문에서도 말했듯이, 나는 다음과 같은 제안에 동의한다. 언어가 어떤 범주를 본질화하는지를 알려주는 단서로 될 수 있으며, 그래서 언어가 본질적 믿음을 전달하는 사회적 전달자로 될 수 있다는 점이다. 그러나 나의 이론은 이보다 더 많은 무엇을 보여준다. 내가 보기에 모든 본질주의 형태는 똑같지 않다. 민족 혹은 인종에 대한 본질주의도 똑같지 않고, 성별에 대한 본질주의도 아주 많이 다르다. 전자는 "혈통 본질주의"라고 부를 수 있는 형태와 관련되지만, 후자는 그렇지 않다. 즉, 민족 혹은 인종의 경우 본질주의적 속성을 부모로부터 획득한다고 하지만, 성별의 경우는 그렇지 않다. 내가 아는 한 겔만은 물론 로데스와 그 연구팀원 누구도 이런 본질주의적 인식의 특징을 설명하지 않았지만, 나는 민족이나 인종을 통속-생물학적 모듈이 굴절적응(exaptation)한 소산물로 생각한다(즉, 인간 집단에 대한 내 생각은 어느 정도 생물종에 관한 사유 노선을 따른다).23)

본질주의, 고정관념, 선입견

어떤 사회집단에 대해 본질적 믿음을 취한다는 것은 그 집단에 대해 고정관념과 선입관을 갖는다는 것을 뜻한다. 실제로 해슬람 연구팀이 보여준 일련의 논문(특히, Haslam et al. 2000, 2006; Bastian and Haslam 2006, 2007; Haslam and Whelan 2008 등)에 따르면, 본질주의를 취하는 개인 간 차이가 고정관념에 치우치는 정도를 대체로 예보해 준다. 이런 상관성은 부정적인 고정관념에 한정되지 않는다(Bastian and Haslam 2006, p.234). 부정적 고정관념에 대한 지지는 무엇보다도 본질화된 집단이 매우 실체적인 것처럼 (한결같이) 보인다는 사실에 의존한다. 예를 들어, "남성"이란 범주는 하나의 본질화 집단이라고 믿어지지만(일단 당신이 남자라면 사는 동안 계속해서 남자이다), 남성이라는 집단의 실체성(entitativity)의 수준은 실제로 낮은 편이다(남자들 가운데 서로 다른 다양성의 정도가 유의미한 수준으로 나타난다). 그러나 유대인이나 흑인이라는 범주는 보통 높은 정도의 실체성을 갖는 본질화된 집단으로 여겨진다(즉, 집단의 일원들은 서로 비슷하다). 프렌티스와 밀

---

23) 예를 들어, 정확하지는 않아도, 다른 인종 간 커플에서 탄생한 아이는 부모 중에서 사회적으로 뒤처진 집단에 속한 부모의 정체성을 물려받을 것이라는 하위혈통계승(hypodescent)처럼 문화는 생각하는 방식에 어떤 변이를 가져올 수 있기 때문이다.

러(Prentice and Miller 2007)에 의하면, 그런 높은 정도의 실체성을 갖는 집단은 대체로 부정적으로 평가되기 쉬운 집단이다.

파우커 연구팀(Pauker et al. 2010)은 어린이들을 대상으로 한 연구에서 본질주의와 고정관념 사이의 연결고리가 있다는 결과를 확인해주었다. 아이들이 나이가 들어가면서 (다른) 인종집단에 대해 고정관념을 더 가지기 쉽다는 사실을 설명하기에는 충분하지 않지만, 이 연구는 (특정 능력에서 두드러진 인종 차이성이나 인종 라벨이 활용된다는 사실로서) 인종적 유별성(racial saliency)과 (다른 집단에 대한) 인종 본질주의 모두가 아이들로 하여금 고정관념을 갖는 데 기여한다는 점을 잘 보여주고 있다.

널리 인용된 윌리엄스와 에버하트의 연구논문도 인종을 본질로 보는 본질주의자가 주는 충격은 인지적인 것뿐 아니라(고정관념을 수용하도록 영향을 미치듯이), 동기부여에도 영향을 준다는 것을 보여주었다. 이 연구에서, 본질주의적 인종 개념에 젖은 개인은 (인종 범주가 유전적으로 뒷받침될 수도 있다는 정보에 이미 고취된 상태라서) "인종적 불평등을 자연스러운 것으로, 문제 되지도 않는 것으로, 바꾸고 싶지도 않은 것으로 이해하는" 경향이 있음을 발견하였다(Williams and Eberhardt 2008 p.1034). 또 인종 개념에 젖은 사람들은 "인종차별적 불평등을 바꾸려는 동기도 약하고, 그런 격차에 관심도 별로 없고, 행동도 별로 하지 않음을 발견했다. 대인관계에서 인종을 생물학적 개념으로 보는 사람들은 인종을 사회적 개념으로 보는 사람들보다 인종 간 친구 관계가 다양하지 않고, 인종을 넘어 친구 관계를 확대하려는 뜻도 별로 없으며, 다른 인종의 사람과 접촉을 유지하려는 관심도 덜하다"는 것을 그들 연구는 보여주었다(p.1034).

과학에서 인종에 관한 담론을 지속하는 데 드는 비용과 이익이 무엇인지를 결정하는 문제에서 중요한 쟁점은 본질주의에 관련한 지금까지의 연구들에 의해 부각되었다. "사람[또는 집단의 일원]의 성격과 행동

400

양식을 겉으로 보이는 유전적 기질[또는 집단 내 일원들에 공유되고 겉으로 보이는 유전적 기질]에 기반하여 추론하려는 경향"을 유전적 본질주의라고 할 수 있는데, 우리가 지금까지 논의해온 연구들은 이런 유전적 본질주의를 밝혀보고 있다(Dar-Nimrod and Heine 2011, p.802). 유전적 본질주의는 심리학적 본질주의의 한 변형으로, 본질을 유전적인 것으로 상정한다. 내가 한 이전의 본질주 연구처럼, 그런 유전적 본질주의가 만연한 경우(Jarayatne et al. 2006; Keller 2005), 사람들은 다른 집단에 대해 고정관념을 더 많이 취하고, 집단 차이를 더 부각하고, 집단 구성원 사이의 겉으로 보이는 유사성을 더 확대하려고 한다. 이에 더해 유전자 결정론을 고질적으로 믿는 사람들 사이에서 만연한 유전적 본질주의는 선입견과 집단적 편견을 더욱더 확산시키게 된다(Keller 2005, p.697).

필란 연구팀은 인종과 유전자에 대해 말할 때 고려해야 할 한 가지 결과를 밝혀냈다. 일련의 실험에서 피험자들에게 "사회구성론 예시문", "인종 유전자 실재론 예시문", 그리고 "제3의 출구 예시문" 등으로 이름 붙여진 세 가지 예시문을 읽도록 요청했다. "사회구성론 예시문"은 인종을 생물학적 실재와 무관하게 사회적으로 구성된 것으로 표현한다. "인종 유전자 실재론 예시문"은 인종을 유전자 연구로 입증된 개념으로 표현한다. 마지막 "제3의 출구 예시문"은 인종집단의 특징(예를 들어, 인종집단마다 다른 질병 유형)과 그 집단에 현존하는 유전 변이체 사이의 연결고리 정보를 표현한다. 저자들에 따르면, "인종 유전자 실재론 예시문"과 다른 "제3의 출구 예시문"의 차이점이 있는데, "제3의 출구 예시문"은 "건강에 심각한 결과로 차이난다는 점에서 유전적으로 인종 차이가 있다는 아이디어를 분명히 지지하지만, 그렇다고 해서 인종집단 간의 일반적인 유전적 차이를 더 많이 말해주지는 않는다."(Phelan et al. 2013, p.174) 그런 다음 연구자들은 인종에 본질적 차이가 있다고 믿는 정도를 측정했다. 예를 들어, "흑인과 백인이 많은 면에서 서로 같을 수 있음에도 불구하고 흑인에게는 백인과 본질적으로 다른 어떤 것이 있다"(p.188)와 같은 내용을 사람들에게 평가하게 했다. 또 "제3의 출구 예시문"은 "인종 유전자 실재론 예시문"과 똑같은 정도로 본질적 인종 차이의 믿음을 이끌어낸다고 밝혀졌다. 이는 "사회구성론 예시문"보다 정도가 훨씬 더 높다. 그리고 흑인에 대한 암묵적 인종차별주의와 사회적 거리감을 측정할 경우에도 비슷한 결과를 밝혀냈다. 대체로, 인종 특징과 유전자 사이의 연결고리가 만들어지면, 그것은 보통 본질주의적 태도로 되어버린다. 이는 인종본질주의를 동반하는 인지적 특징과 동기 유발적 특징으로 인종을 보는 태도를 말한다. 이런 태도는, 리슈(Risch) 처럼 인종 개념이 유전학으로 입증된 것이라 말하려 할 때, 혹은 (스펜서처럼) 인종이란 용어는 어떤 지시체를 갖는다고(앞의 내용을 보라) 말하려 할 때, 조심해야 한다. 몬태규가 예상한 대로, 이런 식의 인종 논의는 결국 인종본질주의로 이끈다.

이제까지 나는 언어 밑에 깔린 단서를 통해서 민족 개념을 생산하는 어떤 정신적 메커니즘이 있다고 논증해왔다. 그리고 일단 집단이 본질화되면 고정관념이 더 더해지고, 어떤 상황에서는 편견도 따라서 높아진다고 논증했다. 이제부터는 특정 종류의 편견과 행동 유형을 습득하고 촉발하는 역할을 감정(emotion)에서 찾을 수 있다는 점에 초점을 맞춰보려고 한다.

감정

마지막 소절에서 나는 인종주의적 인식에 기초가 되는 심리적 메커니즘을 밝히는 여러 형태의 연구를 알아보려 한다. 이런 연구는 편견화된 집단에 대한 특정 행동과 감정 유형에 관한 것이며, 진화론적 "사회기능주의" 감정이론(evolutionary "sociofunctional" theory of emotions)에 기반한다. 먼저 해당 이론을 설명하고 이론으로 설명된 실증 결과 몇 가지를 제시하겠다.

심리학에서 편견은 전통적으로 "획일적인 일반화의 현상(general un-differentiated phenomenon)"(Schaller and Neuberg 2012, p.10)으로, 예를 들어 "불합리한 부정적 태도(unreasonable negative attitude)"(Fishbein 1996, p.6) 혹은 "그릇되고 경직된 일반화로 생긴 혐오"(Allport 1954, p.10)로 설명되었다. 그래서 편견을 정의하는 본질은 집단의 일원 모두에 대한 고착된 태도에 있다. 이런 집단 혹은 저런 집단에 대해 우리가 왜 편견을 갖는지 설명하는 이론들이 있다. 이런 이론으로 얻은 예측 대부분은 그 태도의 정확한 **내용**에 관해서는 관심도 없이, (긍정적이거나 부정적이거나 관계없이) 고착하는 태도가 생기는 것은 단지 그 집단이 나와 다르다는 이유만으로 돌린다. 바로 이런 점에서 편견을 설명하는 이론들은 대체로 비슷하다. 한편, 뉴버그와 코트렐은 다음과 같이 질문한다. 먼저 "왜 일반 사람들은 때때로 게이(gay)에 대한 반감으로 게이들로부터는 학교에 다니는 자신의 아이들을 멀리 떼어놓으려 하는가? 반면에 왜 토착(native) 미국인에 대해서는 안쓰러움을 갖고 그들을 위한 사회공동체 봉사 프로그램을 만들려 하는가? 그리고 왜 아프리카계 미국인에 대해서는 두려워하고 자기방어 신종 기술을 배우려 하는가?"(Neuberg and Cottrell 2006, p.163) 반대로 진화론에 고무 받은 몇몇 저자들은 편견이란 전통 심리학 이론이 보여준 것 이상으로 잘 짜인 것이라고 제안했다.[24] 이런 견해는 편견을 이해하는 "위협-기반(threat-based)" 프레임을 택한 코트렐, 뉴버그, 샬러로 이어지는 논문들에서 제안되었다(Cottrell and Neuberg 2005; Neuberg and Cottrell 2002, 2008; Schaller and Neuberg 2012).[25] 이런 모델은 "사회기능적" 이론에 근거한다. 즉, 그러한 감정에 대한 기능주의 접근에 따르면, (공포, 반감, 분

---

24) 비슷한 다른 접근방식을 Fiske, Cuddy and Glick(2006)에서 참조.
25) Tapias et al.(2007) 참조.

노, 당황 등과 같은) 감정들은 특정 문제를 풀기 위한 특정 반응 혹은 잘 조정된 일련의 반응이다. 예를 들어, 정신생리학자인 로버트 르벤슨은 감정을 다음과 같이 규정했다.[26]

감정은 환경 변화에 따라 적응 모드를 효과적으로 표현하는 것으로 짧게 지속되는 심리적-생리적 현상이다. 심리학에서 볼 때, 감정은 관심을 유도하고, 반응 층위(response hierarchies)를 높이는 쪽으로 특정 행동방식을 고조시키고, 기억에 있는 유의미한 연결망을 활성화시킨다. 생리적으로 볼 때, 감정은 얼굴 표현, 신체적 근육 긴장, 어조, 신경계 자동 활성, 그리고 효과적인 반응에 최적화된 신체 환경을 만들기 위한 내분비 활성화 등, 이런 다양하고 서로 다른 생물학적 반응들을 시스템적으로 신속하게 조직화한다. 감정은 특정한 사람, 특정한 대상, 특정한 행동, 특정한 아이디어 쪽으로 우리를 잡아끄는 반면에, 다른 사람, 다른 대상, 다른 행동, 다른 아이디어에서는 우리를 멀어지게 하면서, 우리가 직면한 환경에 대하여 우리 자신이 잘 대처하도록 해준다(Robert Levenson 1994, p.123).

감정에 대한 사회기능적 접근은 기능주의 접근법의 한 가지 버전이다. 물리적 환경에서 오는 문제들(예를 들어, 독성 먹거리나 포식자를 피해야 하는)에 좀 더 집중해야 하는 다른 기능주의와 대조적으로, 사회기능적 접근방식은 사회적 생활에서 맞닥뜨리는 문제에 초점을 맞춘다. 외부의 집단 구성원과 자기 집단 구성원 사이의 관계에서 나타나는 문제가 바로 그러한 여러 문제 중 하나이다. 사회기능적 접근에 의하면, 어떤 감정들은 그런 사회적 문제들에 적응한 결과로 생긴 반응체계이다. 그래서 특정의 민족집단이나 인종집단에서 도드라진 감정들은 그런 사회기능적 문제들에 해당한다. 좀 더 구체적으로 말해서, 해당 집단에

---

26) Keltner and Haidt(1999, 2001) 참조.

내재된 위협요소들에 대처하는 태도가 바로 그들의 감정이다. 다른 집단에서 받는 위협들은 (대인관계에서 오는 적대 감정으로서 위협, 오염될 수 있다는 위협, 속아서 가치 있는 자원을 뺏길 위협, 집단 공유 가치가 손상될 위협 등이 서로 다르듯이) 그 각각이 그 자체로 다르기 때문에, 이런 위협들은 각각에 대해 질적으로 다른 반응을 하도록 진화된 다른 심리 프로세스를 끌어낸다. 그리고 (예를 들어, 오염의 위협은 그 누군가와 접촉을 피하도록 하고, 반면에 적대 감정은 싸움을 준비하거나 도망가도록 하듯이) 다양한 위협들은 거기에 맞는 다양한 반응을 필요로 하기 때문에, 다양한 위협에 처한 집단마다 다른 반응은 그들 나름의 특별한 심리-프로세스를 작동시킬 것으로 예상된다. 한마디로 말해서, 다양한 집단마다 그들의 "편견 목록(prejudice profiles)"도 다르리라 본다(Schaller and Neuberg 2012, p.10).

어느 민족집단이나 인종집단에서 문제는 여러 가지가 복합적으로 부과되기 때문에 반응감정도 복합적일 것이다. 이런 설명은 집단 내부의 하위 집단에 대한 다양한 반응에서도 적용되는데, 그 하위 집단들도 각기 다른 위협에 처할 수 있고 그래서 거기에 맞는 각기 다른 감정이 유도된다. 마지막으로 하나 더 붙이자면, 위협에 대한 취약성은 시간이 가면서 바뀔 수 있기 때문에, 외부 집단에 대한 정보를 처리하는 데 적합한 메커니즘이나 외부 집단에 의해 부과된 위협에 대해 적응적 반응을 생성하는 데 적합한 메커니즘은 "기능적 유연성(functional flexibility)"을 보여주어야 한다(Schaller and Neuberg 2012, p.15).

이런 예상은 밴쿠버에서 백인 피험자를 대상으로 코트렐과 뉴버그가 행한 실험 결과가 지지해준다. 백인 피험자를 대상으로 아프리카계 미국인, 아시아인, 캐나다 원주민에 대해서 어떤 감정이 일어나는지를 질문했다. 아프리카계 미국인에 대해서는 (혐오와 분노를 포함해서) 대개 두려움을 드러냈다. 캐나다 원주민들에 대해서는 (약간의 분노를 포함해서) 동정심을 드러냈다. 아시아인에 대해서는 시샘을 드러냈다. 주목할 점이 있는데, 각 대상 집단이 동등한 편견값을 불러일으켰다는 점이다. (즉, 백인은 각 집단에 대해 부정적인 쪽으로 편견을 드러냈다.) 표면적으로는 비슷한 편향 수준이지만, 실제로는 놀랄 만한 정도의 다양한 감정이 숨겨져 있다는 점이다. 코트렐과 뉴버그는 이런 인종집단마다 자리 잡은 문제들이 어떻게 분류되는지를 조사했다. 그들이 보기에 아프리카계 미국인에 대해서는 재산, 건강, 상호관계성, 사회적 조화, 안전에 관련된 문제들을 중시하는 것으로 보였다. (아시아인 같은) 다른 집단에 대해서는 상호관계성이나 사회적 조화의 문제보다는 경제나 지배가치의 맞는 문제들을 중시하는 것으로 보였다.[27] 인지된 위협과 감정 그리고 행동 성향 사이에 연결고리가 있다는 것을 이 연구는 말해주는데(Cottrell et al. 2010), 그래서 "신체적 안전을 위협하는 것으로 보이는 사람은 공포심을 유도할 뿐만 아니라 자기방어 신종 전략을 학습하려는 경향과 경찰 순찰을 확대하는 경향까지 이끌어낸다"는 것을 보여주었다(Schaller and Neuberg 2012, p.11).

마지막으로 샬러와 뉴버그(Schaller and Neuberg 2012)는 취약한 감정을 조작하는 (즉, 피험자를 어두운 방에 있게 하거나, 공포영화를 보게 하고 나타나는) 효과를 보고했다.[28] 이런 무섭다는 감정 조작은 ("살인자" 혹은 "강간범"과 같이) 어떤 집단의 위험성에 관계된 특정한 고정관념의 활성화를 증대시키지만, ("게으른" 혹은 "무식한"과 같이) 위험과 무관한 부정적 고정관념을 활성화시키지 않음을 이 연구는 찾아냈다.[29] 그리고 조작을 통해 특정 집단에 대해서는 특별한 편견을 증가시

---

27) 적어도 신체적 위협의 측면에서, 타 집단 여성보다 타 집단 남성에 대해 다르게 보는 성향이 우리에게 있다는 주장을 내놓은 다른 연구들이 있다. (여기서는 언급하지 않는다.) 이런 차이는 진화사에서 누적되어온 위험 정도가 남자가 여자에 비해 차이가 난다는 점에 근거를 둘 수 있다(McDonald et al. 2011 참조).

28) 외부 집단에 대한 편견과 그들 외부 집단만의 정형화된 형질에서 온 특수 감정의 성향 사이에 연결고리를 보여주는 연구도 있다(Tapias et al. 2007).

키는 결과를 낼 수 있다는 점도 이 연구는 밝혔다. 예를 들어, 질환에 대해 겉으로 드러난 취약성의 정도를 조작하게 되면 피험자들은 자기들과 친숙한 이민자 집단과 달리 자기들과 친숙하지 않은 이민자 집단을 향해 충격적인 혐오를 보인다(Faulkner et al. 2004). 유사하게, 일을 시작하기 전에 항균 수건으로 손을 닦는 만성적인 세균 혐오자들에게 물어보면, 이민자, 과체중인 사람, 그리고 신체 불구인 사람에 반대하는 편견 정도가 낮은 수준으로 나온다(Huang et al. 2011).

이런 연구가 알려주는바, 인종차별적 편견을 한 가지 감정에 의한 단일하고 일원화된 현상으로 생각하는 것은 잘못이다. 편견에 관한 진화이론은 인종적 편견이 "심리학적 일원론"의 형식으로 될 수 없음을 알도록 도움을 준다. 심리학적 일원론에서는 "증오" 혹은 애매하고 부정적으로 고착된 특정 감정이 편견을 설명하기 위해 언급된 유일한 정서 현상이라고 한다(Faucher and Machery 2009). 편견에 관한 진화이론은 또한, 외부 집단으로 인한 특정 위협 혹은 취약함의 인지와 같은 사회적 요인들, 그리고 문화적 요인들이 편견의 내용에도 그리고 편견이 작동하는데도 어떻게 영향을 주는지 보여주어, 인종차별적 편견 심리가 자리 잡고 있다는 것을 잘 밝혀준다.

만일 편견의 특정 형태를 이해하고 완전히 뿌리 뽑고자 한다면, 단일 전략으로는 편견의 모든 형태를 항시적으로 저지하기 쉽지 않기 때문에 (공포, 혐오, 분노, 시기, 동정심 같은) 특정 감정들이 어떻게 작동되는지, 그리고 활성화되는 내용이 무엇인지에 대해 연구하는 것이 핵심이

---

29) 어둠은 위험-상관성 형질에 대해 (신뢰감과 적대감같이) 편견에 치우친 믿음을 증폭시켰다. 그러나 위험과는 관련이 적은 경멸성 관련 형질에 대한 믿음에는 영향을 많이 주지 않았다(Schaller and Conway 2004, p.155). (타 집단에 대한 혐오 감정을 포함하여) 특정의 감정이 외부 집단 일반에 대한 암묵적인 편견을 증가시킨다는 것을 논증한 다스굽타 논문을 참조할 수 있다(Dasgupta et al. 2009). 물론 코렐의 관점은 이와 다르다(Correll et al. 2010).

다. 샬러와 뉴버그가 내놓은 제안은 이렇다. "('우리' 중 하나가 아니라) '그들' 중 하나로 바라보는 누군가에 대해 두려워하는 반응을 완화하려는 … 생활보호 대상자 자격인 누군가의 자격에 대해 생긴 분노를 완화하려는 노력은 전혀 효과 없을 것이다. … 그리고 목표 집단이 복합적인 위협 요인을 암시하는 특징으로 가득할 때, 어떤 단일 전략도, 그것이 아무리 정교하게 설계되었을지라도, 전적으로 그 효과를 볼 수 없을 것 같다."(Schaller and Neuberg 2012, p.44)

결론

여기에서 나는 인종에 대한 생물철학의 두 가지 프로젝트를 논의했다. 첫째 프로젝트는 인종의 존재 여부이다. 인간을 분류하는 인종이 존재하는지의 질문을 조사 연구할 때 통속적 인종f의 존재에 대한 질문과 과학적 인종s의 존재에 대한 질문을 서로 구별해야만 한다는 것을 논증했다. 통속적 인종f의 존재에 대한 질문이 그동안 많이 다루어진 것으로 여겨졌지만, 그럼에도 최근 논의에서 불거진 통속적 인종f의 정확한 내용이 무엇인가를 묻는 질문은 오히려 기존 논쟁의 경계선을 무너트리고 논쟁을 재개시켰다는 것을 나는 보여주었다. 통속적 인종f의 존재 여부를 묻는 질문은 통속적 인종f의 내용이 경험적으로 실증되기까지는 해결될 수 없다. 인종에 관한 논쟁은 여전히 격렬하다. 생물철학자는 논쟁을 해결하려는 시도의 일환으로 의미론적 검토와 방법론적 검토를 적용한다. 그리고 규범적인 검토방식도 마찬가지로 적용되어야만 한다고 나는 주장해왔다.

내가 고려한 둘째 생물철학의 프로젝트는 인종차별주의자의 마음과 관련된 것이다. 나는 인종주의 심리학에 대한 진화론적 시각을 채택함으로써, 연구자들은 본질주의와 편견 같은 현상에 대해 더 섬세하고 정밀한 관점을 가질 수 있다고 논증했다. 둘째 프로젝트는 첫째 프로젝트만큼 철학자들에게 잘 알려진 것은 아니지만, 그럼에도 중요한 연구이다. 인종차별주의와 다른 인종주의 해악을 이해하고 뿌리 뽑고자 한다면, 다른 무엇보다 인종주의자의 마음이 무엇인지 검토해야 할 것이다. 진화심리학적 접근이 이런 작업에 가장 좋은 방법일 수 있다고 나는 주장한다.

13. 철학자들은 생물학으로부터 어떻게 배우는가?: 환원주의와 반환원주의 "교훈"

How Philosophers "Learn" from Biology: Reductionist and Antireductionist "Lessons"

리처드 보이드 Richard N. Boyd

철학자들은 생물학 이론 및 개념으로부터 많은 것들을 배워왔으며, 그중 일부는 도움이 되기도 했지만, 일부는 해가 되기도 했다. 여기 중요한 사례 몇 가지를 소개한다.

반환원주의 교훈

비환원적 물리주의(nonreductionist physicalism)**와 다중 실현 가능성** (multiple realizability). 논리실증주의(logical empiricists) 철학자들은 유물론(materialism)을 "물리주의(physicalism)"라는 이름으로 "합리적으로 재구성했다." 그 입장에 따르면, 모든 현상은 "기초 물리법칙"으로부터 연역적으로 포섭될 수 있다. 이런 주장은, 크레이그(Craig)의 보조정리(lemma)에 따르면, 다음을 함축한다(imply). 만약 어떤 복잡한 항목(items)이나 사건의 사태(states)가 물리주의적으로 수락될 수 있으려면, 이것들은 "기초 물리학"의 용어로 서술될 수 있어야 한다.

[그렇지만] 그런 주장은 통증(pain)에 대해 매우 난감해 보였고, 따라서 유물론 철학자들은 유물론의 "동일론" 형식화(identity theory formulation)를 다음과 같이 제안했다. "통증"은 신경생리학 용어로 C-fiber 격발이라(즉, pain = C-fiber firing) 정의하는 것으로 충분하다. (왜 C-fiber의 격발이 물리적이라고 보았는지는 제대로 설명되지 않았는데, 나중에 다뤄보겠다.) 이런 정의는 여전히 환원주의식 개념이며, 그래서 실제 생물학이 끼어들었다. 이따금 뇌손상 후, 뇌의 다른 부분이 그 손상된 부분의 심리적 기능을 대신하는 경우가 있기도 하다. 더구나, 심리적 상태가 모든 종의 (정확히) 동일 구조물로 실현되지 않는다. 이것은 철학자들에게 일부 물리적 사태들이 "다중 실현된다"는 것을 알려주었으며, 그러한 다중 실현은 "기능주의자"와 비환원주의자들로 하여금 유물론을 비판적으로 논의하게 만들었다.

원점으로 돌아오기. 정신현상에 관해 비환원주의와 대략 같은 맥락에 선다는 것은, 인과적 속성, 성향(dispositions), 의미론적 관계, 도덕적 범주, 사회 및 경제적 범주들, 성별 등등을 비환원적으로 취급하기와 관련된다. 그 기본적 이해는 이렇다. 복잡한 현상들은 좀 더 작은 현상들로 (어떤 아주 단순한 방식으로) 반드시 정초되지 않더라도, 어떤 더 작은 이질적 집합체(heterogenous aggregations)로 실현될 수 있다. 일단 이런 이해를 받아들이기만 하면, 더 많은 생물학적 사례들, 즉 종(種), 분류군(taxa), 유기체, 개체군(populations), 유전자 복합체 등등이 고려될 수 있다. 생물학의 철학자들(philosophers of biology)(과 생물학자들)은, 심리철학 초기에 발달된 반환원주의 재원을 이용하여, 이러한 것들은 물론 그와 관련된 현상들을 탐구해왔다. 철학자들이 생물학자들로부터 배우면서 시작했던 것이 원점으로 돌아와서, 이론생물학과 생물학의 철학에 접근할 정보를 제공했다.

환원주의 교훈

생물학적 기능에 대한 자연선택설의 설명. 내가 하려는 설명에 따르며, 신체 기관, 행동, 신호 방식 등등의 생물학적 기능은, 그 구조물들이 (자연선택이 그러한 결과를 산출했으므로) 자연선택에 의해 확립되거나 유지되도록 만들어진 결과임이 분명하다.

도덕심리학에 대한 "진화론적" 접근과 인간 본성에 관한 쟁점들. 나는 여기에서 철학자들이 철학적으로 관련된 심리학적 질문들을 현대 "진화심리학"에 의존해서 대답하려 했던 여러 노력을 말하려 한다.

전략

나는 반환원주의 교훈을 방어하며 **그리고** 확장하는 동시에, 환원주의 교훈을 비판하려 한다. 아래와 같이 그러한 논증들을 펼치려 한다.

완충된 집합체의 형이상학. 생물학에서 나오는 반환원주의 교훈은 다음과 같다. 거의 모든 맨눈으로 보이는 현상들은 "완충된 집합체 (buffered aggregates)"(의 양상)이며, 여기서 "완충하기"는 그것들을 설명함에 있어 중요 인과적 측면들을 견고하게 해준다.1) 이런 개념은 종과 사물(등등), 그리고 지칭(reference) 등의 "융통주의" 개념(accommo-dationist conception)을 지지한다.2)

유물론을 다시 생각해보기. C-fiber가 왜 물리적인가? 융통주의 개념은 우리가 철저하게 비환원적 "구성주의(compositionalist)" 방식으로 유물론을 형식화하도록 만들며, 이를 통해 일반적으로 생물학, 심리학, 형이상학 등에서 비환원주의 접근을 지지하게 해준다.

---

1) [역주] "완충된다"는 것이 무엇인지 뒤에서 설명되니, 계속 읽어보라.
2) [역주] "융통주의"가 무엇인지 뒤에서 설명되니, 역시 계속 읽어보라.

환원주의 충동에 저항하기. 유물론은 **어느 정도** "환원주의" 교설이다. 융통주의와 구성주의 개념은, 유물론의 방어가 구문론적 혹은 개념적 환원주의처럼, 혹은 인간 심리학에 대한 어느 독특한 환원적 접근처럼 무언가를 방어하라고 요구하지 않는 이유를 보여준다.

몇 가지 형이상학적 논의로 시작해보자.

(거의) 모든 것의 과정이론(Process Theory)

"분석적 기능주의(analytic functionalism)", "심리적 기능주의(psycho-functionalism)", "중추신경계 동일론(central nervous system state identity theory)" 등이 물리주의이기를 자처하며 경쟁했던 시절의 가슴 뛰던 날들로 돌아가보자. 그때는 "우연적 동일성(contingent identity)"이 "형이상학적 필연성(metaphysical necessity)"으로부터 도전받고 있었다. "동일론"은 두 가지 차원에서 도전받고 있었다. 하나는 다중 실현 가능성(multiple realizability)을 포함하였고, 다른 것은 (크립키(Kripke)의 영향을 받아) 형이상학적 필연성에 주목했다. 만약 M이 정신 상태를 가리키고 P가 물리적 상태에 대한 물리적 기술(description)이라면, 그리고 이 둘이 모두 엄밀한 지칭(rigid designator)이라면, M = P는, 만약 그것이 참일 경우, 모든 가능 세계(possible world)에서 참이다. 여기서 P가 (그것이 가리키는) 모든 가능 세계에서 무언가 물리적 상태를 가리킨다는 것이 그럴듯해 보이는 관점에서, 만약 동일론이 참이라면, 그것이 모든 가능 세계에서 참이라는 결론이 추론된다. 그러나 "철학적 직관"은 우리에게 이 결론이 참이 아니라고 말해준다. 그러므로 우리는, 편히 앉아서, 정신적인 것을 다루는 유물론에 과학적 질문을 던질 수 있다!

이 문제에 대해 내가 선호하는 답변은 다음과 같다(Boyd 1980). (1) 유물론은 하나의 동일론으로 잘 이해되지 않는다. 어떤 현상들의 집합에 관한 유물론은, 현상들과 그들의 인과적 힘이 확실한 물리적 현상과 확실한 물리 인과적 힘으로 **구성된다**는 주장이다. "다중 실현 가능성"은 이것이 환원주의자 의미에서 "동일성"을 함축하지 않는다는 것을 보여준다. (2) 하지만 "M이 물리적이다"라는 명제는 "M이 어떤 물리적 현상(즉, 그 자체)과 동일하다"라는 것을 **함의한다**(entail). [필연적으로 그렇다고 추론된다.] (3) 그러나 "M이 물리적이다"라는 명제는 "M이 모든 가능 세계에서 물리적이다"라는 주장을 함의하지 않는다. 이 장의 많은 부분은 이러한 접근의 형이상학적 및 의미론적 토대와, 철학자들이 생물학자로부터 어떻게 배우는지 그리고 생물학자들이 철학자들로부터 어떻게 배우는지에 대한 연관성을 다룬다.

C-fiber의 경우. [환원주의 동일론이 C-fiber 논의에 기대는 것은] 좋다. 그렇지만 (인간에게) 통증의 유일한 실현이 C-fiber 격발이라고, 혹은 그 무엇이든 가정해보라. 그러면 통증은 환원주의자들이 기대하는 방식으로 "물리적 상태"와 관련될까? 환원주의 철학자들이 "물리적 상태"에 관해 말할 때, 그들은 "정확한 총 물리적 상태"와 같은 무엇을 생각했다. (뉴턴 역학의 경우에, 정확한 질량, 위치, 모든 입자의 속도 등을 규정하였으며, 이후 물리학 이론의 경우에도 마찬가지였다.) (C-fiber 자체의) 다중 실현 가능성은 그런 의미에서 어떤 "환원"도 없다는 것을 보여준다. 그렇다면 토큰 C-fiber 격발(CFF)에 관해서는 어떠할까? 통증이 지속되는 동안 토큰 C-fiber 격발 과정을 규정하는 시시각각의 정확한 물리적 상태의 정확한 기능이 있다고 가정해보자. 좋은 방법론은, 우리가 CFF의 "토큰 동일성"을 **엄밀하게** 그 정확한 기능에 정확히 대응하는 과정이라고 단정하도록 요구할까? 우리가 심리학과 신경생리학적 설명에 의존하는 CFF의 인과적 힘은 자체의 **정확한** 물리적 상태에 의존하는가? 그렇지 않다. CFF의 적절한 인과적 속성은, 피험자의 가장 최근 식사에서 ^{13}C(탄소의 동위원소) 대비 ^{12}C의 비율이 약간 달라져서 CFF에 나타나는 물리적 상태를 약간 변화시킨다고 하더라도, 동일할

것이다. 마찬가지로, C-fiber 자체 또한 이러한 조건에서 동일한 C-fiber일 것이다.

이것은 생물학적 관점에서 놀라운 일이 아니다. 생물학적 체계는 중요한 구조들과 인과적 기능들을 유지하고 복제할 수 있는데, 그 체계는 유기체 내부 및 환경의 훨씬 심각한 변화에 대해서도 그것을 어느 정도 완충적이기 때문이다. C-fiber는 일시적으로 확장된 분자 수준의 과정에 대해 동적 안정성(dynamic stabilities)이 있다. C-fiber 격발은 동적으로 완충된 구조적 과정이다.

물론, 이것은 다른 생명체들과 생물학적 성질에 대해서도 참이다. "종 의문(species question)"에 관한 한 가지 흥미로운 사실은 이렇다. 그 의문에 대한 많은 대답은 완충작용을 포함한다. 즉, 여기에서 종이란 어떤 종류의 구조물이 완충된 진화적 지속성을 갖는 것으로 규정된다. 이러한 답변들은 어떤 종류의 구조들과 어떤 종류의 지속성이 포함되는지에 관해 서로 다르지만, 종이 일종의 진화적으로 완충된 과정이다(으로 나타난다)는 점에 동의한다(그 사례를 Mayr 1969, 1970; Hull 1978; Boyd 1999; Magnus 2011에서 보라). 유사한 견해가 상동관계(homology)에 대해서도 주장되는 것 같으며(Wagner 2001; Rieppel 2005a, 2005b), 아마도 더 큰 생물 분류군(higher taxa)에 대해서도 그렇다(Rieppel 2005b; Boyd2 2010b).

그 밖의 것들

생물학적 개별자, 특성, 관계 등은 생물학적으로 관련된 인과적 양태(causal profiles)를 보존하는 방식으로 완충적 과정 같은 것들이다. 이러하다는 것이 생물학적 현상에 한정될까? 그렇지 않다. (거의?) 모든 인과적으로 효과를 미치는 것들은 좀 더 작은 것들의 완충된 결합체(buffered composites)이다. 바위, 강, 테이블, 또는 그 어떤 것이든 특정 원자들이나 분자들의 집합이나, 단순 결합체가 아니다. 그것들을 구성하는 분자 요소들은 시간의 흐름에 따라 변화하며, 때로는 아주 작게, 때로는 크게 변화하지만, 그것들은 응집력에 의해 (완충적으로) 함께 결합된다. 그것들이 관련된 인과적 측면은 자체의 내부 구조 혹은 환경의 변화에 대해 유사하게 완충적이다.

(거의?) 모든 것들의 개별 사례의 인과적 효과와 인과적 힘은, 다른 것들 및 그것들의 인과적 힘과 인과적으로 상호작용할 때, 현재진행의 완충 과정에 의존한다. 야구공이 유리창을 깰 수 있는 잠재 능력은, 야구공의 모양, 단단함, 탄성 등등을 유지하는 그 구성 분자들 사이에 현재진행의 안정화 결합 과정에 의해, 일상적 상황에서 (완충적으로) 유지된다. 그러나 야구공이 유리창을 깨는 어느 특별한 경우에, 그 야구공의 분자적 구성 요소들은 서로 결합을 (뭔가 다르게) **지속함**으로써 그 창문을 깬다. 그 야구공을 구성하는 토큰 완충 과정은 유리창을 깨는 토큰 과정의 일부이다(이 과정을 가장 보여주는 자료로 Earley 2008; 생물학적 분류군에 관한 자료로 Boyd 2010b, Rieppel 2010b 등을 참고하라).

위의 생각을 아주 간략히 정리하자면,

1. (거의?) 모든 인과(causation)는 동적 국면(dynamic aspects)을 가진다.
2. (거의?) 모든 옳은 (거시적 현상을 포함하는) 인과적 설명은, 덜 동적인 거시적 인과와 (그것들이 때때로 지원하여 안정시키는) 존속하는 인과적 양태에 관한 사실을 **반영한다.** 이것은 참인데, 왜냐하면
3. "정적인(static)" 거시적 상태들, 존속하는 거시적 존재들, 그것들의 존속하는 거시적 속성들 등등은 … **단지** (거의) 미시적 인과 과정의 동적 상호작용에서 인과적으로 유지되는 구조적 안정성**에 불과하다.** 복합체 X의 인과적 효과는 그 구성 요소들이 X와 그 거시적

인과적 양태를 유지하도록 **함께 상호작용함**으로써 나타난다.

생물학이 주는 보편적 교훈. (거의) 모든 것들은 과정 같은 것들이다.

융통주의(Accommodationism)

인과적으로 효과적인 것들은 완충된 집합체들이며, 그 인과적 힘은 구성적으로 완충 과정에 의해 보증되는 힘이다. 과학적 설명(그리고 예측 및 추측[Boyd 2010a])에서 우리의 성공은, 이러한 집합체들과 그것들의 인과적 양태들을 어떻게든 "파악하는" 개념, 도구, 용어 등등을 우리가 채용할 수 있는지에 달려 있다. 물론, 개별적 존재들은 서로 다르게 완충된 많은 인과적 양태를 갖는다. 예를 들어, 어떤 개별 늑대는 개과(*Canis lupus*)이고, 포유류에 속하며, 어떤 곳에서는 "최상위 포식자"이다. 우리는 **분야-와-관심-특징의**(discipline-and-interest-specific) 인과적 양태를 반영하여 존재들 종류를 나눈다. 개과는, 개별 늑대의 생물학적 특성을 안정시키는 완충 과정뿐만 아니라, 진화론적 완충 과정(이를테면, 늑대 혈통 내의 번식이나 생물학적 선택을 통한 안정화)을 반영하는 방식으로 개별화되며, 그러한 진화적 완충 과정은 진화를 거치는 시간 속에서 늑대의 인과적 양태에 적절한 안정성을 보증한다. 그리고 포유류 또한 이런 방식으로 구분된다. "최상위 포식자"의 경우, 이 독특한 인과적 양태는, 개별 최상위 포식자 종을 안정시키는 완충 메커니즘뿐만 아니라, 아주 다른 여러 분류군에 걸친 최상위 포식자들에게 작용하는 일종의 안정적 선택 과정을 통해서도, 여러 분류군에 걸쳐 유지(완충)된다.

이러한 개념에 어울리는 적절한 형이상학과 의미론이 자연종(natural kind) 및 자연종 용어에 대한 "융통주의(accomodationist)" 개념에 의해 제공될 수 있다(Boyd 2010a). 여기 더 단순한 버전이 있는데, M을 분야

매트릭스(disciplinary matrix)라 하고, $t_1, \cdots, t_n$ 를 M의 귀납적/설명적 성공에 핵심적인 담론 내에 채용되는 자연종 용어라고 가정해보자. 그러면 속성들의 집합인 $F_i, \cdots, F_n$ 은 $t_1, \cdots, t_n$ 을 가리키는 종들의 정의를 제공해주며, 그것들의 외연(extensions)을 결정해준다. 다만 다음의 경우에 그러하다.

1. **인식적 접근 조건**. M 내의 관행과 세계의 인과적 구조 사이에 인과적 관계로 인해서 확립되는(인과적으로 유지되는) 체계적 경향성(systematic tendency)이 있으며, 그것은 F_i, $i = 1, \cdots, n$에 귀속하는 것들에 대략적으로 참인 M의 관행 내에서 t_i 의 속성이 된다. 특히, t_i 가 F_i (일부 또는 대부분의)의 속성들을 가지도록 귀속되는 것들을 위한 체계적 경향성이 존재한다.3)
2. **융통 조건**. 이러한 사실은, 이러한 설명적 정의를 만족시키는 것들의 인과적 힘과 함께, M 내의 $t_1, \cdots, t_n$ 의 사용이 M의 추론적 관행을 적절한 인과적 구조와 융통하게 해준다. 이것은 그러한 경향성이 무엇이든 다음을 설명해준다. M의 참여자로 하여금, 인과적으로 지속된 일반화를 확인할 수 있고, 정확한 인과적 설명을 얻을 수 있으며, 관행적 문제들에 대한 성공적 해답을 얻을 수 있게 해준다. (더 자세한 설명을 Boyd 2010a, 2010b에서 보라.)

항상성-속성-군집화

이따금 위의 융통 조건은, 어떤 자연종이 자연적으로 발생하는 속성들의 "군집화"(clustering of properties)를 통해 규정될 것을 요구한다. 이는 두 가지 결과를 낳는데, (1) 그 자연종이 정확히 규정되는 구성원

---

3) 어떤 표현 a를 t_i에 귀속한다는 것을, "t_i의 구성원으로 a를 가진다"라고 단언하는 것으로 생각하라.

의 조건을 갖지 못하며, (2) 군집을 규정하는 특성들은 시간과 공간에 따라 다양하게 변화한다. 생물학적 종들은 대표적 항상성 속성 군집화 (Homeostatic property clustering, HPC) 자연종이다. 이런 HPC 설명의 의도된 결말은, 적절한 군집화 기제에 참여가, 종종 혹은 언제든, HPC 종에 대한 부분적 정의임을 설명해준다(이에 대한 더 자세한 설명을 Boyd 1999에서 참조).

자연종의 "심리 의존성(Mind Dependence)", "상대성", 그리고 "실재성"

어떤 의미에서, 융통주의는 자연종을 분야-관련 사회적 구조로 만들어준다. 그것이 자연종을 "비현실적"이거나 존재론적으로 의심스럽게 만들지는 않을까? 그렇지는 않다. 객체(사물)는 보통 많은 다양한 인과적 속성들을 가지며, 그 속성 중 일부는 어느 부류의 현상들에 대한 예측 및 설명, 또는 실제 이용 등에 적절하거나 그렇지 않을 수 있다. 그렇게 우리는, 우리가 관심 두는 효과를 만들어내는 인과적 힘의 집합 혹은 군집을 (우리가 바르게 이해하는 경우) 반영하는 방식으로, 종을 분류한다. 여기서 문제의 인과적 힘, 그것들의 군집화(그 인과적 힘들이 HPC를 구성하는 경우), 그것들의 인과적 효과, 그리고 그것들이 만들어내는 결과 등등은 모두 온전히 실재적이다. 어떤 효과들이 우리에게 관심 끌게 만든다는 사실이, 그러한 효과들에 대해서든 그것에 영향을 미치는 종에 대해서든, 존재론적 입지를 떨어뜨리지 않는다. 그렇다는 것은, 관심에 따른 효과가 부분적으로 우리의 분류 관습(classificatory practices)에 의해 발생하더라도, 참이다. 오로지 인간의 분류 습관이 어느 정도 비인과적으로 관심의 효과를 결정할 경우에만(필요조건으로), 유령 같은 형이상학적 방식이 "실재성"의 쟁점을 불러일으키기는 하겠지만, 융통주의 개념은 결코 그러한 어떤 주장도 제안하지 않는다(더 자세한 내용을 Boyd 2012에서 참조). [즉, 인과적 효과만을 주장하므로, 존재론적 입지를 스스로 낮추는 어떤 주장도 하지 않는다.]

융통주의 확장하기

항상성 속성 군집화(HPC) 개념과 완충 과정 개념 사이에 유사성이 분명히 있다. 왜냐하면, HPC 자연종의 경우, 항상성을 보증하는 과정은 완충 개념이 상정하는 일종의 완충적 과정이기 때문이다. 그러나 모든 자연종이 HPC 종은 아니다. 어떤 종에는 경계의 불확정성이 결단코 존재하지 않으며, 그 결정적인 인과적 힘도 단지 항상성으로 공유되지 않기 때문이다. "…는 $^{12}C^{16}O_2$ 분자이다"에서 외연(extension)에 어떤 불확정성도 없으며, $^{12}C^{16}O_2$ 분자들이 화학적 효과를 내기 위한 인과적 힘에서도 서로 다르지 않다. 그럼에도 불구하고, $^{12}C^{16}O_2$ 분자들은 화학적으로 적절한 구조를 유지하는 완충 과정 때문에 존재하며, 그 분자들이 작동하는 인과적 힘을 갖는다.

따라서 모든 혹은 거의 모든 것들과 특성들이 완충된 군집이라는 제안은, 융통주의로부터 HPC 요소로의 과도한 확장이다. 종, 상위 분류군, 경제 조직의 종 등등이 HPC 과정에 의해 안정된다는 사실은, 분자들이 완충된 과정(그 인과적 힘이 완충작용으로 유지되는)이라고 믿을 (혹은 의심할) 어떤 이유도 제공하지 않는다. **오히려 그 분자들은 (거의?) 모두 자연현상이다.**

철학을 위한 생물학의 형이상학적 (그리고 의미론적) 교훈

정신 상태의 다중 실현 가능성을 인지함으로써, 심리철학자들은 비환원주의 유물론을 도출할 수 있었다. 비환원주의 유물론에 대한 신뢰와, 안정화 과정의 역할에 대한 인정은, 생물학에 대한 환원주의 접근을 위축시켜왔다. 내가 여기에서 단언하건대, 이러한 반성에서 나온 교훈은 더 넓은 범위에 적용된다. (거의) 모든 자연현상들은 생물학 시스템과 아주 유사하게 중재된-완충-과정을 보여준다!

유물론과 그 증거 기반을 재고해보기

C-fiber 격발로 돌아가보자. 모든 (인간의) 통증이 C-fiber 자극이라는 것을 우리가 안다고 가정해보자. 이런 가정은 통증이 물리적 과정이란 것을 왜 보여주어야 하는가?

철학자들은 유물론을 이해하기 위한 서로 다른 두 가지 접근법에 이끌려왔다.

1. **환원적 접근법**. 유물론은 모든 개념과 법칙이 개념적으로/구문론적으로 "기초 물리학"의 법칙과 개념으로 환원될 수 있다고 말한다. 이것은 논리실증주의자들이 주창한 **반형이상학적** "합리적 재구성"이다. 이는 정신-중추신경계 "동일성 이론"을 낳았다. 그렇지만 C-fiber 격발과 같은 중추신경계 상태들은, 논리경험주의자들이 이해했듯이, 기초 물리적 상태와 동일하지 않다.
2. **집합체 접근법**. 유물론은 (a) + (b)를 주장하는 교설이다. (a) 모든 사물/특성/능력/힘 등은 아주 작은 물리적인 것들과 (그들과 결합된) **힘, 역장**(fields), **물리적** 속성 등의 **집합체**(aggregates)이며, 그리고 (b) (앞서 언급한 필기체의 것들은 무방하지만) 문제의 아주 작은 것들, 즉 (힘 및 역장과 연관된) 인과적 속성들에 관한, 또는 그것들이 집합체를 이루는 방식에 관한, 정신적, 목적론적, 합목적, 표상적 혹은 신학적인 어떤 것들도 존재하지 않는다(Wilson 2006).

어느 쪽을 선택할 것인가?

과학자들이 생물학이나 그 외의 분야에서 유물론의 개념을 확증해왔다는 측면에서, 집합체 접근법은 자신들의 개념과 관습을 붙든다. 아무도, 최근 등장한 유전학의 생화학적 이해가 유전 및 발달 법칙 그리고 일반화 등을 "기초 물리학 법칙"으로 반드시 (개념적으로) 환원시켜줄 것이라고(함의한다고) 생각하지 않는다. 환원적 접근은 과학의 "환원적" 발견조차 설명해주지 못한다. 어느 쪽을 선택할지는 명백한데, **그렇지만** …

증거는?

과학자들이 유물론의 개념들을 증명해왔다는 측면에서, 그들이 증명한 것은 집합체에 대한 교설뿐이다. 그러나 우리가 왜 그들이 유물론의 개념을 증명했다고 생각해야 하는가? 그보다 그들은, 중요한 많은 효과들이, 우리가 보통 물리적이라고 말하는 현상들에 의해 인과된다는 것을 증명했다고 말하는 편이 더 정확하지 않을까? 동일성 이론을 위한 초기의 여러 동기 중 하나는, 유물론이 정확히 어느 ("기초 물리학의 용어"로 묘사되는) 물리적 현상이 통증과 동일한지를 알아내려는 과학자들에 의해 증명될 것이라는 개념이었다. 과학자들이 이를 달성하지 못했다면, 유물론을 뒷받침하는 증거는 무엇인가? (a)와 (b)가, C-fiber와 그 격발 같은 신경생리학적 현상에서 참이라고 왜 믿어야 하는가? 여기에는 두 가지 쟁점이 있다.

첫째, 어떤 현상은 원자와 분자 같은 작은 것들의 집합체이며, 따라서 그것들의 인과적 힘의 집합체는 (문제의 정확한 원자 구성 요소들을 규명해주지 못함에도) 그런 현상적 특성의 인과적 효과를 **일으키기에 충분하다**는 등이 입증될 수 있다. 정말로 과학자들이 연구하는 거의 모든 현상은 이런 상황에 놓여 있다. 만약 다른 행성에서 생명체가 발견된다면, 우리는 (더 이상의 연구 없이도) 그 생명체들 또한 원자들로 구성되어 있으며, 원자들의 구성 요소의 인과적 힘이 그 원자적 요소들의 인과적 힘의 집합체에서 비롯된다고 충분히 가정할 수 있다. 물론, 이러한 경우에 우리의 지식은 매우 이론 중재적이며, 전체 이론의 통합이 고려되지만, 이것은 모든 과학 지식에 대해 참이다(Boyd 2010a). 마찬가지로, 우리는 원자와 그 구성 요소들의 정신적 속성들에 호소할 필요가 없다고 거의 확신할 (실제로 과학적 연구가 확신하는 만큼 신뢰할) 좋은 위치에 있다.

두 번째 쟁점은 다음과 같다. (b)를 만족하는 것들이 집합체를 이룰 때, 그것들이 우리가 알고 있는 모든 효과를 내기에 인과적으로 충분하다는, 즉 다른 비물리적 요인들이 작용하지 않는다는 것을 함의하지 않는다. 아마도 결합된 물리적 현상이 인간의 모든 행동을 인과적으로 일으키기에 충분할 수는 있지만, 그러나 어쩌면 비물리적 정신적 요인들이 행동을 유도하도록 작용할 수도 있다. 아마도 생물학적 현상을 설명하기 위해 생기(활력(vital forces))를 도입할 필요는 없겠지만, 생물학적 효과를 인과적으로 일으키는 무언가가 존재할 수도 있다. 그러한 비물리적 조력자가 결코 존재하지 않는다는 증거는 무엇일까?

김재권의 연구(1993)는 이 논점을 심리철학과 형이상학의 중요한 쟁점으로 만들었다. 그에 따르면, 원인이 불필요한지를 판단하는 기준은 "인과적 중복 결정(causal overdetermination)", 즉 한 가지 결과에 대해 (그 결과를 내기에 인과적으로 충분한) 서로 다른 두 가지 원인을 상정하는 것을 배제하는, "인과적 배제 원리(causal exclusion principle)"이다. 이 원칙이 비물리적인 정신적 "조력자들"을 배제하는 것은 그렇다고 치자. 그렇지만 그 원칙은 (김재권이 주장하듯) 비환원주의 유물론 또한 배제시킬 수도 있다. 왜냐하면, (비환원주의 유물론자들은 인정하는) 모든 자연적 결과들을 일으키는 미시 물리적 원인들의 인과적 충분성이 거시 물리적 원인들의 인과적 효력을 배제시킬 수 있기 때문이다.

이런 문제에 대한 해결 방안은 다음과 같다. 비환원주의 유물론에 따르면, 거시적인 것들은 실재적이며, 큰 복합체들은 **합성되어서** 무엇의 원인으로 작용할 수 있다. 여전히 비환원주의 유물론자들은 비중복성 원리(nonredundancy principle)를 **필요로 한다.** 즉, 합성된 물리적인 것들과 그 거시적 힘은 용인**되지만**, 설명에 불필요한 이원론적 가정은 용인되지 않는다. 물론, 서로 다른 "층위들(levels)"(예를 들어, 더 혹은 덜 미시적인 것들)에 대한 설명의 수락을 통제하는 방법론적 원리들이 있다. 스터전(Sturgeon 1992)이 강조하듯이, 이러한 원리들은 다중의 또는 중복의 인과적 설명들을 모두 배제하지 않는다. 그러한 비경쟁적 설명들은 상호 협조하는 경우가 있을 수 있다. 이따금 거시 인과적 설명에 대한 신뢰는, 거시적 원인의 (더욱) 미시적 요소들이 결합으로 조화를 이루어, 어떤 거시적 효과(결과)를 (도와서) 어떻게 일으키는지를 설명해줌으로써 강화된다.

그러나 여전히, 건전한 방법론적 관행들이 **이따금** 미시적 설명과 거시적 설명을 상호 배제적인 것으로 취급하기도 한다. 만약 당신이 (단지) 움직이는 자동차와의 충돌만이 나무 손상의 원인이라고 상정한다면, 그리고 날아가기 대신 (단지) 토네이도의 미시적 구성 요소들과의 상호작용만이 원인이라고 상정한다면, 우리는 두 양립 불가능한 설명을 제안하는 것이다. 당신의 설명을 받아들이는 것이 내 설명을 받아들이는 것을 배제시키지만, **그것이 상정된 인과적 요소들의 크기 때문은 아니다.** 그래서 적절한 비중복성 원리는 몇몇 거시적 원인을 배제시키지만, 모든 거시적 원인을 배제시키지 않을 것이다. 그렇다면 적합한 "인과적 배제 원리(causal exclusion principle)"란 무엇일까?

이 쟁점을 "인과적" 배제의 일종으로 보는 것은 오해의 여지가 있다. 왜냐하면, 그러한 용법은, 문제의 원리가 (소방대 분석에서, 유리창이 야구공에 의해 깨졌다고, 혹은 원자 야구공 구성 요소에 의해 깨진 것이라고) 원인의 개념을 분석함으로써 명료해질 수 있다는 생각을 (비록 엄격히 함의하지는 않는다고 하더라도) 장려하기 때문이다. (물론 이런 생각이 용어 자체에 수반되는 것은 아니다.)

이러한 사고방식이 오해의 여지가 있는 이유는, 가장 명확한 경우에서도 모든 원인이 물리적이며, 문제의 원리가 일상의 인과적 개념에 대한 개념 분석에 의해 수용 가능하지 않은 **후험적인**(*a posteriori*) 물리적 원리이기 때문이다. 그보다 물리적인 경우에 그 적절한 원리는, 물리적 시스템에 새로운 0이 아닌 힘을 추가할 때, 새로운 질량을 추가할 때와 마찬가지로, 일부 사물의 가속에 0이 아닌 변화를 발생시킨다는 사실에 의해 뒷받침된다. 관련 입자와 질량이 고정되어 있는 경우에, 그 올바른 비중복성 원리는, 힘$\{F_i\}$가 힘$\{G_j\}$의 요소들로 구성되지 않을 "**경우에, 그리고 오직 그럴 경우에만**'(필요충분조건으로), 힘$\{F_i\}$는 결과 E를 유발하며, 또한 힘$\{G_j\}$를 발휘한다고 말하는 것을 배제시킨다. 예를 들어, 만약 힘$\{F_i\}$가 힘$\{G_j\}$를 구성한다면, 배제는 정당화되지 않는다. 이것은 아주 그럴듯한 설명이지만, **선험적**(*a priori*)이지는 않다. 힘의 보존이 상정되는 고전적 물리 시스템에서, 비중복성 원리는 전체 에너지와 질량의 보존과 동등한 의미를 가진다.

따라서 제대로 이해하고 나면, 비중복성 원리는 거시적 사물과 거시적 특성들, **그리고** 그것들의 거시적 구성 요소들과 이들의 미시적 특성들 **모두**의 인과적 효과를 배제하지 않는다는 것을 알 수 있다. 개략적으로 말하자면, 복합체들과 이들을 구성하는 인과적 힘들은 인과적 효과를 구성하는 요소들과 **엄밀히 경쟁하지 않는데, 그러한 구성 요소들은 복합체를 구성함으로써 적절한 인과적 힘을 발휘하기 때문이다.**

검토 중인 물리 시스템의 일부 또는 전체가 물리적인지 여부를 확실하게 알 수 없는 경우에, 반중복성 원리(antiredundancy principle)를 적용하는 경우는 어떠할까? 예를 들어, 비물리적인 정신적 원인이 존재하는지 아닌지에 대해서 논의할 때라면 말이다. 이 경우에 방법론적 원리를 적용해야 하는데, 이 원리의 신뢰는 **후험적으로** 정당화된 물리적 원리와의 연결에 근거한다. 여기서도 "인과적 배제"에 대해 말하면서, 그리고 "원인"과 관련 개념들의 개념적 분석에 초점을 맞추는 것은 (대략 살펴보기만 해도) 정당화되지 않는다. 이러한 경우에도 역시 반중복성 원리는, 상정된 추가적 원인들이 추가적 효과를 불러오도록 요구하는데, 고전적 경우에서처럼 이미 가정된 원인의 복합체는 "추가적"으로 고려되지 않는다.

생물학에서 배우기, 과학에서 배우기

지금까지 우리는 철학자, 생물학자, 그리고 다른 과학자들을 포함하는 상호 학습 과정을 살펴보았다. 그 학습 과정을 관통하는 주제는 다음과 같다. 적어도 자연현상의 측면에서, 광범위하게 구성된 형이상적이고 인식론적인 질문들은, **선험적** 사고에 의해서라기보다, 과학적 방법의 연장선에서 **후험적** 방법으로 설명되어야 한다. 이것은 유물론을 이해하는 측면에서 참이며, 인과적 집합체에 관한 방법론적 원리의 측면에서도 참이다. 모든 중요한 방법론적 원리들처럼, 그렇다는 것이 온전히 **후험적으로** 정당화될 수 있다(Boyd 2010a, 2012).

환원주의적 충격에 견디기

비록 유물론이 **어떤 점에서** "**환원주의적**", 즉 환원주의 교설이지만, 그것이 특정 종류의 현상들[예를 들어, 앞서 언급한 (a)와 (b)]에 대해 말해주는 바는 일상적 의미에서 환원주의적이지 않다. 또한, 어떤 현상 또는 다른 형상들에 관한 유물론적 확증이 일상적으로, 어느 평범한 의미에서, 어떤 다른 유물론적으로 수락 가능한 현상으로 환원될 것을 요구하지 않는다. 여기에서는 다음과 같이 말하는 것으로 만족하자. 그러한 현상들에 대해 (a)와 (b)가 타당하다고 믿을 만한 좋은 과학적 근거가 있으며, 일상적으로, 이것은 환원과 같은 어느 것도 요구하지 않는다.

그러나 어떤 종류의 현상에 대한 유물론적 개념을 정당화하기 위해서, 환원적 설명 같은 **무엇이든** 필요해 보이는 경우들이 있다. 생물학적 종들이 환경에 대한 기능적 적응이 그 핵심 사례이다. 다윈과 월리스 (Alfred Russel Wallace) 이전, 그러한 적응에 대한 어느 순수한 유물론적 설명이 가능했을지는 확실치 않았다. 다윈, 월리스, 그리고 현대 생물학자들조차 논리실증주의자들이 전망한 것과 같은 의미에서 적응 현상을 환원하지 않았지만, 그들은 어떻게 적응의 원인이 순수하게 물리적일 수 있는지를 보여주기 위해 우리가 "환원 스케치(reduction sketch)"라 부르는 것을 내놓았다.

분명히 때때로 이러한 환원 스케치는 필요하다. 어떤 현상에 대한 그런 스케치가 없다면, 우리는 유물론을 잠정적으로 거부하거나 문제의 현상을 믿지 않으려 할 수도 있었기 때문이다(또는 판단을 보류할 수도, 물론, 있었다). 아마도 의식이란 현상은 지금 환원 스케치를 요구한다(나는 그렇게 생각하지 않지만, 이는 다른 부분에서 다루어야 할 내용이다). 여기에서 나는 몇몇 철학자들이 환원 스케치와 같은 뭔가의 재원으로 진화생물학을 활용했던 두 가지 최근 사례를 살펴보려 한다. 첫째는 생물학적 기능의 개념이고, 둘째는 인간 사회심리학적 질문, 즉 특별히 도덕철학 및 사회철학의 문제와 관련된 심리학적 측면이다. 첫 번째 경우에, 나는 이렇게 주장한다. 환원 스케치가 필요하다는 전제에서, 그런 스케치는 생물학적 기능의 선택적 효과(selected-effects) 개념에 의해 제공되지 않으며(왜냐하면, 그것들은 과학적으로 잘못된 개념들이기 때문이다), 대신 자연종에 관한 상당히 비생물학적인 고려에 의해서 제공된다. 두 번째 경우에, 많은 철학자는 "진화심리학적" 연구 발표에 의존해서, 도덕적, 사회적 동기에 대한 질문에 명확히 대답하려 애쓴다. 이 문제에 대해 나는 철학자들이 (진화론의 함축을 잘못 이해한) 생물학자들과 심리학자들의 환원적 개념에 의해 호도되었다고 주장할 것이다. 이러한 오해만 없다면, 도덕 및 사회심리학에 관한 철학적 개념들이 광범위한 과학적 연구에 의해 폭넓게 설명될 수 있을 것이다. 사실, 도덕적 및 정치적 이론은, 다른 철학 분야와 마찬가지로, 경험과학의 연장선에 있지만(Boyd 2010a), 그 관련 자료들은 대부분 진화가 아니다.

생물학적 기능의 선택적-효과 개념

밀리칸(Millikan 1984)과 니앤더(Neander 1991)에 의해 처음 개발된 한 논증에 따르면, 생물학적 기능이란 적임의 개념은 "오작동(mal-function)"이란 연관 개념과 관련지어 생각해야만 한다. 척추동물의 심장의 기능은 피를 순환시키는 것이지만, 기능하지 않는 심장, 다시 말해 **오작동**의 심장은, 피를 순환시키도록 되어 있다고 **가정되기** 때문에, 여전히 심장이다. 모든 이러한 규범적으로 건전한 언어는 많은 사상가가 보기에 그것을 자연주의적으로 수용하려면 환원적 스케치가 필요하다고 생각할 것처럼 보인다.

생물학적 기능의 선택적 효과 개념은 개략적으로 생물학적 시스템 내에 어떤 국면의 기능이 자체의 역사 문제라는 것을 제안한다. 선대의 A가 (때때로) F를 발생시키는 경우에만 A의 기능은 F이며, A의 출현 또는 지속은 일부 A가 (F를 발생시켰기 때문에) 자연선택에 의해 선호됨으로써 설명된다. 이러한 점에서 생물학적 기능은 진화된 기능이다.

이러한 설명이 진화생물학에서조차 생물학적 기능이란 개념을 온전히 담아내지 못하는 것은 명백하다. "굴절적응(exaptation)"의 경우에 (Gould and Vrba 1982), 한때 기능 F를 가졌던 혈통 내의 유기체들의 어떤 국면 A는 앞서 제안된 설명을 만족시켰을 수도 있지만, 그러나 이후 이어진 어느 혈통에서, 생존과 번식은 A가 또 다른 작용 F′를 보증해주는지에 달려 있다. 이것이 일어날 한 가지 방식은 선택적 효과 개념에 적합하다. 어떤 새로운 조건들 아래 놓인 개체들에서, 선택이 A가 F′을 보증해주는 유전적 변화를 선호했을 수 있으므로, 이어진 혈통에서 A가 F′를 보증해준다는 자연-선택 설명이 가능할 수 있다.

그러나 발달 가소성(developmental plasticity)이 선택을 좌우하는 경우에(West-Eberhard 2003 참조), 개별 유기체들은 스스로의 행동과 생리를 변화시킴으로써 새로운 조건에 적응적으로 반응할 수 있으며, 그렇게 해서 (자연선택이 작용하기에 앞서) 그 유기체들은 A가 기능 F′를 보증해주어 그 혈통을 보존시켜줄 수 있다. 예를 들어, 다음 경우를 생각해보자. 전문화된 구강구조 A가 어느 혈통의 유기체 내에서 선택석으로 구축될 수 있다. 그 유기체들은 초기에 정확히 특정 식물 종 P를 먹이로 섭취해야 했는데, 왜냐하면 A는 바로 그 특정한 식물을 섭취하기에 편리했기 때문이다. 어떤 그럴 법한 설명에 따르면, 그러한 기능은 P를 섭취하기에 편리하다. 만약 그 혈통 내에서 어느 고립된 집단의 개체들이 서식 지역 내의 P의 멸종을 마주하더라도, 그것들은 (유전빈도의 어느 변화 없이도) 생존하고 번식할 수 있는데, 그것들 모두 혹은 거의 모두는 A를 아주 다른 식물 P′의 섭취에 이용하는 식으로 반응할 수 있기 때문이다. 심지어 A가 P′를 섭취하는 데 특별히 효과적이지 않음에도 말이다. 일반적으로 만약 이런 일이 발생한다면, **차후의** 선택이 그 후손들로 하여금 P′의 섭취 기능을 더 잘 보증해주도록 변형시켜줄 것이라고 우리는 예측할 것이다. 그러나 이런 일이 벌어지더라도, 진화 시나리오는 선택이 A(의 개조)를 선호할 것을 요구한다. 왜냐하면, A가 P′의 섭취를 보증해줄 **새로운 기능을 이미 가졌기** 때문이다. 기능에 대한 생물학자들의 작업 개념은, 그것이 역사적인 것만큼이나, 미래 지향적이다.

그러므로 우리는 선택적 효과 개념을 거절할 이유를 가지지만, 오작동 개념의 규범적 함축에 대해서는 어떠한가? 분명 규범적인 무언가가 **있기**는 하지만, 규범성은 일상의 인식적 규범성이며, 생물학에 국한된 규범성이 아니다. 우리는 생물학적 시스템들이 어떻게 생존하고 번식하는지에 관심을 둔다. 융통주의가 예측하듯이 (그리고 인식적 규범성이 요구하듯이) 우리는 종류, 범주, 그리고 관계에 관한 새로운 개념들을 필요로 하며, 그 개념들은 생존과 번식을 보증해주는 인과적 구조 및 관계와 융통적이어야 한다. 생물학적 시스템에서 다음은 아주 상식이다 (어쩌면, 보편적이다). 어떤 혈통 내의 유기체들에서, 어떤 구조나 행동 또는 어떤 그와 같은 표현형 특징 A가 있으며, (a) 그 혈통의 많은 유기체 내에 A는 어떤 효과 F를 일으키며, (b) 몇몇 또는 모든 경우에 A가 F 효과를 일으키는 것이 문제의 유기체 생존과 번식에 기여하고, (c) A는 뚜렷한 발달 경로와 관련이 있으며, 따라서 A는 F의 발생과 독립적으로 구분될 수 있으며, (d) 어떤 A는 F를 발생시키지 않기도 하고, (e) (반드시 그런 것은 아니지만) A가 F를 발생시키거나, 특별히 효과적으로 F를 발생시키는 어느 유기체를 선호하는 자연선택이 있을 수도 있으며, (f) (a)에서 (e)까지의 이해는, 그 혈통 내의 몇몇 유기체가 살아가고 번식하는 방식과 그 혈통이 유지되는 방식(또는 유지되는지 여부)을 이해하는 데 중요하다. 만약 우리가 그 혈통의 생명 활동 또는 진화론의 역사를 이해해야 한다면, (a)-(e)가 명확히 드러나거나, 혹은 지금까지 드러났던, 혹은 드러날 수 있는 방식을 표현할 방법을 가진다는 것은 인식적으로 규범적이다. 자연종/관계 등등의 표현인 "A가 온전한 생물학적 기능 F를 가진다", 그리고 "A는 유기체 (또는 개체들 또는 그 무엇이든) y 내에서 오작동하거나 오작동했다"라는 말은, (a)에서 (f)까지의 현상들을 기술하기 위해 사용된 언어적 표현들이다. 이런 표현들은, 우리의 개념과 추론이 적절한 인과적 구조와 융통하는 방식을 반영한다. 여기에서 규범성은 완전히 인식적이다. 즉, 생물학적 사실들을 분별시켜준다. 우리가 F 또는 그것의 온전한 기능을 "승인할" 필요는 없다. 마찬가지로, 평화주의자는 대륙간탄도유도탄(ICBM)에 대해 그것의 기능을 승인하지 않은 채 오작동한다고 묘사할 수 있다.

"진화"심리학

많은 철학자가 (인간) 진화심리학에 관여해왔다. 조이스(Joyce 2005)와 스트리트(Street 2006) 등과 같은 몇몇 철학자들은 진화심리학 연구 결과에 대해 깊이 이해했다. 그런 이해에 기초하여 그들은 인간 도덕심리학에 대한, 그리고 도덕실재론(moral realism)에 대해 진화론적으로 심각하게 도전했던, 자신들의 개념을 옹호하려 했다. 다른 철학자들은 (예를 들어, Buller 2005, Fedyk 2012, Richardson 2007 등) 현대 진화심리학에 대해 중요한 철학적 비판을 제공했다. 나는 이러한 비판 중 가장 강력한 비판 몇 가지를 잠시 요약할 것이다. 그런 다음에 나는 이러한 비판들에 대해 흔히 제기되는 다음의 반응을 소개할 것이다. 진화심리학자의 접근방식은 중요하고 생산적인 가설들을 낳았다. 그런 가설들은 실험적 증거를 통해 뒷받침되었다. 즉, 진화심리학은 "고안의 맥락(context of invention)"에서 가치 있는 전략이라는 것이 증명되었으며, 그렇다는 것이 "확증의 맥락(context of confirmation)"에서도 문제가 없었다.4)

---

4) [역주] 고대 아리스토텔레스 이래로 과학의 방법은 귀납추론(induction)과 연역추론(deduction)으로 구분되었다. 라이헨바하(Reichenbach)가 제안한 전통적 구분법에 따르면, "발견의 맥락(context of discovery)"은 증거로부터 일반화 또는 새로운 사실을 추론하는 귀납추론 형식을 통해 이루어진다. 반면에 "정당화의 맥락(context of justification)"(여기에서 확증의 맥락)은 일반화 혹은 보편명제로부터 어떤 개별 관찰을 추론하는 연역추론 형식을 통해 이루어진다. 그런데, 일찍이 미국의 프래그머티즘의 창시자 퍼스(Charles S. Peirce)는 과학에 그와 다른 추론 형식, "가추 추론(abduction)"이 사용된다고 말했다. 이러한 추론을 통해 과학자가 새로운 일반화 또는 가설을 제안할 경우, 그것은 귀납이 아닌, 연역이다. 여기에서 "투사성 판단(projectibility judgment)"이란 이미 학습된 배경지식에 비추어 새로운 가설을 제안하는 판단을 가리킨다. 뒤의 "발견의 맥락?"에서 설명된다. 그러한 측면에서 증거를 모아 귀납적으로 가설을 제안하는 발견의 맥락과, 이미 제안된 가설을 연역적으로 증명하는 증명의 맥락을 엄격히 구분하는 것은 옳지 않다고 저자는

나는 두 가지 대답을 내놓고 옹호하겠다. 첫째, "고안의 맥락" 대 "확증의 맥락"이라는 구분은 엉터리다. 그러한 구분은 과학에서 투사성 판단(projectibility judgment)이 얼마나 중요한 역할을 하는지를 무시한다. 진화심리학을 무해한 이론-고안 전략으로 보는 것은, 현대 진화심리학의 과학적 결함과, (그들이 주장하는) 환원주의자 및 생득주의자(nativist) 개념을 향한 그들의 부적절한 편견을 눈감아주는 것과 다름없다. 둘째 논점은, 진화심리학이 우리에게 요청하는 많은 이론이 중요한 경험적 확증을 얻었다는 생각과 관련된다. 진화심리학에 편승된 정당화되지 못한 생득주의자와 환원주의자 방법론적 편견에 더하여, 여기 추가적인 문제도 있다. 진화심리학 이론을 시험하기 위해 설계된 많은 실험은, 내가 주장하건대, 이들이 도달하려는 결론인 생득주의를 이미 가정하며, 그런 점에서 그들의 실험 자체는 악의적으로 설계되었다.

우선, 주류 진화심리학5) 특유의 추론적 실천을 요약하는 것으로 시작하자(그 개괄을 Cosmides and Tooby 1997에서 참조. 모든 주류 진화심리학자들이 그 세부적 내용에 동의하지는 않지만, 이들의 생각은 매우 큰 영향력을 갖는다).

주장한다. 이런 주장은 대부분의 현대 과학철학자들로부터 지지된다.

5) 나는 여기에 현재 인기 있는 접근들 중 가장 설득력 있는 것을 요약한다. 중요하게, 이것은 윌슨(Wilson)과 바라쉬(Barash) 등과 같은 학자들 사이에 지배적인 접근이며, 그들은 "진화심리학"이란 용어가 소개되기도 전에 "사회생물학(sociobiology)"이란 분야를 개척했다. 다른 연구자들, 특히 인간 행동생태학자들(behavioral ecologists)은 진화이론이 다음을 예측하게 해준다고 이해했다. 인간들이 진화적응환경(EEA: The environment of evolutionary adaptedness. Cashdan 2013 참조)과 아주 다른 환경에서도 번식에 최적화된 행동을 할 수 있다. 이것은 진화이론에서 나온 일반적 예측일 수 없다! 만약 유기체들이 (가정된) EEA 외에서 최적화된 행동을 보여준다면, 이것은 자연선택에 의해 설명할 수 없었을 것이며, 지적 설계를 위한 증거가 될 수도 있었다. 그러므로 나는 "모든 곳에 최적화" 접근을 고려할 가치가 없는 것으로, 무시하겠다.

현대 진화심리학은 다음과 같이 생각하는 연구 전략이다. 진화이론을 통한 발견이 인간 발달심리학에 관한 이론에 독립적 제약을 가하기 때문에, 어떤 쟁점들은, 적어도 언뜻 보기에, 진화심리학에서 나온 "예측"에 호소하여 해결될 수 있다. 매우 좋은 접근으로, 진화심리학의 핵심적 추론 패턴은 다음을 포함한다. (1) 진화적 적응의 환경에서 행동 양태 B가 진화적 기능 F를 담당하기 때문에 선택 과정에서 선호되었다는 진화적 시나리오 S를 주장하며, (2) 인간이 F를 달성하기 위해 내재된 (혹은 거의 학습된) 그리고 상대적으로 불변의 무의식적 동기(와 매우 유사한 무엇)를 가진다(그래서 그러한 동기의 명제적 내용은 상정된 진화적 기능에 근접한다)고 "예측하는" 시나리오를 선택한다. 좀 더 좋은 접근을 위해, [어떤 행위의] 동기 측면에서 이타적 사회 행동과 (동종의 적응도에 기여하지만 개인적 적응도를 감소시키는 진화적 의미에서) "이타적" 행동을 동일시 여기는 몇 가지 추론 패턴들을 추가해보자. 거의 완벽한 접근을 위해, "B는 생물학적/유전적 기반을 갖는다"는 형식의 전제로부터 "B는 선천적이며 상대적으로 불변적(혹은 그와 유사한 무엇)이다"라는 주장으로 추론을 덧붙여보자.

여기에 두 가지 고전적인 예시가 있다. 첫 번째는 윌슨(Wilson 1975)에게서 나온다(이후 그는 생각을 바꾼다. Wilson 1978; Barash 1979 참조).

1. **전제:** [진화적응환경] EEA에서, 이타주의는 개인의 적응도를 감소시켰다. (동기의 측면에서 이타주의가 특정한 진화적 의미에서 "이타주의"와 동일시되지 않는 이상, 이런 주장은 옳지 않다는 점을 유념하자.) 이타주의는 동족 선택에 의해 확립되었으며, 그것은 이타주의가 개인 적응도를 감소시키는 것 이상으로 이타적 동족의 적응도를 증가시키게 만들었기 때문이다.

2. **결론:** 대부분 이타주의 (무의식적) 동기는 그의 동족 또는 집단 내

에 대한 염려이므로, 이타주의는 내재적 외국인 혐오증(xenopho-bia)과 관련된다.

두 번째 사례는 달리와 윌슨의 연구이다. 이들의 중심 논증은 다음과 같다. "양육은 비용이 많이 들고, 오랜 노력이 들어간다. 따라서 자연선택으로 형성된 양육자의 심리는 무차별적이기 어렵다. 그보다 우리는 양육자의 감정은 그 부모에 대한 아이의 예상 적응도에 따라 달라질 것이라고 예상해야 한다."(Daly and Wilson 1985, p.253) 이런 결론은 특별한 진화 적응 환경에서만 적용되는 것이 아니라, 일반적으로 적용하기 위해 가정되었다는 점에 유념해보자. 재구성해보면, 이 논증은 아래와 같다.

1. **전제**: EEA에서 확립된 자연선택은, 사람들이 돌봄에 따라서 아이의 적응도가 증가하도록 아이에게 보살핌을 제공하는, 양육 패턴을 형성한다.
2. **결론**: 인간은, 돌봄에 따라서 아이의 전망 적응도가 달라지는 자신의 (아이 돌봄 동기의) 느낌을 가지는 선천적 성향(혹은 매우 넓은 환경 범위에서 지속되는 어느 정도의 성향)을 가진다.

이런 추론에 무엇이 잘못되었는가? 이들을 비판하는 사람들 사이의 (거의) 합의에 따르면, 진화적 시나리오의 문제는 진화생물학 내에 만연하는 증거 기준에 부합하지 않는다. 그러나 우리가 시나리오 S를 용인한다고 가정해보자. 그러면 S로부터 인간 심리학에 관한 생득주의자 결론을 추론하는 것은 어떠한가? 하나의 중요한 질문이 S와 양립 가능한 심리학적 가설에 맞춰져 있다.

행동 기반 시나리오. EEA 내의 행동 패턴 선택에 비추어본 시나리오는, 만약 (가능한 행동 패턴의 적응도에 미치는 효과를 계산하는 것도 포함하여) 선택 이야기 그 자체가 행동의 (심리학적 혹은 신경생리학적) 근접 원인에 대한 어떤 특정한 가설에 근거하지 않고서, 선택에 따라 일찍이 유전형질이 되어버린 패턴에만 근거하는 경우, 행동에 **기반한다**. 매우 좋은 그럴듯한 접근을 위해, 모든 현대 진화심리학에 등장하는 시나리오는 행동에 기반한다.

궁극적-적정 다중성 논제(Ultimate-Proximate Plurality Thesis). EEA 내의 한 행동 양태를 고려하는 거의 모든 "과학적으로 신빙성 있는 행동 기반 궁극적 가설"에 대해서, 문제의 행동을 설명해줄 매우 다른 많은 "과학적으로 설득적인 적정 가설들(proximate hypotheses)"이 존재한다. 더구나, 그 많은 가설 중 거의 대부분은 문제의 행동을 학습된 것으로 다루지만, 다른 가설들은 그 행동을 생득적 성향 같은 무엇에서 나오는 것으로 다루며, 또 다른 가설들은 [어느 쪽으로도] 쉽게 분류되기 어렵다.

행동적 등가(Behavioral Equivalence). 두 심리학 이론들이, 어떤 환경 E 내에서 완벽하게 동일한 행동을 예측하는 경우에, 환경 E에서 "행동적으로 동등"하다. **핵심 정리**(Key theorem): 어느 행동에 기반한 시나리오 S에 대해서, 만약 과학적으로 설득적인 두 심리학 이론이 EEA 내에서 행동적으로 동등하다면, 그 두 이론은 S 내의 선택 이야기와 동등하게 양립 가능(혹은 불가능)하다.

결론. S로부터, 행동 B가 기능 F를 하도록 만드는 생득적이지만 아마도 무의식적인 동기 같은 무엇에 의해 보증된다는 결론의 특징적 추론은 정당화되지 못한다. 많은 다른 과학적으로 설득적인 가설들 또한 S와 동등하게 양립 가능하다.

윌슨(Wilson)과 바라쉬(Barash)가 묘사한 시나리오를 고려해보자. 그 연구에 따르면, 친족선택은 이타적 행동이 불균형적으로 친족을 향하는 EEA 내의 행동 양태를 선호한다. 생득적 외국인 혐오와 다른, 어떤 다른 과학적으로 설득적인 심리학적 가설이, 그 EEA 내에 상정된 행동적 친족 편향을 설명할 수 있을까? 과학적으로 설득적인 많은 [다른 설명] 방식들이 설명되어야 할 서로 다른 여러 반응을 보증해왔다. 아마도 사람들은 좀 더 친숙한 사람들(수렵-채집 사회에서 친족이었을 사람들)에게 그렇지 않은 사람들에 대해 행동할 때와 다르게 행동했을 것이다. 생김새와 언어, 의복, 냄새, 또는 이러한 요인들의 여러 복합체의 유사성과 차이점에 반응했을 수도 있다. 아마도 이런 요소들에 대한 몇 가지 반응은 생득적이었을 수도 있겠지만, 어떤 다른 요소에 대해서는 사회적 학습의 문제였을 수도 있으며, 어떤 다른 요소들에 대해서는 그 둘을 합친 무엇이었을 수도 있다.

반박. 이런 추론 패턴은, 진화된 여러 행동이 본능 같은 무엇에 의해 보증된다는 경험적으로 확증된 발견으로, 정당화될 수 있다("대량 모듈성 논제(massive modularity thesis)". 예로 다음을 참조. Caruthers 2006; Cosmides and Tooby 1997).

답변 (1). 1940년대와 1950년대 초반 (비인간) 동물 행동에 대한 이러한 개념은 널리 받아들여졌다(예로, Tinbergen 1951 참조). 1950년대 초(Lehrman 1953) 이러한 개념은 진화생물학자들에 의해 크게 비판받았다. 현재는 발달 및 행동 가소성과 학습이 진화에 매우 중요한 역할을 한다는 것이 널리 받아들여지고 있다(West-Eberhard 2003). 무척추동물을 포함하여, 많은 진화된 적응 행동은 학습된 것이다.6) 따라서 현재, 진화된 행동이 본능과 같은 무엇을 통해 증명되어야 한다는 생각은 결코 정당화되지 않는다.

답변 (2). B가 어떤 본능적 동기 M과 같은 무엇에 의해 증명**되었다**

---

6) 이에 대한 고전적 초기 저작은 Lehrman(1953)이다. (행동 가소성을 포함하여) 진화에서 발달 가소성(developmental plasticity)의 역할에 대한 걸작은 West-Eberhard(2003)이다. 개괄을 위해 Fedyk(2014)를 보라. 이러한 행동들을 다른 인류학적 관찰과 관련시키는 흥미로운 일반적 진화 프레임은 Jablonka and Lamb(2006)에 의해 제안되었다.

고 가정해보자. 모든 시나리오가 요구하는 것은, M이 EEA에서 행동 양태 B를 일으킨다는 것이다. 많은 과학적으로 설득적인 "본능적" 동기들이 EEA에서 B를 일으킬 수 있었다. 따라서 F를 달성할 동기에 대한 추론은 결코 정당화되지 않는다.

이러한 여러 추론 패턴은 행동 목록의 진화에 대한, 그리고 진화된 행동과 학습 사이의 관계에 대한 깊은 혼란을 반영한다. 아마도, 그것들에 대해 명확히 말할 수 있다면, 어떤 진화생물학자도 그러한 추론 패턴들을 수용하지 않았을 것이다. 그럼에도 불구하고, 이런 병적으로 결함인 추론 패턴들을 다루지 않고는, 그러한 연구 문헌들을 이해할 수 없다.

발견의 맥락은?

이러한 여러 추론이 여전히 생산적인 이론-고안 전략으로 방어될 수 있을까? 그렇지 않은데, 그 이유는 다음과 같다.

투사성, 확증, 그리고 근본적 우연성. 과학자들은 어느 임의 순간, 자신들의 질문에 대한 여러 대답 중 당시에 투사 가능한 것을 선택한다. 여기서 투사성(예상 가능성(projectibility))이란 (자신이 붙드는) 가장 유용한 과학에 주어지는 이론적 신뢰성(plausibility)을 말한다(Boyd 2010a). 과학적 방법의 인식적 신뢰성에 대한 투사성 판단의 기여는 근본적으로 우연적(contingent)이다. 즉, 이러한 방법들은, 그 관련 배경 과학적 개념들이, (과학자들이 어떤 질문을 탐구할 때) 진실에 꽤 가까운 (이따금 충분한) 답변이 현재 기준에 의해 투사 가능하다고 간주되는 그 가설들 사이에 있는 정도만큼 정확할 경우, (오직) 그 정도만큼만 엄밀히 신뢰받을 수 있다. [즉, 어느 과학적 가설 제안 판단은, 당대에 유력한 배경 지식에 의해 신뢰받는 정도만큼, 신뢰할 수 있다는 측면에서, 필연적이 아니라 우연적으로 참이다.] 따라서 우리가 논의하고 있는 추론들은, 행동의 진화에 관한 배경 가정들이 매우 좋을 경우에만(필요조건으로), 심리학 도구로서 신뢰성을 갖는다. 우리는 그러한 추론들이 신뢰받을 수 없다고 생각할 모든 이유를 제시할 수 있다.

그런데 진화심리학자들은 다른 덜 생득주의 투사 가설들과 경쟁하는 가설들을 제안함으로써 방법론적으로 공헌하지 않을까? 그럴지도 모른다. 만약 사람들이 진화심리학을 고리타분하고 무식한 진화론적 억측이라고 생각한다면 말이다. 그렇다면 인간 심리에 관한 "브레인스토밍(brainstorming)"에 기여일 수도 있다. 그러나 실제 실천은 아주 다르다. 진화심리학의 영향을 받은 이들 사이에, 문제의 추론으로 투사 가능하다고 인정받을 가설들은, 진화이론에 의해 거의 예측되었으며, 따라서 (비환원적 사회적 학습 가설들이 과학적으로 미심쩍다는) 방법론적 우선성을 갖는다고 받아들여진다. 만일 여러 생득주의 가설이 생물학에서 가장 확증된 이론에 의해 거의 도출**되었다면**, 그 가설들이 이런 종류의 방법론적 우선성을 부여받았어야 했다. 그러나 그렇지 않다. 따라서 그런 우선성을 부여받을 수 없다. 진화심리학의 방법론은, 연구자들의 관심을 믿을만한 대안으로부터 생득주의 환원주의 가설로 이끄는 결과를 낳을 수밖에 없다.

"대량 모듈성"과 실험 설계

우리는 이미 아래의 내용을 살펴봤다.

1. EEA 내에서 생물학적 기능 F를 불러일으키는 행동 B의 선택을 상정하는 시나리오 S로부터, 진화심리학자들은 특징적으로 인간이 내재적이며 거의 불변하는 (무의식적) F를 성취하려는 성향을 갖는다고 추론한다.
2. 이런 추론은 정당화될 수 없다. (EEA 내에서 그러한 내재적 성향

을 가정하는 것과 다름없는) 어떤 설득적인 심리학 (행동적) 이론
이 S와 동등하게 양립 가능하다.

3. 대량 모듈성 가설(massive modularity hypothesis)을 받아들이는
진화심리학자들은, 이런 의심스러운 가정에서, 진화된 적응 행동
들이 내재적 본능-유사 모듈에 의해 언제나 보증된다고 결론 내릴
수 있지만, **그런 경우에조차** EEA 내에서 동일한 행동을 낳을 어
느 모듈도 S와 양립 가능하다. 즉, F를 성취하기 위한 내재적 성향
같은 무엇이 반드시 필요하지는 않다.

대량 모듈성 가설(MMA)을 받아들이는 것은 "특징적 진화심리학 추
론"을 정당화하지 못한다. 즉, 그것은 또한 실험 설계의 문제를 불러일
으킨다. 진화심리학자들이 제시한 많은 실험은 상정된 여러 격리 모듈
을 탐색하기 위해 악의적으로 설계되었다. 그 이유가 궁금하다면, 그러
한 모듈에 관한 특징적 면모가 무엇일지 생각해보라.

달리와 윌슨(Daly and Wilson 1985)의 추론을 살펴보자. 그 추론에
따르면, 양육 행동의 선택에 관한 시나리오로부터 가까운 친척 아이를
돌보는 것을 선호한다는 생득주의 결론이 나온다. 이 시나리오에서 실
제로 내려질 유일한 심리학적 결론은 다음과 같다.

1. EEA 내의 인간은, EEA 내에 이행되는, EEA 내에서, 후손 또는
가까운 친족의 자손 등과 관련된 몇 가지 특징 혹은 다른 관계가
있는 아이들에게, EEA 내에서, 돌봄 행동을 드러내도록, 어른으로
이끄는 발달 성향을 가졌다.
어떻게 이런 최소의 가정이 실제 결론과 다를 수 있단 말인가?

2. 인간들은, (EEA에 국한되지 않고) **일반적으로, 본인과 본인의 친
족 아이들에게 차별적으로 돌보는** 심리적 성향을 갖는다.
또는, EEA 내에서 행동적으로 동등할 수 있을 입장 (3), (4)로부터

동일한 결론을 내릴 수도 있지 않을까?

3. 인간들은, 일반적으로, 친근하고 의존적인 아이들에게 차별적으로 돌보는 심리적 성향을 가진다.

4. 인간들은, 일반적으로, 학습된 사회적 규범에 의해 자신이 돌보도록 지시되는 아이들에 대해 그리고 정서적 유대를 위해 적정한 정도로, 차별적으로 돌보도록 심리적 성향을 가진다.

대답: 위의 결론들은 EEA 내 양육에 책임지는 심리적 상태와, 인간 심리의 다른 특징들을 계산적으로 통합하는 서로 다른 국면을 가정한다. 최소의 입장 (1)은 통합에 침묵한다. 다른 세 입장은 각기 다른 통합의 국면을 가정한다. 입장 (2)는 다음을 예측한다. 입양 아동의 생물학적 부모가 자신의 아이를 알아보게 되면 자신의 아이를 돌보려는 경향을 가질 것이고, 입양 아동의 부모는 아이를 돌보려는 자신들의 동기가 생물학적 자녀를 돌보려는 동기보다 약한 경향을 가질 것이다. 입장 (2)에 따르면, 아이 돌봄의 동기는 생물학적 연관성에 대한 정보가 EEA **내에서 유용한지** 또는 EEA **내의 생물학적 연관성과 상관되었는지**에 따라서 달라지는 경향이 있다. 입장 (3)은 다음을 예측한다. 광범위하고 다양한 환경 내에서, 아이가 잠재적 양육자에게 의존성과 친근함을 느끼게 된다는 사실이 아이를 돌보려는 동기를 제공한다, **비록 아이의 의존성과 친근함을 일으키는 상황이** EEA **내의 현재와 다르더라도 말이다.** 입장 (4)는 다음을 예측한다. 양육 패턴이 문화적 학습 차이의 결과로 문화마다 큰 차이를 보일 것이다. **비록 그런 학습이** EEA **내에 존재하지 않는 과정(책, 텔레비전, 신문 등)에 의해서 발생되더라도 말이다.**

이러한 계산적 통합의 국면을 "합리적 통합(rational integration)"이라고 부르기로 하자. 물론, 입장 (2), (3) 또는 (4)를 지지하는 사람은 완전한 합리적 과정으로 보증되는 상정된 성향을 갖지 못할 수도 있지만, 그녀는 잠재적 양육자들이 생물학적 연관성 또는 의존성 혹은 문화적 관습에 관한 새로운 정보에 합리적으로 반응할 것이라고 잠정 기대할 것이다.

이것이 바로 MMH가 진화된 모듈에 대해 거부하는 합리적 통합의 일종이다. MMH를 옹호하는 사람이, 진화된 모듈을 일으키는 신경적 장치가 신경계의 다른 나머지 부분과 **어떤 방식으로든** 통합될 것임을 거부하지는 않겠지만, 모듈성의 전체 논점은 이 장치가, **EEA 내에서 유발된 자극과는 다른 자극과의 반응으로**, 훨씬 더 합리적으로 통합된 구조가 나타날 것으로 예상되는 행동 반응을 보일 것이라고 예상할 수 없다는 것이다. 그런 발달 성향의 모듈화된 실현 (1)은, 현대사회에서, 양육 행동이 잠재적 양육자들의 유전적 연관성에 대한 새로운 정보에 반응하도록 유도할 수 없을 것 같다. 우리가 입장 (2)에 유리한 증거를 가지는 한, **비록 그런 증거가 문제의 성향이 내재적임을 보여주더라도**, 그것은 진화된 혈연적-아이-돌봄 모듈을 꽤 적절히 반박하는 증거가 될 것 같다.

이것이 실험 설계와는 어떤 관련이 있을까? 달리와 윌슨(Daly and Wilson 1985)은 실험적 증거를 제시하지 않는다. 그들은 아동 학대 및 방치의 최근 실제 사례만을 제공한다. 그러나 많은 진화심리학자는 실험적 증거를 내놓는다. 그들은 인간 피실험자들에게 자극을 제시하고, 그들의 반응을 분석하여 그것이 자신들이 제안한 이론에 의해 예측되는 반응과 맞아 떨어지는지 여부를 판단한다. 진화된 모듈을 상정하는 이론을 위한, 이러한 실험은 보통 치명적인 결점을 지닌다. 모듈화된 가설들은 종종 연구자들이 확증적이라고 보는 반응과 정반대 결과를 예측하기 때문이다. 그 이유는 다음과 같다.

이론 T가 진화된 모듈화 심리 상태(evolved modularized psycho-logical state), 즉 C에 대한 욕구를 상정한다고 가정해보자. 다양한 피실험자들에게 **EEA에서 작용했던 것과는 다른**, 그렇지만 C에 대한 **비모듈화**(nonmodularized) 욕구를 활성화한다고 일상적으로 기대되는 자극을 제공하면, 그들이 마치 어떤 욕구를 활성화해왔던 것처럼 반응한다고 가정해보자. 그리고 나아가서, 실험이 너무 잘 설계된 나머지 그 실험 결과는 C에 대한 욕구가 인간의 보편적 성향에 가깝다는 증거를 제공한다고 가정해보자. 그러면 그 실험이 인간들이 C에 대한 모듈화 욕구를 가진다는 증거를 제공하는 것일까? 그렇지 않다. 오히려 **그 반대이다**. 만일 C에 대한 비모듈화 욕구에 적합한 행동이 이러한 자극으로 신뢰할 정도로 유발된다면, 그런 행동은, C에 대한 욕구가 인간의 내재적 보편 성향이라는 증거를 마치 제공하는 것처럼, **분절된**(insulated) 모듈 가설을 **반박하는** 근거일 수 있다. 만약 당신이 MMH를, 진화론이 적응적 인간 내재적 구조에 의해 보증된다는 것을 예측한다는 주장을 정당화하기 위해 이용한다면, 당신은 실험 설계에 대해 매우 주의할 필요가 있다.

버스(Buss 1989)에 의해 촉발된 인간의 배우자 선택에 관한 유명한 연구를 고려해보자. 그 연구와 많은 다른 연구들은 피험자들에게 적임 배우자 혹은 연애 상대자에 대해 글로 묘사하도록, 또는 사진을 보며 그리 묘사하도록 반응시키는 것을 포함한다(이에 대한 예로, Buss 1989; Brown and Lewis 2004). 그러한 연구들은 많은 방법론적 문제를 가지지만(그 예로, Hazan and Diamond 2000; Pedersen et al. 2002), 만약 상정된 배우자 선택 전략이 모듈화된다고 가정될 경우, 실험 설계에서 특별한 문제가 발생한다. EEA 내에 배우자 선택이 언어 묘사나 사진에 의해 주요하게 이루어졌을 것으로 누구도 생각하지 않는다. 배우자 선택에 관련된 신경 구조물은 언어가 나타나기 오래전, 그리고 적임 배우자를 사진으로 표현할 수 있기 아주 오래전 우리의 혈통 내에 진화되었다는 것이 그럴듯하다. 진화적 비모듈의 (합리적으로 통합된) 내재적 배우자 선호도가 (그것이 언제 진화되었든) 적임 배우자에 대한 언어 묘사나 사진의 표현으로 촉발되었을 것이 매우 그럴듯하다. 그러한 선호도가 심리적 설문 조사의 질문과 같은 매우 문화 특정적인 문항에 대한 반응에 반영되었다는 것이 (다소 거리가 있지만) 그럴듯하다.

전혀 가능성조차 없어 보이는 것은, **모듈화된** 배우자 선호도가 EEA 내의 배우자 선택에서 거의 혹은 전혀 아무런 역할도 하지 않는 언어 묘사나 사진을 통해 촉발되었을 것이며, 현대 질문지에 대한 대답이 그런 것들을 반영했을 것이라는 기대이다. 정말로 이러한 선호도의 모듈 개념은 그 반대를 예보한다.

같은 문제가 유명한 골반-대-허리-비율 연구(예로, Singh 1993)에서도 나타난다. 이 연구는 수영복을 입은 여자들 사진을 바탕으로 진행되었으며, 이런 표현 양식은 만화책 독자들에게 친숙한 것이겠지만, 분명 초기 인류에겐 그렇지 못하다. 여기서 교훈. 진화된 배우자 선택에 관한 많은 표준적 진화심리학 연구 결과는 **모듈화된** 배우자 선호도를 위한 증거를 제공할 수 없다.

진화된 도덕심리학은 어떠할까? 하이트(Jonathan D. Haidt)의 유명한 실험 패러다임(Haidt and Bjorklund 2008)은 언어로 표현된 도덕적 딜레마에 대한 피실험자들의 언어적 반응을 분석한다. 그런 연구도 그러한데, 비록 하이트는 그가 상정한 모듈이 (서술적 묘사가 아닌) **관찰된 행동 에피소드**에 반응하도록 (적응도를 높이는 방식으로) 진화했다고 주장하더라도, 그리고 자신이 가정한 모듈에 관한 사례가 부분적으로 (언어를 사용하지 않는!) 영장류 연구에 근거하더라도 말이다.

끝으로, 인간이 진화된 모듈의 신참자 개념(evolved modular new-comer concept)을 가진다는 치미노와 델턴(Cimino and Delton 2010)의 제안을 살펴보자. 그런 개념의 진화적 기능은 사람들로 하여금 정치 연합의 오랜 구성원보다 신참자의 연합을 더 경계하는 방식으로 무임승차자들을 보호하게끔 되어있다. 그들의 논문은 여러 다양하고 기발한 연구를 보고한다. 그중 많은 연구는 피실험자들에게 상상 속의 단체, "아이스 워커(Ice Walkers)"의 각기 다른 구성원들의 그림을 보여주는 실험을 포함한다. 각각의 그림은 그 인물이 아이스 워커의 구성원으로서 재임 기간에 대한 정보도 함께 제공되었다. 각각의 아이스 워커 구성원의 재임 기간의 정보는 상상 속의 구성원들이 말했을 세 문장으로 구성되었다. 피실험자들은 어떤 아이스 워커가 무슨 문장을 말했는지 기억하도록, 그리고 아이스 워커 중 누가 더 호감이 가는지 등을 이야기해보도록 요청받는다.

진화된 모듈의 신참자 개념 가설을 뒷받침하는 발견 중 이러한 것도 있다. 피실험자들이 어떤 아이스 워커가 특정 문장을 말했는지 맞히는 과정에서 한 실수는, 그들이 어느 정도 집단의 구성원들을 재임 기간에 따라 분류했으며, 신참자보다는 재임 기간이 긴 구성원들에게 더 호감을 보인다는 것을 가리킨다.

이러한 실험 결과는, 사회집단 내에 재임 기간에 대해 쉽게 활성화되는 개념과 재임 기간이 긴 구성원을 선호하는 태도가 인간의 보편적 성향이라는 것이 (다소 거리가 있지만) 그럴듯하다. 그 결과가 이와 같은 심리적 성질이 내재된 것이라는 근거를 제공한다는 주장은 (더욱 거리가 있지만) 그럴듯하다. 그러나 그 실험 결과가 그러한 증거를 제공하는 한, 문제의 개념과 태도는 다른 심리적 성질들, 즉 심리학적 성질들이란, 예를 들어, 그림을 인식하고 이해하는 능력, 상상 속의 사람들에 관한 이야기를 이해하는 능력, 이야기 속 등장인물들의 대사에 대한 기억을 인정하는 심리학적 능력, 그리고 심리학 실험의 피실험자로 참여할 수 있을 만큼의 사회적 지식 등등과 통합되었을 것이다. 따라서 그 실험 결과가 문제의 개념과 태도에 대한 증거를 제공하는 한, 그 실험 결과는 모듈성을 뒷받침하기보다 **반박하는** 증거를 제공한다.

이와 같은 모든 실험의 경우에, 피실험자들의 반응은 실생활에 나타나는 그들의 심리를 어느 정도 반영하는 범위에 대한 일반적 우려가 있다. 이것은 우려할 만한 사항이지만, 어떻게든 그런 우려는 극복될 수 있으며 그 실험 결과들이 (때때로) 실제의 (아마도 무의식적이고 내재적인) 욕구, 선호도, 믿음 등등에 대한 증거를 제공한다고 가정해보자. 그렇지만, 여전히 이러한 증거가 MMH를 채용하는 진화심리학자들이 상정하는 진화된 모듈에 대한 근거를 제공하지는 않는다. 사실, 그 반대이다. 이는 이들이 설계된 방식의 결과인데, 그러한 실험들이 실제 심리학적 현상들에 대한 증거를 제공하는 한, 그러한 현상들은 모듈화되었다기보다 합리적으로 아주 잘 통합되어야만 한다.

MMH를 포함하는 경우에, 그 황제는 종종 어떤 데이터도 갖지 못한다.

참고문헌

서문

Allen, C., and Bekoff, M. 1995. "Function, Natural Design, and Animal Behavior: Philosophical and Ethological Considerations," in Thompson (ed.), *The Oxford Handbook of Religion and Science.* Oxford: Oxford University Press, pp.1-46.

Almeder, R. 1998. *Harmless Naturalism: The Limits of Science and the Nature of Philosophy.* New York: Open Court.

Bunge, M. 1979. "Some Typical Problems in Biophilosophy," *Journal of Social and Biological Structures* 2:155-72.

Clayton, P., and Simpson, Z. 2006. *The Oxford Handbook of Religion and Science.* Oxford: Oxford University Press.

De Carlo, M., and Macarthur, D. 2004. *Naturalism in Question.* Cambridge, MA: Harvard University Press.

Dennett, D. C. 2006. "Higher-Order Truths About Chmess," *Topoi* 25: 39-41.

Flanagan, O. 2006. "Varieties of Naturalism," in Clayton and Simpson (eds.), *The Oxford Handbook of Religion and Science.* Oxford: Oxford University Press, pp.430-52.

Gilson, E. 2009. *From Aristotle to Darwin and Back Again: A Journey in Final Causality, Species, and Evolution*. San Francisco: Ignatius Press.

Godfrey-Smith, P. 2014. *Philosophy of Biology*. Princeton, NJ: Princeton University Press.

Griffiths, P. 2014. "Philosophy of Biology," in E. N. Zalta (ed.), *The Stanford Encyclopedia of Philosophy* (Winter 2014 Edition). Available at: http://plato.stanford.edu/archives/win2014/entries/biology-philosophy/

Kitcher, P. 1992a. *Freud's Dream: A Complete Interdisciplinary Theory of Mind*. Cambridge, MA: MIT Press.

____. 1992b. "The Naturalists Return," *Philosophical Review* 101:53-114.

Koutrofinis, S. A. (ed.). 2014. *Life and Process: Toward a New Biophilosophy*. Berlin: de Gruyter.

Mahner, M., and Bunge, M. 1979. *Foundations of Biophilosophy*. Berlin: Springer.

Millikan, R. G. 1984. *Language, Thought, and Other Biological Categories: New Foundations for Realism*. Cambridge, MA: MIT Press.

Papineau, D. 1993. *Philosophical Naturalism*. London: Blackwell.

Rosen, M. 2012. *Dignity*. Cambridge, MA: Harvard University Press.

Rosenberg, A. 1996. "A Field Guide to Recent Species of Naturalism," *British Journal for the Philosophy of Science* 47:1-29.

Sulloway, F. 1992. *Freud: Biologist of the Mind*. Cambridge, MA: Harvard University Press.

Thompson, N. S. 1995. *Perspectives in Ethology*, Vol. XI: *Behavioral Design*. New York: Plenum Press.

1장

Dawkins, R., 2014. "Essences," Edge.org (Answer to Edge.org annual question: What scientific idea is ready for retirement?)

Dennett, D. C. 1971. "Intentional Systems," *Journal of Philosophy* 68:87-

106.

____. 1987. *The Intentional Stance*. Cambridge, MA: MIT Press.

____. 1991. *Consciousness Explained*. Boston: Little, Brown.

____. 2009. "Darwin's 'Strange Inversion of Reasoning'," *Proceedings of the National Academy of Science USA* 106(Suppl. 1):10061-5.

____. 2013. *Intuition Pumps and Other Tools for Thinking*. New York: W.W. Norton.

____, and Plantinga, A. 2011. *Science and Religion: Are They Compatible?* Oxford: Oxford University Press.

Fodor, J. 2008. "Against Darwinism," *Mind and Language* 23:1-24.

Hodge, J., and Radick, G. (eds.). 2009. *The Cambridge Companion to Darwin*. Cambridge: Cambridge University Press.

Hofstadter, D., and Sander, E. 2013. *Surfaces and Essences: Analogy as the Fuel and Fire of Thinking*. New York: Basic Books.

Kitcher, P. 2009. "Giving Darwin His Due," in Hodge and Radick (eds.), *The Cambridge Companion to Darwin*. Cambridge: Cambridge University Press, pp.99-420.

MacKenzie, R. B. 1868. The Darwinian Theory of the Transmutation of *Species Examined*. London: Nisbet.

Magnan, A. 1934. *Les Vols des Insects*. Paris: Hermann.

McMasters, J. 1989. "The Flight of the Bumblebee and Related Myths of Entomological Engineering," *American Scientist* 77:164-8.

Pinker, S. 1997. *How the Mind Works*. New York: W.W. Norton.

Quine, W. V. O. 1969. *Ontological Relativity and Other Essays*. New York: Columbia University Press.

Raffman, D. 2005. "Borderline Cases and Bivalence," *Philosophical Review* 114:1-31.

____. 2014. *Unruly Words: A Study of Vague Language*. Oxford: Oxford University Press.

Sanford, D. 1975. "Infinity and Vagueness," *Philosophical Review* 84: 520-35.

Strawson, G. 2010. "Your Move: The Maze of Free Will," *The Stone, New York Times* online, July 22, 2010. Available at: www.scrfibd. com/doc/86763712/Week-2-Strawson-The-Maze-of-Free-Will.

2장

Bashour, B., and Muller, H. 2013. *Contemporary Philosophical Naturalism and Its Implications*. London: Routledge.

Bennett, J. 1976. *Linguistic Behavior*. Cambridge: Cambridge University Press.

Darwin, C. 1859. *On the Origin of Species*. London: John Murray.

Dennett, D. C. 1969. *Content and Consciousness*. London: Routledge.

____. 1975. "Why the Law of Effect Will Not Go Away," *Journal for the Theory of Social Behaviour* 5:169-88.

____. 1995. *Darwin's Dangerous Idea*. New York: Simon & Schuster.

____. 2013. "The Evolution of Reasons," in Bashour and Muller (eds.), *Contemporary Philosophical Naturalism and Its Implications*. London: Routledge, pp.13-47.

Dretske, F. 1989. *Explaining Behavior*. Cambridge, MA: MIT Press.

Fodor, J. 1990. *The Theory of Content*. Cambridge, MA: MIT Press.

Fraser, B., and Sterelny, K. 2013. "Evolution and Moral Realism." Available at: www.sas.upenn.edu/~weisberg/PBDB/PBDB7files/Sterelny-Fraser.Evolution%20and%20%20Moral%20Realism.V7b.pdf.

Grice, P. 1957. "Meaning," *Philosophical Review* 66:377-88.

Kingsbury, J., Ryde, D., and Williford, K. 2012. *Millikan and Her Critics*. New York: Wiley Blackwell.

Leibniz, G. 1714. *Mondadology*, J. Bennett, trans. Available at: www. earlymoderntexts.com/pdf/leibmona.pdf.

Millikan, R. 1984. *Language, Thought and Other Biological Categories*. Cambridge, MA: Bradford Books.

Neander, K. 2012. "Toward an Informational Teleosemantics," in

Kingsbury, Ryde, and Williford (eds.), *Millikan and Her Critics*. New York: Wiley Blackwell, pp.21-41.

Rosenberg, A. 2014. "How Physics Fakes Design," in Thompson and Walsh (eds.), *Evolutionary Biology: Conceptual, Ethical, and Religious Issues*. Cambridge University Press, pp.217-38.

Ruskin, J. 2011. *The Modern Painters, 1856*. New York: National Library Association Facsimile.

Searle, J. 1980. "Minds, Brains and Programs," *Brain and Behavioral Science* 3:417-57.

Spinoza, B. 1677. *Ethics*, J. Bennett, trans. Available at: www.early moderntexts.com/assets/pdfs/spinoza1665.pdf.

Taylor, C. 1964. *Explanation of Behavior*. London: Routledge.

Thompson, P., and Walsh, D. 2014. *Evolutionary Biology: Conceptual, Ethical, and Religious Issues*. Cambridge: Cambridge University Press.

3장

Allen, C. 2004. "Animal Pain," *Noûs* 38:617-43.

Baars, B. 1988. *A Cognitive Theory of Consciousness*. Cambridge: Cambridge University Press.

Baker, M., Wolanin, P., and Stock, J. 2006. "Signal Transduction in Bacterial Chemotaxis," *BioEssays* 28:9-22.

Bogdan, R. 1986. *Belief: Form, Content and Function*. Oxford: Oxford University Press.

Brook, A., and Akins, K. 2005. *Cognition and the Brain: The Philosophy and Neuroscience Movement*. Cambridge: Cambridge University Press.

Budd, G., and Jensen, S. 2015. "The Origin of the Animals and a 'Savannah' Hypothesis for Early Bilaterian Evolution," *Biological Reviews* doi: 10.1111/brv.12239.

Carruthers, P. 2015. *The Centered Mind: What the Science of Working Memory Shows Us About the Nature of Human Thought*. Oxford:

Oxford University Press.

Chalmers, D. 1996. *The Conscious Mind: In Search of a Fundamental Theory*. Oxford: Oxford University Press.

Danbury, T., Weeks, C., Waterman-Pearson, A., et al. 2000. "Self-Selection of the Analgesic Drug Carprofen by Lame Broiler Chickens," *Veterinary Record* 146:307-11.

Darmaillacq, A. -S., Dickel, L., and Mather, J. 2014. *Cephalopod Cognition*. Cambridge: Cambridge University Press.

Dehaene, D. 2014. *Consciousness and the Brain: Deciphering How the Brain Codes Our Thoughts*. New York: Random House.

Denton, D., McKinley, M. J., Farrell, M., and Egan, G. F. 2009. "The Role of Primordial Emotions in the Evolutionary Origin of Consciousness," *Consciousness and Cognition* 18:500-14.

Dretske, F. 1986. "Misrepresentation," in Bogdan (ed.), *Belief: Form, Content and Function*. Oxford: Oxford University, pp.17-36.

Eisemann, C. H., Jorgensen, K., Merritt, D. J., et al. 1984. "Do Insects Feel Pain? A Biological View," *Experientia* 40:164-7.

Elwood, R. 2012. "Evidence for Pain in Decapod Crustaceans," *Animal Welfare* 21:23-7.

Godfrey-Smith, P. Forthcoming. "Mind, Matter, and Metabolism," *Journal of Philosophy*.

Jékely, G. 2009. "Evolution of Phototaxis," *Philosophical Transactions of the Royal Society of London B* 364:2795-808.

____, Paps, J., and Nielsen, C. 2015. "The Phylogenetic Position of Ctenophores and the Origin(s) of Nervous Systems." *EvoDevo* 6. Available at: www.evodevojournal.com/content/6/1/1.

____, Keijzer, F., and Godfrey-Smith, P. 2015. "An Option Space for Early Neural Evolution," *Philosophical Transactions of the Royal Society of London B* 370. Available at: http://dx.doi.org/10.1098/rstb.2015.0181.

Jones, R. 2013. "Science, Sentience, and Animal Welfare," *Biology and*

452

Philosophy 28:1-30.

Keijzer, F., van Duijn, M., and Lyon, P. 2013. "What Nervous Systems Do: Early Evolution, Input-Output, and the Skin-Brain Thesis," *Adaptive Behavior* 21:67-85.

Key, B. 2015. "Fish Do Not Feel Pain and Its Implications for Understanding Phenomenal Consciousness," *Biology and Philosophy* 30:149-65.

Lüttge, U., and Beyschlag, W. 2013. *Progress in Botany LXXVII.* New York: Springer.

Marshall, C. 2006. "Explaining the Cambrian 'Explosion' of Animals," *Annual Review of Earth and Planetary Sciences* 34:355-84.

McMenamin, M. 1998. *The Garden of Ediacara.* New York: Columbia University Press.

Milner, D., and Goodale, M. 2005. *Sight Unseen: An Exploration of Conscious and Unconscious Vision.* Oxford: Oxford University Press.

Moroz, L. 2015. "Convergent Evolution of Neural Systems in Ctenophores," *Journal of Experimental Biology* 218:598-611.

Nagel, T. 1974. "What Is It Like to Be a Bat?" *Philosophical Review* 83: 435-50.

Nielsen, C. 2008. "Six Major Steps in Animal Evolution: Are We Derived Sponge Larvae?" *Evolution and Development* 10:241-57.

O'Malley, M. 2014. *Philosophy of Microbiology.* Cambridge: Cambridge University Press.

Pantin, C. 1956. "The Origin of the Nervous System," *Pubblicazioni della Stazione Zoologica di Napoli* 28:171-81.

Parker, A. 2003. *In the Blink of an Eye: How Vision Sparked the Big Bang of Evolution.* New York: Basic Books.

Pery, C., Barron, A., and Cheng, K. 2013. "Invertebrate Learning and Cognition: Relating Phenomena to Neural Substrate," *WIREs Cognitive Science* 4:561-82.

Peterson, K., Cotton, J., Gehling, J., and Pisani, D. 2008. "The Ediacaran

Emergence of Bilaterians: Congruence Between the Genetic and the Geological Fossil Records," *Philosophical Transactions of the Royal Society of London B* 363:1435-43.

Prinz, J. 2000. "A Neurofunctional Theory of Consciousness," in Brook and Akins (eds.), *Cognition and the Brain: The Philosophy and Neuroscience Movement*. Cambridge: Cambridge University Press, pp.381-96.

Sneddon, L. 2011. "Pain Perception in Fish: Evidence and Implications for the Use of Fish," *Journal of Consciousness Studies* 18:209-29.

Spang, A., Saw, J., Jørgensen, S., et al. 2015. "Complex Archaea That Bridge the Gap Between Prokaryotes and Eukaryotes," *Nature* 521: 173-79.

Trestman, M. 2013. "The Cambrian Explosion and the Origins of Embodied Cognition," *Biological Theory* 8:80-92.

Volkov, A., and Markin, V. 2014. "Active and Passive Electrical Signaling in Plants," in Lüttge and Beyschlag (eds.), *Progress in Botany LXXVII*. New York: Springer, pp.143-76.

4장

Allman, J. 1999. *Evolving Brains*. New York: Scientific American Library.

Arstila, V., and Lloyd, D. 2014. *Subjective Time: The Philosophy, Psychology and Neuroscience of Temporality*. Cambridge, MA: MIT Press.

Baars, B. J., and Gage, N. M. 2007. *Cognition, Brain, and Consciousness*. San Diego: Academic Press.

Bickle, J. 2013. *The Oxford Handbook of Philosophy and Neuroscience*. Oxford: Oxford University Press.

Brozek, B. 2013. *Rule Following*. Krakow: Copernicus Center Press.

Chalmers, D. 1996. *The Conscious Mind: In Search of a Fundamental Theory*. Oxford: Oxford University Press.

Churchland, P. M. 1989. *A Neurocomputational Perspective: The Nature of Mind and the Structure of Science*. Cambridge, MA: MIT Press.

_____. 1996a. *The Engine of Reason, The Seat of the Soul*. Cambridge, MA: MIT Press.

_____. 1996b. "The Rediscovery of Light," *Journal of Philosophy* 93: 211-28.

_____. 2007. *Philosophy at Work*. Cambridge: Cambridge University Press.

_____. 2013. *Plato's Camera*. Cambridge, MA: MIT Press.

Churchland, P. S. 1986. *Neurophilosophy: Towards a Unified Understanding of the Mind/Brain*. Cambridge, MA: MIT Press.

_____. 2002. *Brain-Wise: Studies in Neurophilosophy*. Cambridge, MA: MIT Press.

_____. 2013a. *Touching a Nerve*. New York: W.W. Norton.

_____. 2013b. "Exploring the Causal Underpinning of Determination, Resolve, and Will," *Neuron* 80:1337-8.

_____, and Sejnowski, T. J. 1992. *The Computational Brain*. Cambridge, MA: MIT Press.

Craver, C. 2009. *Explaining the Brain*. Oxford: Oxford University Press.

Danks, D. 2014. *Unifying the Mind: Cognitive Representations as Graphical Models*. Cambridge, MA: MIT Press.

Dennett, D. C. 1987. *The Intentional Stance*. Cambridge, MA: MIT Press.

Eliasmith, C. 2013. *How to Build a Brain: A Neural Architecture for Biological Cognition*. Oxford: Oxford University Press.

Fodor, J. A. 1975. *The Language of Thought*. Cambridge, MA: Harvard University Press.

_____. 1980. "Methodological Solipsism Considered as a Research Strategy in Cognitive Psychology," *Behavioral and Brain Sciences* 3: 63-109.

_____. 2000. *The Mind Doesn't Work That Way: The Scope and Limits of Computational Psychology*. Cambridge, MA: MIT Press.

_____. 1998. *In Critical Condition: Polemical Essays on Cognitive Science and Philosophy of Mind.* Cambridge, MA: MIT Press.

Frith, C. 2007. *Making Up the Mind: How the Brain Creates Our Mental World.* Oxford, UK: Blackwell.

Gazzaniga, M. S. 2015. *Tales from Both Sides of the Brain: A Life in Neuroscience.* New York: HarperCollins.

Gazzaniga, M., and LeDoux, J. 1978. *The Integrated Mind.* New York: Plenum Press.

Glimcher, P., and Fehr, E. 2013. *Neuroeconomics: Decision Making and the Brain*, 2nd edn. San Diego: Academic Press.

Glymour, C. 2001. *The Minds Arrows: Bayes Nets and Graphical Causal Models in Psychology.* Cambridge, MA: MIT Press.

Graziano, M. 2013. *Consciousness and the Social Brain.* Oxford: Oxford University Press.

Grens, K. 2014. "The Rainbow Connection," *The Scientist.* Available at: www.the-scientist.com/?articles.view/articleNo/41055/title/The-Rainbow-Connection/.

Grice, P. 1989. *Studies in the Way of Words.* Cambridge, MA: Harvard University Press.

Heller, M., Brozek, B., and Kurek, L. 2013. *Between Philosophy and Science.* Krakow: Copernicus Center Press.

Hinton, G. 2013. "Where Do Features Come From?" *Cognitive Science* 38:1078-111.

Lieberman, P. 2013. *The Unpredictable Species.* Princeton, NJ: Princeton University Press.

McGinn, C. 2014. "Storm over the Brain: Review of Patricia S. Churchland, Touching a Nerve," *New York Review of Books*, April 24.

____. 2012. "All Machine and No Ghost," *New Statesman*, February, 141, p.40.

Medawar, P. 1979. *Advice to a Young Scientist.* New York: Basic Books.

Mele, A. 2014. *Surrounding Free Will: Philosophy, Psychology, Neuroscience.* Oxford: Oxford University Press.

Moser, E. I., Roudi, Y., Witter, M. P., et al. 2014. "Grid Cells and Cortical Representation," *Nature Reviews Neuroscience* 15:466-81.

Nagel, T. 2012. *Mind and Cosmos: Why the Materialist Neo-Darwinian Conception of Nature Is Almost Certainly False.* Oxford: Oxford University Press.

Nanay, B. 2010. "A Modal Theory of Function," *Journal of Philosophy* 107:412-31.

Pääbo, S. 2014. *Neanderthal Man: In Search of the Lost Genomes.* New York: Basic Books.

Pace-Schott, E. F., and Hobson, J. A. 2002. "The Neurobiology of Sleep: Genetics, Cellular Physiology and Subcortical Networks," *Nature Reviews Neuroscience* 3:591-600.

Parvizi, J., Rangarajan, V., Shirer, W. R., Desai, N., and Greicius, M. D. 2013. "The Will to Persevere Induced by Electrical Stimulation of the Human Cingulate Gyrus," *Neuron* 80:1359-67.

Petersen, S. E., and Posner, M. I. 2012. "The Attention System of the Human Brain: 20 Years After," *Annual Review of Neuroscience* 35: 73-89.

Quine, W. V. O. 1960. *Word and Object*, 2nd edn. Cambridge, MA: MIT Press.

Ryvlin, R., Cross, J. H., and Rheims, S. 2014. "Epilepsy Surgery in Children and Adults," *Lancet Neurology* 13:1114-26.

Schooler, J., Nadelhoffer, T., Nahmias, E., and Vohs, K. 2014. "Measuring and Manipulating Beliefs About Free Will and Related Concepts: The Good, the Bad, and the Ugly," in Mele (ed.), *Surrounding Free Will: Philosophy, Psychology, Neuroscience.* Oxford: Oxford University Press, pp.72-94.

Scruton, R. 2014. *The Soul of the World.* Princeton, NJ: Princeton University Press.

Shannon, C., and Weaver, W. 1998. *The Mathematical Theory of Communication.* Champaign, IL: University of Illinois Press.

Silva, A. J., Landreth, A., and Bickle, J. 2014. *Engineering the Next Revolution in Neuroscience: The New Science of Experiment*. Oxford: Oxford University Press.

Smith, D. L. 2011. *Less Than Human: Why We Demean, Enslave, and Exterminate Others*. New York: St. Martin's Press.

Solomon, S. G., and Lennie, P. 2007. "The Machinery of Colour Vision," *Nature Reviews Neuroscience* 8:276-86.

Squire, L. R., Stark, C. E., and Clark, R. E. 2004. "The Medial Temporal Lobe," *Annual Review of Neuroscience* 27:279-306.

____, Berg, D., Bloom, F. E., et al. 2012. *Fundamental Neuroscience*, 4th edn. San Diego: Academic Press.

Striedter, G. F., Belgard, T. G., Chen, C. C., et al. 2014. "NSF Workshop Report: Discovering General Principles of Nervous System Organization by Comparing Brain Maps Across Species," *Brain, Behavior and Evolution* 83:1-8.

Thagard, P. 2014. "Explanatory Identities and Conceptual Change," *Science and Education* 23:1531-48.

Weinberg, S. 2015. *To Explain the World: The Discovery of Modern Science*. New York: HarperCollins.

Yu, S., Gao, B., Fang, Z., et al. 2013. "Stochastic Learning in Oxide Binary Synaptic Devices for Neuromorphic Computing," *Frontiers in Neuroscience* 7:1-9.

5장

Abrams, M. 2005. "Teleosemantics Without Natural Selection," *Biology and Philosophy* 20:97-116.

Bigelow, J., and Pargetter, R. 1987. "Functions," *Journal of Philosophy* 84:181-96.

Bogdan, R. 1986. *Belief: Form, Content and Function*. New York: Oxford University Press.

Boorse, C. 1976. "Wright on Functions," *Philosophical Review* 85:70-86.

Burge, T. 2010. *Origins of Objectivity*. New York: Oxford University Press.

Cummins, R. 1975. "Functional Analysis," *Journal of Philosophy* 72: 741-64.

Davidson, D. 1987. "Knowing One's Own Mind," *Proceedings and Addresses of the American Philosophical Association* 60:441-58.

Dretske, F. 1986. "Misrepresentation," in Bogdan (ed.), *Belief: Form, Content and Function*. New York: Oxford University Press, pp.17-36.

____. 1988. *Explaining Behavior*. Cambridge, MA: Bradford Books.

Fodor, J. 1984. "Semantics, Wisconsin Style," *Synthese* 59:231-50.

____. 1987. *Psychosemantics: The Problem of Meaning in the Philosophy of Mind*. Cambridge, MA: Bradford Books.

____. 1990. *A Theory of Content*. Cambridge, MA: Bradford Books.

Jablonka, E., and Lamb, M. 1999. *Epigenetic Inheritance and Evolution*. Oxford: Oxford University Press.

Kriegel, U. 2013. *Phenomenal Intentionality*. Oxford: Oxford University Press.

Lewis, D. 1969. *Convention*. London: Wiley.

Mameli, M. 2004. "Nongenetic Selection and Nongenetic Inheritance," *British Journal for the Philosophy of Science* 55:35-71.

Millikan, R. G. 1984. *Language, Thought and Other Biological Categories*. Cambridge, MA: Bradford Books.

____. 1989. "In Defense of Proper Functions," *Philosophy of Science* 56:288-302.

____. 1991. "Speaking Up for Darwin," in Reyand Loewer (eds.), *Meaning and Mind: Fodor and His Critics*. Oxford, UK: Blackwell, pp.151-64.

____. 1996. "On Swampkinds," *Mind and Language* 11:103-17.

Milner, A., and Goodale, M. 1995. *The Visual Brain in Action*. Oxford: Oxford University Press.

Nanay, B. 2014. "Teleosemantics Without Etiology," *Philosophy of Science* 81:798-810.

Neander, K 1991. "The Teleological Notion of 'Function'," *Australasian Journal of Philosophy* 69:454-68.

____. 1995. "Misrepresenting and Malfunctioning," *Philosophical Studies* 79:109-41.

____. 1996. "Swampman Meets Swampcow," *Mind and Language* 11: 118-29.

Papineau, D. 1984. "Representation and Explanation," *Philosophy of Science* 51:550-72.

____. 1987. *Reality and Representation*. Oxford, UK: Basil Blackwell.

____. 1993. *Philosophical Naturalism*. Oxford, UK: Blackwell.

____. 1996. "Doubtful Intuitions," *Mind and Language* 11:130-2.

____. 2001. "The Status of Teleosemantics, or How to Stop Worrying About Swampman," *Australasian Journal of Philosophy* 79:79-89.

____. 2003. "Is Representation Rife?" *Ratio* 16:107-23.

____. 2014. "Sensory Experience and Representational Properties," *Proceedings of the Aristotelian Society* 114:1-33.

____. 2016. "Against Representationalism (about Conscious Sensory Experience)," *International Journal of Philosophical Studies* 24:324-47.

Pietrowski, P. 1992. "Intentionality and Teleological Error," *Pacific Philosophical Quarterly* 73:267-82.

Plantinga, A. 1993. *Warrant and Proper Function*. Oxford: Oxford University Press.

Ramsey, F. 1927. "Facts and Propositions," *Aristotelian Society Supplementary* Volume 7:153-206.

Rey, G., and Loewer, B. 1991. *Meaning and Mind: Fodor and His Critics* Oxford, UK: Blackwell.

Seyfarth, R., Cheney, D., and Marler, P. 1980. "Monkey Responses to Three Different Alarm Calls: Evidence of Predator Classification and Semantic Communication," *Science* 210:801-3.

Skyrms, B. 1996. *Evolution of the Social Contract*. Cambridge: Cambridge University Press.

____. 2010. *Signals: Evolution, Learning and Information*. Oxford: Oxford University Press.

Wright, L. 1973. "Functions," *Philosophical Review* 82:139-68.

6장

Adriaans, P., and van Benthem, J. 2008. *Philosophy of Information*. Amsterdam: Elsevier.

Ariew, A., Cummins, R. and Perlman, M. 2002. *Functions: New Essays in the Philosophy of Psychology and Biology*. Oxford: Oxford University Press.

Bogdan, R. 1986. *Belief: Form, Content and Function*. Oxford: Oxford University Press.

Boorse, C. 1977. "Health as a Theoretical Concept," *Philosophy of Science* 44: 542-73.

____. 2002. "A Rebuttal on Functions," in Ariew, A., Cummins, R. and Perlman, M. (eds.), *Functions: New Essays in the Philosophy of Psychology and Biology*. Oxford: Oxford University Press, pp.63-112.

____. 1997. "A Rebuttal on Health," in Humber and Almeder (eds.), *What Is Disease?* Totowa, NJ: Humana Press, pp.3-143.

Brandon, R. 2013. "A General Case for Function Pluralism," in Huneman (ed.), *Functions: Selection and Mechanisms*, New York: Springer, pp.97-104.

Caramazza, A. 1986. "On Drawing Inferences About the Structure of Normal Cognitive Systems from the Analysis of Patterns of Impaired Performance: The Case for Single-Patient Studies," *Brain and Cognition* 5:41-66.

____. 1992. "Is Cognitive Neuroscience Possible?" *Journal of Cognitive Neuroscience* 4:80-95.

_____, and Coltheart, M. 2006. "Cognitive Neuropsychology Twenty Years On," *Cognitive Neuropsychology* 23:3-12.

Coltheart, M. 2004. "Brain Imaging, Connectionism and Cognitive Neuropsychology," *Cognitive Neuropsychology* 21:21-5.

Craver, C. 2001. "Role Functions, Mechanisms, and Hierarchy," *Philosophy of Science* 68:53-74.

Couch, M., and Pfeifer, J. 2016. *Kitcher and His Critics*. Oxford: Oxford University Press.

Cummins, R. 1975. "Functional Analysis," *Journal of Philosophy* 72:741-65.

Davies, P. S. 2001. *Norms of Nature: Naturalism and the Nature of Functions*. Cambridge, MA: MIT Press.

Dayal, S., Rodionov, R. N., Arning, E., et al. 2008. "Tissue-Specific Downregulation of Dimethylarginine Dimethylaminohydrolase in Hyperhomocysteinemia," *American Journal of Physiology — Heart and Circulatory Physiology* 295:H816-25.

Dretske, F. 1986. "Misrepresentation," in Bogdan (ed.), *Belief: Form, Content and Function*. Oxford: Oxford University Press, pp.17-36.

_____. 2008. "Epistemology and Information," in Adriaans and van Benthem (eds.), *Philosophy of Information*. Amsterdam: Elsevier, pp.29-48.

Figdor, C. 2010. "Neuroscience and the Multiple Realization of Cognitive Functions," *Philosophy of Science* 77:419-56.

Garson, J. 2013. "The Functional Sense of Mechanism," *Philosophy of Science* 80:317-33.

Godfrey-Smith, P. 1993. "Functions: Consensus Without Unity," *Pacific Philosophical Quarterly* 74:196-208.

Humber, J. M., and Almeder, R. F. 1997. *What Is Disease?* Totowa, NJ: Humana Press.

Huneman, P. 2013. *Functions: Selection and Mechanisms*. New York: Springer.

_____. "Introduction," in Huneman(ed.), *Functions: Selection and Mechanisms*. New York: Springer, pp.1-16.

Jacob, P. 1997. *What Minds Can Do: Intentionality in a Non-Intentional World*. Cambridge: Cambridge University Press.

Kitcher, P. 1993. "Function and Design," *Midwest Studies in Philosophy* 18:379-97.

McCloskey, M. 2009. *Visual Reflections: A Perceptual Deficit and Its Implications*. Oxford: Oxford Psychology.

McGeer, V. 2007. "Why Neuroscience Matters to Cognitive Neuropsychology," *Synthese* 159:347-71.

Millikan, R. G. 1989. "An Ambiguity in the Notion 'Function'," *Biology and Philosophy* 4:172-6.

_____. 2002. "Biofunctions: Two Paradigms," in Ariew, Cummins, and Perlman (eds.), *Functions: New Essays in the Philosophy of Psychology and Biology*. Oxford: Oxford University Press, pp.113-43.

Neander, K. 1991a. "Functions as Selected Effects: The Conceptual Analyst's Defense," *Philosophy of Science* 58:168-84.

_____. 1991b. "The Teleological Notion of 'Function'," *Australasian Journal of Philosophy* 69:454-68.

_____. 1995. "Misrepresenting and Malfunctioning," *Philosophical Studies* 79:109-41.

_____. 2012. "Biological Function," in *Routledge Encylopedia of Philosophy*. Available at: www.rep.routledge.com/articles/biological-function.

_____. 2013. "Toward an Informational Teleosemantics," in D. Ryder, J. Kingsbury, and K. Williford (eds.), *Millikan and Her Critics*. Oxford, UK: Wiley Blackwell, pp.21-40.

_____. 2015. "Functional Analysis and the Species Design," *Synthese* doi: 10.1007/s 11229-015-0940-9.

_____. 2016. "Kitcher's Two Design Stances," in Couch and Pfeifer (eds.), *Kitcher and His Critics*. Oxford: Oxford University Press, pp.45-73.

_____, and Rosenberg, A. 2012. "Solving the Circularity Problem for

Functions: A Response to Nanay," *Journal of Philosophy* 109:613-22.

Phillips, C. G., Zeki, S., and Barlow, H. B. 2012. "Localization of Function in the Cerebral Cortex: Past, Present and Future," *Brain* 107:328-61.

Ryder, D., Kingsbury, J., and Williford, K. 2013. *Millikan and Her Critics*. Oxford, UK: Wiley-Blackwell.

Scarantino, A. 2013 "Animal Communication as Information-Mediated Influence," in Stegman (ed.), *Animal Communication Theory: Information and Influence*. Cambridge: Cambridge University Press, pp.63-88.

Shea, N. 2007. "Consumers Need Information: Supplementing Teleosemantics with an Input Condition," *Philosophy and Phenomenological Research* 75:404-35.

Shulte, P. 2012. "How Frogs See the World: Putting Millikan's Teleosemantics to the Test," *Philosophia* 40:483-96.

Squire, L. R., and Kandel, E. R. 2003. *Memory: From Mind to Molecules*. New York: Macmillan.

Stampe, D. 1977. "Toward a Causal Theory of Linguistic Representation," *Midwest Studies in Philosophy* 2:42-63.

Stegman, U. 2013. *Animal Communication Theory: Information and Influence*. Cambridge: Cambridge University Press.

Wright, L. 1973. "Functions," *Philosophical Review* 82:139-46.

7장

Allen, C., Bekoff, M., and Lauder, G. 1998. *Nature's Purposes: Analyses of Function and Design in Biology*. Cambridge, MA: MIT Press.

Aristotle. 1984a. *The Complete Works: The Revised Oxford Translation*, J. Barnes (ed.). Princeton, NJ: Princeton University Press.

Aristotle. 1984b. "Nicomachean Ethics," in J. Barnes (ed.), *The Complete Works of Aristotle*. Princeton: Princeton University Press, 1729-1867.

Atkinson, A. B. 2015. *Inequality: What Can Be Done?* Cambridge, MA:

Harvard University Press.

Baker, R. R., and Bellis, M. A. 1995. *Human Sperm Competition: Copulation, Masturbation and Infidelity*. London: Chapman Hall.

Barash, D. P., and Lipton, J. E. 2001. *The Myth of Monogamy: Fidelity and Infidelity in Animals and People*. New York: Holt.

Benatar, D. 2006. *Better Never to Have Been*. Oxford: Oxford University Press.

Boyd, R., and Richerson, P. J. 1992. "Punishment Allows the Evolution of Cooperation (or Anything Else) in Sizable Groups," *Ethology and Sociobiology* 13:166-88.

Boyd, R., and Richerson, P. J. 2005. *The Origin and Evolution of Cultures*. New York: Oxford University Press.

Broadie, S. 2007. "Nature and Craft in Aristotelian Teleology," in S. Broadie (ed.), *Aristotle and Beyond: Essays in Metaphysics and Ethics*. Cambridge: Cambridge University Press.

Brun, G., Doğuoğlu, U., and Kuenzle, D. 2008. *Epistemology and Emotions*. Aldershot: Ashgate.

Burton, F. D. 1971. "Sexual Climax in the Female Macaca Mulatta," *Proceedings of the 3rd International Congress of Primatology* 3: 181-91.

Buss, D. M. 1994. *The Evolution of Desire: Strategies of Human Mating*. New York: Basic Books.

Churchland, P. S. 2012. *Braintrust: What Neuroscience Tells Us About Morality*. Princeton, NJ: Princeton University Press.

Clarke, E. 2012. "Plant Individuality: A Solution to the Demographer's Dilemma." *Biology and Philosophy* 27:321-61.

Conway Morris, S. 2003. *Life's Solution: Inevitable Humans in a Lonely Universe*. Cambridge: Cambridge University Press.

Crisp, R. 1998. *How Should One Live? Essays on the Virtues*. Oxford: Oxford University Press.

de Sousa, R. 2005. "Biological Individuality," *Croatian Journal of*

Philosophy 54:195-218.

____. 2008. "Epistemic Feelings," in Brun, Doğuoğlu, and Kuenzle (eds.), *Epistemology and Emotions*. Aldershot: Ashgate, pp.185-204.

Deonna, J. A., and Teroni, F. 2011. *In Defense of Shame*. Oxford: Oxford University Press.

Easton, D., and Hardy, J. W. 2009. *The Ethical Slut: A Practical Guide to Polyamory, Open Relationships and Other Adventures*, 2nd edn. Berkeley, CA: Celestial Arts.

Fine, C. 2011. *Delusions of Gender: How Our Minds, Society, and Neurosexism Create Difference*. New York: W.W. Norton.

Fisher, H. 1998. "Lust, Attraction and Attachment in Mammalian Reproduction," *Human Nature* 9:23-52.

____. 2004. *Why We Love: The Nature and Chemistry of Romantic Love*. New York: Holt.

Forber, P., and Smead, R. 2014. "The Evolution of Fairness Through Spite," *Proceedings of Biological Science* doi: 10.1098/rspb.2013.2439.

Forster, E. M. 1951. "What I Believe," in *Two Cheers for Democracy*. New York: Harcourt Brace, pp.65-76.

Gide, A. 1942. *Les Nourritures Terrestres*. Paris: Gallimard.

Goodman, N. 1983. *Fact, Fiction, and Forecast*, 4th edn. Cambridge, MA: Harvard University Press.

Gould, S. J. 1981. *The Mismeasure of Man*. New York: W.W. Norton.

Haidt, J., and Bjorklund, F. 2008. "Social Intuitionists Answer Six Questions About Moral Psychology," in Sinnot-Armstrong (ed.), *Moral Psychology*, Vol. II. Cambridge, MA: MIT Press, pp.181-217.

Harris, C. R. 2004. "The Evolution of Jealousy," *American Scientist* 92:62-71.

Harris, S. 2011. *The Moral Landscape: How Science Can Determine Human Values*. New York: Free Press.

Hume, D. 1975. *Enquiry Concerning Human Understanding; A Letter from a Gentleman to His Friend in Edinburgh*. Indianapolis, IN:

Hackett.

Hursthouse, R. 1998. "Normative Virtue Ethics," in Crisp (ed.), *How Should One Live? Essays on the Virtues*. Oxford: Oxford University Press, pp.19-38.

Huxley, T. H., and Huxley, J. 1947. *Evolution and Ethics, 1893-1943*. London: Pilot Press.

Kauppinen, A. 2014. "Moral Sentimentalism," in E. N. Zalta (ed.), *Stanford Encyclopedia of Philosophy* (Spring Edition). Available at: http://plato.stanford.edu/archives/spr2014/entries/moral-sentimentalism/.

Kreisberg, J. C. 1995. "A Globe, Clothing Itself with a Brain." *Wired*, June.

Langton, C. G., 1992. "Life on the Edge of Chaos," in Langton, Taylor, Farmer, and Rasmussen (eds.), *Artificial Life II*. Redwood City, CA: Addison-Wesley, pp.41-92.

____, Taylor, C., Farmer, J. D., and Rasmussen, S. 1992. *Artificial Life II*. Redwood City, CA: Addison-Wesley.

Lloyd, E. 2005. *The Case of the Female Orgasm: Bias in the Science of Evolution*. Cambridge, MA: Harvard University Press.

Maynard Smith, J. 1984. "Game Theory and the Evolution of Behavior," *Behavioral and Brain Sciences* 7:95-126.

____, and Szathmáry, E. 1999. *The Origins of Life: From the Birth of Life to the Origins of Language*. Oxford: Oxford University Press.

Mill, J. S. 1874. *Nature, the Utility of Religion, Theism, Being Three Essays on Religion*. London: Longman, Green, Reader, and Dyer.

____. 1991. *Utilitarianism: Collected Works of John Stuart Mill*, Vol. X. Toronto: University of Toronto Press.

Miller, J. 2005. "March of the Conservatives: Penguin Film as Political Fodder," *New York Times*. Available at: www.nytimes.com/2005/09/13/science/13peng.html?pagewanted=print.

Millikan, R. G. 1984. *Language, Thought, and Other Biological Categories*. Cambridge, MA: MIT Press.

____. 1993. *White Queen Psychology and Other Essays for Alice.* Cambridge, MA: MIT Press.

Nagel, T. 2012. *Mind and Cosmos: Why the Materialist Neo-Darwinian Conception of Nature Is Almost Certainly False.* Oxford: Oxford University Press.

Nietzsche, F. 1967. *On the Genealogy of Morality,* M. Clark and A. J. Swensen, trans. and notes. Indianapolis, IN: Hackett.

Nowak, M. A., Tarnita, C. E., and Wilson, E. O. 2010. "Inclusive Fitness Theory and Eusociality," *Nature* 466:1057-62.

Nussbaum, M. C. 2000. *Women and Human Development: The Capabilities Approach.* Cambridge: Cambridge University Press.

Penrose, R. 1994. *Shadows of the Mind: A Search for the Missing Science of Consciousness.* Oxford: Oxford University Press.

Rawls, J. 1977. *A Theory of Justice.* Cambridge, MA: Harvard University Press.

Ridley, M. 2000. *Mendel's Demon: Gene Justice and the Complexity of Life.* London: Weidenfeld and Nicolson.

Ryan, C., and Jethá, C. 2010. *Sex at Dawn: The Prehistoric Origins of Modern Sexuality.* New York: Harper.

Sade, D. A., Marquis de. 1810. *La Philosophie dans le Boudoir* (facsimile). Whitefish, MT: Kessinger.

Shaw, G. B. 1986 [1908]. "Getting Married: A Disquisitory Play with Preface," in D. H. Laurence (ed.), *Getting Married and Press Cuttings by Bernard Shaw: Definitive Text.* Harmondsworth, UK: Penguin.

Sinnot-Armstrong, W. 2008. *Moral Psychology,* Vol. II. Cambridge, MA: MIT Press.

Sober, E., and Wilson, D. S. 1998. *Unto Others: The Evolution and Psychology of Unselfish Behavior.* Cambridge, MA: Harvard University Press.

Tavris, C. 1992. *The Mismeasure of Woman.* New York: Touchstone.

Teilhard de Chardin, P. 1961. *The Phenomenon of Man.* New York:

Harper & Row.

Tennov, D. 1979. *Love and Limerence: The Experience of Being in Love.* New York: Stein and Day.

Thompson, P. 1995. *Issues in Evolutionary Ethics.* Albany, NY: SUNY Press.

____. 2002. "The Evolutionary Biology of Evil," *Monist* 85:239-59.

Wilkinson, R., and Pickett, K. 2010. *The Spirit Level: Why Equality Is Better for Everyone.* London: Penguin.

Wilson, D. S. 2015. *Does Altruism Exist? Culture, Genes, and the Welfare of Others.* New Haven, CT: Yale University Press.

Yang, E. N., and Mathieu, C. 2007. *Leaving Mother Lake: A Girlhood at the Edge of the World.* Boston: Little, Brown.

8장

Andrews, K. 2014. "Animal Cognition," in E. N. Zalta (ed.), *The Stanford Encyclopedia of Philosophy* (Fall Edition). Available at: http://plato .stanford.edu/archives/fall2014/entries/cognition-animal/.

Ariely, D. 2008. *Predictably Irrational: the Hidden Forces That Shape Our Decisions.* London: HarperCollins.

Binmore, K. 2005. *Natural Justice.* Oxford: Oxford University Press.

Bisin, A., and Jackson, M. 2011. *Handbook of Social Economics.* Amsterdam: North-Holland.

Charlseworth, B. 1994. *Evolution in Age: Structured Populations.* Cambridge: Cambridge University Press.

Chater, N. 2012. "Building Blocks of Human Decision Making," in Hammerstein and Stevens (eds.), *Evolution and the Mechanisms of Decision Making.* Cambridge MA: MIT Press, pp.53-68.

Clayton, N., Emery, N., and Dickinson, A. 2006. "The Rationality of Animal Memory," in Nudds and Hurley (eds.), *Animal Minds.* Oxford: Oxford University Press, pp.197-216.

Cosmides, L., and Tooby, J. 1994. "Better Than Rational: Evolutionary Psychology and the Invisible Hand," *American Economic Review* 84: 327-32.

Curry, P. 2001. "Decision Making Under Uncertainty and the Evolution of Interdependent Preferences," *Journal of Economic Theory* 98:57-69.

Danielson, P. *Modelling Rationality, Morality and Evolution*. Oxford: Oxford University Press.

____. 2004. "Rationality and Evolution," in Rawling and Mele (eds.), *The Oxford Handbook of Rationality*. Oxford: Oxford University Press, pp.417-37.

Davidson, D. 1984. *Inquiries into Truth and Interpretation*. Oxford: Oxford University Press.

Dennett, D. C. 1987. *The Intentional Stance*. Cambridge, MA: MIT Press.

Gardner, A., and Grafen, A. 2009. "Capturing the Superorganism: A Formal Theory of Group Adaptation," *Journal of Theoretical Biology* 22:659-71.

Gigerenzer, G. 2010. *Rationality for Mortals: How People Cope with Uncertainty*. Oxford: Oxford University Press.

____, and Selten, R. 2001. *Bounded Rationality: the Adaptive Toolbox*. Cambridge, MA: MIT Press.

Gintis, H. 2009. *The Bounds of Reason*. Princeton: Princeton University Press.

Godfrey-Smith, P. 1996. *Complexity and the Function of Mind in Nature*. Cambridge: Cambridge University Press.

Grafen, A. 1999. "Formal Darwinism, the Individual-as-Maximizing-Agent Analogy, and Bet-Hedging," *Proceedings of the Royal Society B* 266:799-803.

____. 2006a. "Optimization of Inclusive Fitness," Journal of Theoretical Biology 238:541-63.

____. 2006b. "A Theory of Fisher's Reproductive Value," *Journal of Mathematical Biology* 53:15-60.

____. 2007. "The Formal Darwinism Project: A Mid-Term Report," *Journal of Evolutionary Biology* 20:1243-54.

Haig, D. 2012. "The Strategic Gene," *Biology and Philosophy* 27:461-79.

Hamilton, W. D. 1964. "The Genetical Evolution of Social Behavior I and II," *Journal of Theoretical Biology* 7:1-52.

Hammerstein, P., and Stevens, J. 2014a. "Six Reasons for Invoking Evolution in Decision Theory," in Hammerstein and Stevens (eds.), *Evolution and the Mechanisms of Decision Making*. Cambridge MA: MIT Press, pp.1-20.

____, and Stevens, J. 2014b. *Evolution and the Mechanisms of Decision Making*. Cambridge, MA: MIT Press.

Houston, A., and McNamara. J. 1999. *Models of Adaptive Behavior*. Cambridge: Cambridge University Press.

____, McNamara, J., and Steer, M. 2007. "Do We Expect Natural Selection to Produce Rational Behavior?" *Philosophical Transactions of the Royal Society B* 362:1531-43.

Kacelnik, A. 2006. "Meanings of Rationality," in Nudds and Hurley (eds.), *Animal Minds*. Oxford: Oxford University Press, pp.87-106.

Kahneman, D. 2011. *Thinking Fast and Slow*. London: Penguin.

____, and Tversky, A. 2000. *Choices, Values and Frames*. Cambridge: Cambridge University Press.

____, Slovic, P., and Tversky, A. 1982. *Judgment Under Uncertainty: Heuristics and Biases*. Cambridge: Cambridge University Press.

Kennedy, J. 1992. *The New Anthropomorphism*. Cambridge: Cambridge University Press. '

Lewis, D. 1981. "Causal Decision Theory," *Australasian Journal of Philosophy* 59:5-30.

Martens, J. Forthcoming. "Hamilton Meets Causal Decision Theory," *British Journal for the Philosophy of Science*.

Maynard Smith, J. 1974. "The Theory of Games and the Evolution of Animal Conflicts," *Journal of Theoretical Biology* 47:209-21.

_____. 1982. *Evolution and the Theory of Games.* Cambridge: Cambridge University Press.

McDowell, J. 1994. *Mind and World.* Cambridge, MA: Harvard University Press.

Mylius, S., and Diekmann, O. 1995. "On Evolutionarily Stable Life Histories, Optimization and the Need to Be Specific About Density Dependence," *Oikos* 74:218-24.

Nudds, M., and Hurley, S. 2006. *Animal Minds.* Oxford: Oxford University Press.

Okasha, S. 2006. *Evolution and the Levels of Selection.* Oxford: Oxford University Press.

_____. 2011. "Optimal Choice in the Face of Risk: Decision Theory Meets Evolution," *Philosophy of Science* 78:83-104.

_____, and Binmore, K. 2014. *Evolution and Rationality.* Cambridge: Cambridge University Press.

Orr, A. 2007. "Absolute Fitness, Relative Fitness, and Utility," *Evolution* 61:2997-3000.

Quine, W. V. O. 1969. "Epistemology Naturalized," in *Ontological Relativity and Other Essays.* New York: Columbia University Press.

Ramsey, F. 1931. "Truth and Probability," in R. B. Braithwaite (ed.), *Foundations of Mathematics and Other Logical Essays.* New York: Harcourt, pp.156-198.

Rawling, P., and Mele, A. 2004. *The Oxford Handbook of Rationality.* Oxford: Oxford University Press.

Rayo, L., and Robson, A. 2013. "Biology and the Arguments of Utility," *Cowles Foundation Discussion Papers.* Available at: http://ssrn.com /abstract=2254895.

Robson, A. 1996. "A Biological Basis for Expected and Non-expected Utility," *Journal of Economic Theory* 68:397-424.

_____, and Samuelson, L. 2011. "The Evolutionary Foundations of Preferences," in Bisin and Jackson (eds.), *Handbook of Social*

Economics. Amsterdam: North-Holland, pp.221-310.

Samuelson, L., and Swinkels, J. 2006. "Information, Evolution and Utility," *Theoretical Economics* 1:119-42.

Savage, L. 1954. *The Foundations of Statistics*. New York: Wiley.

Seeley, T. 1996. *The Wisdom of the Hive*. Cambridge, MA: Harvard University Press.

____. 2010. *Honey-Bee Democracy*. Princeton, NJ: Princeton University Press.

Skyrms, B. 1996. *Evolution of the Social Contract*. Cambridge: Cambridge University Press.

Sober, E.1998. "Three Differences Between Evolution and Deliberation," in Danielson (ed.), *Modelling Rationality, Morality and Evolution*. Oxford: Oxford University Press, pp.408-22.

Stearns, S. 2000. "Daniel Bernoulli(1738): Evolution and Economics Under Risk," *Journal of Biosciences* 25:221-8.

Stephens, C. 2001. "When Is It Selectively Advantageous to Have True Beliefs?" *Philosophical Studies* 105:161-89.

Sterelny, K. 2003. *Thought In a Hostile World*. Oxford, UK: Blackwell.

____. 2012. "From Fitness to Utility," in Okasha and Binmore (eds.), *Evolution and Rationality*. Cambridge: Cambridge University Press, pp.246-73.

Todd, P., Gigerenzer, G., and the ABC Research Group. 2012. *Ecological Rationality: Intelligence in the World*. Oxford: Oxford University Press.

Weibull, J. 1995. *Evolutionary Game Theory*. Cambridge, MA: MIT Press.

Wilson, D. S. 2002. *Darwin's Cathedral*. Chicago: University of Chicago Press.

9장

Boehm, C. 1999. *Hierarchy in the Forest*. Cambridge, MA: Harvard University Press.

____. 2012. *Moral Origins*. New York: Basic Books.

____. 2014. "The Moral Consequences of Social Selection," *Behavior* 151:167-83.

Boyd, R., and Richerson, P. J. 1992. "Punishment Allows the Evolution of Cooperation (and Anything Else) in Sizable Groups," *Ethology and Sociobiology* 13:171-95.

Churchland, P. S. 2011. *Braintrust*. Princeton, NJ: Princeton University Press.

____. 2014. "The Neurobiological Platform for Moral Values," *Behavior* 151:283-96.

Clarke-Doane, J. 2012. "Morality and Mathematics: The Evolutionary Challenge," *Ethics* 122:313-40.

Darwin, C. 1859. *On the Origin of Species by Means of Natural Selection, or the Preservation of Favoured Races in the Struggle for Life*. London: John Murray.

____. 1871. *The Descent of Man, and Selection in Relation to Sex*. London: John Murray.

de Waal, F. 1989. *Peacemaking Among Primates*. Cambridge, MA: Harvard University Press.

____. 1992. *Chimpanzee Politics*. Baltimore, MD: Johns Hopkins University Press.

____. 1996. *Good Natured*. Cambridge, MA: Harvard University Press.

____. 2006. *Primates and Philosophers*. Princeton, NJ: Princeton University Press.

____. 2009. *The Age of Empathy: Nature's Lessons for a Kinder Society*. New York: Three Rivers Press.

____. 2013. *The Bonobo and the Atheist*. New York: Norton.

____. 2014. "Natural Normativity," *Behavior* 151:185-204.

Dworkin, R. 2013. *Religion Without God.* Cambridge, MA: Harvard University Press.

Gould, S. J., and Lewontin, R. 1979. "The Spandrels of San Marco and the Panglossian Paradigm: A Critique of the Adaptationist Programme," *Proceedings of the Royal Society B*, 205:581-98.

James, W. 1978. *Preface to The Meaning of Truth*, published together with *Pragmatism*. Cambridge, MA: Harvard University Press.

Kitcher, P. S. 2010. "Varieties of Altruism," *Economics and Philosophy* 26:121-48.

____. 2011. *The Ethical Project.* Cambridge, MA: Harvard University Press.

____. 2014. "Is a Naturalized Ethics Possible?" *Behavior* 151:245-60.

McBrearty, S., and Brooks, A. S. 2000. "The Revolution That Wasn't: A New Interpretation of the Origin of Modern Human Behavior," *Journal of Human Evolution* 39:453-563.

Nagel, T. 2012. *Mind and Cosmos.* New York: Oxford University Press.

Parfit, D. 2011. *On What Matters*, Vol. II. Oxford: Oxford University Press.

Peirce, C. S. 1934. "How to Make Our Ideas Clear," in C. Hartshorne and P. Weiss (eds.), *Collected Papers of C. S. Peirce*, Vol. V. Cambridge, MA: Harvard University Press, pp.248-71.

Renfrew, C., and Shennan, S. 1982. *Ranking, Resource, and Exchange.* Cambridge: Cambridge University Press.

Shafer-Landau, R. 2012. "Evolutionary Debunking, Moral Realism, and Moral Knowledge," *Journal of Ethics and Social Philosophy* 7:1-38.

Sterelny, K. 2012a. *The Evolved Apprentice.* Cambridge, MA: MIT Press.

____. 2012b. "Morality's Dark Past," *Analyse und Kritik* 34:95-115.

Street, S. 2005. "A Darwinian Dilemma for Realist Theories of Value," *Philosophical Studies* 127:109-66.

Tomasello, M. 2009. *Why We Cooperate.* Cambridge, MA: MIT Press.

Westermarck, E. 1926. *The Origin and Development of the Moral Ideas*, 2nd edn. London: Macmillan.

Wilson, E. O. 1975. *Sociobiology: The New Synthesis*. Cambridge, MA: Harvard University Press.

10장

Antony, L. M. 1998. "Human Nature and Its Role in Feminist Theory," in Kourany (ed.), *Philosophy in a Feminist Voice: Critiques and Reconstructions*. Princeton, NJ: Princeton University Press, pp.63-91.

____. 2000. "Natures and Norms," *Ethics* 111:8-36.

Aviezer, O., Sagi, A., and Van Ijzendoorn, M. 2002. "Balancing the Family and the Collective in Raising Children: Why Communal Sleeping in Kibbutzim Was Predestined to End," *Family Process* 41:435-54.

Bechtel, W. 1986. *Integrating Scientific Disciplines*. Dordrecht, Netherlands: Springer.

Beit-Hallahmi, B., and Rabin, A. I. 1977. "The Kibbutz as a Social Experiment and as a Child-Rearing Laboratory," *American Psychologist* 32:532-54.

Bloom, P. 2013. *Just Babies: The Origins of Good and Evil*. New York: Random House.

Buss, D. M., Larsen, R. J., Westen, D., and Semmelroth, J. 1992. "Sex Differences in Jealousy: Evolution, Physiology, and Psychology," *Psychological Science* 3:251-5.

Carey, S. 2009. *The Origin of Concepts*. Oxford: Oxford University Press.

Chomsky, N., and Foucault, M. 2006. *The Chomsky-Foucault Debate: On Human Nature*. New York: New Press.

Curtiss, S. 1977. *Genie: A Psycholinguistic Study of a Modern-Day "Wild Child."* New York: Academic Press.

Darwin, C. 2002. *The Expression of the Emotions in Man and Animals.* Oxford: Oxford University Press.

De Waal, F. 2009. *The Age of Empathy: Nature's Lessons for a Kinder Society.* New York: Three Rivers Press.

Downes, S., and Machery, E. 2014. *Arguing About Human Nature.* New York: Routledge.

Ekman, P. 1993. "Facial Expression and Emotion," *American Psychologist* 48:384.

____, and Friesen, W. V. 1971. "Constants Across Cultures in the Face and Emotion," *Journal of Personality and Social Psychology* 17:124.

____, and Friesen, W. V. 1979. "Nonverbal Leakage and Clues to Deception," *Psychiatry* 32:88-105.

____, and Friesen, W. V. 1969. "The Repertoire of Nonverbal Behavior: Categories, Usage, and Coding," *Semiotica* 1:49-98.

Evans, N., and Levinson, S. C. 2009. "The Myth of Language Universals: Language Diversity and Its Importance for Cognitive Science," *Behavioral and Brain Sciences* 32:429-48.

Fitch, W. T. 2011. "Unity and Diversity in Human Language," *Philosophical Transactions of the Royal Society B* 366:376-88.

Foot, P. 2001. *Natural Goodness.* Oxford: Oxford University Press.

Garfinkel, A. 1981. *Forms of Explanation: Rethinking the Questions in Social Theory.* New Haven, CT: Yale University Press.

Gendron, M., Roberson, D., van der Vyver, J. M., and Barrett, L. F. 2014. "Perceptions of Emotion from Facial Expressions Are Not Culturally Universal: Evidence from a Remote Culture," *Emotion* 14:251.

Ghiselin, M. T. 1997. *Metaphysics and the Origins of Species.* Albany, NY: SUNY Press.

Gintis, H. 2008. "Punishment and Cooperation," *Science* 319:1345-6.

Gissis, S., and Jablonka, E. 2011. *Transformations of Lamarckism: From Subtle Fluids to Molecular Biology.* Cambridge, MA: MIT Press.

Golan, S. 1958. "Behavior Research in Collective Settlements in Israel: 2. Collective Education in the Kibbutz," *American Journal of Orthopsychiatry* 28:549-56.

Griffiths, P. E. 2009. "Reconstructing Human Nature," *Journal of the Sydney University Arts Association* 31:30-57.

_____. 2011. "Our Plastic Nature," in Gissis and Jablonka (eds.), *Transformations of Lamarckism: From Subtle Fluids to Molecular Biology.* Cambridge, MA: MIT Press, pp.319-30.

_____, and Machery, E. 2008. "Innateness, Canalization, and 'Biologicizing the Mind'," *Philosophical Psychology* 21:397-414.

_____, Machery, E., and Linquist, S. 2009. "The Vernacular Concept of Innateness," *Mind and Language* 24:605-30.

Hassin, R. R., Aviezer, H., and Bentin, S. 2013. "Inherently Ambiguous: Facial Expressions of Emotions, in Context," *Emotion Review* 5:60-5.

Hempel, C. 1965. *Aspects of Scientific Explanation and Other Essays in the Philosophy of Science.* New York: Free Press.

Henney, J. E., Taylor, C. L., and Boon, C. S. 2010. *Strategies to Reduce Sodium Intake in the United States.* Washington, DC: National Academies Press.

Herrmann, B., Thöni, C., and Gächter, S. 2008. "Antisocial Punishment Across Societies." *Science* 319:1362-7.

Hull, D. L. 1986. "On Human Nature," *PSA: Proceedings of the Biennial Meeting of the Philosophy of Science Association* 2:3-13.

Jaggar, A. M. 1983. *Feminist Politics and Human Nature.* Oxford, UK: Rowman & Littlefield.

Kant, I. 2011. *Observations on the Feeling of the Beautiful and Sublime,* P. Frierson and P. Guyer, trans. Cambridge University Press.

Kitcher, P. 1999. "Essence and Perfection," Ethics 110:59-83.

Kourany, J. A. 1998. Philosophy in a Feminist Voice: Critiques and Reconstructions. Princeton, NJ: Princeton University Press.

Kronfeldner, M., Roughley, N., and Toepfer, G. 2014. "Recent Work on

Human Nature: Beyond Traditional Essences," *Philosophy Compass* 9:642-52.

Lennox, J. G. 2001. *Aristotle's Philosophy of Biology: Studies in the Origins of Life Science.* Cambridge: Cambridge University Press.

Lewens, T. 2012. "Human Nature: The Very Idea," *Philosophy and Technology* 25:459-74.

Linquist, S., Machery, E., Griffiths, P. E., and Stotz, K. 2011. "Exploringthe Folkbiological Conception of Human Nature," *Philosophical Transactions of the Royal Society of London B* 366:444-53.

Machery, E. 2008. "A Plea for Human Nature," *Philosophical Psychology* 21:321-30.

____. 2012. "Reconceptualizing Human Nature: Response to Lewens," *Philosophy and Technology* 25:475-8.

____, and Barrett, C. 2006. "Debunking Adapting Minds," *Philosophy of Science* 73:232-46.

Nelson, N. L., and Russell, J. A. 2013. "Universality Revisited," *Emotion Review* 5:8-15.

Ramsey, G. 2013. "Human Nature in a Post-Essentialist World," *Philosophy of Science* 80:983-93.

Rapaport, D. 1958. "Behavior Research in Collective Settlements in Israel: VII. The Study of Kibbutz Education and Its Bearing on the Theory of Development," *American Journal of Orthopsychiatry* 28: 587-97.

Richerson, P. J., and Boyd, R. 2005. *Not by Genes Alone: How Culture Transformed Human Evolution.* Chicago: University of Chicago Press.

Rousseau, J.-J. 1979. *Emile or: On Education*, A. Bloom, trans. New York: Basic Books.

Safdar, S., Friedlmeier, W., Matsumoto, D., et al. 2009. "Variations of Emotional Display Rules Within and Across Cultures: A Comparison Between Canada, USA, and Japan," *Canadian Journal of Behavioral Science/Revue Canadienne des Sciences du Comportement* 41:1.

Samuels, R. 2012. "Science and Human Nature," *Royal Institute of Philosophy Supplement* 70:1-28.

Setiya, K. 2012. *Knowing Right from Wrong*. Oxford: Oxford University Press.

Smith, E. A. 2011. "Endless Forms: Human Behavioral Diversity and Evolved Universals," *Philosophical Transactions of the Royal Society B* 366:325-32.

Sterelny, K. 2003. *Thought in a Hostile World: The Evolution of Human Cognition*. Oxford, UK: Blackwell.

_____. 2012. *The Evolved Apprentice*. Cambridge, MA: MIT Press.

Stotz, K. 2010. "Human Nature and Cognitive-Developmental Niche Construction," Phenomenology and the Cognitive Sciences 9:483-501.

Thompson, M.2008. *Life and Action*. Cambridge, MA: Harvard University Press.

Tooby, J., and Cosmides, L. 1990. "On the Universality of Human Nature and the Uniqueness of the Individual: The Role of Genetics and Adaptation," *Journal of Personality* 58:17-67.

Walsh, D. 2006. "Evolutionary Essentialism," *British Journal for the Philosophy of Science* 57:425-48.

Wilde, S., Timpson, A., Kirsanow, K., et al. 2014. "Direct Evidence for Positive Selection of Skin, Hair, and Eye Pigmentation in Europeans During the Last 5000 y," *Proceedings of the National Academy of Sciences* 111:4832-7.

Wilson, E. O. 1978. *On Human Nature*. Cambridge, MA: Harvard University Press.

Wimsatt, W. C. 1986. "Developmental Constraints, Generative Entrenchment, and the Innate-Acquired Distinction," in Bechtel (ed.), *Integrating Scientific Disciplines*. Dordrecht, Netherlands: Springer, pp.185-208.

Winsor, M. P. 2003. "Non-Essentialist Methods in Pre-Darwinian Taxonomy," *Biology and Philosophy* 18:387-400.

_____. 2006. "The Creation of the Essentialism Story: An Exercise in Metahistory," *History and Philosophy of the Life Sciences* 28:149-74.

11장

Barnes, B., and Dupré, J. 2008. *Genomes and What to Make of Them.* Chicago: University of Chicago Press.

Bird, A., and Tobin, E. 2012. "Natural Kinds," in E. N. Zalta (ed.), *The Stanford Encyclopedia of Philosophy* (Winter Edition). Available at: http://plato.stanford.edu/archives/win2012/entries/natural-kinds/.

Brennan, J., and Capel, B. 2004. "One Tissue, Two Fates: Molecular Genetic Events That Underlie Testis Versus Ovary Development," *Nature Reviews Genetics* 5:509-21.

Buss, D. M. 1999. *Evolutionary Psychology: The New Science of the Mind.* Needham Heights, MA: Allyn and Bacon.

Butler, J. 1990. *Gender Trouble: Feminism and the Subversion of Identity.* New York: Routledge.

Cahill, L. 2006. "Why Sex Matters for Neuroscience." *Nature Reviews Neuroscience* 7:1-8.

Champagne, F. A., and Meaney, M. J. 2006. "Stress During Gestation Alters Postpartum Maternal Care and the Development of the Offspring in a Rodent Model," *Biological Psychiatry* 59:1227-35.

Champagne, F. A., Weaver, I. C., Diorio, J., et al. 2006. "Maternal Care Associated with Methylation of the Estrogen Receptor-Alpha 1b Promoter and Estrogen Receptor-Alpha Expression in the Medial Preoptic Area of Female Offspring," *Endocrinology* 147:2909-15.

Dawkins, R. 1976. *The Selfish Gene.* Oxford University Press.

Doidge, N. 2007. *The Brain That Changes Itself: Stories of Personal Triumph from the Frontiers of Brain Science.* London: Penguin.

Dupré, J. 2001. *Human Nature and the Limits of Science.* Oxford: Oxford University Press.

____. 2003. *Human Nature and the Limits of Science*. Oxford: Oxford University Press.

____. 2012. *Processes of Life: Essays in the Philosophy of Biology*. Oxford: Oxford University Press.

Eicher, E. M., and Washburn, L. L. 1986. "Genetic Control of Primary Sex Determination in Mice," *Annual Review of Genetics* 20:327-60.

Ellis, B. 2001. *Scientific Essentialism*. Cambridge: Cambridge University Press.

Fausto-Sterling, A. 1985. *Myths of Gender*. New York: Basic Books.

____. 2000. *Sexing the Body: Gender Politics and the Construction of Sexuality*. New York: Basic Books.

____. 2012. *Sex/Gender: Biology in a Social World*. New York: Routledge.

Fine, C. 2000. *Delusions of Gender: How Our Minds, Society, and Neurosexism Create Difference*. London: Icon Books.

Fisher, R. A. 1930. *The Genetical Theory of Natural Selection*. Oxford: Oxford University Press.

Foucault, Michel (1979) [1976]. *The History of Sexuality Volume I: An Introduction*, R. Hurley, trans. London: Allen Lane.

Friedan, B. 1963. *The Feminine Mystique*. New York: W. W. Norton.

Gilbert, S. F., and Epel, D. 2009. *Ecological Developmental Biology: Integrating Epigenetics, Medicine, and Evolution*. Sunderland, MA: Sinauer Associates.

Griffiths, P., and Stotz, K. 2013. *Genetics and Philosophy: An Introduction*. Cambridge: Cambridge University Press.

Hooks, B. 1984. *Feminist Theory: From Margin to Center*. Boston: South End Press.

Kinsey, A. C., Pomeroy, W. B., and Martin, C. E. 1948. *Sexual Behavior in the Human Male*. Philadelphia: W. B. Saunders.

Kinsey, A. C., Pomeroy, W. B., Martin, C. E., and Gebhard, P. H. 1953. *Sexual Behavior in the Human Female*. Philadelphia: W. B. Saunders.

Kohler, R. E. 1994. *Lords of the Fly: Drosophila Genetics and the Experimental Life*. Chicago: University of Chicago Press.

Liebers, D., De Knijff, P., and Helbig, A. J . 2004. "The Herring Gull Complex Is Not a Ring Species," *Proceedings of the Royal Society B* 271:893.

Meloni, M., and Testa, G. 2014. "Scrutinizing the Epigenetics Revolution," *BioSocieties* 9: 431-56.

Nanney, D. L. 1980. *Experimental Ciliatology*. New York: Wiley.

Odling-Smee, F. J., Laland, K. N., and Feldman, M. W. 2003. *Niche Construction: The Neglected Process in Evolution*. Princeton, NJ: Princeton University Press.

Reiter, R. 1975. *Toward an Anthropology of Women*. New York: Monthly Review Press.

Rubin, G. 1975. "The Traffic in Women: Notes on the 'Political Economy' of Sex," in Reiter (ed.), *Toward an Anthropology of Women*. New York: Monthly Review Press, pp.157-210.

Singh, D. 1993. "Adaptive Significance of Waist-to-Hip Ratio and Female Physical Attractiveness," *Journal of Personality and Social Psychology* 65:293-307.

Stoller, R. J., 1968. *Sex and Gender: On the Development of Masculinity and Femininity*. New York: Science House.

Unger, Rhoda, K. 1979. "Toward a Redefinition of Sex and Gender," *American Psychologist* 34:1085-94.

Zerjal, T., Xue, Y., Bertorelle, G., et al. 2003. "The Genetic Legacy of the Mongols," *American Journal of Human Genetics* 72:717-21.

12장

Allport, G. 1954. *The Nature of Prejudice*. Reading, MA: Addison-Wesley.

Andreasen, R. O. 1998. "A New Perspective on the Race Debate," *British*

Journal of Philosophy of Science 49:199-225.

_____. 2000. "Race: Biological Reality or Social Construct?" *Philosophy of Science* 67:653-66.

_____. 2004. "The Cladistic Race Concept: A Defense," *Biology and Philosophy* 19:425-42.

_____. 2005. "The Meaning of Race," *Journal of Philosophy* 102:94-106.

Appiah, K. 1992. *In My Father's House: Africa in the Philosophy of Culture.* Oxford: Oxford University Press.

_____. 1996. "Race, Culture, Identity: Misunderstood Connections," in Appiah and Gumann (eds.), *Color Conscious: The Political Morality of Race.* Princeton, NJ: Princeton University Press, pp.53-136.

_____. 2000. "Racial Identity and Racial Identification," in Back and Solomos (eds.), *Theories of Race and Racism: A Reader.* London: Routledge, pp.607-15.

_____. 2006. "How to Decide If Races Exist?" Proceedings of the *Aristotelian Society* 106:363-80.

_____, and Gumann, A. 1996. *Color Conscious: The Political Morality of Race.* Princeton, NJ: Princeton University Press.

Astuti, R. 1995. "'The Vezo Are Not a Kind of People': Identity, Difference and 'Ethnicity' Among a Fishing People of Western Madagascar," *American Ethnologist* 22:462-82.

_____, Solomon, G. E., and Carey, S. 2003. "Constraints on Conceptual Development: A Case Study of the Acquisition of Folkbiological and Folksociological Knowledge in Madagascar," in *Monographs of the Society for Research in Child Development.* Hoboken, NJ: Wiley.

Atran, S. 1998. "Folk Biology and the Anthropology of Science: Cognitive Universals and Cultural Particulars," *Behavioral and Brain Sciences* 21:547-69.

Back, L., and Solomos, J. 2000. *Theories of Race and Racism: A Reader.* London: Routledge.

Bamshad, M., Wooding, S., Salisbury, B., and Stephens, J. C. 2004.

"Deconstructing the Relationship Between Genetics and Race," *Nature Reviews Genetics* 5:598-608.

Barrett, C. L. 2001. "On the Functional Origins of Essentialism," *Mind and Society* 3:1-30.

Bastian, B., and Haslam, N. 2006. "Psychological Essentialism and Stereotype Endorsement," *Journal of Experimental Social Psychology* 42:228-35.

_____, and Haslam, N. 2007. "Psychological Essentialism and Attention Allocation: Preferences for Stereotype-Consistent Versus Stereotype Inconsistent Information," *Journal of Social Psychology* 147:531-41.

Bigler, R., and Liben, L. 2007. "Developmental Intergroup Theory: Explaining and Reducing Children's Social Stereotyping and Prejudice," *Current Directions in Psychological Science* 16:162-6.

Bolnick, D. 2008. "Individual Ancestry Inference and the Reification of Race as a Biological Phenomenon," in Koenig, Lee, and Richardson (eds.), *Revisiting Race in a Genomic Age*. New Brunswick, NJ: Rutgers University Press, pp.70-85.

Bouchard, F., and Rosenberg, A. 2004. "Fitness, Probability and the Principles of Natural Selection," *British Journal for the Philosophy of Science* 55:693-712.

Boyd, R., and Richerson, P. J. 1985. *Culture and the Evolutionary Process*. Chicago: University of Chicago Press.

Brown, R. A., and Amelagos, G. J. 2001. "Apportionment of Racial Diversity: A Review," *Evolutionary Anthropology* 10:34-40.

Buss, D. 2005. *Handbook of Evolutionary Psychology*. New York: Wiley.

Churchland, P. 1986. *Neurophilosophy: Toward a Unified Science of the Mind-Brain*. Cambridge, MA: MIT Press.

Cohen, H., and Lefèbvre, C. 2005. *Handbook of Categorizationin Cognitive Science*. New York: Elsevier.

Condit, C., Parrott, R., Harris, T., Lynch, J., and Dubriwny, T. 2004. "The Role of 'Genetics' in Popular Understandings of Race in the

United States," *Public Understanding of Science* 13:249-72.

Coop, G., Eisen, N. B., Nielsen, R., Przeworski, M., and Rosenberg, N. 2014. "Letters: 'A Troublesome Inheritance'," *New York Times*, August 8.

Cottrell, C. A., and Neuberg, S. L. 2005. "Different Emotional Reactions to Different Groups: A Sociofunctional Threat-Based Approach to Prejudice," *Journal of Personality and Social Psychology* 88:770-89.

____, Richards, D. A., and Nichols, A. L. 2010. "Predicting Policy Attitudes from General Prejudice Versus Specific Intergroup Emotions," *Journal of Experimental Social Psychology* 46:247-54.

Crandall, C. S., and Schaller, M. 2004. *The Social Psychology of Prejudice: Historical and Contemporary Issues*. Lawrence, MA: Lewinian Press.

Dasgupta, N., DeSteno, D., Williams, L. A., and Hunsinger, M. 2009. "Fanning the Flames of Prejudice: The Inflence of Specific Incidental Emotions on Implicit Prejudice," *Emotion* 9:585-91.

Dar-Nimrod, I., and Heine, S. 2011. "Genetic Essentialism: On the Deceptive Determinism of DNA," *Psychological Bulletin* 137:800-18.

Diamond, J. 1994. "Race Without Color," *Discover* November:82-9.

Dobzhansky, T., Hecht, M. K., and Steere, W. C. 1972. *Evolutionary Biology VI*. New York: Appelton-Centry-Crofts.

Dubreuil, B. 2010. *Human Evolution and the Origins of Hierarchies: The State of Nature*. Cambridge: Cambridge University Press.

Ekman, P. and Davidson, R. J. 1994. *The Nature of Emotions: Fundamental Questions*. New York: Oxford University Press.

Faucher, L., and Machery, E. 2009. "Racism: Against Jorge Garcia's Moral and Psychological Monism," *Philosophy of Social Sciences* 39:41-62.

Faulkner, J., Schaller, M., Park, J. H., and Duncan, L. A. 2004. "Evolved Disease-Avoidance Mechanisms and Contemporary Xenophobic Attitudes," *Group Processes and Intergroup Relations* 7:333-53.

Fausto-Sterling, A. 2008. "The Bare Bones of Race," *Social Studies of Science* 38:657-94.

Feldman, M. W., Lewontin, R. C., and King, M. C. 2003. "Race: A Genetic Melting-Pot," *Nature* 424:374.

____, and Lewontin, R. C. 2008. "Race, Ancestry and Medicine," in Koenig, Lee, and Richardson (eds.), *Revisiting Race in a Genomic Age*. New Brunswick, NJ: Rutgers University Press, pp.89-101.

Fishbein, H. D. 1996. *Peer Prejudice and Discrimination: Evolutionary, Cultural, and Developmental Dynamics*. Boulder, CO: West View.

Fiske, S. T., Cuddy, A. J. C., and Glick, P. 2006. "Universal Dimensions of Social Cognition: Warmth and Competence," *Trends in Cognitive Sciences* 11:77-83.

Gannett, L. 2005. "Group Categories and Pharmacogenetics Research," *Philosophy of Science* 72:1232-45.

Gelman, S. A. 2010. "Modules, Theories, or Islands of Expertise? Domain-Specificity in Socialization," *Child Development* 81:715-19.

____, and Heyman, G. D. 1999. "Carrott-Eaters and Creature-Believers: The Effects of Lexicalization on Children's Inferences About Social Categories," *Psychological Science* 10:490-3.

Gil-White, F. 1999. "How Thick Is blood? The Plot Thickens: If Ethnic Actors Are Primordialists, What Remains of the Circumstantialists/ Primordialists Controversy?" *Ethnic and Racial Studies* 22:789-820.

____. 2001a. "Are Ethnic Groups Biological 'Species' to the Human Brain," *Current Anthropology* 42:515-54.

____. 2001b. "Sorting Is Not Categorization: A Critique of the Claim That Brazilians Have Fuzzy Racial Categories," *Cognition and Culture* 1:219-50.

____. 2005. "How Conformism Creates Ethnicity Creates Conformism (And Why This Matters to Lots of Things)," *The Monist* 88(2):189-237.

Glasgow, J. M. 2003. "On the New Biology of Race," *Journal of*

Philosophy 9:456-74.

____. 2009. *A Theory of Race.* New York: Routledge.

____. 2011. "Another Look at the Reality of Race, By Which I Mean Race-f," in Hazlett (ed.), *New Waves of Metaphysics.* London: Palgrave Macmillan, pp.54-71.

____, Shulman, J. L., and Covarrubias, E. G. 2009. "The Ordinary Conception of Race in the United States and Its Relation to Racial Attitudes: A New Approach," *Journal of Cognition and Culture* 9: 15-38.

Green, J. D. 2014. "Beyond Point-and-Shoot Morality: Why Cognitive (Neuro)Science Matters for Ethics," *Ethics* 124:695-726.

Hale, T. 2015. "A Non-Essentialist Theory of Race: The Case of an Afro-Indigenous Village in Northern Peru," *Social Anthropology* 23: 135-51.

Hardimon, M. O. 2003. "The Ordinary Concept of Race," *Journal of Philosophy* 100:437-55.

____. 2012. "The Idea of a Scientific Concept of Race," *Journal of Philosophical Research* 37:249-82.

Haslam, N., Rothschild, L., and Ernst, D. 2000. "Essentialist Beliefs About Social Categories," *British Journal of Social Psychology* 39: 113-27.

____, Bastian, B., Bain, P., and Kashima, Y. 2006. "Psychological Essentialism, Implicit Theories, and Intergroup Relations," *Group Processes and Intergroup Relations* 9:63-76.

Hazlett, A. 2011. *New Waves of Metaphysics.* London: Palgrave Macmillan.

Henrich, J., and Boyd, R. 1998. "The Evolution of Conformist Transmission and the Emergence of Between-Group Differences," *Evolution and Human Behavior* 19:215-41.

Hochman, A. 2013. "Racial Discrimination: How Not to Do It," *Studies in History and Philosophy of Science Part C* 3:278-86.

Huang, J., Sedlovaskaya, A. Acherman, J., and Bargh, J. 2011. "Immunizing Against Prejudice: Effects of Disease Protection on Attitudes Toward Out-Groups," *Psychological Science* 22:1550-6.

Hudson, N. 1996. "From 'Nation' to 'Race': The Origin of Racial Classification in Eighteenth-Century Thought." *Eighteenth-Century Studies* 29:247-64.

Jarayatne, T., Ybarra, O., Shledon, J., et al. 2006. "White Americans' Genetic Lay Theories of Race Differences and Sexual Orientation: Their Relationship with Prejudice Toward Blacks, Gay Men and Lesbians," *Group Processes and Intergroup Relations* 9:77-94.

Kanovski, M. 2007. "Essentialism and Folksociology: Ethnicity Again," *Journal of Cognition and Culture* 7:241-81.

Kaplan, J. M. 2010. "When Socially Determined Categories Make Biological Realities," *The Monist* 93:283-99.

_____. 2011. "Race: What Biology Can Tell Us About a Social Construct," in *Encyclopedia of Life Sciences*. Hoboken, NJ: Wiley.

_____. 2014. "Ignorance, Lies, and Ways of Being Racist," *Critical Race Theory* 2:160-82.

Keller, J. 2005. "In Genes We Trust: The Biological Component of Psychological Essentialism and Its Relationship to Mechanisms of Motivated Social Cognition," *Journal of Personality and Social Psychology* 88:686-702.

Kelly, D., Faucher, L., and Machery, E. 2010. "Getting Rid of Racism: Assessing Three Proposals in Light of Psychological Evidence," *Journal of Social Philosophy* 41:293-322.

Keltner, D., and Haidt, J. 1999. "Social Functions of Emotions at Four Levels of Analysis," *Cognition and Emotion* 13:505-21.

Kincaid, H. 2012. *The Oxford Handbook of Philosophy of Social Science*. Oxford: Oxford University Press.

Kinzler, K. D., and Spelke, E. 2011. "Do Infants Show Social Preferences for People Differing in Race?" *Cognition* 119:1-9.

Kitcher, P. 2003. "Race, Ethnicity, Biology, Culture," in Philip Kitcher (ed.), *In Mendel's Mirror: Philosophical Reflections on Biology*. New York: Oxford University Press, pp.230-56.

____. 2007. "Does 'Race' Have a Future?" *Philosophy and Public Affairs* 35:293-317.

Klein, C. 2010. "Images Are Not the Evidence in Neuroimaging," *British Journal for the Philosophy of Science* 61:265-78.

Keltner, D., and Haidt, J. 2001. "Social Functions of Emotions," in Mayne and Bonanno (eds.), *Emotions: Current Issues and Future Directions*. New York: Guilford Press, pp.192-213.

Koenig, B., Lee, S., and Richardson, S. 2008. *Revisiting Race in a Genomic Age*. New Brunswick, NJ: Rutgers University Press.

Knobe, J. 2007. "Experimental Philosophy," *Philosophy Compass* 2: 81-92.

Kripke, S. 1980. *Naming and Necessity*. Cambridge, MA: Harvard University Press.

Kurzban, R., and Neuberg, S. L. 2005. "Managing Ingroup and Outgroup Relationships," in Buss (ed.), *Handbook of Evolutionary Psychology*. New York: Wiley, pp.653-75.

LaFollette, H. 2003. *The Oxford Handbook of Practical Ethics*. New York: Oxford University Press.

Leslie, S.-J. 2014. "Carving Up the Social World with Generics," *Oxford Studies in Experimental Philosophy* 1:208-32.

____. Forthcoming. "The Original Sin of Cognition: Fear, Prejudice, and Generalization," *Journal of Philosophy*.

Levenson, R. W. 1994. "Human Emotion: A Functional View," in Ekman and Davidson (eds.), *The Nature of Emotions: Fundamental Questions*. New York: Oxford University Press, pp.123-6.

Lewis, J., Haviland-Jones, M., and Barrett, L. F. 2008. *Handbook of Emotions*, 3rd edn. New York: Guilford.

Lewontin, R. C. 1972. "The Apportionment of Human Diversity," in

Dobzhansky, Hecht, and Steere (eds.), *Evolutionary Biology VI*. New York: Appelton-Centry-Crofts, pp.381-98.

Lieberman, D., Tooby, J., and Cosmides, L. 2007. "The Architecture of Human Kin Detection," *Nature* 445:727-31.

Long, J., and Kittle, R. 2009. "Human Genetic Diversity and the Nonexistence of Biological Races," *Human Biology* 81:777-98.

Lorusso, L., and Bacchini, F. 2015. "A Reconsideration of the Role of Self-Identified Races in Epidemiology and Biomedical Research," *Studies of History and Philosophy of Biological and Biomedical Sciences* 52:56-64.

Machery, E. 2008. "A Plea for Human Nature," *Philosophical Psychology* 21:321-29.

____. 2014. "In Defense of Reverse Inference," *British Journal for the Philosophy of Science* 65:251-67.

____, and Faucher, L. 2005a. "Social Construction and the Concept of Race," *Philosophy of Science* 72:1208-19.

____, and Faucher, L. 2005b. "Why Do We Think Racially? Culture, Evolution and Cognition," in Cohenand Lefèbvre (eds.), *Handbook of Categorization in Cognitive Science*. New York: Elsevier, pp.1009-33.

Mackie, D. M., and Smith, E. R. 2002. *From Prejudice to Intergroup Emotions: Differentiated Reactions to Social Groups*. New York: Psychology Press.

Maglo, K. N. 2010. "Genomics and the Conundrum of Race: Some Epistemological and Ethical Considerations," *Perspectives in Biology and Medicine* 53:357-72.

Mallon, R. 2006. "Race: Normative, Not Metaphysical or Semantic," *Ethics* 116:525-51.

____. 2013. "Was Race Thinking Invented in the Modern West?" *Studies in History and Philosophy of Science Part A* 44:77-88.

____, and Kelly, D. 2012. "Making Race Out of Nothing: Psychological Constrained Social Roles," in Kincaid (ed.), *The Oxford Handbook of*

Philosophy of Social Science. Oxford University Press, pp.507-29.

Martinovic, B., and Verkuyten Ercomer, M. 2012. "Host National and Religious Identification Among Turkish Muslims in Western Europe: The Role of Ingroup Norms, Perceived Discrimination and Value Incompatibility," *European Journal of Social Psychology* 42:893-903.

Mayne, T., and Bonanno, G. A. 2001. *Emotions: Current Issues and Future Directions*. New York: Guilford Press.

McDonald, M., Asher, B., Kerr, N., and Navarrette, C. D. 2011. "Fertility and Intergroup Bias in Racial and Minimal-Group Contexts: Evidence for Shared Architecture," *Psychological Science* 22:860-5.

McElreath, R., Boyd, R., and Richerson, P. J. 2003. "Shared Norms CanLead to the Evolution of Ethnic Markers," *Current Anthropology* 44:122-30.

Montagu, A. 1962. "The Concept of Race," *American Anthropologist* 64:919-28.

Moya, C., and Boyd, R. 2015. "A Functionalist Framework with Illustrations from the Peruvian Altiplano," *Human Nature* 26:1-27.

Neander, K. 1991. "Functions as Selected Effects: The Conceptual Analyst's Defense," *Philosophy of Science* 58:168-84.

Nesse, R. 2001. *The Evolution of Subjective Commitment*. New York: Russell Sage Foundation.

Neuberg, S. L., and Cottrell, C. A. 2002. "Intergroup Emotions: A Biocultural Approach," in Mackie and Smith (eds.), *From Prejudice to Intergroup Emotions: Differentiated Reactions to Social Groups*. New York: Psychology Press, pp.265-84.

____. 2006. "Evolutionary Bases of Prejudices," in Schaller, Simpson, and Kenrick (eds.), *Evolution and Social Psychology*. New York: Psychology Press, pp.163-87.

____. 2008. "Managing the Threats and Opportunities Afforded by Human Sociality," *Group Dynamics* 21:63-72.

____, Kenrick, D. T., and Schaller, M. 2011. "Human Threat Management

Systems: Self-Protection and Disease Avoidance," *Neuroscience and Biobehavioral Reviews* 35:1042-51.

Novembre, J., Johnson, T., Bryc, K., et al. 2008. "Genes Mirror Geography in Europe," *Nature* 456:98-101.

Omi, M., and Winant, H. 1994. *Racial Formation in the United-States: From the 1960s to the 1990s*, 2nd edn. New York: Routledge.

Pääbo, S. 2003. "The Mosaic That Is Our Genome," *Nature* 421:409-12.

Parker Tapias, M., Glaser, J., and Keltner, D. 2007. "Emotion and Prejudice: Specific Emotions Toward Outgroups," *Group Processes and Intergroup Relations* 10:27-39.

Pauker, K., Ambady, N., and Apfelbaum, E. P. 2010. "Race Salience and Essentialist Thinking in Racial Stereotype Development," *Child Development* 81:1799-1813.

Peralta, C. A., Risch, N., Lin, F., et al. 2009. "The Association of African Ancestry and Elevated Creatinine in the Coronary Artery Risk Development in Young Adults (CARDIA) Study," *American Journal of Nephrology* 31:202-8.

Phelan, J. C., Link, B. G., and Feldman, N. M. 2013. "The Genomic Revolution and Beliefs About Essential Racial Differences: A Backdoor to Eugenics," *American Sociological Review* 78:167-91.

Plante, C., Roberts, S., Snider, J., et al. 2015. "'More Than Skin-Deep': Biological Essentialism in Response to a Distinctiveness Threat in a Stigmatized Fan Community," *British Journal of Social Psychology* 54: 359-70.

Piglucci, M. 2013. "What Are We to Make of the Concept of Race? Thoughts of a Philosopher-Scientist," *Studies in History and Philosophy of Biological and Biomedical Sciences* 44:272-7.

____, and Kaplan, J. M. 2003. "On the Concept of Biological Race and Its Applicability to Humans," *Philosophy of Science* 70:1161-72.

Prentice, D., and Miller, D. 2007. "Psychological Essentialism of Human Categories," *Current Directions in Psychological Science* 16:202-6.

Regnier, D. 2015. "Clean People, Unclean People: The Essentialisation of 'Slaves' Among the Southern Betsileo of Madagascar," *Social Anthropology* 23:152-68.

Rhodes, M., Leslie, S.-J., and Tworek, C. 2012. "Cultural Transmission of Social Essentialism," *Proceedings of the National Academy of Sciences* 109:13526-31.

Richerson, P. J., and Boyd, R. 2001. "The Evolution of Subjective Commitment to Groups: The Tribal Instincts Hypothesis," in Nesse (ed.), *The Evolution of Subjective Commitment*. New York: Russell Sage Foundation, pp.186-220.

Risch, N., Burchard, E., Ziv, E., and Tang, H. 2002. "Categorization of Humans in Biomedical Research: Genes, Race and Disease," *Genome Biology* 3:1-12.

Rosenberg, N. 2011. "A Population-Genetic Perspective on Similarities and Differences Among Worldwide Human Populations," *Human Biology* 83:59-64.

____, Pritchard, J. K., Weber, J. L., et al. 2002. "Genetic Structure of Human Populations," *Science* 298:2381-5.

____, Ramachandran, M. S., Zhao, C., Pritchard, J. K., and Feldman, M. W. 2005. "Clines, Clusters, and the Effect of Study Design on the Inference of Human Population Structure," *PLoS Genetic* 1:660-71.

Rosenberg, A., and Bouchard, F. 2003. "Fitness," in *Stanford Encyclopedia of Philosophy* (Winter 2007 Edition). Available at: http://plato.stanford.edu/archives/win2007/entries/fitness/.

Roskies, A. 2010. "How Does Neuroscience Affect Our Conception of Volition," *Annual Review of Neuroscience* 33:109-30.

Schaller, M., and Conway, L. G. 2004. "The Substance of Prejudice: Biological- and Social-Evolutionary Perspectives on Cognition, Culture and the Contents of Stereotypical Beliefs," in Crandall and Schaller (eds.), *The Social Psychology of Prejudice: Historical and Contemporary Issues*. Lawrence, MA: Lewinian Press, pp.149-64.

____, and Neuberg, S. L. 2012. "Danger, Disease, and the Nature of Prejudice(s)," *Advances in Experimental Social Psychology* 46:1-54.

Simpson, J. A., and Kenrick, D. T. 2006. *Evolution and Social Psychology*. New York: Psychology Press.

Serre, D., and Pääbo, S. 2004. "Evidence for Gradients of Human Genetic Diversity Within and Among Continents," *Genome Reasearch* 14:1679-85.

Sesardic, N. 2010. "Race: A Social Destruction of a Biological Concept," *Biology and Philosophy* 25:143-62.

Shiao, J., Bode, T., Beyer, A., and Selvig, D. 2012. "The Genomic Challenge to the Social Construction of Race," *Sociological Theory* 30:67-88.

Shulman, J. L., and Glasgow, J. 2010. "Is Race-Thinking Biological or Social, and Does It Matter for Racism? An Exploratory Study," *Journal of Social Philosophy* 41:244-59.

Sousa, P., Atran, S., and Medin, D. 2002. "Essentialism and Folkbiology: Evidence from Brazil," *Journal of Cognition and Culture* 2:195-223.

Spencer, Q. 2012. "What 'Biological Racial Realism' Should Mean," *Philosophical Studies* 159:181-204.

____. 2013. "Biological Theory and the Metaphysics of Race: A Reply to Kaplan and Winther," *Biological Theory* 8:114-20.

____. 2014a. "A Radical Solution to the Race Problem," *Philosophy of Science* 81:1025-38.

____. 2014b. "The Unnatural Racial Naturalism," *Studies in History and Philosophy of Biological and Biomedical Sciences* 46:79-87.

____. 2015. "Philosophy of Race Meets Population Genetics," *Studies in History and Philosophy of Science Part C* 52:46-55.

Taylor, P. 2011. "Rehabilitating a Biological Notion of Race? A Response to Sesardic," *Biology and Philosophy* 26:469-73.

Templeton, A. 1998. "Human Races: A Genetic and Evolutionary Perspective," *American Anthropologist* 100:632-50.

Tishkoff, S. A., and Kidd, K. K. 2004. "Implications of Biogeography in Human Populations for 'Race' and 'Medicine'," *Nature Genetics* 36 (Suppl):S21-7.

Tooby, J., and Cosmides, L. 2008. "The Evolutionary Psychology of Emotions and Their Relationship to Internal Regulatory Variables," in Lewis, Haviland-Jones, and Barrett (eds.), *Handbook of Emotions*, 3rd edn. New York: Guilford, pp.114-37.

Weiss, K. M., and Fullerton, S. M. 2005. "Racing Around, Getting Nowhere," *Evolutionary Anthropology* 14:165-9.

Williams, M. J., and Eberhardt, J. L. 2008. "Biological Conceptions of Race and the Motivation to cross Racial Boundaries," *Journal of Personality and Social Psychology* 94:1033-47.

Wilson, J. F., Weale, M. E., Smith, A. C., et al. 2001. "Population Genetic Structure of Variable Drug Response," *Nature Genetics* 29: 265-9.

Zack, N. 1998. *Thinking About Race*. Belmont, CA: Wadsworth.

_____. 2002. *Philosophy of Science and Race*. New York: Routledge.

_____. 2003. "Race and Racial Discrimination," in LaFollette (ed.): 245-71.

Zakharia, F., Basu, A., Absher, D., et al. 2009. "Characterizing the Admixed African Ancestry of African Americans," *Genome Biology* 10:R141.

13장

Alcock, J. 2001. *The Triumph of Sociobiology*. Oxford: Oxford University Press.

Alexander, R. 1979. *Darwinism and Human Affairs*. Seattle: University of Washington Press.

Baghramian, M. 2012. *Reading Putnam*. New York: Routledge.

Barash, D. 1979. *The Whisperings Within*. New York: Harper & Row.

Beebee, H., and Sabbarton-Leary, N. 2010. *The Semantics and Metaphysics of Natural Kinds*. New York: Routledge.

Block, N. 1980. *Readings in Philosophy of Psychology*, Vol. I. Cambridge, MA: Harvard University Press.

Bowles, S., and Gintis, H. 2011. *A Cooperative Species: Human Reciprocity and its Evolution*. Princeton, NJ: Princeton University Press.

Boyd, R. N. 1980. "Materialism Without Reductionism: What Physicalism Does Not Entail," in Block (ed.), *Readings in Philosophy of Psychology*, Vol. I. Cambridge, MA: Harvard University Press, pp.1-67.

____. 1999. "Homeostasis, Species, and Higher Taxa," in Wilson (ed.), *Species: New Interdisciplinary Essays*. Cambridge, MA: MIT Press, pp.141-85.

____. 2001. "Reference, (In)Commensurability, and Meanings: Some (Perhaps) Unanticipated Complexities," in Hoyningen-Huene and Sankey (eds.), *Incommensurability and Related Matters*. Dordrecht, Netherlands: Kluwer, pp.1-64.

____. 2010a. "Realism, Natural Kinds, and Philosophical Methods," Beebee and Sabbarton-Leary (eds.), *The Semantics and Metaphysics of Natural Kinds*. New York: Routledge, pp.212-34.

____. 2010b. "Homeostasis, Higher Taxa and Monophyly," *Philosophy of Science* 77:686-701.

____. 2012. "What of Pragmatism with the World Here?" in Baghramian (ed.), *Reading Putnam*. New York: Routledge, pp.39-94.

Brown, S., and Lewis, B. P. 2004. "Relational Dominance and Mate-Selection Criteria: Evidence That Males Attend to Female Dominance," *Evolution and Human Behavior* 25:406-15.

Buller, D. 2005. *Adapting Minds: Evolutionary Psychology and the Persistent Quest for Human Nature*. Cambridge, MA: MIT Press.

____, and Hardcastle, V. G. 2000. "Evolutionary Psychology, Meet

Developmental Neurobiology: Against Promiscuous Modularity," *Brain and Mind* 1:307-25.

Buss, D. M. 1989. "Sex Differences in Human Mate Preferences: Evolutionary Hypotheses Tested in 37 Cultures," *Behavior and Brain Sciences* 12:1-14.

Carruthers, P. 2006. *The Architecture of the Mind: Massive Modularity and the Flexibility of Thought.* Oxford: Oxford University Press.

Cashdan, E. 2013. "What Is a Human Universal? Human Behavioral Ecology and Human Nature," in Downes and Machery (eds.), *Arguing About Human Nature.* New York: Routledge.

Cimino, A., and Andrew, W. D. 2010. "On the Perception of Newcomers: Toward an Evolved Psychology of Intergenerational Coalitions." *Human Nature* 21:186-202.

Cosmides, L., and Tooby, J. 1997. *Evolutionary Psychology: A Primer.* Center for Evolutionary Psychology, University of California, Santa Barbara.

Daly, M., and Wilson, M. 1985. "Child Abuse and Other Risks of Not Living with Both Parents," *Ethology and Sociobiology* 6:197-210.

Davidson, D., and Harman, G. 1972. *The Semantics of Natural Language.* Dordrecht, Netherlands: D. Reidel.

Downes, S. M., and Machery, E. 2013. *Arguing About Human Nature.* New York: Routledge.

Earley, J. 2008. "How Philosophy of Mind Needs Philosophy of Chemistry." *Hyle: The International Journal for Philosophy of Chemistry* 14:1-26.

Fedyk, M. 2014. "How (Not) to Bring Psychology and Biology Together," *Philosophical Studies* 172:949-67.

Goodman, N. 1954. *Fact Fiction and Forecast.* Cambridge, MA: Harvard University Press.

Gould, S. J., and Veba, E. J. 1982. "Exaptation — A Missing Term in the Science of Form," *Paleobiology* 8:4-15.

Haidt, J., and Bjorklund, F. 2008. "Social Intuitionists Answer Six Questions About Moral Psychology," in Sinnott-Armstron (ed.), *Moral Psychology*, Vol. II. Cambridge, MA: MIT Press, pp.181-217.

Hauser, M. 2006. *Moral Minds: How Nature Designed Our Universal Sense of Right and Wrong*. New York: HarperCollins.

Hazan, C., and Diamond, L. 2000. "The Place of Mating in Human Attachment," *Review of General Psychology* 4:186-204.

Heil, J., and Mele, A. 1993. *Mental Causation*. Oxford: Oxford University Press.

Hoyningen-Huene, P., and Sankey, H. 2001. *Incommensurability and Related Matters*. Dordrecht, Netherlands: Kluwer.

Hull, D. 1978. "A Matter of Individuality," *Philosophy of Science* 45: 335-60.

Jablonka, E., and Lamb, M. J. 2006. *Evolution in Four Dimensions: Genetic, Epigenetic, Behavioral, and Symbolic Variation in the History of Life*. Cambridge, MA: MIT Press.

Joyce, R. 2005. *The Evolution of Morality*. Cambridge, MA: MIT Press.

Kim, J. 1993. "The Non-Reductivist's Troubles with Mental Causation," in Heil and Mele (eds.), *Mental Causation*. Oxford: Oxford University Press, pp.189-210.

Kripke, S. A. 1972. "Naming and Necessity," in Davidson and Harman (eds.), *The Semantics of Natural Language*. Dordrecht Netherlands: D. Reidel, pp.253-5.

Lehrman, D. S. 1953. "Critique of Konrad Lorenz's Theory of Instinctive Behavior," *Quarterly Review of Biology* 28:337-63.

Magnus, P. D. 2011. "Drakes, Seadevils, and Similarity Fetishism," *Biology and Philosophy* 26:857-70.

Mayr, E. 1969. *Principles of Systematic Zoology*. New York: McGraw-Hill.

____. 1963. *Populations, Species, and Evolution*. Cambridge, MA: Harvard University Press.

Millikan, R. G. 1984. *Language Thought and Other Biological Categories*. Cambridge, MA: MIT Press.

Neander, K. 1991. "The Teleological Notion of 'Function'," *Australasian Journal of Philosophy* 69:454-68.

Pedersen, W. C., Miller, L. C., Putcha-Bhagavatula, A. D., and Yang, Y. 2002. "Evolved Sex Differences in the Number of Partners Desired? The Long and the Short of It," *Psychological Science* 13:157-61.

Richardson, R. C. 2007. *Evolutionary Psychology as Maladapted Psychology*. Cambridge, MA: MIT Press.

Rieppel, O. 2005a. "Modules, Kinds and Homology," *Journal of Experimental Zoology B* 304:18-27.

____. 2005b. "Monophyly, Paraphyly and Natural Kinds," *Biology and Philosophy* 20:465-87.

Singh D. 1993. "Adaptive Significance of Female Physical Attractiveness: Role of Waist-to-Hip Ratio," *Journal of Personality and Social Psychology* 65:293-307.

Sinnott-Armstrong, W. 2008. *Moral Psychology*, Vol. II: *The Cognitive Science of Morality: Intuition and Diversity*. Cambridge, MA: MIT Press.

Street, S. 2006. "A Darwinian Dilemma for Realist Theories of Value," *Philosophical Studies* 127:109-66.

Sturgeon, N. 1992. "Nonmoral Explanations," in Tomberlin (ed.), *Philosophical Perspectives 6*. Atascadero, CA: Ridgeview, pp.98-9.

Tinbergen, N. 1951. *The Study of Instinct*. Oxford: Oxford University Press.

Tomberlin, J. E. 1992. *Philosophical Perspectives 6*. Atascadero, CA: Ridgeview.

Wagner, G. P. 2001a. "Characters,UnitsandNaturalKinds:AnIntroduction," in Wagner (ed.), *The Character Concept in Evolutionary Biology*. San Diego: Academic Press, pp.1-10

____. 2001b. *The Character Concept in Evolutionary Biology*. San

Diego: Academic Press.

West-Eberhard, M. J. 2003. *Developmental Plasticity and Evolution.* Oxford: Oxford University Press.

Wilson, E. O. 1975. *Sociobiology: The New Synthesis.* Cambridge, MA: Harvard University Press.

____. 1978. *On Human Nature.* Cambridge, MA: Harvard University Press.

Wilson, J. 2006. "On Characterizing the Physical," *Philosophical Studies* 131:61-99.

Wilson, R. A. 1999. Species: *New Interdisciplinary Essays.* Cambridge, MA: MIT Press.

더 읽어볼 자료

Ariew, A., and Cummins, R. 2002. *Functions: New Essays in the Philosophy of Psychology and Biology.* Oxford: Oxford University Press.

Churchland, P. S. 1986. *Neurophilosophy: Towards a Unified Understanding of the Mind/Brain.* Cambridge, MA: MIT Press.

____. 2002. *Brainwise: Studies in Neurophilosophy.* Cambridge, MA: MIT Press.

Dennett, D. C. 1995. *Darwin's Dangerous Idea.* New York: Simon & Schuster.

____. 2004. *Freedom Evolves.* London: Penguin.

Downes, S., and Machery, E. 2014. *Arguing About Human Nature.* New York: Routledge.

Dretske, F. 1989. *Explaining Behavior.* Cambridge, MA: MIT Press.

Joyce, R. 2005. *The Evolution of Morality.* Cambridge, MA: MIT Press.

Kahane, G. 2011. "Evolutionary Debunking Arguments," *Noûs* 45:103-25.

Kingsbury, J., Ryde, D., and Williford, K. 2012. *Millikan and Her Critics.* New York: Wiley Blackwell.

Kitcher, P. S. 2011. *The Ethical Project*. Cambridge, MA: Harvard University Press.

Kornblith, H. 1993. *Inductive Inference and Its Natural Ground*. Cambridge, MA: MIT Press.

Macdonald, G., and Papineau, D. 2006. *Teleosemantics: New Philosophical Essays*. Oxford, UK: Clarendon.

Machery, E. 2008. "A Plea for Human Nature," *Philosophical Psychology* 21:321-30.

____, and Faucher, L. 2005. "Why Do We Think Racially? Culture, Evolution and Cognition," in H. Cohen and C. Lefèbvre (eds.), *Handbook of Categorization in Cognitive Science*. New York: Elsevier.

Millikan, R. 1984. *Language, Thought and Other Biological Categories*. Cambridge, MA: Bradford Books.

____. 1993. *White Queen Psychology and Other Essays for Alice*. Cambridge, MA: MIT Press.

Munz, P. 1993. *Philosophical Darwinism: On the Origin of Knowledge by Means of Natural Selection*. London: Routledge.

Neander, K. 1991. "The Teleological Notion of 'Function,'" *Australasian Journal of Philosophy* 69:454-68.

Okasha, S., and Binmore, K. 2014. *Evolution and Rationality*. Cambridge: Cambridge University Press.

Papineau, D. 2001. "The Status of Teleosemantics, or How to Stop Worrying About Swampman," *Australasian Journal of Philosophy* 79:79-89.

Rescher, N. 1990. *A Useful Inheritance: Evolutionary Aspects of the Theory of Knowledge*. Lanham, MD: Rowman.

Ruse, M. 1986. *Taking Darwin Seriously: A Naturalistic Approach to Philosophy*. Oxford, UK: Blackwell.

Skyrms, B. 1996. *Evolution of the Social Contract*. Cambridge: Cambridge University Press.

____. 2010. *Signals: Evolution, Learning, and Information*. Oxford:

Oxford University Press.

Smith, D. L. 2013. "Self-Deception: A Teleofunctional Approach," *Philosophia* 42:181-99.

Sterelny, K. 2003. *Thought in a Hostile World.* Oxford, UK: Blackwell.

_____. 2012. *The Evolved Apprentice.* Cambridge, MA: MIT Press.

Street, S. 2005. "A Darwinian Dilemma for Realist Theories of Value," *Philosophical Studies* 127:109-66.

생물학이 철학을 어떻게 말하는가

1판 1쇄 인쇄	2020년 2월 20일
1판 1쇄 발행	2020년 2월 25일

엮은이	데이비드 리빙스턴 스미스
옮긴이	뇌신경철학연구회
발행인	전 춘 호
발행처	철학과현실사
출판등록	1987년 12월 15일 제300-1987-36호

서울특별시 종로구 동숭동 1-45
전화번호 579-5908
팩시밀리 572-2830

ISBN 978-89-7775-833-9   93470
값 25,000원